《生活垃圾分类处理与资源化利用》
编写委员会

普通高等教育“十三五”规划教材

生活垃圾分类处理与资源化利用

何　鑫　耿世刚　张庆瑞　主编

中国环境出版集团·北京

图书在版编目（CIP）数据

生活垃圾分类处理与资源化利用 / 何鑫，耿世刚，张庆瑞主编．—北京：中国环境出版集团，2020.7

ISBN 978-7-5111-4317-4

Ⅰ. ①生… Ⅱ. ①何… ②耿… ③张… Ⅲ. ①生活废物—垃圾处理—高等学校—教材 ②生活废物—废物综合利用—高等学校—教材 Ⅳ. ① X799.305

中国版本图书馆 CIP 数据核字（2020）第 044430 号

出 版 人 武德凯
责任编辑 宾银平 葛 莉 沈 建
责任校对 任 丽
装帧设计 彭 杉

出版发行 中国环境出版集团
（100062 北京市东城区广渠门内大街 16 号）
网 址：http://www.cesp.com.cn
电子邮箱：bjgl@cesp.com.cn
联系电话：010-67112765（编辑管理部）
010-67113412（第二分社）
发行热线：010-67125803，010-67113405（传真）

印　　刷 北京中科印刷有限公司
经　　销 各地新华书店
版　　次 2020 年 7 月第 1 版
印　　次 2020 年 7 月第 1 次印刷
开　　本 787×1092 1/16
印　　张 20.5
字　　数 500 千字
定　　价 68.00 元

序 言

21 世纪以来，生态环境问题得到前所未有的重视。2019 年 3 月 11—15 日在内罗毕召开的第四届联合国环境大会形成了 25 项决议和 3 项决定，其中形成了废物的无害环境管理、治理一次性塑料制品污染、海洋塑料垃圾和微塑料、化学品和废物健全管理、实现可持续消费和生产的创新途径、促进可持续做法和创新解决办法以遏制粮食损失和浪费等六项专门或相关决议。

党的十八大提出了“把生态文明建设放在突出地位，融入经济建设、政治建设、文化建设、社会建设各方面和全过程”，指出“资源循环利用体系初步建立”是全面建成小康社会的目标之一，要求“更多依靠节约资源和循环经济推动”来“加快转变经济发展方式”。党的十九大指出“加快生态文明体制改革，建设美丽中国”，进一步凸显了环境资源与生态问题的重要性及紧迫性。党中央、国务院对固体废物问题高度重视，中央领导人多次作出重要指示和工作部署，指出要“坚持绿色发展，推进固体废物减量化、资源化、无害化，做到高效利用、节能降耗，实现变废为宝、化害为利”。2013 年 7 月 22 日习近平总书记在湖北考察工作时指出：“变废为宝、循环利用是朝阳产业。把垃圾资源化，化腐朽为神奇，既是科学，也是艺术。”2016 年 8 月 22 日习近平总书记在青海考察工作时指出：“要设计正确的资源战略。循环利用也是非常重要的，这是经济发展模式的问题，全国都要走这样的道路。”

习近平总书记高度重视生活垃圾分类工作，亲自安排部署，多次作出重要指示。2016 年 12 月 21 日，习近平总书记主持召开了中央财经领导小组第十四次会议，听取了“浙江省关于普遍推行垃圾分类制度”的汇报，指出：“普遍推行垃圾分类制度，关系 13 亿多人生活环境改善，关系垃圾能不能减量化、资源化、无害化处理。”党的十九大报告指出，“加强固体废弃物和垃圾处置”。党的十九届四中全会提出，普遍实行垃圾分类制度。据新华社 2019 年 6 月 3 日消息，习近平总书记指出：“实行垃圾分类，关系广大人民群众生活环境，关系节约使用资源，也是社会文明水平的一个重要体现。”2019 年 9 月习近平总书记主持召开中央深改委第十次会议审议通过的《关于进一步加强塑料污染治理的意见》对有力有序有效治理塑料污染作了部署。可见，垃圾分类不是小事，它不仅是基本的民生问题，也是生态文明建设的题中之义。

当前，我国每年产生各类固体废物超过 100 亿 t，历史堆存量超过 600 亿 t，解决固体废物问题，不仅是破解生态环境问题的需要，也是关系资源回收问题的国家重大战略需求，更是转变生产生活方式、建设生态文明的内在要求，打好污染防治攻坚战的重要内容。城市垃圾在时间和空间上高度集中，处置难度大，在固体废物中问题尤为突出。随着我国城镇化进程的推进，城市生活垃圾清运量逐年增长。根据 2018 年中国统计年鉴，2017 年城市生活垃圾清运量达 2.15 亿 t。根据住建部统计数据测算，2017 年我国农村生活垃圾产生量约为 1.8 亿 t，其中至少有 0.7 亿 t 以上未作任何处理。所以，我国面临着每年约 4 亿 t 的垃圾收运和处理的压力。根据《中国再生资源回收行业发展报告 2018》，2017 年中国再生资源回收总量 2.82 亿 t，回收价值 7 550.7 亿元。

2019 年我国开始推行“无废城市”建设，这是从城市整体层面深化固体废物综合管理改革和推动“无废社会”建设的有力抓手，是提升生态文明、建设美丽中国的重要举措。通过推动绿色发展方式和生活方式的形成，持续推进固体废物源头减量和资源化利用，最大限度减少填埋量，将固体废物环境影响降至最低。目前，垃圾分类已全面推开，到 2020 年年底将在全国 46 个重点城市基本建成垃圾分类处理系统。

河北环境工程学院是我国最早开展环境教育的高校之一，在生态环境领域干部培训、专业人才培养方面久负盛名。何鑫、耿世刚、张庆瑞主编的《生活垃圾分类处理与资源化利用》，不仅处于国家“无废城市”建设大背景下，也恰逢《固体废物污染环境防治法》修订通过施行，可以说正当其时。书中既系统介绍了生活垃圾产生、分类收集、处理处置，也将分类收集、分类资源化利用的理念纳入其中，并且体现了“无废城市”建设以及园区化的理念，具有专业性、系统性及前沿性。相信此书不仅可以作为高等学校固体废物领域的教材，也可以作为各机构推进垃圾分类工作的重要参考文献。因此，特向广大读者推荐《生活垃圾分类处理与资源化利用》，期待其在推进国家“无废城市”建设和循环经济发展方面发挥更大的作用。

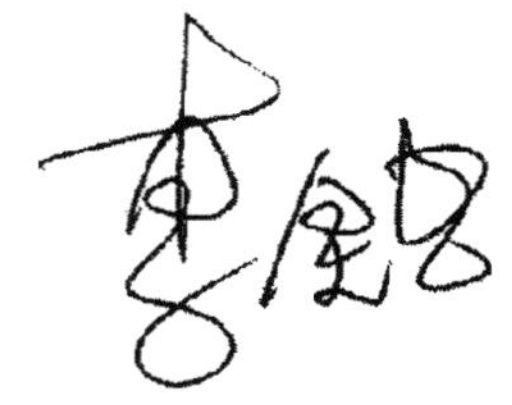

清华大学环境学院教授
巴塞尔公约亚太区域中心执行主任
中国环境保护产业协会固体废物处理利用委员会副主任兼秘书长
2020 年 7 月 20 日

前 言

2016年12月，习近平总书记在主持召开中央财经领导小组会议时提出“普遍推行垃圾分类制度”，使我国垃圾分类工作有了清晰蓝图，自此步入快车道。2018年11月，习近平总书记在上海考察时强调“垃圾分类工作就是新时尚”，对垃圾分类工作赋予很高定位，进一步提振了社会各界对垃圾分类工作的信心。2019年6月，习近平总书记指出“推行垃圾分类，关键是要加强科学管理、形成长效机制、推动习惯养成”，进一步阐明了垃圾分类的重大意义在于提升社会文明、带动绿色发展，核心问题在于促进全民参与、养成良好习惯。学校作为育人工作的重要媒介，肩负着人才培养、科学研究、服务经济社会发展和文化传承创新的重要职责，在推动垃圾分类工作中应该发挥示范引领作用，将垃圾分类工作与“育人”目标和生态文明教育结合起来，赋予其“立德树人”的深刻含义。

本教材在深入学习和认真领会习近平生态文明思想，进一步提升和深化对实行垃圾分类重要性和必要性的认识，分析当前主要发达国家生活垃圾分类处理与资源化利用技术的基础上，结合我国生活垃圾分类现状，全面阐述了生活垃圾分类处理与资源化利用技术，对承担培养人才和传播文明重任的学校如何推进垃圾分类工作具有重要的指导意义。

本教材2020年首次出版发行，是我国生活垃圾分类处理与资源化利用方面的首本高等院校教材。教材结合国内外最新科研进展及先进的工程技术与案例，系统地介绍了生活垃圾的基本特性、分类方法、收集储运、处置利用技术及相关政策法规等，内容可基本满足从事生活垃圾处理的工程技术人员的设计需要和环境类专业学生的学习需要，也可以为相关政府机关人员和社区工作者的决策起到辅助作用。此外，本教材的创新之处在于应用二维码技术使教材立体化，利用3D技术、AR增强现实技术、VR虚拟现实技术等虚拟仿真技术实现移动端、网络化等多维度操作，极大地丰富了教学应用模式和应用场景，有效地解决了教学过程中因时间、空间、教学资源等限制而造成的困扰和问题，使教材内容得到了极大的扩展和延伸，便于读者深入理解教材内容，为教育教学、人才培养提供了技术支持和保障。

本教材具体内容安排如下：第1章概述了我国生活垃圾的基本特性及污染状况，结合国外生活垃圾分类与处理经验，解读现行相关法律法规，对我国生活垃圾分类现状与发展过程进行深刻思考，剖析当前存在的问题；第2章基于生活垃圾可回收物质含量高难以资源化、可生物降解的有机物含量高难以减量化、渗滤液含量高难以无害化、垃圾热值低难以焚烧等问题，提出生活垃圾分类收集与转运处置技术；第3章对现有生活垃圾资源化利用率低的末端处理方式进行分析与总结，基于不同垃圾特性分类提出生活垃圾预处理技术；第4章对生活垃圾焚烧原理、影响因素、焚烧炉类型及处置方法，以及生活垃圾焚烧炉渣的资源化利用进行了系统分析；第5章阐述了生活垃圾卫生填埋场的渗滤液处理方法、填埋气的资源化利用现状，并针对填埋场封场后管理存在的问题进行深刻分析，探讨了目前较为先进的卫生填埋方法；第6章重点介绍了占我国生活垃圾比重较大的餐厨垃圾的预处理技术、厌氧发酵和好氧堆肥的资源化处理技术，并结合案例详细介绍了当前餐厨垃圾资源化处理技术；第7章针对我国生活垃圾中的畜禽粪便、农作物秸秆、污泥及废塑料的产生现状及处置技术进行分析，归纳总结了不同垃圾的资源化技术；第8章介绍了危险废物的管理与处理处置技术，探讨了危险废物固化/稳定化方法；第9章针对我国静脉产业园的兴起背景、现状格局、发展模式及现实困境，以及建设中的关键问题进行了梳理分析，在借鉴发达国家静脉产业发展经验基础上提出我国静脉产业园发展路径及方向。

本教材编纂工作由何鑫、耿世刚、张庆瑞负责总体设计，由河北环境工程学院教师编写团队完成。具体分工如下：第1章由何鑫、靳凤丹、梁磊编写；第2章由宋瑜、杨知勋编写；第3章由刘佳莉编写；第4章由杨知勋编写；第5章由杜洁、张俊谈编写；第6章由丁洁然编写；第7章由刘佳莉、何鑫编写；第8章由丁洁然编写；第9章由杜洁、张俊谈、巩如英编写。全书由何鑫、张颖超、殷博负责统稿工作。

本教材编写及出版得到了河北省科学技术协会的大力支持，在此致以衷心的感谢。本教材在编写过程中参考了许多国内外论著以及与固体废物处理和资源化相关的授课资料，对上述参考文献的作者一并表示衷心感谢！

本教材力求内容系统和全面，体现并突出新方法与创新特色。但限于编者的水平，教材中难免存在疏漏和不足之处，敬请读者提出宝贵意见和建议，对不妥之处提出批评指正。

目　录

第1章 绪 论

1.1 生活垃圾分类概述

1.1.1 生活垃圾分类的概念

我国经济和社会发展已进入第十三个五年规划，国民经济发展取得了卓越的成效，成功跻身为世界第二大经济体。但同时也应看到，随着城市化与工业现代化进程的加快，人民生活水平的不断提高，与日俱增的生活垃圾已成为威胁人居环境和制约城乡发展的一大问题，垃圾的处理方式也面临着前所未有的挑战。中国城市环境卫生协会统计数据显示，2016 年，全国城市生活垃圾年产生量近 3 亿 t，且每年仍以 8%~10% 的速度稳步增长，全国城市生活垃圾累积堆存量已达 70 亿 t，占地 80 多万亩。大量生活垃圾的产生使环境承载能力已达到或接近上限，生态环境污染问题已成为全面建成小康社会的突出短板。

生活垃圾的源头分类减量、末端无害化处置和资源化利用，是国际上生活垃圾收集与处理的主流方向。生活垃圾分类的定义可分为“狭义”和“广义”两种。“狭义”的生活垃圾分类是指从居民家庭、企事业单位等开始，按照垃圾的不同成分或性质进行分类投放的过程，多以居民家庭产生的生活垃圾为对象，重点聚焦在垃圾的收集环节。“广义”的生活垃圾分类是指从垃圾产生的源头开始，按照垃圾的组成、再利用价值及其对环境的影响，同时结合垃圾处理处置技术要求，将垃圾分类收集、贮存与转运，在垃圾处理终端使其最大限度资源化。此外，除了居民日常生活产生的垃圾外，“广义”的生活垃圾分类对象还包括以下垃圾：畜禽粪便、农作物秸秆、城市污泥、工业废弃塑料、建筑垃圾、餐厨垃圾、危险废物等。这使得生活垃圾来源广泛，形式分散，组成复杂。尽管生活垃圾分类名称各地不一，但本质相通，最终目的都是为实现垃圾资源价值与经济价值的最大化，同时减少其对环境的负面影响。

1.1.2 生活垃圾分类的重要性

生活垃圾引发的污染问题愈发凸显，随着公众对环境问题的关注度不断提升以及环保意识的觉醒，生活垃圾分类工作迫在眉睫。垃圾分类工作是习近平总书记高度重视、亲自部署、着力推动的牵着民生、连着文明的“关键小事”。2016 年 12 月，习近平总书记在主持召开中央财经领导小组会议时提出“普遍推行垃圾分类制度……要加快建立分类投放、分类收集、分类运输、分类处理的垃圾处理系统，形成以法治为基础、政府推动、全民参与、城乡统筹、因地制宜的垃圾分类制度”，使我国垃圾分类工作有了清晰蓝图，自此步入快车道。2018 年 11 月，习近平总书记在上海考察时强调“垃圾分类工作就是新时尚”，对垃圾分类工作赋予很高定位，寄予深切期望，进一步提振了社会各界对垃圾分类工作的信心。2019 年 6 月，习近平总书记指出“推行垃圾分类，关键是要加强科学管理、形成长效机制、推动习惯养成”，进一步阐明了垃圾分类的重大意义在于提升社会文明，促进全民养成内在有共识、外在有约束的文明习惯。正如叶圣陶先生所说，“教育是什么？往简单方面说，只需一句话，就是养成良好的习惯”。清华大学固体废物控制与资源化教研所所长刘建国教授指出，生活垃圾分类是一个环环相扣的完整链条、复杂艰巨的系统工程、分工合作的责任体系，也是一个循序渐进的动态过程，垃圾分类不仅要分清，还要高质量利用。要确保垃圾分类这项系统性、持续性的工作开展得有声有色，关键要确保每个人从源头上积极参与分类工作。此外，强制生活垃圾分类还需要配备必要的监管措施或完善相关服务体系以促进良好习惯的养成。生活垃圾分类看似是随手扔垃圾的“小事”，却是一项重大民生工程，关乎生态文明建设大局。因此，开展垃圾分类工作，最大限度地对垃圾有价值部分进行资源化利用可有效缓解资源短缺，顺应可持续发展理念下的低碳 - 循环经济的耦合发展，有利于提升国民素质，推进社会文明，实现生态效益、经济效益和社会效益的“三赢”。

1.1.3 生活垃圾分类应以资源化为导向

生活垃圾具有固体废物的二重性，随时空的变迁具有相对性，兼具废物与资源的双重特性：时间性（今天是废物，明天是资源）与空间性（这里是废物，那里是资源）。近年来，“垃圾是放错地方的资源”这一观点在“循环经济”的旗帜下成了一句引用率非常高的流行语。生活垃圾的资源化主要包括对其物质及能量的回收，其中的有机质可经能源化转化为电或生物燃气，营养物质可进行肥料化或制备土壤调理剂，无机矿物质可经建材化成为替代建筑材料。可以看出，生活垃圾确有其内在的资源属性，但首要属性还是其作为污染源的特性。从环保角度来看，生活垃圾是对环境产生污染的一种物质，其对环境的负面影响主要表现为大气污染、水污染、土壤污染、生态破坏等，其中，大气、水、土壤、生态等是环境介质和污染对象；从经济学角度考量，它是一种负价值“商品”，即对其进行处理的同时都需要支付一定的处理成本。垃圾变废为宝也是“有条件的”，垃圾中可用部分应进行资源化回收利用，余下不可用部分则需依据其组成特点进行相应的安全处理处置，如进行填埋、焚烧等。此外，生活垃圾的污染性与资源性并存，作为污染源加以治理时要考虑其内在的资源属性，作为资源加以利用时要考虑其内在的污染源属性，二者互为辩证，不可分割。生活垃圾作为资源具有高附加值，回收利用其中蕴含的资源能源支撑循环经济发展，“资源化”在废物管理中需要优先考虑，但必须实现经济、社会、环境效益的平衡；生活垃圾作为污染源影响环境质量、人体健康与社会的和谐稳定，其产生的危害具有持久性、隐蔽性与复杂性。因此，生活垃圾源头分类与末端资源化利用相辅相成，做好生活垃圾分类收集工作，必须坚持以资源化利用为导向。

1.2 生活垃圾产生现状及污染特性

1.2.1 产生现状

近几年，由于再生资源回收行业进入阶段性低谷，再生资源回流进生活垃圾系统成为常态，同时由于快递物流等服务业的飞速发展，我国生活垃圾的产生量呈明显上升趋势；且随着社会经济不断发展和人民物质生活水平不断提高，未来我国生活垃圾产生量仍会保持持续增长态势。

2019 年，全国 600 多座城市（除县城外），已有 2/3 的大、中城市陷入垃圾包围之中，150 个城市无地可埋，垃圾围城现象日趋严重[1]。根据生态环境部《2019 年全国大、中城市固体废物污染环境防治年报》，2018 年全国 200 个大、中城市生活垃圾产生量为 21 147.3 万 t，人均年产垃圾 300 kg[2]。其中，北京以生活垃圾产生量为 929.4 万 t 位居第二，且自 2013 年以来，北京市生活垃圾产生量持续增长，年增长率约保持为 6.9%[3]。根据上海环卫系统统计，2017 年上海生活垃圾清运量为 899.5 万 t，占全国总量的 4.4%，是除北京以外生活垃圾产生量最大的城市[4]；而《2019 年全国大、中城市固体废物污染环境防治年报》中显示：2018 年，上海生活垃圾产生量达 984.3 万 t，超过北京成为全国生活垃圾产生量最大的城市。其他城市如广州、重庆日产生活垃圾总量约 2 万 t，成都、苏州、杭州等地每日也产生超 1 万 t 生活垃圾。

“垃圾分类，农村也要有行动”，农业农村部指出，农村生活垃圾问题和城市有所不同，无论是组成成分还是处理方式都有不同特点。目前，我国农村生活垃圾的产生量已超过 1 亿 t，达到城市生活垃圾产生量的 75%，并且以 8% ~ 10% 的速度持续增长。而不同地区农村生活垃圾产生量存在较大差异，人均约为 0.79 kg/d[5]。相较于城市，我国农村地广人稀，政府部门对其重视程度不够，基础设施薄弱，缺少垃圾桶、垃圾箱等基本收集设施，缺乏成熟的垃圾处理服务，导致农村居民只能将生活垃圾随意倾倒，或采取卫生填埋、简易焚烧、露天堆放等形式，农村地区生活垃圾处理现状不容忽视。

1.2.2 污染特性

生活垃圾的首要属性是污染物。从物质属性来说，生活垃圾主要是由碳、氢、氧、氮、硫、钙、硅、铁、铝等元素组成的有机物和无机物；从环境保护角度来说，生活垃圾在分类收集、运输处置、资源回收等各个环节中都会对环境产生一定程度的污染。其污染特性可分为以下几点：

（1）日常性

人口数量随着城镇的发展不断增多，由此产生的生活垃圾量也逐渐增多，短时间内生活垃圾的产生量会持续增长。除此之外，经济发展水平、消费结构也是主要的影响因素，使得生活垃圾的产生具有日常性，从而对环境和人们的生活产生持续的影响。

（2）复杂性

生活垃圾分类是根据垃圾的组成成分将垃圾分门别类地分离开来，是垃圾处理中最有技术含量的一个环节。不同国家、同一国家的不同地区垃圾分类的方法和要求不尽相同。例如，日本主要城市垃圾源头分类都在10类以上，在东京市中心的23个特别区（相当于上海市中心城区），家庭源头分类甚至达到15～20类，可见垃圾的组成成分相当复杂。在我国，不同地区村镇与对应城市的生活垃圾组成也同样存在差异。据调查，各地区村镇生活垃圾组成相差较大，相同行政区域城市与村镇生活垃圾组分差异相对较小。村镇生活垃圾中，厨余垃圾、玻璃、金属及灰土砖瓦陶瓷类成分占比高于城市生活垃圾[6]。

复杂的组成成分导致生活垃圾的含水率和热值等理化性质也存在多样性，同时其复杂性还体现在与后端垃圾处理系统的协调配套上。抽样调查表明，生活垃圾的含水率和热值呈现显著负相关[7]。厨余垃圾中过高的有机质含量和含水量不利于原生垃圾直接进入焚烧厂或者填埋场，而根据我国2000年印发的《城市生活垃圾处理及污染防治技术政策》：采用焚烧处理的垃圾平均低位热值应高于5 000 kJ/kg。所以分离厨余垃圾中高含水率、易降解的垃圾进行厌氧发酵或者好氧堆肥生物处理，低含水率、高热值的垃圾组分进行焚烧发电，残渣进入填埋场处置的机械-生物处理方法是我国生活垃圾处理技术路线优化的主要发展方向。

（3）广泛性

生活垃圾长期露天堆放或者直接填埋，产生的渗滤液若未经妥善处理，其中的有害成分在迁移过程中，经土壤吸附和其他作用，在土壤固相中呈现不同程度的积累，导致土壤成分和结构的改变，进而对土壤中生长的植物产生污染，污染严重的土地甚至无法耕种。同时生活垃圾在运输、处理过程中，如果缺乏相应的防护和净化措施，则会产生粉尘等污染。例如，焚烧处理过程将面临焚烧尾气与飞灰污染问题；而未经处理的生活垃圾经过挥发和化学反应释放出有害气体，也严重影响了大气质量。

如果将生活垃圾直接排入河流、湖泊或露天堆放的垃圾随地表径流流入水体，水体可溶解出垃圾中的有害成分，从而污染水质；堆肥过程中产生的未经妥善处理的渗滤液含有高浓度悬浮固态物和各种有机与无机成分，进入地下水或浅蓄水层，将导致严重的水源污染，而且很难得到治理。最终，进入环境中的有害物质经由呼吸道、消化道或皮肤进入人体，严重危害人体健康。

1.3 生活垃圾分类现状

2017 年，我国发布了《生活垃圾分类制度实施方案》，其中提到生活垃圾的三个分类：有害垃圾、易腐垃圾、可回收物。实际上，在我国生活垃圾一般依据“四分法”原则分为四大类：可回收垃圾、厨余垃圾（易腐垃圾）、有害垃圾和其他垃圾。其中，可回收垃圾包括废纸张、废塑料、废玻璃制品、废金属、废织物等适宜回收、可循环利用的生活废弃物；厨余垃圾包括剩菜剩饭、骨头、菜根菜叶等在食品加工过程中形成的易腐垃圾；有害垃圾包括废电池、废日光灯管、废水银温度计、过期药品等，这些垃圾需要特殊安全处理；其他垃圾包括除上述几类垃圾之外的砖瓦陶瓷、渣土、卫生间废纸等难以回收的废弃物。

除大部分城市采用“四分法”原则外，上海、邯郸采用了干、湿垃圾概念，将生活垃圾分为可回收垃圾、有害垃圾、干垃圾和湿垃圾四大类；天津原则上采用干、湿垃圾“两分法”，未将有害垃圾明确列出；而福州采用的“五分法”是在“四分法”的基础上将大件垃圾单独列出。

近年来，我国加速推行垃圾分类制度，全国垃圾分类工作由点到面、逐步启动、成效初显，46 个重点城市先行先试，推进垃圾分类取得积极进展。2019 年 6 月，习近平总书记对垃圾分类工作作出重要指示。习近平总书记强调，实行垃圾分类，关系广大人民群众生活环境，关系节约使用资源，也是社会文明水平的一个重要体现。

1.4 生活垃圾管理的法律法规及方式方法

1.4.1 国外垃圾管理的法律法规及方式方法

1.4.1.1 日本

日本是世界上垃圾分类处理最好的国家之一，垃圾处理技术已达到世界先进水平。但日本的垃圾分类处理也经历了从简单的混合收集填埋处理到分类收集焚烧减量化处理，再到循环再利用的发展阶段。

日本的生活垃圾处理法律法规制度可以追溯到江户时代（1603—1868 年）。这一时期，江户（东京旧称）较早实现了垃圾的集中投放、收集和搬运；垃圾处理专业组织——“水道漂浮垃圾清理机构”的出现，实现了垃圾处理行业的垄断；与此同时，专业的垃圾监管机构的出现展现了日本垃圾行政的一个初期形态。明治33年（1900年）颁布的“基本法”——《污物扫除法》真正确定了日本垃圾行政管理的初步形态，昭示了垃圾分类的开始，同时也明确规定焚烧处理为法定垃圾处理方法，可以说是一部具有关键意义的解读日本生活垃圾处理与资源回收制度的法律。第二次世界大战以后，针对日益严重的生活垃圾问题，日本政府先后制定了三个层次的法律[8]：第一层次是2000年12月公布的基本法——《循环型社会形成推进基本法》，该法提出了建立循环经济社会的根本原则，明确规定了国家、地方政府、企业和一般国民在处理“循环资源”中所应承担的责任；第二层次是综合性的两部法律——《促进资源有效利用法》和《固体废物管理和公共清洁法》；第三层次是根据各种废弃物的性质规定的具体法律法规，如《家用电器回收法》《废弃物处理法》《促进容器与包装分类回收法》等。

完整的法律体系使日本的垃圾分类工程变为一个系统工程，在集合了公民参与、企业加盟和政府决策等多方面的努力下，当代日本的垃圾分类处理工程呈现出精细化、精确化、精明化的特点。

（1）精细化——垃圾分类规则严苛

与其他国家相比，日本的垃圾源头分类更加精细化，主要城市一般都在10类以上。以京都市为例，家庭分类源头能达到20类以上，除可燃垃圾、食品饮料容器、小件金属、塑料容器包装、废纸及可回收纸类、废旧家电、大型垃圾、资源物、需携带至清洁中心的垃圾和市区内不能回收的垃圾等几大类外（图1-1），资源物还可以分为18小类（表1-1）。这样高度精细的源头分类，节省了后续处理处置的人力和物力资源。

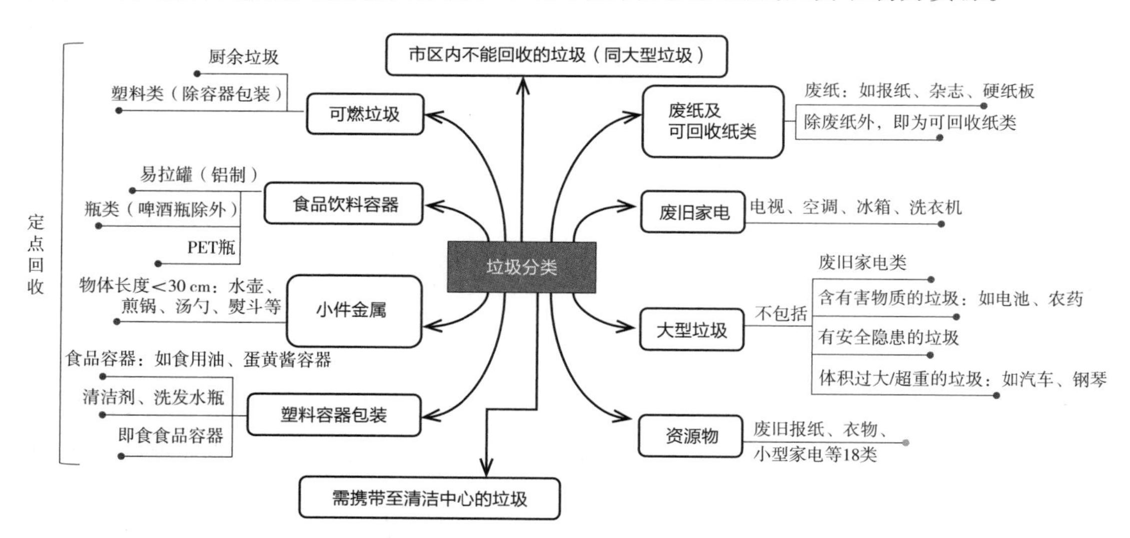

图1-1 日本京都市垃圾分类示意图

表 1-1　日本京都市生活垃圾资源物分类（共计 18 类）

回收品类	主要回收地点			
	区政府办公室 8：30—17：00（周六日一、新年假期除外）	东京回收站 9：00—17：00（新年假期除外）	城市美化办公室 9：00—16：30（周六日、新年假期除外）	移动据点回收（随时执行）
废纸（报纸、纸箱）	一月两次	○	○	○
杂志、纸箱、纸盒	一月两次	○	○	○
纸盒（>500 mL）	○	○	○	○
天妇罗油	○	○	○	○
旧衣服（＜ 5 袋）	一月两次	○	○	○
干电池	○	○	○	○
纽扣电池	○	○	○	○
充电式电池	○	○	○	○
荧光管	○	○	○	○
水银体温计 / 血压计	○	○	○	○
小型家电	○	○	○	○
存储介质	○	○	○	○
墨盒	○	○	○	○
瓶子	○	○	○	○
刀具类	—	○	○	○
一次性打火机	○	○	○	○
陶瓷餐具	—	—	—	○
定期修剪的树枝	—	—	—	○

注：○表示回收；—表示不回收。其中，纸质类废品要求无脏污或洗净，小型家电规格须在 30 cm × 40 cm × 40 cm 以内，存储介质包括磁盘、CD 等，瓶子（除 1 L 瓶和啤酒瓶）为可回收垃圾。

（2）精确化——垃圾回收制度严格

在生活垃圾回收方面，日本主要采取定时定点回收，按人口居住情况划分区块，设立投放点，并且要求居民严格按照规定日期投放垃圾，如可燃垃圾的回收时间为每周一、周三、周五，废纸类垃圾的投放时间为每周二，每月的第四个周一可以扔不可燃垃圾。如果错过了投放时间，只能等到下个投放日。如此细致严格的家庭源头分类工作让日本民众备感麻烦，但是政府印制了极为详细、清楚明了、形象生动的分类手册发给居民，同时设立明确的奖惩制度，双管齐下的方法使居民逐渐适应了如此精细的垃圾回收方法，慢慢养成了生活习惯。

（3）精明化——垃圾回收利用模式明确

由于源头垃圾分类质量高，每一类垃圾都有明确的处理模式和路径，垃圾处理厂可省去机械化分选过程，降低了设备投资和运营维护成本；而进入末端处置环节的垃圾杂质少、热值高，有利于材料或能量的回收，焚烧后产生的有害物质也更少，环境质量能够得到更好的保证。例如，东京的不可燃垃圾主要采用破碎和分拣的方式进行处理，其中对铝、铁等资源物质进行拣选回收，其余破碎细化减少容积后填埋处理。对于大件垃圾，首先在接收堆放场通过人工方式进行拣选，将诸如木质家具等可燃垃圾和废旧自行车等不可燃垃圾进行拣选，其余的垃圾进行破碎，破碎后的残余物可以焚烧的部分送焚烧厂，不适合焚烧的部分送填埋场[9]。

日本在垃圾分类处理方面有完整的法律法规体系，框架完整、内容详细、严谨细致，是垃圾处理有条不紊、高效顺畅实施的保证，为整个垃圾分类体系奠定了明确的理论基础；同时政府、企业和国民的共同参与，也为日本垃圾分类处置的世界先进水平奠定了扎实的社会基础。

1.4.1.2 美国

美国作为世界上经济最发达的国家，先后经历了工业革命以及科技与经济的迅猛发展，也曾不可避免地被垃圾问题困扰。但是资料数据显示：美国垃圾产量经历了从逐渐增长（1960—2007 年）到缓慢回落的趋势，这得益于美国致力于实施垃圾分类和推广“零废弃运动”。在美国，垃圾回收作为一种产业，在经济结构中占有相当重要的地位。

（1）政企合作

在美国，垃圾回收分类处置由政府指导，与企业合作进行。例如，纽约市的城市垃圾主要分为居民垃圾和商业垃圾两大类，居民垃圾由纽约环境卫生部门负责，而商业垃圾需要商业所有者自行与垃圾收集企业签订合同，付费获得服务，在纽约提供垃圾收集服务的企业有上千家。旧金山市则是由城市环境局制定零废弃政策，并与城市垃圾服务提供商合作开发项目和技术，来努力实现垃圾的减量。在这样的合作关系下，政府主要负责项目的推广教育和政策执行，而企业则负责垃圾的分类收集、分类运输、分类整理及部分处置。高效的体系、专业的研究人员、政府决策与资本的有力结合，为美国垃圾回收处置产业奠定了基础，提供了完善的框架。

（2）法制健全

美国关于城市垃圾污染防治的立法没有仅局限在某一特定法律中，而是体现在很多法律法规中。在固体废物方面，《固体废物处置法》（*Solid Waste Disposal Act*）是针对固体废物污染处置和管理的主要法律，于 1965 年制定，随后在 1976 年美国国会对其进行修订，并改为《资源保护与回收法》（*Resource Conservation and Resource Act*，RCRA），囊括了各类固体废物污染的相关规定，是一部较为完整成熟的污染防治立法；同时在《资源保护与回收法》中关于危险废物的制造、运输、管理、贮存和处置过程也做出了相关法律规定。在清洁生产方面，美国致力于从源头改变所使用的产品和原材料来减少垃圾产量，并颁布了《污染防治法》（*Pollution Prevention Act*，PPA）。在电子垃圾方面，则是各个州根据本州电子垃圾产生情况来制定合适的法律法规，并没有形成全国范围内的立法。截至 2014 年已有包括得克萨斯州、新泽西州和华盛顿州在内的 24 个州通过了关于电子垃圾回收方面的立法，针对生产者提出了责任延伸制度。由此可见，在电子垃圾污染防治方面，美国各州倾向于垃圾回收和再利用[10]。

（3）奖罚并行

行之有效的法律法规制度离不开奖惩分明的措施和方法。垃圾是每个人生产生活过程中的必然产物，垃圾分类系统以及后续的处理设施也需要耗费大量的资金，这将导致社会推动垃圾分类的成本过高且难以持续。所以，美国实行垃圾计量收费，即根据地方当局统计的废物量（重量或大小）向用户收取费用，也就是说扔得越多，收得越多。在加利福尼亚州，容量小于 24 fl.oz① 的商品，5 美分 / 个；大于等于 24 fl.oz 的商品，10 美分 / 个（适用于塑料、铝、双金属和玻璃容器，包括盛装啤酒、葡萄酒和蒸馏酒以及所有非酒精饮料的容器，不包括盛装牛奶、容量大于 46 fl.oz 的 100% 纯果汁、容量大于 16 fl.oz 的蔬菜汁的容器）。而在旧金山则实行严格的差别费率，据旧金山城市环境局网站统计：一个大型旅馆如果严格按照垃圾分类的标准实施，一年可以节约垃圾处理费用 10 万余美元。除了用户付费和差别收费，美国各州也使用奖励和鼓励的辅助手段来宣传推动垃圾分类。例如，在包括加利福尼亚州、康涅狄格州等在内的 10 个州推行“瓶子账单”：零售商从经销商处购买产品时为其购买的每个饮料容器支付押金，押金包含在商品价格中传递给消费者，消费者在零售或兑换中心回收适当处理用过的饮料容器，获得退款，同时零售商从经销商处收回押金。除瓶子外，美国许多家居装修店都有针对节日彩灯、电线、金属链条和电缆等废弃物的回收计划，一般也会支付一定的报酬。费城则从 2004 年起实行生活垃圾源头分类直接奖励办法，居民按照分类要求将可回收物分别放到带有户主姓名的容器内，再由垃圾收集车将其运往工厂统一分拣，政府每月按每户居民回收垃圾数量发放购物或餐饮代金券。

（4）科学引导

事实上，美国城市居民的垃圾分类相对比较简单，仅仅包括了生活类垃圾、可回收垃圾和绿色植被垃圾。垃圾桶按颜色划分职能，不同城市可能规定不同，但都会区分普

---

① 1 fl.oz=29.57 mL。

通垃圾、可回收物，再细分为塑料废品、有害物品、园林垃圾等。比较常见的有黑色垃圾桶，主要盛放一般垃圾，如厨余垃圾、瓷器、冷冻食物盒、餐巾纸，还有便利贴、胶带等有黏性的物品；蓝色垃圾桶盛放可回收物，如纸盒、纸箱、易拉罐和玻璃制品等；绿色垃圾盛放园林垃圾，在美国，一般家庭都有庭院，而房主往往热衷于剪草、修枝、种花等休闲活动，会产生大量的园林垃圾。这些垃圾桶都配有清晰的分类图标，直观地展示了各类垃圾的组成物。考虑到发给居民及商户的宣传单及贴在桶上的标识可能会存在丢失或者损坏的情况，在各州的城市环境局网站上也可以随时查询各类垃圾的主要构成、回收方式以及注意事项等。这样清晰、方便的信息查询也是一种非常重要的服务与引导。

1.4.1.3 德国

在德国，每人每年大约产生生活垃圾 617 kg[11]，这一数字远超欧盟标准（481 kg），可以说德国是名副其实的垃圾制造大国。21 世纪以来，德国垃圾分类回收秉持“低碳循环”的理念，努力打造由“源头控制—垃圾分类—垃圾回收—资源再利用—垃圾处理处置”五个环节组成的垃圾循环链，以保证垃圾分类以低能耗、低污染、低排放和高效率、高效能、高效益为特点的减量化资源化模式发展。

（1）完备的法律法规框架

据统计，德国各州关于环保的法律法规有几千部，关于垃圾管理方面的法律有 800 多项，以及近 5 000 项相关的行政条例[12]。1972 年，德国实施第一部有关垃圾处理的联邦法律——《废弃物处理法》，该法律后经多次修订，德国也由此真正涉及垃圾的源头减量化、分类收集和回收再利用。1991 年 6 月，德国政府颁布了世界上第一部由生产者负责包装废物处置的法律——《废物分类包装条例》，规定生产者和经营者应对进入流通领域的包装物负责。1996 年，德国政府将循环经济理念引入《循环经济法与废弃物处理法》，该法制定了源头责任化方针，规定产品产生者对商品负责，形成了生产者须对产品报废负责的闭合行为。这促使企业寻求先进的生产工艺和绿色可回收的原材料，尽可能地减少垃圾的产生和提高资源的再利用率。面对 2017 年以来亚洲各国相继出台一系列“洋垃圾”入境禁令的新形势，德国政府于 2019 年对《包装管理条例》进行了修订。修订后的条例提高了各类包装材料的回收目标，并鼓励采用可重复使用的包装，同时不遵守条例的惩罚加重，最高将面临 5 万欧元的罚款和销售禁令。

（2）细致的垃圾分类原则

德国是世界上垃圾分类收集工作做得最好的国家之一，生活垃圾分类已成为居民的一种生活习惯，并逐渐规模化、制度化。德国的生活垃圾划分十分细致，大致可分为有机垃圾（厨余垃圾、园林垃圾）、废纸、玻璃（按颜色分别回收）、废旧塑料包装、废电池、大型垃圾、废旧家电和危险垃圾等。在生活垃圾投放区，不同颜色的垃圾箱代表着不同的垃圾，如棕色投放有机垃圾，蓝色投放废旧报纸、杂志，黄色则专门投放铝、铁、塑料等轻型包装材料。2014 年的一项社会调研数据显示，90% 的德国人会自觉遵守垃圾分类规则，细致的垃圾源头分类可以减少垃圾处理量和处理设备，降低处理成本，减少土地资源的消耗。2014 年，德国 60% 的生活垃圾得到了回收再利用，65% 的生产性垃圾和超过 87% 的产品包装以及建筑垃圾得到了循环利用[13]。

（3）双向垃圾收集系统

德国的垃圾收集系统分为收和送。在居民区，一般被划分为分散型居民区与密集型居民区。在分散型居民区，居民以户为单位，向垃圾清运公司租用各色垃圾箱；在密集型居民区，设立四周密闭式垃圾点，居民凭借钥匙出入，以确保垃圾分类的监管。德国的垃圾分类回收采取如下方式：一般的居民生活垃圾，如纸张、玻璃、轻质包装物、有机垃圾等有回收价值的垃圾，居民不必为其缴纳处理费；对于大型家具、废旧电器与园艺垃圾的回收，则采取定时定点回收模式，市民根据垃圾清运时间表，将指定的大型垃圾放置到规定地点，由地方环境管理机构集中回收；对于废弃玻璃和旧衣物的回收，居民将其分类送至指定的垃圾回收点；废电池的回收由销售商负责，居民将废电池送至销售场所设置的废电池回收箱。此外，还有一部分垃圾可以直接用来兑换欧元。根据德国政府对一次性饮料瓶等容器实行的强制押金制度，每个塑料瓶或易拉罐都含有 0.15 ~ 0.25 欧元的押金，居民将空瓶主动退回回收机构则获得押金。

（4）社会组织的积极参与

德国政府始终将垃圾分类处理事业定义为准公共事业，许多社会组织为生活垃圾分类回收做出了巨大贡献。德国回收利用系统股份公司（DSD 公司）是由许多民办包装企业合办的、具有中介性质的一家包装材料回收公司。根据德国《废物分类包装条例》，DSD 公司加紧推行回收再利用的“绿点计划”。该计划规定，德国生产及经营企业要注册成为其会员企业，然后根据所产生垃圾的再利用难易程度缴纳一定比例的使用费，从而获得在其产品上标注“绿点标志”的权利。这些使用费将用于垃圾回收、清理、分拣和循环再生利用。德国绿点系统如图 1-2 所示。除包装协会外，德国汽车工业联合会、纺织服装工业联合会、机械工业联合会等 80 多个行业协会、商会组织都不同程度地成为落实德国城市生活垃圾减量化和分类管理制度的重要实施力量[14]。

1.4.1.4 小结

总之，纵观发达国家的生活垃圾分类管理和技术处理路线，可将其划分为三种模式[15]：日本模式为以“精”为基础的分类管理和焚烧发电加炉渣填埋的处理方式；美国模式以经济产业为出发点，采用简单分类和填埋为主、焚烧为辅的处理方式；德国模式则以循环为目的，以机械 - 生物处理为特色，焚烧发电与生物处理相结合，剩余惰

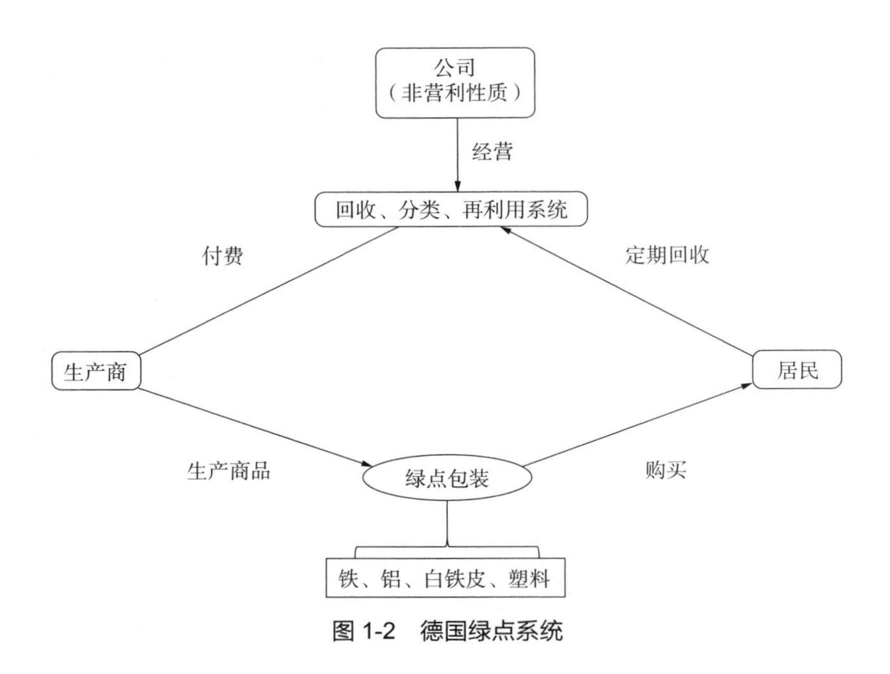

图 1-2 德国绿点系统

性残渣填埋。这三种模式之所以能够成为这些国家的主流模式，主要是由各国的自然社会经济条件和垃圾特性所决定的。由于我国自然社会经济条件在地域上分布不均衡，在当前基本国情下我们应取其所长，综合借鉴。在土地紧张、环境敏感、经济发达的大城市，如北京、上海、深圳、广州、苏州等，推行日本模式已经逐步成为现实；在土地相对丰富、环境敏感度不高、经济相对欠发达的地区，推行美国模式较为可行，这也是目前我国大部分区域生活垃圾处理的基本格局。而借鉴德国模式则是我国生活垃圾处理技术路线优化的主要发展方向，这是因为我国生活垃圾中易生物降解的厨余垃圾有机质含量和水分含量都高达 50% ~ 65%，直接进入焚烧厂或者填埋场，资源能源回收利用效率难以持续提高，渗滤液和恶臭气体等二次污染难以得到有效控制。借鉴德国模式，先将高含水率、易降解的厨余组分从垃圾中分离出来，再进行厌氧发酵和好氧堆肥，使整体资源能源转化效率较高。

然而对发达国家而言，严格的环境标准与较高的劳动力成本意味着废物处理费用高昂，出口至发展中国家无疑是一种更为经济的方式。有数据显示，2016 年美国 2/3 的废纸出口到了中国，总价值超过 22 亿美元；中国回收了欧盟 87% 的再生塑料；英国每年向中国出口 270 万 t 废塑料，占英国塑料垃圾产量的 2/3；中国每年向澳大利亚进口 61.9 万 t 可回收材料，价值 5.23 亿美元[16]。中国是世界最大的垃圾进口国，“洋垃圾”已经成为一项大宗交易品，这是因为来自国外的固体废物里提取的制造业原材料成本低于直接生产的工业原材料成本，大量的“洋垃圾”进口产生巨大的利润空间；并且进口垃圾需要大量人工分拣，无业的底层民众获得了大量的就业机会。不过，随着人们的环保意识不断提高，发展中国家追求美好生活环境和生态环境的愿望与日俱增，对严重污染环境的“洋垃圾”只能“零容忍”。2017 年 7 月 18 日，环境保护部向世界贸易组织（WTO）递交通知，宣布从 2017 年年底起，中国将禁止进口包括废金属、废弃纺织原料、未经分类的废纸等在内的 4 大类 24 种“洋垃圾”。“洋垃圾”何去何从成为发达国家面临的一个新的挑战。

1.4.2 我国垃圾管理法律法规

1.4.2.1 国家层面的法律法规和政策规定

20 世纪 90 年代，我国开始构建城市生活垃圾分类处理处置法律体系，并逐步形成了以《宪法》中关于环境保护相关法条为基础，包括环境保护基本法、污染物防治法、国家各部委相关政策以及地方性法规与其他污染物防治标准和规定在内的法律法规体系。2017 年 10 月，党的十九大报告明确指出，党的十八大以来的五年，我国生态文明建设成效显著。生态环境治理明显加强，城乡环境面貌也得到大幅改善，城乡一体化收运体系逐步完善，城乡生活垃圾处理设施建设加快，无害化处理水平稳步提高，生活垃圾分类理念深入人心。我们要坚定不移地贯彻创新、协调、绿色、开放、共享的发展理念来面对生活垃圾处理行业的各种困难和挑战。“十三五”以来，我国生活垃圾处理行业快速发展的趋势不变，政府管理范围扩大，企业盈利模式成熟，社会资本大量涌入。各项政策的密集出台，将为行业带来短期的变化和长期更深远的变革，有力地推动了我国垃圾分类处理处置工作继续向减量化、资源化和无害化方向发展。

（1）国家法律政策沿革

1989 年 12 月，我国颁布并实施了《环境保护法》，这是我国环境保护方面的基本法，在生活垃圾管理立法体系中占据着核心地位。此后经过多次修订，2014 年第八次修订版中第四章关于防治污染和其他公害的基本制度和原则是城市生活垃圾管理与污染防治的立法基础。1992 年国务院签发的《城市市容和环境卫生管理条例》是系统地对城市固体废物进行管理的法令，并在 2011 年修订版中指出“城市生活废弃物应做到逐步分类收集、运输和处理”。1995 年 10 月，《固体废物污染环境防治法》颁布，2020 年 4 月 29 日由第十三届全国人民代表大会常务委员会第十七次会议第二次修订通过，自 2020 年 9 月 1 日起施行。

2008 年颁布并于 2018 年修订通过的《循环经济促进法》宽泛地提出了在生产生活中要减少垃圾的产生量并鼓励进行资源回收再利用。2009 年 12 月修订的《可再生能源法》第三章第九条也提出需对包括生物质能（是指利用自然界的植物、粪便以及城乡有机废物转化成的能源）在内的可再生能源进行开发利用，并实行经济鼓励和监管监督并行的政策。2013年国务院印发的《循环经济发展战略及近期行动计划》中明确要求，到2015年，我国要构建起完整的再生资源回收体系，垃圾分类工作取得明显进展。

2016年以来，《国民经济和社会发展第十三个五年规划纲要》为生活垃圾分类处理处置行业新的五年奠定了稳固的基石，加速形成了政府和社会共同推动行业发展的良好氛围。

（2）部委职能与政策

20世纪80年代以来，我国生活垃圾分类处置从单一政府部门的管理走向各个部门与企业共同合作的整体管理阶段。2011年，为进一步认识城市生活垃圾处理的重要性和紧迫性，国务院批准住房和城乡建设部（简称住建部）、环境保护部等16个部委联合发布《关于进一步加强城市生活垃圾处理工作的意见》，明确了生活垃圾管理上各部门的分工：住建部负责城市生活垃圾处理行业管理，牵头建立城市生活垃圾处理部际联席会议制度，协调解决工作中的重大问题，健全监管考核指标体系，并纳入节能减排考核工作；环境保护部负责生活垃圾处理设施环境影响评价，制定污染控制标准，监管污染物排放和有害垃圾处理处置；国家发展和改革委员会（简称国家发改委）同住建部、环境保护部编制全国性规划，协调综合性政策；科学技术部会同有关部门负责生活垃圾处理技术创新工作；工业和信息化部负责生活垃圾处理装备自主化工作；财政部负责研究支持城市生活垃圾处理的财税政策；国土资源部负责制定生活垃圾处理设施用地标准，保障建设用地供应；农业部负责生活垃圾肥料资源化处理利用标准制定和肥料登记工作；商务部负责生活垃圾中可再生资源回收管理工作。

主要相关政策如下：

1）《关于公布生活垃圾分类收集试点城市的通知》（建设部，2000年）

2）《城市生活垃圾分类及其评价标准》（建设部，2004年）

3）《城市规划编制办法》（建设部，2005年）

4）《中国城乡环境卫生体系建设》（建设部，2006年）

5）《城市生活垃圾管理办法》（建设部，2007年）

6）《商品零售场所塑料购物袋有偿使用管理办法》（商务部、国家发改委、工商总局，2008年）

7）《关于组织开展城市餐厨废弃物资源化利用和无害化处理试点工作的通知》（国家发改委、住建部、环境保护部、农业部，2010年）

8）《关于进一步加强城市生活垃圾处理工作的意见》（住建部、环境保护部等，2011年）

9）《关于集中开展限制生产销售使用塑料购物袋专项行动的通知》（国家发改委、工业和信息化部等，2011年）

10）《关于印发循环经济发展专项资金支持餐厨废弃物资源化利用和无害化处理试点城市建设实施方案的通知》（国家发改委、财政部，2011年）

11）《固体废物进口管理办法》（环境保护部、商务部等，2011年）

12）《关于开展生活垃圾分类示范城市（区）工作的通知》（住建部、国家发改委等，2014年）

13）《关于全面推进农村垃圾治理的指导意见》（住建部等，2015年）

14）《住房城乡建设事业"十三五"规划纲要》（住建部，2016年）

15）《关于进一步鼓励和引导民间资本进入城市供水、燃气、供热、污水和垃圾处理行业的意见》（住建部、国家发改委等，2016年）；

16）《关于进一步加强城市生活垃圾焚烧处理工作的意见》（住建部、国家发改委等，2016年）

17）《可再生能源发展"十三五"规划》（国家发改委，2016年）

18）《"十三五"全国城镇生活垃圾无害化处理设施建设规划》（国家发改委、住建部，2016年）

19）《生活垃圾分类制度实施方案》（国家发改委、住建部，2017年）

20）《关于生活垃圾焚烧厂安装污染物排放自动监控设备和联网有关事项的通知》（环境保护部，2017年）

21）《循环发展引领行动》（国家发改委、科技部等，2017年）

22）《关于开展生活垃圾焚烧处理设施集中整治工作的通知》（住建部，2017年）

23）《关于规范城市生活垃圾跨界清运处理的通知》（住建部、环境保护部，2017年）

24）《关于开展第一批农村生活垃圾分类和资源化利用示范工作的通知》（住建部，2017年）

25）《关于政府参与的污水、垃圾处理项目全面实施PPP模式的通知》（财政部、住建部、农业部、环境保护部，2017年）

26）《关于加快推进部分重点城市生活垃圾分类工作的通知》（住建部，2017年）

27）《关于实施2018年推进新型城镇化建设重点任务的通知》（国家发改委，2018年）

从相关的法律法规和政策可以看出，我国垃圾治理正逐渐走向以循环利用、源头减量、产业化为主导的城乡综合统筹治理，但是实际上我国垃圾分类回收管理的法律体系仍存在一些问题。①管理部门众多，职权重复。从相关政策中我们可以看出，国家各个部委机关都在响应中央"十三五"规划，职能部门交错重叠，这就导致同一问题出现多家分管、分工不明确、效率不高等问题，最终导致政策无法针对性地解决生活垃圾分类回收中遇到的问题。②法规体系不够健全，缺乏全国性的实施细则和配套法规。全国性的法律和行政法规的缺乏，在一定程度上影响了城市垃圾分类立法的严肃性、稳定性和强制性。民众参与意识的高低不能只取决于自发自觉，还要依靠健全的法规体系。经济鼓励与监督惩罚并行，建立部门协同和区域考核的体制和制度，让垃圾分类处置落到实处。③立法过于原则性、缺乏可操作性。《固体废物污染环境防治法》《城市市容和环境卫生管理条例》《城市生活垃圾管理办法》中都提到了城市生活垃圾的分类，但究竟应该如何分类、又分为哪几类都没有明确规定，这就给管理部门的具体实施带来了一定难度，使得执行力度大大减弱。

1.4.2.2 地方层面的法律法规和政策规定

随着国家层面立法的初见成效，为深入贯彻习近平总书记关于生活垃圾分类工作的系列重要指示精神，在各直辖市、省会城市、计划单列市等46个城市先行的基础上，全国各大、中城市与乡村纷纷行动响应国家号召，自上而下加快城乡统筹，全面启动生活垃圾分类工作。

（1）生活垃圾分类收集试点城市

2000年，建设部确定北京、上海、广州、南京、深圳、杭州、厦门、桂林8个城市作为“生活垃圾分类收集试点城市”。试点城市可以在法规、政策、技术和方法等方面进行探索和总结，并为在全国实行垃圾分类收集创造条件。随后，地方政府管理政策纷纷出台，生活垃圾分类管理自上而下引起了各级政府的重视。研究显示，全国46个重点城市中，北京、杭州、银川、厦门、广州和上海等12个城市出台了生活垃圾管理条例，将垃圾分类管理纳入法治框架；深圳、成都、邯郸等8个城市公布了生活垃圾管理条例草案；重庆、西安等10个城市则针对垃圾分类管理颁布了政府规章。

1）广州。

广州市是我国第一个立法实施城市生活垃圾分类的城市。2004年，广州市市容环境卫生局先后发布了包括《城市生活垃圾分类及评价标准》《广州市生活垃圾分类收集工作方案》《垃圾分类标志和分类方法》在内的多个政策文件，垃圾分类工作全面开展。2011年4月1日起，广州市开始实施《广州市城市生活垃圾分类管理暂行规定》，将越秀区东山街、广卫街等16条街道作为垃圾分类先行先试区域。该暂行规定将广州市的生活垃圾分为可回收物、餐厨垃圾、有害垃圾和其他垃圾四大类，并明确规定了法律责任和罚款数额。针对该暂行规定中所暴露的问题，广州市政府于2015年5月第十四届第一百五十六次常务会议通过《广州市生活垃圾管理规定》，并于同年9月1日起开始实施。

为适应经济社会发展需要，维护法制统一，广州市政府决定废除《广州市生活垃圾管理规定》，并于2018年3月发布《广州市生活垃圾分类管理条例》。随后《广州市深化生活垃圾分类处理三年行动计划（2019—2021年）》发布，共列举了9大项60小项的重点工作任务，包括完善制度体系、全市覆盖推进、实施源头减量、提升投放水平、规范分类收运、加快设施建设、推进资源化利用、发动社会参与、强化管理监督等，各项任务均设有完成时限。该行动计划指出：到2021年，力争居民生活垃圾分类知晓率达到98%以上、生活垃圾回收利用率达到40%以上、与生活垃圾分类相匹配的生活垃圾处理能力达到2.8万t/d以上，形成具有广州特色的生活垃圾分类处理新格局。“前端分类投放很重要，终端分类处理更重要”，《广州市生活垃圾终端处理设施运营监管办法》于2018年5月1日以部门规范性文件发布，为广州市生活垃圾终端处理设施监管工作提供了重要依据，在规范全市生活垃圾终端处理设施的管理、防范设施设备安全事故发生、提高全市垃圾处理设施的运营管理能力和监管工作整体水平方面，发挥了积极作用。

从全国首批生活垃圾分类示范城市，到全国率先推广定时定点模式，再到开出全国首张垃圾分类个人罚单，广州垃圾分类工作探索一直走在全国前列。

2）北京。

2007年，北京市下发了《关于深化本市生活垃圾处理运行机制改革的意见》，运行机制改革后当年，东城、西城、崇文、宣武、石景山等区垃圾量首次出现负增长，城区垃圾增幅减缓。2011年11月18日，北京市第十三届人民代表大会常务委员会第二十八次会议通过全国第一部生活垃圾管理方面的地方性法规——《北京市生活垃圾管理条例》，提出了现在通行的生活垃圾分类“四分法”，即将生活垃圾分为厨余垃圾、可回收物、有害垃圾、其他垃圾；还确定了生活垃圾处理收费制度，对生活垃圾进行计量收费、分类计价。然而该条例规定的个人责任不够明确，随着北京市人口增加和城市化进程加快，垃圾产生量持续上升，全市垃圾产生量和设计处理能力之间存在较大缺口[17]。

2017年，北京市人民政府办公厅印发的《关于加快推进生活垃圾分类工作的意见》提出：以餐厨垃圾、建筑垃圾、可回收物、有害垃圾、其他垃圾作为生活垃圾分类的基本类别，通过党政机关率先实施垃圾强制分类和各区创建垃圾分类示范片区，到2020年年底，基本实现公共机构（主要包括党政机关，学校、科研机构等事业单位，协会、学会等社团组织，车站、机场、演出场馆等公共场所管理单位）和相关企业（主要包括宾馆、饭店、购物中心、市场、写字楼等场所经营单位）生活垃圾强制分类全覆盖，全市垃圾分类制度覆盖范围达到90%以上，进入垃圾焚烧和填埋处理设施的生活垃圾增速控制在4%左右。该意见从生活垃圾的投放、收集、运输和处理等方面，对未来生活垃圾管理工作做出了指示。2019年8月，北京市政府启动《北京市生活垃圾管理条例》修订工作，并对《〈北京市生活垃圾管理条例〉修正案（草案送审稿）》征求公众意见。2019年11月27日，北京市第十五届人民代表大会常务委员会第十六次会议通过了《关于修改〈北京市生活垃圾管理条例〉的决定》，修订后的条例于2020年5月1日起正式实施。修订后的条例通过后，“一大四小”配套办法也陆续出台。其中，“一大”指围绕《北京市生活垃圾管理条例》的修订，制定《北京市生活垃圾分类工作行动方案》；“四小”指《北京市党政机关社会单位垃圾分类实施办法》《北京市居住小区垃圾分类实施办法》《北京市垃圾分类收集运输处理实施办法》《北京市生活垃圾减量实施办法》四个暂行办法。

3）上海。

随着经济社会的快速发展，生活垃圾处理日益成为社会广泛关注的民生问题。2010年9月，上海市正式提出开展生活垃圾分类减量工作，坚持“大分流、小分类”的基本工作模式，并将生活垃圾分类减量作为重点工作。2019年1月，上海市第十五届人民代表大会第二次会议通过《上海市生活垃圾管理条例》，自2019年7月1日起施行。随后《上海市实施生活垃圾定时定点分类投放制度工作导则》《对不符合分类质量标准生活垃圾拒绝收运的操作规程（试行）》《上海市生活垃圾分类投放指引》等配套文件相继出台。与其他城市不同的是，上海采用干、湿垃圾的概念，“湿垃圾”即易腐垃圾，其他垃圾为“干垃圾”。上海市于2017年下半年在部分小区开展试点，取得了分类质量提升和投放量明显减少的成效，定时定点分类投放制度成为上海市长期实践探索的制度创新，也是《上海市生活垃圾管理条例》确定的法定制度。《上海市生活垃圾管理条例》同时还赋予了生活垃圾收集、运输单位拒绝接收不符合分类标准生活垃圾的权利，既可保障后续进入处置设施的各类垃圾满足不同处理工艺的要求，也可倒逼管理责任人履职尽责，规范投放人的分类投放行为。为方便市民理解和分类投放，《上海市生活垃圾分类投放指引》还就分类目录、容器设置要求、分类标志和投放要求进行了细化说明。

4）深圳。

为推进垃圾分类工作，深圳市环卫处专门成立了工作小组，积极开展垃圾的源头减量分类和无害化研究等相关工作，《深圳经济特区循环经济促进条例》（2006年）对生活垃圾回收利用提出了具体要求。随着《深圳市生活垃圾分类和减量管理办法》（2015年）、《家庭垃圾分类投放指南》（2017年）和《深圳经济特区生活垃圾分类投放规定（草案）》（2019年）等相关文件的相继审核出台，深圳市将生活垃圾按标准分为四大类：可回收物、餐厨垃圾、有害垃圾和其他垃圾，并规定在商品包装控制、低碳无纸化办公和餐饮消费控制三个方面对生活垃圾实行源头减量化处理。

（2）农村生活垃圾分类治理

深入推进垃圾分类工作，不可重城市、轻农村。农村生活垃圾治理是改善农村人居环境的重要内容，近年来各地主动作为，取得了明显成效。据农业农村部调查，截至2018年，全国80%以上行政村的农村生活垃圾得到有效处理，比2017年提高了约7个百分点。

农村垃圾分类要有“农村标准”，浙江农村垃圾分类成典范。2003 年，“千村示范、万村整治”揭开美丽乡村建设的序幕。2014 年以来，浙江省开展试点推进农村生活垃圾减量化、资源化分类处理。浙江省农业和农村工作办公室社会发展处 2015 年数据显示，在试点的 46 个中心村，垃圾减量达 50% 以上，村庄垃圾分类与减量资源化处理试点工程仍在进行。截至 2017 年 3 月，基本实现垃圾集中有效处理建制村全覆盖，分类处理村达 4 800 个，占建制村总数的 17%。2018 年 1 月浙江省地方标准《农村生活垃圾分类管理规范》发布，同年 2 月起正式实施，意味着浙江省农村垃圾分类由粗分向精分转变，垃圾分类处置向精细化过渡。随着该规范的实施，浙江省逐步摸索出了一系列适应各地农村的垃圾分类与处理模式。例如，金华农村垃圾采用“二次四分法”，阳光堆肥再利用[18]；毛村山头村计分制分类，村委经济鼓励[19]；宁海县下畈村创立专款基金，智能管理量化垃圾分类[20]。

1.4.2.3 我国固体废物分类处理与资源化利用法律法规完善和发展

《固体废物污染环境防治法》第九章附则中明确指出，固体废物是指在生产、生活和其他活动中产生的丧失原有利用价值或者虽未丧失利用价值但被抛弃或者放弃的固态、半固态和置于容器中的气态的物品、物质以及法律、行政法规规定纳入固体废物管理的物品、物质。换句话说，它不仅包括在城市日常生活中或为城市日常生活提供服务的活动中产生的生活垃圾，而且涵盖了工业、交通等生产生活中产生的工业固体废物，以及列入《国家危险废物名录》中的废物（来自分类收集的生活垃圾中的有害垃圾及工业固体废物中的危险废物）。

固体废物分类处理与利用途径主要是指按照“无害化、减量化、资源化”的原则，运用环境管理的理论和方法，通过法律、经济、技术、教育和行政手段等方式，鼓励废物资源化利用和控制固体废物污染环境，促进经济与环境协调持续发展。

在我国，固体废物处置与资源化的法律法规主要来自四个层次：全国人民代表大会通过并颁布实施的法律条文，国务院签发的行政法规，各部委发布的部门规章和国家标准，各地方制定的地方规章和标准。

（1）国家法律

以《宪法》和《环境保护法》为基础，1995 年 10 月通过的《固体废物污染环境防治法》是我国针对固体废物处置与资源化制定的首部国家法律，也是我国固体废物管理最基本、最重要的国家法律；2020 年 4 月 29 日，由第十三届全国人民代表大会常务委员会第十七次会议第二次修订通过，自 2020 年 9 月 1 日起施行。2016 年 12 月 25 日，第十二届全国人民代表大会常务委员会第二十五次会议通过《环境保护税法》，规定对包括煤矸石、尾矿、危险废物、冶炼渣、粉煤灰、炉渣和其他固体废物在内的几大类固体废物征税，以固体废物的产生量、贮存量、处置量和综合利用量为固体废物的计税依据，并于2018年1月1日起施行。

（2）国务院行政法规

除《固体废物污染环境防治法》外，我国国务院常务会议还通过了一系列行政法规，如《城市市容和环境卫生管理条例》（国务院令1992年第101号，2017年修订）、《医疗废物管理条例》（国务院令2003年第380号，2011年修订）和《危险废物经营许可管理办法》（国务院令2004年第408号，2016修订），这些都是以《固体废物污染环境防治法》中确定的原则为指导，结合具体情况，针对特定污染物的具体应用。

2017年7月，国务院办公厅印发《禁止洋垃圾入境推进固体废物进口管理制度改革实施方案》，“洋垃圾”入境禁令的出台加强了对环保标准的严格把控，提高了进口门槛以促进国内固体废物回收利用水平提升。

（3）部委规章和国家标准

针对固体废物的管理及进口管理、测定和处置过程，各部委制定了一系列相关的规章制度和国家标准。

规章制度：

1）《废物进口环境保护管理暂行规定》（环控〔1996〕204号）

2）《电子废物污染环境防治管理办法》（环境保护总局令2007年第40号）

3）《煤矸石综合利用管理办法》（国家发改委令2014年第18号）

4）《粉煤灰综合利用管理办法》（国家发改委令2013年第19号）

5）《工业固体废物综合利用先进适用技术目录（第一批）》（工业和信息化部公告2013年第18号）

6）《关于促进生产过程协同资源化处理城市及产业废弃物工作的意见》（发改环资〔2014〕884号）

7）《固体废物进口管理办法》（环境保护部令2011年第12号）

8）《国家危险废物名录（2016年版）》（环境保护部令2016年第39号）

9）《固体废物进口管理办法（修订草案）》（征求意见稿）（环办土壤函〔2016〕2289号）

10）《限制进口类可用作原料的固体废物环境保护管理规定》（国环规土壤〔2017〕6号）

11）《关于发布〈进口废物管理目录〉（2017年）的公告》（环境保护部公告2017年第39号）

12）《关于发布进口货物的固体废物属性鉴别程序的公告》（生态环境部公告2018年

第70号）

国家标准：

1）《固体废物鉴别标准　通则》（GB 34330—2017）

2）《工业固体废物采样制样技术规范》（HJ/T 20—1998）

3）《进口可用作原料的固体废物环境保护控制标准——废塑料》（GB 16487.12—2017）

4）《进口可用作原料的固体废物环境保护控制标准——废汽车压件》（GB 16487.13—2017）

5）《固体废物　总汞的测定　冷原子吸收分光光度法》（GB/T 15555.1—1995）

6）《固体废物　总铬的测定　硫酸亚铁铵滴定法》（GB/T 15555.8—1995）

7）《固体废物　氟化物的测定　离子选择性电极法》（GB/T 15555.11—1995）

8）《一般工业固体废物贮存、处置场污染控制标准》（GB 18599—2001）

9）《固体废物处理处置工程技术导则》（HJ 2035—2013）

10）《危险废物焚烧污染控制标准》（GB 18484—2001）

11）《危险废物填埋污染控制标准》（GB 18598—2019）

12）《危险废物贮存污染控制标准》（GB 18597—2001）

随着全球化进程的加快，环境问题不仅仅是一个国家的问题，已经成为全球性问题，越来越多的国家参与到国际范围内的环境保护工作中。例如，我国政府签署了《控制危险废物越境转移及其处置巴塞尔公约》（1990年3月）、《关于在国际贸易中对某些危险化学品和农药采用事先知情同意程序的鹿特丹公约》（1999年8月）、《关于持久性有机污染物的斯德哥尔摩公约》（2001年5月）。

综上，我国关于固体废物处置与资源化的政策法律将向着越来越全面的方向发展，即源头管理将越来越精细，过程监控将越来越智能，管理制度将日趋完善，执法尺度也会越来越严格。

1.5 我国生活垃圾管理原则及技术处理标准

1.5.1 管理原则

随着各地立法推进生活垃圾管理工作的展开，我国已有北京、杭州、银川、厦门、广州和上海等多市出台生活垃圾管理条例，将垃圾分类管理纳入法治框架，明确了生活垃圾分类处理的管理原则。其中，《北京市生活垃圾管理条例》指出：生活垃圾管理应遵循城乡统筹、科学规划、综合利用的原则；《上海市生活垃圾管理条例》指出：生活垃圾管理应遵循政府推动、全民参与、市场运作、城乡统筹、系统推进、循序渐进的原则；

广州、厦门、银川、杭州等地的生活垃圾管理条例也分别指出，生活垃圾管理应遵循政府主导、全民参与、城乡统筹、市场运作、因地制宜的原则。2019 年 12 月在十三届全国人大常委会第十五次会议上，全国人大宪法和法律委员会建议增加生活垃圾分类原则的内容。我国各地生活垃圾分类逐渐形成以政府推动、全民参与、城乡统筹、因地制宜、简便易行等为原则的管理体系。

生活垃圾的首要属性是污染源，政府是垃圾处理资金投入和运营监管的责任主体，居民作为“污染者”应对垃圾处理负有责任，除了要逐渐在源头减量、垃圾分类、垃圾焚烧等方面形成正确的意识，分类、减量、付费都是居民应尽的基本责任。国家环境政策和公众意识也从正面促进着行业的发展，政府和社会资本加大了生活垃圾处理行业的资金投入力度，同时标准提高和环保督察形成的压力迫使生活垃圾处理领域技术快速发展，产生更优化的工艺和技术。不可忽略的是，根据调研结果，城乡发展严重不平衡，城市填埋场、焚烧厂与农村原始的处理设施对比十分鲜明，有的农村地区还在大力推广简易的焚烧炉，这与城市垃圾处理整体面貌完全不同。因此，统筹城乡发展、补齐农村垃圾处理短板，是我国生活垃圾分类管理面临的一个重要课题[21]。推行垃圾分类还要务实，要基于基本的科学原理，构建垃圾分类处理系统，加强垃圾焚烧、垃圾填埋、危险废物处置等领域基础设施的建设。同时发达国家的经验表明，垃圾分类文明的转型需要一代或两代人的努力。不同地区面临的问题有所不同，要采用适当的推进方法和做好打持久战的准备。

1.5.2 技术处理标准

为保护环境，防治生活垃圾处理处置过程中带来的污染，贯彻《环境保护法》《固体废物污染环境防治法》等法律，国家、地方和各行业都制定了一系列的技术处理标准。

首先，为防治生活垃圾处置造成的污染，促进处理处置技术的进步，我国先后制定了《生活垃圾填埋场污染控制标准》（GB 16889—2008）、《水泥窑协同处置固体废物污染控制标准》（GB 30485—2013）、《生活垃圾焚烧污染控制标准》（GB 18485—2014）等。这些标准规定了生活垃圾填埋场和焚烧厂的选址、设计与施工、废物的入场 / 入窑 / 入炉条件、运行技术、排放控制、后期维护与管理的污染控制和监测等方面的要求。为防止一般工业固体废物贮存、处置场的二次污染，我国制定了《一般工业固体废物贮存、处置场污染控制标准》（GB 18599—2001），明确规定了一般工业固体废物贮存、处置场的选址、设计、运行管理、关闭与封场，以及污染控制与监测等内容。2019 年 10 月，为完善排污许可技术支撑体系，指导和规范生活垃圾焚烧排污单位排污许可证申请与核发工作，生态环境部发布了国家环境保护标准——《排污许可证申请与核发技术规范　生活垃圾焚烧》（HJ 1039—2019）。

针对焚烧、填埋、堆肥等生活垃圾处理行业，住房和城乡建设部也先后出台了一系列行业标准，如《生活垃圾堆肥处理厂运行维护技术规程》(CJJ 86—2014)、《生活垃圾焚烧厂运行监管标准》(CJJ/T 212—2015)、《生活垃圾除臭剂技术要求》(CJ/T 516—2017)、《生活垃圾焚烧厂评价标准》(CJJ/T 137—2019)、《生活垃圾填埋场填埋气体收集处理及利用工程技术标准》(征求意见稿)和《生活垃圾渗沥液处理技术标准》(征求意见稿)等。

除了国家标准及行业标准，各地政府也因地制宜地制定了一系列地方标准。例如，广东省发布了《生活垃圾卫生填埋场库区施工验收技术规范》(DBJ/T 15-167—2019)，天津市发布了《高温烧结处置生活垃圾焚烧飞灰制陶粒技术规范》(DB 12/T 779—2018)，河北省发布了《生活垃圾填埋场恶臭污染物排放标准》(DB 13/2697—2018)，这些标准规定了生活垃圾填埋场恶臭污染物排放控制、污染防治措施、污染物排放监测、实施与监督等要求。

为进一步落实推行生活垃圾分类，完善后端技术处理标准至关重要，以加快建立分类投放、分类收集、分类运输、分类处理的垃圾处理系统，形成以政府推动、全民参与、城乡统筹、因地制宜、科学治理为原则的垃圾分类管理制度。

1.6 “无废城市”的建设与管理

1.6.1 “无废城市”的概述

现代经济社会发展面临着资源日益枯竭的巨大压力，与此同时，资源无序开发以及未得到充分利用即被废弃，由此导致的固体废物堆存或填埋占用了大量土地资源，存在潜在的环境风险。随着世界主要城市的人口密度和土地价格的上升，传统的城市发展模式难以为继，多个国家或地区相继提出了“循环经济”“可持续”“零废弃”的发展理念，并开始不断地进行实践和探索。

党的十八大以来，为贯彻落实《生态文明体制改革总体方案》，国家相关部门组织开展了一系列固体废物回收利用的单项试点工作，工作内容涉及循环经济、工业固体废物综合利用、餐厨垃圾资源化处理、农村废弃物回收利用、生活垃圾分类、建筑垃圾治理、再生资源回收体系建设等各个方面。在此基础上，2018 年 12 月，国务院办公厅印发《“无废城市”建设试点工作方案》(国办发〔2018〕128 号)，开展了“无废城市”建设试点工作。这项试点是一项综合性试点，是从城市整体层面继续深化固体废物综合管理改革的重要措施，旨在集成党的十八大以来固体废物领域的生态文明改革成果，通过推动形成更加优化高效的固体废物综合治理模式，探索出一条符合新时代要求的可持续绿色发展路径。

（1）“无废城市”的内涵

2018年12月国务院办公厅印发的《“无废城市”建设试点工作方案》将“无废城市”定义为：以创新、协调、绿色、开放、共享的新发展理念为引领，通过推动形成绿色发展方式和生活方式，持续推进固体废物源头减量和资源化利用，最大限度减少填埋量，将固体废物环境影响降至最低的城市发展模式。

“无废城市”是“零废物”理念和实践经验的继承和发展，将“无废城市”所要实现的固体废物减量化、资源化、无害化的理念和需求与经济社会的可持续发展的需求有机融合。这意味着“无废城市”建设不是仅局限于对经济领域和消费领域固体废物问题的重新审视，而是要基于发展需求的客观规律，将固体废物减量化、资源化、无害化的需求融入社会治理、产业布局和产业结构升级、公共意识提高和思想文化建设的各个层面。

（2）“无废城市”的目标

“无废城市”的建设涉及社会生活的方方面面，在我国目前和今后发展阶段中仍面临着巨大挑战和不确定性。为此试点工作筛选了不同发展定位、不同发展阶段、不同发展基础、具有典型代表意义的城市，开展探索。

根据试点要求，2020年的总体目标为通过在试点城市深化固体废物综合管理改革，总结试点经验做法，形成一批可复制、可推广的“无废城市”建设示范模式，为推动建设“无废社会”奠定良好基础。具体为：到2020年，系统构建“无废城市”建设指标体系，探索建立“无废城市”建设的综合管理制度和技术体系，试点城市在固体废物重点领域和关键环节取得突破性进展，大宗工业固体废物贮存处置总量趋零增长、主要农业废物全量利用、生活垃圾减量化资源化水平全面提升、危险废物全面安全管控，非法转移倾倒固体废物事件零发生，培育一批固体废物资源化利用骨干企业。

我国是世界上最大的发展中国家，“无废城市”和“无废社会”建设面临的挑战异常艰巨，也没有成熟经验可供借鉴。“无废城市”建设试点是“无废社会”建设的前期探索阶段，是为了研究符合我国基本国情的“无废社会”建设的战略目标和发展路径。

（3）“无废城市”的意义

“无废城市”建设能够推动生活垃圾源头减量和资源化利用，践行绿色低碳循环发展。我国是世界上产生固体废物量最大的国家，固体废物产生强度高、利用不充分，“垃圾围城”现象也相对突出。进行“无废城市”建设，能够推动绿色发展方式和生活方式的形成，改善城市生态环境质量，增强民生福祉。

“无废城市”建设能够强化顶层设计，发挥政府的宏观指导作用。一直以来，我国固体废物减量化、资源化和无害化的约束和激励机制均不完善。党的十八大以来，党中央、国务院将固体废物污染防治提升到了生态文明建设的重要位置，垃圾处理设施建设、生活垃圾分类等工作得到了有力推动。进行“无废城市”建设，能够从城市视角深化固体废物综合管理，建立固体废物管理的长效机制。

“无废城市”建设能够激发市场主体活力，助推高质量发展。开展“无废城市”建设，能够改变城市的产业结构、工业和农业生产方式、消费模式，有力推动供给侧改革，有机融合城市建设和运营，助推城市高质量发展。

1.6.2 “无废城市”的发展进程

1.6.2.1 “无废城市”的实践与管理

（1）国外“无废城市”的实践与管理

国外城市的废弃物管理体系主要是政府主导、生产企业负责、家庭分类投放、废弃物处理商负责收集运输及处理，商业企业、建筑企业、工业企业则一般单独签约专门服务商为其处理废弃物。由于生活垃圾的产生者较多，而且比较分散，分类投放、收储、运输和处理显得特别重要。国外试点城市均非常重视生活垃圾的源头分类，配备有充足且指引明确的垃圾箱，同时制定专门的方案单独回收及处理有机生活垃圾（如厨余垃圾），也有部分城市提供生活垃圾上门收集服务。整体来看，由于废弃物管理体系较为完善，试点城市征收的垃圾费已经能够完全覆盖相关支出，废弃物管理进入了良性运转轨道，地方政府并没有进行大量资金补贴。在实际操作技术方面，一般遵循废弃物避免、减少、重复使用、循环利用、能量恢复、填埋的处理优先级顺序。在管理体系上，一般是引入市场主体参与，进行专业化管理。政府是建立“无废城市”的主要责任人，但由于废弃物的收集、运输、处理链条比较复杂，充分调动市场资本及专业技术力量有助于更有效的管理。在政策法规方面，国外试点城市均将严格的行政措施和灵活的市场手段相结合，收到明显成效。

1）欧盟“零废物计划”。

欧盟“零废物计划”是由循环经济理念发展而来的，更多关注于经济体系的重新构建[22]。欧盟委员会在2014年和2015年先后发布了“迈向循环经济：欧洲零废物计划”和“循环经济一揽子计划”，提出循环经济的深化是指产品、材料和资源的经济价值维持时间最大化、废物产生量最小化，发展可持续的、低碳的、资源节约的和竞争性的经济。

“零废物计划”实施框架包括生产、消费、废物管理、资源再生的产品生命周期四个环节，并分别设定了优先发展领域和行动时间表。生产环节的政策目标主要包括激励循环产品设计、鼓励提高生产效率的示范和创新。消费环节主要有四个政策目标，包括向消费者提供可靠信息、强化产品维修和升级、创建消费新模式、发挥公共采购对循环经济的引导作用。废物管理环节的政策目标包括确定提高回收率的长期目标、明确并简化有关废物的概念、确定降低填埋量的长期目标、采用经济手段进行有效的垃圾管理。资源再生环节的政策目标包括建立标准保证再生资源质量、增加再生资源的使用、安全处理化学品、加强资源流动研究。

在生产环节，设计和生产易于回收和再利用的产品。修订“生态设计指令”，根据循环经济的原则设计产品，并提出一系列提高产品可修复性、可升级性、耐用性和可回收性的具体措施；指导各产业部门的最佳可用技术参考文件，涵盖废物管理和资源利用效率指南及最佳实践案例。

在消费环节，帮助消费者选择可持续的产品和服务。向消费者提供充足的信息，包括产品能效、原材料及产品生命周期末端回收的可能性等。推动绿色声明的完善，提高生态标签的效力。建立有利于向消费者提供完善的维修、共享和循环利用的服务体系。

在废物管理环节，提出适应欧盟各国国情的具体政策手段，包括明确并简化废物、副产品等相关标准定义，优化统计方法；针对回收率较低的成员国制定特别规则，引入预警系统，监测目标执行情况；使有害废弃物更具可追溯性；更多使用经济手段（如填埋税）来减少需要填埋的垃圾数量；提高生产者责任制度的一般要求，把生产者对产品的责任延伸到产品消费后期；对企业设计更环保的产品以及建立修复、回收和循环系统提供直接的资金激励。

在资源化再生环节，主要是振兴再生资源市场，明确再生资源的质量标准以及“最终废物”的法律定义，再生资源不再纳入“废物”管理范畴。

2）日本“循环型社会”[23]。

日本于2000年公布《循环型社会形成推进基本法》，并以此法为基础建立循环型社会的法律体系，通过促进生产、物流、消费以至废弃的过程中资源的有效使用与循环，将自然资源消耗和环境负担降到最低程度。

日本自2003年起实施《循环型社会形成推进基本计划》，每5年为一个阶段，目前已完成第三阶段（2013—2018年）。第三阶段的总体目标是：进一步遏制废物产生和开展循环利用来减少废物的土地填埋处理量；提高回收质量；进一步减少自然资源的利用和环境负担，通过回收金属、使用可再生资源和生物质作为能源来保障资源供应和安全等。

第三阶段《循环型社会形成推进基本计划》确定了8个领域的国内措施，包括建设循环型社会并重视废弃物减量化和再利用的质量、建立低碳和谐共存社会的综合努力、推进地方资源回收区建设、促进废物和生物质资源能源化利用、发展废物回收利用工业、合理处置废物、切实落实废物减量及循环处置等法律要求、推动环境教育及信息分享和提高公众意识。此外还有2个领域的国际努力措施，包括促进“3R”国际合作和支持日本回收工业的海外发展、完善促进废物资源循环国际转移的进出口措施。

（2）国内“无废城市”的实践与管理

1）实践进程。

近年来，在可持续发展、循环经济、绿色发展等理念的影响下，我国不少地区或城市在“无废”或“减废”方面也做了大量摸索工作，部分领域取得了比较好的进展。

在国家层面，党的十八大以来，相关部门分别组织开展了一系列固体废物回收利用的试点。例如，由国家发展和改革委员会牵头开展的循环经济示范城市（县）、餐厨废弃物资源化利用和无害化处理试点建设；工业和信息化部组织开展的工业固体废物综合利用基地建设；农业农村部开展的畜禽粪污资源化利用等；住房和城乡建设部实施的城市生活垃圾强制分类、建筑垃圾治理试点；商务部开展的再生资源回收体系建设试点等。这些试点及其取得的经验对于推动各类固体废物减量化、资源化和无害化发挥了重要作用。

在地方和企业层面，也开展了积极探索。在餐厨垃圾处理方面，苏州市形成了“属地化两级政府协同管理、收运处一体化市场运作”的餐厨垃圾资源化利用和无害化处理的“苏州模式”。在建筑垃圾管理与资源化方面，河南许昌的“金科模式”规范核准制度，加强工地管理，规范消纳处置，推广利用再生产品，建立了涵盖建筑废物收集、运输、处置和资源化再利用的产业链，实现了从建筑废物到再生建筑材料的循环发展。广州在垃圾分类、低值废物管理政策和处理利用方面进行了探索，形成了“广州模式”。安徽界首、湖北荆门的“城市矿产”发展模式，也都为“无废城市”建设奠定了一定的基础。

“无废城市”建设的 11 个试点城市是深圳、包头、铜陵、威海、重庆（主城区）、绍兴、三亚、许昌、徐州、盘锦、西宁。此外，为更好地服务国家重大发展战略和国家生态文明试验区建设，河北雄安新区（新区代表）、北京经济技术开发区（开发区代表）、中新天津生态城（国际合作代表）、福建省光泽县（县级代表）、江西省瑞金市（县级市代表）作为特例，参照“无废城市”建设试点一并推动。这 16 个城市即为“11+5”试点城市。

从区域分布来看，16 个城市位于 16 个不同的省份，分布较为均匀。从四大经济区划来看，东部地区除上海外，9 省份均有县（市）入选，独占“无废城市”半壁江山；中、西部地区各有 4 个城市入选；东北地区则由盘锦作为代表成为首批试点城市。

“无废城市”建设主要涵盖了工业固体废物、农村垃圾及城镇生活垃圾 3 大类。生态环境部《2019 年全国大、中城市固体废物污染环境防治年报》统计，2018 年发布信息的大、中城市一般工业固体废物产生量为 15.5 亿 t，综合利用量 8.6 亿 t，处置量 3.9 亿 t，贮存量 8.1 亿 t，倾倒丢弃量 4.6 万 t；工业危险废物产生量为 4 643.0 万 t，有效利用和处置是处理工业危险废物的主要途径；医疗废物产生量为 81.7 万 t，处置量为 81.6 万 t，大部分城市的医疗废物都得到了及时妥善处置；生活垃圾产生量为 21 147.3 万 t，处置量为 21 028.9 万 t，处置率达 99.4%。具体见图 1-3。

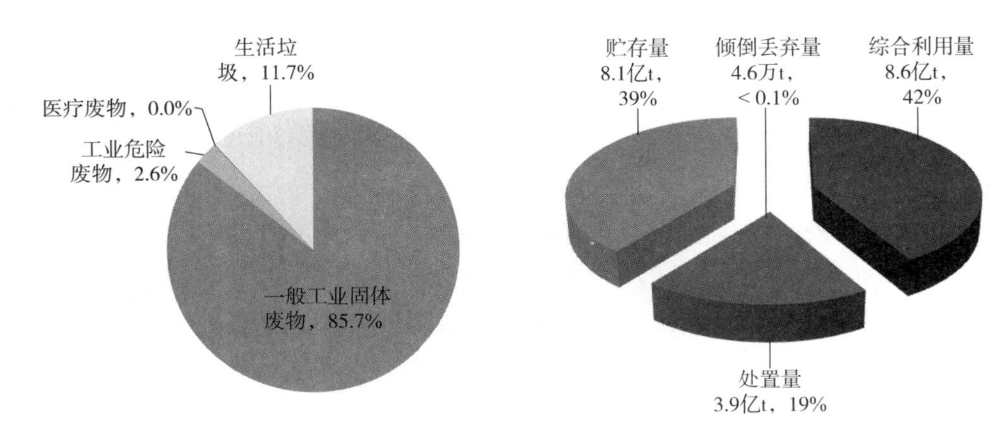

（a）各类固体废物的产生量占比　　（b）一般工业固体废物利用、处置情况

图 1-3　2018 年我国大、中城市各类固体废物的产生量占比及一般工业固体废物利用、处置情况

“11+5”试点城市中，大部分采用了常见的“四分法”原则，而深圳采用了精细分类，天津原则上采用了干、湿垃圾两分法，未将有害垃圾明确列出；县级地区垃圾分类工作相对较为滞后，分类标准也较为简单[24]。

通过“无废城市”建设试点，有效统筹经济社会发展中的固体废物管理，大力推进源头减量、资源化利用和无害化处置，坚决遏制非法转移倾倒，探索建立量化指标体系，系统总结试点经验，形成可复制、可推广的建设模式。

2）管理探索。

我国“无废城市”的首倡者、中国工程院院士杜祥琬指出[25]，通过“无废城市”试点推动固体废物的资源化利用，逐步建设“无废社会”，将引导全社会减少固体废物产生，提升城市固体废物管理水平，加快解决久拖不决的固体废物污染问题，使提升固体废物综合管理水平与推进城市供给侧结构性改革相衔接，将直接产生环境效益、经济效益和社会效益。这为我们在管理探索方面打通“无废城市”建设通道指明了方向。

①从源头上减少固体废物产生。按照传统的技术路线与思维方法，客观上容易产生大量固体废物。但是，在实际生产与生活过程中，理念落后、对新技术新做法不熟悉也是影响固体废物大量产生的根源。例如城市建设，传统的办法就是一个建筑工地开工前先进行“三通一平”，这一直是大家的常规思维方法，而这个过程就容易形成大量的建筑垃圾。特别是在“一平”过程中，将地表建筑物拆除，把土地推平，甚至把现场的大小树木都砍伐掉，往往会产生大量固体废物。尤其是在旧城改造过程中，拆除现有建筑物，产生的固体废物量非常大。按照“无废城市”建设理念，如何寻求新的技术路线，在城市规划与建筑单体规划设计过程中，应充分考虑现场实际，把现场的每一种既有元素都作为资源，而不是作为一种垃圾简单处置，这样就会大量减少固体废物的产生。

②提升城市固体废物综合管理水平。固体废物不是无用的废物，而是有用的资源、宝贵的财富。我国作为一个人均资源有限、环境容量远低于世界平均水平的发展中国家，要更珍惜资源和保护环境，而提升固体废物管理水平，就是综合利用资源和保护环境的有效途径。在产品设计阶段，通过开展产品生态设计、应用新技术、运用全生命周期评价法评价产品对环境的影响、开展供应链管理、实施产品责任管理计划等，尽可能减少资源投入，减少原料中有害物质的含量，从而减少固体废物产生，有效降低末端处置压力。在生产阶段，开展清洁生产，对涉及危险废物的重点行业，实施强制性清洁生产审核。在使用阶段，推行产品生态标签和绿色标识，提高公众环境保护和绿色消费意识。在回收阶段，构建有效的环境管理体系，建立废弃产品逆向回收物流系统。在利用处置阶段，注重提升资源循环利用水平和资源利用效率，减少最终处置量。

③有效解决城市固体废物污染问题。“无废城市”是建设美丽中国的细胞工程。特别是考虑到我国作为发展中国家，仍然处在城镇化快速推进阶段，城市建设与发展的双重任务都非常繁重，不产生固体废物几乎是不可能的。但是，在“无废城市”建设试点提上国家的议事日程之后，科学管理与处置城市固体废物并有效解决城市固体废物污染就显得非常迫切。借鉴国外的经验，同时参考近些年国家有关部委在全国各地进行的初步探索与试验，可以发现，加快解决城市固体废物污染问题是科学可行的。例如，对城市生活垃圾中的厨余垃圾和粪便，就必须建立与城市人口规模相当的污水处理厂和垃圾处理场，这是真正解决问题的可靠办法。

1.6.2.2 我国“无废城市”所面临的问题

总体而言，居民生活垃圾产生量因不断提高的生活水平和生活便捷性而持续增长，这使得我国“无废城市”建设目标的实现面临巨大挑战。一方面，生活水平提高必然会导致生活垃圾产生量增加。例如，40 年前一个衣橱就能够装下一家人的衣服，每一件外衣都会缝缝补补，穿了一年又一年，然而如今一个衣橱可能连一个人的衣服都装不下，且更新速度大大加快。家用电器、家具等也有类似的情况，这是经济发展的客观必然。可见，生活垃圾产生量随着经济发展而持续增加的现实不可避免。另一方面，生活便捷性的提高同样增加了生活垃圾的产生量。人们在享受技术发展、服务行业转型等带来的便捷生活时，也面临着日趋严峻的“垃圾围城”困境。这些难以逆转的趋势必将持续给“无废城市”建设以压力。据统计，我国每年新增固体废物 100 亿 t 左右，历史堆存总量为 600 亿~700 亿 t，现实异常严峻，倒逼着政府的固体废物治理必须不循常规、创新机制[26]。

“无废城市”所面临的现实困境为我们建设“无废城市”提供了三个关键点：

第一，末端资源化利用能力是关键。既然在相当长的一段时间里，固体废物的增加无可避免，那么加强末端处置，实现其资源化利用就是唯一可行的方案。然而，当前我国固体废物的末端处置方式仍以填埋和焚烧为主，填埋早已难以为继，焚烧也有诸多弊端。其一，焚烧不利于资源的再生利用，造成严重浪费；其二，我国很多地区的焚烧技术不达标，造成新的污染；其三，焚烧厂建设会因“邻避效应”而给地方政府带来维稳压力；其四，焚烧并没有带来充分的减量化，焚烧后残渣依然很多且成为新的污染物。这样的固体废物处置方式和能力将十分不利于“无废城市”的实现。既然经济的持续发展使得固体废物的产生无可避免，那么资源化利用才能真正实现“无废”，城市固体废物治理应从过去强调处置能力建设向加强资源化能力建设的方向转变。

第二，发挥市场机制的作用，形成规模效应是根本。企业是创新的主体，“无废城市”的建设应以企业（特别是龙头企业）为主体，以市场机制为驱动，充分调动社会资源参与到固体废物的处置链条中。当前我国的再生资源企业普遍规模小、门类不全，不具有持续的技术创新能力和规模经济与范围经济优势。因此，加强对龙头企业的培育迫在眉睫，同时，要尽快形成以区县为单位的闭环产业群，建立从垃圾产生到资源利用的再生资源循环体系，唯有如此，“无废”才能可期。

第三，长期来看，倡导绿色生活、减少固体废物的源头产生量可大大推动“无废城市”的建设。源头上减少垃圾的产生对推动垃圾的减量化有着重要的意义，这也是中长期努力的目标，有两个重要的抓手：其一，倡导绿色生活。一方面倡导居民适当改变生活必需品的配置方式，如服装消费上尽可能量少质优，避免过多丢弃造成的垃圾产生；另一方面培养绿色消费习惯，如自带环保袋购物、多走几步路去餐厅吃饭、尽可能自带茶杯等。其二，减少甚至拒绝购买过度包装的商品。当然，民众有意识地践行低碳环保行为一定是建立在长期宣传和教育的基础上，甚至需要一代人、两代人的努力。

1.6.3 我国“无废城市”的建设路径与行动方向

1.6.3.1 建设路径

（1）管理体制机制的优化和市场模式的建设

“无废城市”建设首先要尊重物质在社会经济生活中从资源到固体废物的转变规律，核心是全面统筹管理体制机制的建设。“无废城市”建设试点，将制度改革作为核心，由固体废物入手，聚焦工业、农业、生活三大领域发展模式问题，围绕理顺各类固体废物全过程管理体制机制，开展路径探索。

一是根据国民经济活动中物质全生命周期资源化、能源化流动的客观规律，梳理各类固体废物管理环节和管理措施，强化源头减量优先原则和末端处置限制的倒逼机制，确保资源能够有序开发、有效利用，并在不得不废弃后得到无害化处置。

二是根据资源配置的市场规律，探索通过政府的激励和约束措施，建立能够促进固体废物快速、高效、有序配置的市场机制，促进固体废物产生者自觉承担最大限度降低固体废物产生量和危害性的义务，落实生产者责任延伸制度；为固体废物资源利用企业提供可靠的外部政策环境保障，促进其市场化稳定运行，并不断提升技术水平；建立有效的不可利用固体废物无害化处置保障制度和第三方服务管理机制，确保固体废物无害化处置。

（2）工业领域固体废物减量化、资源化和无害化的主要建设路径

导致我国工业固体废物大量产生、大量贮存处置、循环利用不畅等突出问题的主要原因有三个方面：一是自然资源禀赋条件特殊，尾矿、煤矸石等固体废物产生强度客观上难以下降；二是企业主体责任落实不足，工业固体废物减量化、资源化、无害化控制缺少内生动力；三是综合利用产品附加值低、市场认可不足，综合利用规模提升缓慢。针对以上问题，我国工业领域应以实施工业绿色生产为统领，针对不同环节、不同类别固体废物开展针对性试点。针对尾矿、煤矸石等矿业固体废物，以严格限制贮存处置总量增长、逐步消除历史堆存量为核心，深化绿色矿山战略，积极推广充填采矿等有效减少尾矿产生的绿色矿山技术，严格限制尾矿库等贮存设施数量、容量等，推动尾矿等固体废物规模化利用技术应用。针对冶炼渣等制造业产生的工业固体废物，结合绿色制造战略的实施，以减少源头产生量、降低固体废物危害性等为核心，不断降低重点行业固体废物产生强度和危害性。以汽车、电子电器、机械等具有核心带动作用的重点行业重点企业为核心，推进产品绿色设计、绿色供应链设计等，落实生产者责任延伸制度，逐步带动提升全产业链的资源生产率和循环利用率。

对于历史遗留的工业固体废物，一是控制新增量，对于堆存量大、利用处置难的重点类别，探索实施“以用定产”政策，实现固体废物产消平衡；二是全面摸底调查和整治堆存场所，逐步减少历史遗留固体废物贮存处置总量。

（3）农业废物资源化利用的主要建设路径

我国农业废物主要为畜禽粪污、秸秆、农膜、废弃包装物等。受我国农业生产需求和生产特点影响，农业废物产生量难以降低，且具有受农时影响大、收集难度大等问题。应以发展绿色农业为引领，以生态农业建设和资源化利用为核心，促进农业废物就地就近全量利用。

对于畜禽粪污，以规模化养殖场为核心，与周边农业种植特点相结合，构建种养结合的生态农业模式，推动畜禽粪污肥料化和能源化的多途径利用。对于秸秆，推广秸秆还田、种养结合、能源化利用、基质利用、还田改土等多渠道利用技术，促进秸秆全量、及时利用。对于农膜和农药包装废弃物，以建立有效回收体系、促进最大化回收为重点，建立起有效的回收机制。

（4）生活领域固体废物源头减量和资源化利用的主要建设路径

生活领域固体废物主要是指来自非工业生产活动产生的各类固体废物，目前受到广

泛关注的主要包括生活垃圾、餐厨垃圾、建筑垃圾、再生资源等。

生活垃圾的产生和管理与公众生活方式、生活习惯息息相关。在我国，城市和农村地区，以及不同地区的城市与城市、农村与农村，在经济条件、生活习惯、基础设施建设等方面差异很大，单一路径不能满足不同地区的管理需求。在城市建成区，应以简便易行、前后统筹为原则，充分考虑各地自然资源、经济条件、管理能力等基本条件，统筹生活垃圾投运、清运、收集、利用、处置全链条顺畅运行，突出投运、清运环节分类收集，强化末端利用处置能力配套；强化垃圾处置设施信息公开和公众开放，逐步化解"邻避效应"。在农村地区，应将垃圾治理与村容村貌整治相结合，促进就地减量化、就近资源化。

对于餐厨垃圾，首先应积极推广和引导绿色生活理念，避免食物浪费；同时，以机关事业单位、餐饮服务业等为重点，开展"光盘行动"、强化餐厨垃圾的规范收集和利用处置，发挥示范效应。

对于建筑垃圾，在源头减量方面，应推广绿色建筑、全屋装修等产品和服务，强化建设施工过程中对各类固体废物综合利用产品的使用要求，强化建筑垃圾流向管理，强化规范化消纳场的建设和运营管理。

（5）危险废物全过程规范化管理与全面安全管控

对不同类别危险废物进行分类分级管理，提升回收和利用处置能力，是应对危险废物非法转移、非法倾倒等环境风险问题的主要措施。对于产生量大、产生源相对集中的工业危险废物，以源头减量和分类分级管理为主线。对于产生量大、综合利用价值较高、综合利用技术较成熟的危险废物，以梯级利用、高值化利用为重点。对于物质特性相对稳定、收集运输贮存等部分环节环境风险可控的危险废物，以规范流向为重点，优化豁免管理和转移联单管理机制。对于环境风险高、综合利用价值低的，一方面严格源头准入管理，逐步实行有毒有害原料、产品替代；另一方面强化最终处置管理，严控环境风险。

1.6.3.2 行动方向

一是注重创新驱动。着力解决当前固体废物产生量大、利用不畅、非法转移倾倒、处置设施选址困难等突出问题，统筹解决本地实际问题与共性难题，加快制度、机制和模式创新。对于技术难点要动员多方面科研力量参与，协同创新，突破大宗固体废物循环再利用的技术瓶颈，实现重点领域重大技术创新，为"无废城市"建设铺平技术道路，促进形成"无废城市"建设长效机制。

二是坚持分类施策。试点城市根据区域产业结构与当地发展阶段和特点，重点甄别主要固体废物在产生、收集、转移、利用、处置等过程中的薄弱点和关键环节，紧密结合本地实际，明确目标，细化任务，完善措施，精准发力，持续提升城市固体废物减量化、资源化、无害化水平。

三是注重系统集成。在各个试点围绕“无废城市”建设目标系统集成固体废物领域相关核心技术与管理经验和做法，形成协同破解难题的合力。同时，通过政府引导和市场主导相结合，提升固体废物综合管理水平，推进供给侧结构性改革，实现生产、流通、消费各个环节的绿色化、循环化、无害化。通过这三个方面的试点探索，寻求在不同类型的地区建设“无废城市”的具体方法与途径。

“无废城市”建设离不开先进技术的支持，同样也依赖社会主体环境意识的提高。按照理念先行的原则，在具体实践中，应通过广泛的社会宣传，积极倡导全民参与“无废城市”建设。全面增强生态文明意识，将绿色低碳、循环发展作为“无废城市”建设的重要理念，引导民众改变传统消费观念，推动形成简约适度、绿色低碳、文明健康的生活方式和消费模式。同时，强化企业自我约束，杜绝资源浪费，提高资源利用效率。依法加强固体废物产生、利用与处置信息公开，充分发挥社会组织和公众监督作用，形成全社会共同参与“无废城市”建设的良好氛围。通过基层组织，面向学校、社区、家庭、企业开展生态文明教育，凝聚民心、汇集民智，倡导生产生活方式绿色化。加大固体废物环境管理宣传教育，有效化解“邻避效应”，引导形成“邻利效应”。将绿色生产生活方式等内容纳入各级干部相关教育培训体系中，让各级领导干部对“无废城市”的基本概念、基本做法、主要目标、推动举措都有比较系统的认识，以利于营造促进“无废城市”建设的社会氛围。

1.6.4 “无废城市”的未来展望

国际社会已就“无废城市”理念及其重要性达成共识。经过多年的发展与实践，“无废”的管理理念已经成熟。在面临严峻废物管理挑战的当下，各国已陆续在地区、国家等层面开展了“无废”管理实践。在第四届联合国环境大会上，国际社会对在国家或地区采取的“无废”的创新管理举措给予了大力肯定与赞赏。

我国的战略目标是：到 2020 年（战略攻坚期）实现固体废物资源化利用总量规模显著扩大，资源循环回收发展取得可观效益，固体废物对环境质量和人居生态环境的不利影响和潜在风险得到有效控制。到 2025 年（转型关键期）实现我国资源化利用产业总体规模持续扩大，产业发展达到国际中高端水平，初步形成资源高效循环的发展模式，经济社会发展与资源能源消耗相对脱钩。到 2030 年（可持续发展期）经济社会发展与资源能源的消耗、固体废物的产生实现脱钩，届时我国固体废物分类资源化利用将达到世界先进水平，产值规模达到 7 万亿 ~ 8 万亿元，带动 4 000 万 ~ 5 000 万个就业岗位，将成为我国战略性新兴产业的重要支柱[27]。战略目标具体内容见图 1-4。

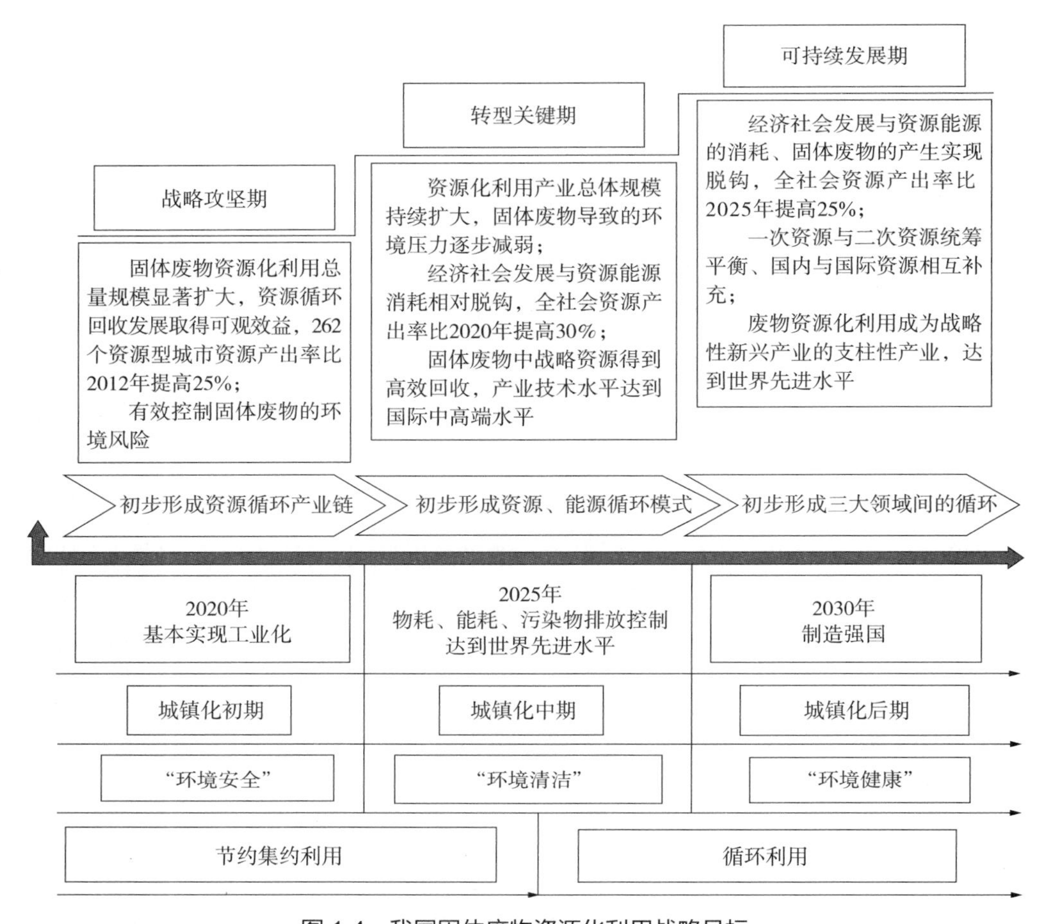

图 1-4 我国固体废物资源化利用战略目标

思考题

1. 简述生活垃圾分类的意义及如何实现生活垃圾高效、无交叉污染处理。

2. 举例说明如何提高生活垃圾可回收物质的纯度并发掘其资源化利用价值。

3. 结合自身实践，谈一谈当前推进生活垃圾分类工作中的热点与难点问题。

4. 简述我国城市与农村生活垃圾分类处理的异同点，并说明原因。

5. 总结日本生活垃圾分类处理的特点。

6. 参考发达国家生活垃圾分类管理的实践与法律法规的完善过程，指出基于当前国情，我国有何借鉴之处。

7. 分析“洋垃圾”进口的利弊点。

8. 针对我国垃圾分类回收管理的法律体系所面临的问题，有何解决方案？

9. 什么是危险废物？并举例说明。

10. 简述我国制定生活垃圾管理原则与技术标准的必要性。

11. 如何有效解决“无废城市”建设中所面临的现实问题？

参考文献

[1] 阎占斌. 垃圾利用：从垃圾围城到垃圾建城［J］. 中华建设，2020（1）：14-15.

[2] 张蕊，范红艳，陈祥，等. 我国城市生活垃圾分类处理探究［J］. 中外企业家，2019（8）：231.

[3] 张丽，王桂琴. 北京市生活垃圾处理现状与对策［J］. 再生资源与循环经济，2018（11）：19-21，39.

[4] 杜欢政. 上海生活垃圾治理现状、难点及对策［J］. 科学发展，2019（8）：77-85.

[5] 靳琪，岳波，王琪，等. 我国不同区域农村生活垃圾的产生、管理现状——基于抽样的村镇调查研究［J］. 环境工程，2018（36）：97-101，107.

[6] 李丹，陈冠益，马文超，等. 中国村镇生活垃圾特性及处理现状［J］. 中国环境科学，2018（38）：4187-4197.

[7] 王桂琴，张红玉，王典，等. 北京市城区生活垃圾组成及特性分析［J］. 环境工程，2018（36）：132-136.

[8] 西伟力. 日本垃圾分类及处理现状［J］. 环境卫生工程，2007（2）：23-24，28.

[9] 孙新军. 对东京垃圾处理精细化的调查与思考［J］. 城市管理与科技，2018（20）：6-11.

[10] 卢静. 中美城市垃圾污染防治法律制度比较研究［D］. 哈尔滨：东北林业大学，2014.

[11] 黎凌. 德国的垃圾分类回收体系［N］. 学习时报，2019-09-06（002）.

[12] 曾玉竹. 德国垃圾分类管理经验及其对中国的启示［J］. 经济研究导刊，2018，380（30）：159-160.

[13] 张海云. 从德国的垃圾分类看低碳经济的应用［J］. 中小企业管理与科技，2014（4）：173-174.

[14] 陈秀珍. 德国城市生活垃圾管理经验及借鉴［J］. 特区实践与理论，2012（4）：69-72.

[15] 刘建国. 我国生活垃圾处理热点问题分析［J］. 环境卫生工程，2016（24）：1-3.

[16] 王文涛. 环境正义视域下“洋垃圾”禁令的思考［J］. 环境与发展，2018（30）：3-6.

[17] 北京市政协城市生活垃圾处理课题组. 北京生活垃圾分类处理情况调研报告［J］. 城市管理与科技，2009（11）：10-14.

[18] 朱正刚. 农村生活垃圾污染“公地悲剧”的终结及意义——以浙江省金华市为例［J］. 经济与社会发展，2016（14）：64-67.

[19] 潜莎娅. 基于多元主体参与的美丽乡村更新建设模式研究［D］. 杭州：浙江大学，2015.

[20] 毕珠洁. 长三角农村生活垃圾分类治理典型模式研究［J］. 环境卫生工程，2018（26）：8-11.

[21] 刘建国. 直面问题 攻坚克难——生活垃圾全流程管理［J］. 城乡建设，2018（22）：14-17.

[22] 陈瑛，滕婧杰，赵娜娜，等. “无废城市”试点建设的内涵、目标和建设路径［J］. 环境保护，2019（47）：21-25.

[23] 李金惠，卓玥雯. “无废城市”理念助推可持续发展［J］. 环境保护，2019（47）：9-13.

[24] 丁宁，刘琪. 无废城市“11+5”试点固废管理现状 [J]. 城乡建设，2019（14）：11-22.
[25] 刘晓龙，姜玲玲，葛琴，等.“无废社会”构建研究 [J]. 中国工程科学，2019（21）：144-150.
[26] 李干杰. 开展“无废城市”建设试点 提高固体废物资源化利用水平 [J]. 环境保护，2019（47）：8-9.
[27] 齐明亮，刘全謁，陈明霞. 我国试点“无废城市”建设 [J]. 生态经济，2019（35）：9-12.

第2章　生活垃圾的分类、收集与转运

2.1　生活垃圾的分类

2.1.1　生活垃圾分类的必要性

随着经济的快速发展和国家都市化的建设，社会生产力得以快速提升，物质产品得以极大丰富，人们的消费观念呈现出多样化与个性化，诸如“海购”“海淘”“快递”“外卖”等行为铺天盖地。我国每年使用塑料快餐盒达40亿个，方便面碗5亿~7亿个，一次性筷子数十亿双，每人每年平均产生300 kg生活垃圾，许多城市都面临着被垃圾“包围”的危险[1]。此外，垃圾还严重破坏生态环境。例如，每年有成千上万的海鸟、海龟和其他动物因塑料垃圾而遭受死亡。在这种情况下，人们不约而同地感慨：垃圾分类处理势在必行。

从“垃圾围城”到“垃圾围村”，传统的垃圾处理模式已难以对垃圾进行较好的处理。一方面，由于城镇化进程的不断加快，土地资源日渐稀缺；另一方面，垃圾无害化处理能力和水平滞后导致传统垃圾处理方式的弊端更加明显。因而，社会各界对垃圾进行科学分类处理已经达成了共识。对垃圾进行科学合理的分类处理，利国利民，势在必行，也只有这样，才能从根本上解决“垃圾围城”的困局。

生活垃圾由于产生量大、成分复杂多样、性质各异，有明显的污染性，再加上垃圾本身存在即时性和潜在性的特征，以往传统的堆放填埋等处理方式所造成的大量侵占土地、蚊虫细菌滋生、污水四溢、臭气熏天等环境污染足以证明这些方式已经落后，取而代之的将是一种长期而又全面性的现代化全新垃圾处理方式。新的垃圾处理方式首先需要满足的条件就是实现垃圾无害化、资源化、社会化处理，最终达到减量化目的。调查显示，我国70%的垃圾存在可再利用的价值，倘若全部回收利用，每年将会产生巨大的经济效益，这对于生态环境的保护和促进社会的经济发展都具有十分重要的意义[1]。

生活垃圾分类是对传统的垃圾收集处置方式的改革，是对垃圾循环再利用的一种科学的有效处置管理方法，它可以使又脏又臭的垃圾变废为宝，使“放错了地方的资源”重新成为最具开发潜力的、永不枯竭的“城市矿产”。它能最大限度地提高垃圾资源利用水平，减少垃圾处置量，减少占地面积，降低污染，改善生存环境质量，实现垃圾减量化和资源化，最终实现经济发展与资源利用良性循环，实现经济效益和环境效益双赢。

垃圾分类就是新时尚，它关系广大人民群众的生活环境，关系节约使用能源，是社会文明水平的一个重要体现。我们要养成垃圾分类的好习惯，为改善生活环境而努力，为绿色可持续发展做贡献。

生态兴则文明兴，生态衰则文明衰。垃圾处理任重道远，垃圾分类需要你我他，因为我们赖以生存的地球是如此的美丽壮观、充满生机，同样它也是如此的脆弱，容易陷于“四面楚歌”的境地；因为我们的命运与垃圾分类息息相关，垃圾分类不仅是我们日常生活中应必备的一项实用技能，也是一次全面提升公民素质与社会责任的绝佳机会。如果我们对环境放任自流、坐视不理，那么地球上的资源将会慢慢枯竭，人类将会面临巨大的灾难。因此，垃圾分类意义重大，垃圾分类处理迫在眉睫。

2.1.2 生活垃圾源头分类

生活垃圾的种类繁多，性质复杂，为方便处理、处置及管理，需要对生活垃圾进行分类。生活垃圾的分类方法有很多，如按照生活垃圾的化学活性、形态、危害状况等进行分类[2]。

2.1.2.1 依化学活性分类

按照生活垃圾化学活性的不同，可将生活垃圾分为化学活性垃圾和化学惰性垃圾。化学活性垃圾是指化学性质不稳定的生活垃圾，如学校、科研院所废弃的化学药剂等；化学惰性垃圾是指化学性质比较稳定的垃圾，如塑料袋、灰渣等。

2.1.2.2 依形态分类

按照生活垃圾形态的不同，可将生活垃圾分为固态生活垃圾（粉末状、颗粒状、块状）、半固态生活垃圾、液态生活垃圾以及气态生活垃圾。固态生活垃圾是指以固体形态存在的生活垃圾，如废纸、易拉罐等；半固态生活垃圾是指以膏状或糊状存在并具有一定流动性的生活垃圾，如人畜粪便等；液态生活垃圾是指以液态形式存在的生活垃圾，如食物残液、科研院所的药品废液；气态生活垃圾是指以气态形式存在的生活垃圾，如厨房油烟。

2.1.2.3 依危害状况分类

按照生活垃圾危害状况的不同，可将生活垃圾分为危险生活垃圾和一般生活垃圾。危险生活垃圾是指列入《国家危险废物名录》或根据国家危险废物鉴别标准和鉴别方法认定的具有危险特性的废物，如废电池、医院垃圾等；一般生活垃圾是指除危险生活垃圾以外的生活垃圾，如废纸、塑料等。

2.1.2.4 依产生区域分类

按照生活垃圾产生区域的不同，可将生活垃圾分为党政机关、企事业单位、社会团体、学校等单位的办公和生产经营场所垃圾，主要包括纸屑、办公杂品、烟灰渣、电器、金属管道、建筑材料等；城镇住宅小区和农村居民点垃圾，主要包括饮料、食物、纸屑、庭院废物、煤炭渣、家用电器、家庭用具、人畜粪便、陶瓷用品、杂物等；道路、广场、公园、机场、客运站、轨道交通站点以及商场等公共场所垃圾，主要包括饮料、塑料品、园林垃圾、灰渣、建筑垃圾、办公杂品等。

需要特别注意的是学校及科研院所实验室的废液和过期的化学药品，应给予单独处理。

2.1.2.5 依产生源分类

按照生活垃圾产生源的不同，可将生活垃圾分为学校和家庭日常生活垃圾、医院垃圾、市场垃圾、建筑垃圾和街道扫集物等，其中医院垃圾（特别是带有病原体的垃圾）、学校及科研院所实验室的垃圾（特别是废液和过期的化学药品）和建筑垃圾应给予单独处理，其他的垃圾通常由环卫部门集中处理[3]。

2.1.2.6 依生活垃圾的性质分类

按照生活垃圾性质的不同，可将生活垃圾分为有机生活垃圾和无机生活垃圾。有机生活垃圾是指生活垃圾的化学成分主要是有机物的垃圾，如食物残渣、废塑料、秸秆等；无机生活垃圾是指生活垃圾的化学成分主要是无机物的垃圾，如废金属、灰渣等。

2.1.2.7 依处理与资源化方式分类

按照生活垃圾处理与资源化方式的不同，可采用“二次四分法”对生活垃圾进行分类（上海市的垃圾分类即采用该方法）。“二次四分法”第一次将垃圾分为“可烂”垃圾（湿垃圾）和“不可烂”垃圾，第二次将“不可烂”垃圾分为“可回收物”、“有害垃圾”和“干垃圾”，即通过两次将垃圾分成以下四类（图2-1）：

1）可回收物。包括废纸、塑料、玻璃、金属和布料等。废纸主要包括报纸、期刊、图书、各种包装纸、办公用纸、广告纸、纸盒等，需要注意的是纸巾和厕所纸由于水溶性太强不属于可回收垃圾。塑料主要包括塑料玩具、塑料衣架、矿泉水瓶等。玻璃主要包括各种玻璃瓶、碎玻璃片、镜子等。金属主要包括易拉罐、罐头盒等。布料主要包括废弃衣服、桌布、洗脸巾、书包等。

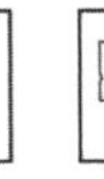

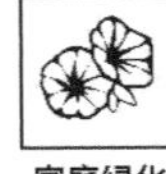

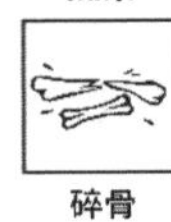
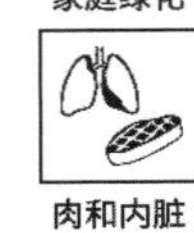
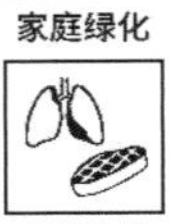

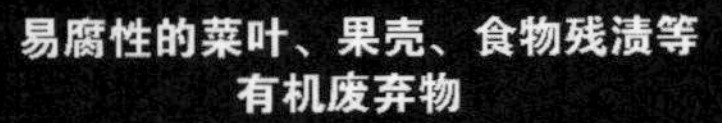

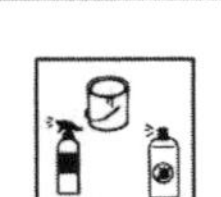
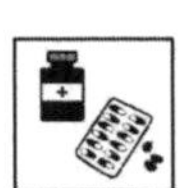

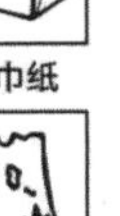

图 2-1 采用 “二次四分法” 的生活垃圾分类

2）湿垃圾。包括剩饭剩菜、骨头、菜根菜叶、果皮等食品类废物，其经生物技术就地处理堆肥，每吨可产生约 0.3 t 的有机肥料。

3）有害垃圾。包括废电池、废日光灯管、废水银温度计、过期药品等，这些垃圾需要进行特殊处理。

4）干垃圾。包括除上述三类垃圾之外的砖瓦陶瓷、渣土、卫生间废纸、纸巾等废弃物[4]。

在农村，农户可将生活垃圾粗分为三大类：第一类是可回收垃圾，如废金属、饮料瓶、废纸、废旧家电等，它们可作为再生资源回收利用；第二类是不可利用垃圾，如皮革、废电池、农药瓶、塑料袋等，它们进入垃圾收集处理系统；第三类是厨余垃圾、农作物秸秆、植物枝叶等可堆肥垃圾，如剩饭菜、菜叶、果皮等，有条件的住户可以自行堆肥，以节省有机肥料，无条件的住户可将这类垃圾并入第二类处理[5]。

2.1.3 生活垃圾分类治理存在的问题及对策

目前，我国正在积极调动社会各方力量广泛参与城市生活垃圾分类治理工作。在这个过程中，公众、企业、环境社会组织（ENGOs）、政府各主体存在诸多问题。例如，大部分公众虽然已经意识到垃圾分类的重要性，但参与的积极性和主动性不足，存在实践操作能力差和家庭主要参与力量错位等问题；企业则被动执行政府出台的相关法律法规和政策，保障其市场利益，但本身市场经济的行为又存在缺乏规范性与监督管理的问题；ENGOs 有很好的监督与协调作用，却面临自身建设能力低下、组织弱势及活动开展效果欠佳等难题；政府则面临法律法规建设滞后、基础设施建设不足及政策宣传乏力等问题[6]。

2.1.3.1 问题

（1）公众的垃圾分类意识不强

虽然公众的环保意识已经有所觉醒，对垃圾分类的知晓率和认可度都在逐年提高，但认识还比较浅显，垃圾分类的参与度和准确投放度仍然处于较低水平，目前，垃圾分类试点地区的分类效果还有待提高。具体表现在：一方面，在垃圾分类中，公众在传统习惯和惰性心理等因素的影响下，形成意识与行动的严重背离，认为垃圾分类应该是政府的事情，自己不需要积极主动的配合，再加上缺乏刚性约束，从而导致整体的参与度并不高。另一方面，公众对垃圾分类的理念认识不足，加上具体的分类知识掌握得也不全面，从而导致分类准确度不高，且有反复现象。例如，公众虽然知道废纸、废塑料、织物等属于可回收物，但对于受污染的纸类、塑料和织物应该属于其他垃圾却不知道；对于不含汞、镍、镉等重金属的普通电池以及白炽灯等不属于有害垃圾，公众还不清楚，仍将这些东西作为有害垃圾投放到有害垃圾桶中。特别是对于农村来说，农民的环保意识更加欠缺。农村生活垃圾产量逐年递增，但受限于农民有限的知识水平，农村居民整体环保意识欠缺，且自愿参与环境保护的积极性不高，致使农村垃圾一直得不到源头上的减量或控制，许多农村居民不清楚垃圾对环境以及人身造成的具体的危害，对垃圾分类集中投放的自律性、自觉性不够等主观性问题也是造成“垃圾围村”问题的重要因素。因此，要想公众养成良好的垃圾分类行为习惯，并长期坚持下去，还有很长的一段路要走。

上海市垃圾管理处2007年万份抽样调查显示，公众对垃圾分类观念知晓率达到90%。但是，2010年上海市的垃圾分类社区调查发现，对有害垃圾、可回收物的分类收集量仅占生活垃圾总量的3.5%[6]。同时，根据相关人士2012年在宁波市6个区的调查和研究，发现“城市居民垃圾分类意愿和行为存在较大的差异，愿意参与垃圾分类的比例（82.5%）明显高于实际参与垃圾分类行为的比例（13%），较高的分类意愿并不必然产生较高的分类行为”[5]。居民都知道垃圾分类的相关政策，但是缺乏践行意识。造成这种情况的原因是，其一混合处理垃圾“历来如此”；其二多数居民“政策解读错误”，认为既然已经支付垃圾清洁费用，那么分类与处理责任也随之转移。此外，居民垃圾分类践行能力也相对较低。多数居民甚至都未能正确对应不同颜色垃圾桶的回收种类，对于诸如卫生纸、餐巾纸、复写纸等归类于可回收还是不可回收，废电池是否属于有害垃圾等问题的辨识度也比较低。

（2）政府部门之间的协调机制不完善

垃圾分类治理工作是一项系统工程，涉及多个利益主体，处于社会经济发展的末端环节。政府作为生活垃圾分类治理工作的主导者，在该过程中承担着至关重要的角色，它的协调、监管等作用具有不可替代的特性，但缺乏有效的管理、监督手段，导致其在生活垃圾分类治理工作中的效率低下。从政府的角度来说，城管、环保、商务等多个职能部门都在管垃圾，虽然各省份颁布的垃圾分类工作实施方案组织领导明确，但在实际操作的过程中，政府部门自身管理体制的弊病，导致各部门之间相互推诿，部门间有壁垒，协作不畅。例如，江苏省常州市生活垃圾收集工作由街道、居委会、物业等有关部门负责，垃圾清运、处理工作由市、区城管部门负责，废旧物品回收、再生资源利用工作由商务部门负责，有害垃圾由环保部门负责[5]。上海市生活垃圾管理工作的组织、协调、指导和监督由市绿化市容部门负责；市发展改革部门负责制定促进生活垃圾源头减量、资源化利用以及无害化处置的政策，协调生产者责任延伸制度的落实，研究完善生活垃圾处理收费机制；市房屋管理部门负责督促物业服务企业履行生活垃圾分类投放管理责任人义务；市生态环境部门负责生活垃圾处理、污染防治工作的指导和监督；市城管执法部门负责对违反生活垃圾分类管理规定的行为进行指导和监督[7]。

然而在垃圾分类处理产业化的链条中，大多数部门的意识还停留在垃圾分类和处理是城管部门该抓的事情，导致垃圾分类和治理工作得不到落实，也没有哪个部门愿意跟进，垃圾分类治理往往呈现出“九龙治水”“各自为政”的局面，从而导致垃圾分类工作进程缓慢，效率不高。正如管理学上所说的：“可以一个人管两件事，但不能两个人管一件事。”利益相关方的多元化，导致利益关系也很难平衡。

（3）垃圾分类各环节的配套设施不到位

虽然我国已经为垃圾分类工作注入了不少的资金，但是各环节的基础设施还存在一定的缺陷，这主要体现在以下方面：

1）目前我国各城市的分类垃圾车的数量普遍不足，对于已分好类的垃圾，保洁人员随意混合，垃圾运输车混合收集和运输。

2）城市街道和小区内的分类垃圾桶数量不足，投放位置与布局缺乏人性化和科学化。如今的小区楼群多、楼层高、区域大、生活垃圾产生量大，但分类垃圾桶数量少，且大部分分类垃圾桶都集中在小区门口处（物业为减少本身工作量），导致居民投放垃圾投放极为不便。

3）小区物业也因为垃圾分类处理费用高、增加工作量、和业主协商调整管理费未果等原因拒绝协助垃圾分类清运工作。

4）相关单位或者公司的垃圾处理方式设备陈旧，生活垃圾收运设施不能满足或不能全部满足现行的国家标准和行业标准，在作业过程中跑、冒、滴、漏现象时有发生，作业环境较差，极易造成环境二次污染，收集设备亟须升级改造。

5）基础设施建设不够，特别是由于农村垃圾的处理需要大量的资金，而农村可变现的公共资源有限，村民自身无法拿出更多的资金，上级政府的财政资金主要投向城市垃圾处理，很少投向乡镇和农村垃圾处理，从而导致农村垃圾根本无法得到及时有效的处理。在城市，除生活垃圾无害化处理设施外，部分其他垃圾资源化利用设施建设滞后，处理能力不足，而填埋作为一种最普遍的“粗放式”处理模式，最终使城市陷入“无地填埋”的困境。

6）创新化治理能力不足，活动模式探索有待优化。

以《生活垃圾分类制度实施方案》第5条第4点“创新体制机制”中提及建立居民“绿色账户”为例，目前上海和杭州等地都在努力推行“绿色账户”活动。根据陈子玉教授等相关学者的调查研究，该项活动存在“活动周期漫长，奖品项目单一”等一系列问题。同时，相关媒体也披露，该活动在执行过程中，举办方和参与企业等并没有做到很好的协调，部分民众参与活动数月，却发现自己的账户未有积分记录。相关民众建议，举办方可学习“库里蒂巴模式”，而定时定点以分类垃圾或者账户积分换取当季果蔬等，这远比“公园入场券”或日用品等更“接地气”[5]。

2.1.3.2 对策

（1）统一垃圾分类标准

要统一各地区有关分类标准的定义、分类标识及垃圾桶颜色，确保推行垃圾分类工作时的有序性。统一垃圾分类标准后有利于区域间相互学习，形成统一的可复制、可推广的工作模式。

（2）制定垃圾分类目标

生活垃圾分类工作是一项系统性工程，需要源头控制、实时督导、末端治理等多方面配合，共同为垃圾分类工作有序开展奠定基础。广泛利用各种媒体，普及垃圾分类知识。随着公众环境保护意识的不断提高，逐步将垃圾分类理念融入幼儿园、小学课程中，从小培养孩子垃圾分类意识和分类习惯。进一步加强垃圾分类相关基础设施建设，将垃圾分类的减量化、资源化和无害化工作落到实处。

（3）建立有效的垃圾分类监督机制

垃圾分类工作是一项复杂的工程，需要全社会共同参与。随着垃圾分类工作的不断推进，要针对出现的问题不断调整工作思路，创新工作方法，把工作做实、做透，狠抓长效机制，做好城乡统筹规划，因地制宜，构建符合区域长期有效的垃圾分类模式。同时可适时将垃圾分类工作纳入绩效考核内容，完善监督问责机制。

2.2 生活垃圾的收集

生活垃圾的收集是一项困难而又复杂的工作，特别是农村生活垃圾的收集更加复杂。由于产生垃圾的地点分散，并且垃圾的产生不仅有固定源，也有移动源，给垃圾的收集工作带来了许多困难，耗费了大量的人力、物力和财力[4]。

在我国，生活垃圾的收集应本着满足环境卫生要求、费用低、有助于后续处理的原则制订收集计划，提高收集的效率。生活垃圾的收集过程可以用图 2-2 来表示[8]。

图 2-2 生活垃圾的收集过程

从图 2-2 可以看出生活垃圾的收集过程可以分为三个阶段：第一阶段是垃圾的收集贮存（简称收贮），即从垃圾产生源到垃圾桶（箱）的过程；第二个阶段是垃圾的清除（清运），即从垃圾桶（箱）到垃圾中转站的过程，具体是垃圾清运车辆沿一定的清运路线在规定的清运时间将垃圾桶（箱）里的垃圾运送至垃圾中转站，有时也可直接就近送至垃圾处理厂和处置场，这个过程通常是垃圾的近距离运输；第三个阶段是垃圾的转运过程，即大型垃圾运输车将垃圾中转站的垃圾运送至垃圾最终处置场，这个过程是垃圾的长距离运输。

2.2.1 收集方式

2.2.1.1 农村生活垃圾的收集

农村生活垃圾采取“户分类—村收集—镇转运—县处理”的处理方式（图 2-3），整个农村生活垃圾的处理地点由各县统一部署。

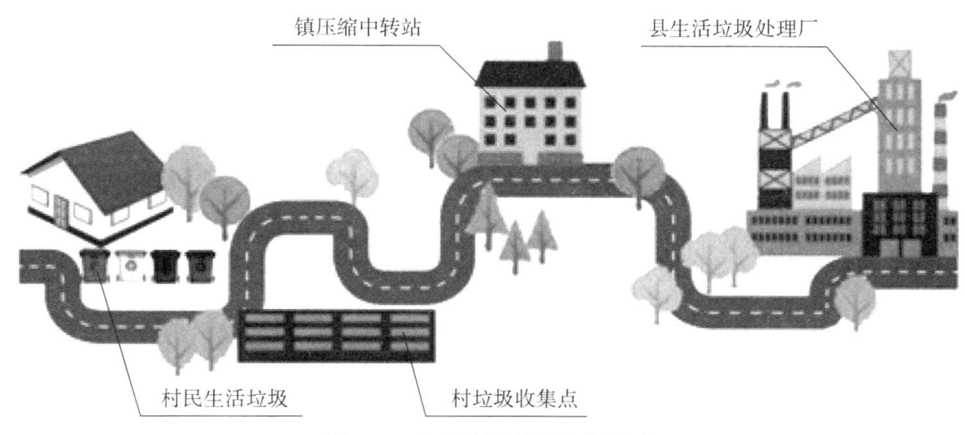

图 2-3 农村生活垃圾收集模式

（1）户分类

村民按照生活垃圾分类标准进行垃圾粗分类处理：将可回收废弃物卖给废品收购站，既可增加自身收益，又能保护环境；将厨余垃圾就地填埋沤肥；将其他的不可利用垃圾存储于垃圾桶中。村民将垃圾桶放置于自家门口，次日清晨由保洁员统一收集，从源头上实现垃圾资源化和减量化。

（2）村收集

村里在合适点设置垃圾桶、垃圾收集箱或垃圾收集池。村委会购置机动垃圾收集车（机动三轮车）并配备保洁人员进行垃圾收集工作。保洁员于每日 7:30 之前收集村中所有垃圾，然后送入镇压缩中转站。其中保洁员可以对生活垃圾进行进一步的筛选，能回收利用的部分筛选出来送到废品收购站，作为保洁员的生活补贴。垃圾收集工作每日不能间断，若保洁员某日无法进行工作应提前向村委会请假，由村委会安排其他人进行垃圾收集工作。另外，在空闲时间保洁员可以利用收集车开展其他运输工作，以车养人，减少运行费用[4]。

（3）镇转运

镇压缩中转站配置垃圾脱水装置，对垃圾进行脱水，减量后送到县垃圾处理系统进行最终处理处置。

（4）县处理

县（市）统一配置压缩垃圾转运车辆，将各镇压缩中转站的垃圾转运到县（市）指定的填埋场或垃圾焚烧厂进行无害化处理。

2.2.1.2 城市生活垃圾的收集

城市生活垃圾的收集和运贮方式正逐步由人工转向机械化和自动化，即由敞开式转向密闭式，由松散式转向压缩式，由小型化转向大型化[9]。目前生活垃圾的收集运输系统包括连续收集运输系统（图 2-4）和非连续收集运输系统两大类[10]。

图 2-4 连续收集运输系统

2.2.1.2.1 连续收集运输系统

连续收集运输系统是指采用地下管道，以空气或水为载体，用水泵或空气压缩机来运送垃圾的方法。用空气输送会有正压和负压（真空）两种情况。该系统初期投资巨大、运行管理要求高、运行费用高，在拥挤的城市中心区，管道的铺设有一定的困难，对旧城的改造也很困难，所以该系统目前大部分用于单个大型建筑或小规模高密度居住区；但由于该系统不会增加交通压力、对环境界面友好，现在正逐步向区域规模发展。

2.2.1.2.2 非连续收集运输系统

非连续收集运输系统是一种采用普通的汽车、轮船或火车等运输工具载运各收集点垃圾的运输方式。该系统由发生源、收集容器、中转站和最终处理处置场组成。非连续收集运输系统虽然系统条件好，比较灵活，但是随着城市的发展，该系统的问题日益明显。首先，城市交通日趋紧张，垃圾运输会增加交通压力；其次，定点设置的垃圾收集系统在高峰时垃圾外溢，影响环境卫生；最后，中转站一般都设在城区内，设施不太完善，会造成恶臭、噪声污染。因此，非连续收集运输系统的发展受到了限制。

非连续收集系统的操作方法有两种类型三种方式：①移动（拖曳）容器系统，分为简便模式［多次旅程（图 2-5）］和交换模式［需要配备垃圾桶（图 2-6）］；②固定容器系统，只收集垃圾而不带走容器（图 2-7）。

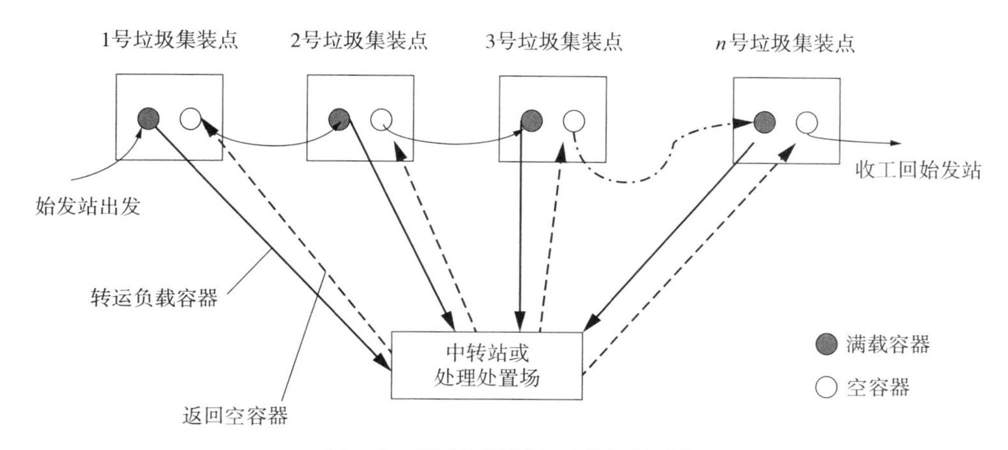

图 2-5　移动容器系统（简便模式）

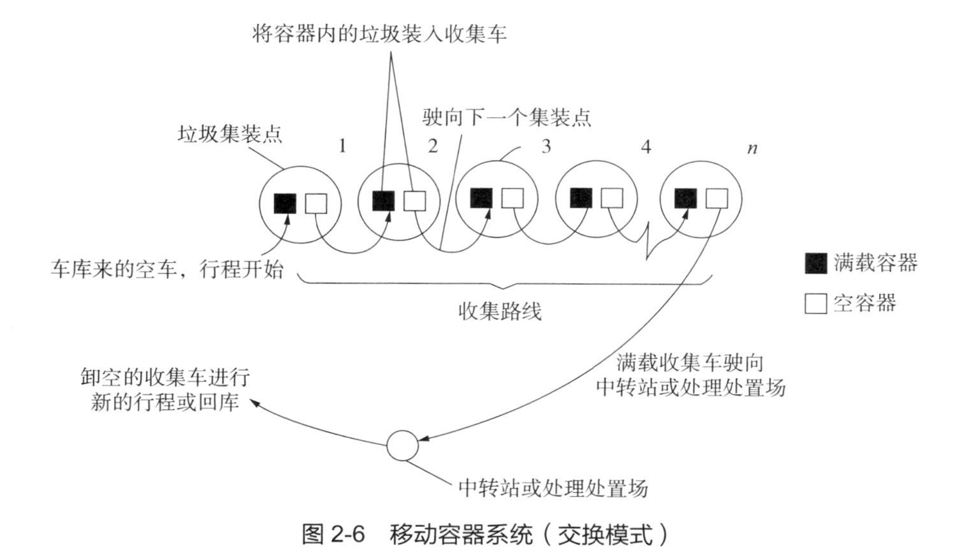

图 2-6　移动容器系统（交换模式）

（1）移动容器系统

移动容器系统是指从收集点将装满垃圾的容器运往中转站或处理处置场，卸空后再将空容器送回原处（简便模式）或下一个集装点（交换模式）。

收集成本的高低主要取决于收集时间的长短，因此对收集操作过程的不同单元时间进行分析，可以建立设计数据和关系式，求出某区域垃圾收集耗费的人力和物力，从而计算收集成本。

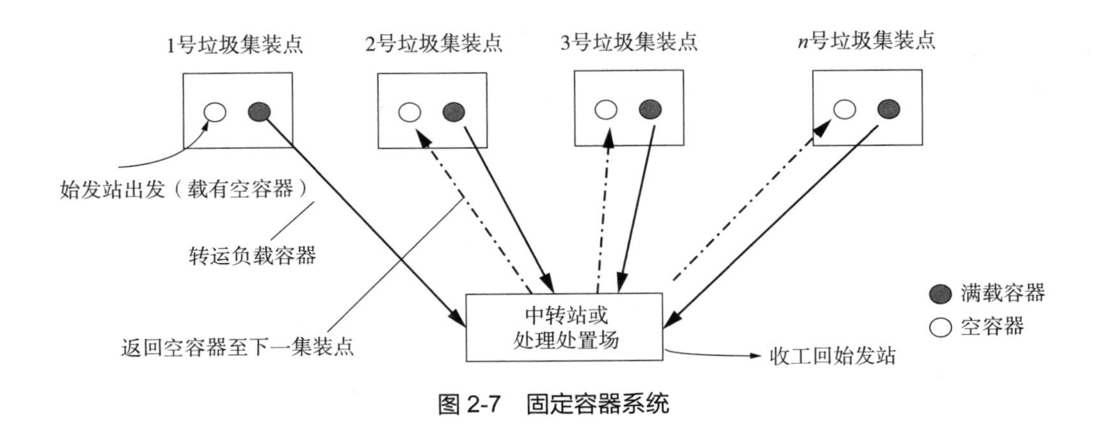

图 2-7 固定容器系统

1）拾取时间（P_{hcs}）。对于简便模式，每次行程拾取时间包括容器点之间行驶时间、满容器装车时间及卸空容器放回原处时间三部分；对于交换模式，每次行程拾取时间包括满容器装车时间和卸空容器放回原处时间两部分。用公式表示为

$$P_{hcs}=t_{pc}+t_{uc}+t_{dbc} \quad (2\text{-}1)$$

式中，P_{hcs}——每次行程拾取时间，h/ 次；

t_{pc}——满容器装车时间，h/ 次；

t_{uc}——卸空容器放回原处时间，h/ 次；

t_{dbc}——容器点之间行驶时间，h/ 次。

如果容器点之间行驶时间不给出，可用运输时间公式估算。

2）运输时间（h）。运输时间是指收集车从集装点行驶至终点所需的时间，加上离开终点驶回原处或下一个集装点的时间，不包括停在终点的时间。当装车和卸车时间相对恒定时，则运输时间取决于运输距离和速度。从对大量的不同收集车的运输数据分析中发现运输时间可以用式（2-2）近似表示：

$$h=a+bx \quad (2\text{-}2)$$

式中，h——运输时间，h/ 次；

a——经验常数，h/ 次；

b——经验常数，h/km；

x——往返运输距离，km/ 次。

3）在处置场所花费的时间。专指垃圾收集车在终点（中转站或处理处置场）包括卸车及等待卸车的时间。每一行程卸车时间用符号 S（h/ 次）表示。

4）非生产性时间。非生产性时间指在收集操作全过程中非生产性活动所花费的时间。常用符号 w（%）表示非生产性时间占总时间百分数。

因此，一次收集清运操作行程所需时间（T_{hcs}）可用式（2-3）表示：

$$T_{hcs}=(P_{hcs}+S+h)/(1-w) \quad (2\text{-}3)$$

还可以用式（2-4）表示：

$$T_{hcs}=(P_{hcs}+S+a+bx)/(1-w) \quad (2\text{-}4)$$

当求出 T_{hcs} 后，则每日每辆收集车的行程次数用式（2-5）求出：

$$N_d=H/T_{hcs} \quad (2\text{-}5)$$

式中，N_d——每天行程次数，次 /d；

H——每天工作时数，h/d；

其余符号同前。

每周所需收集的行程次数，即行程数可根据收集范围的垃圾清运量和容器平均容量计算，用式（2-6）求出：

$$N_w=V_w/(cf) \quad (2\text{-}6)$$

式中，N_w——每周收集次数，即行程数，次 / 周（若计算值带小数，则需四舍五入到整数值）；

V_w——每周垃圾清运量，m^3/ 周；

c——容器平均容量，m^3/ 次；

f——容器平均充填系数。

由此，每周所需作业时间 D_w（d/ 周）为

$$D_w=N_wT_{hcs} \quad (2\text{-}7)$$

运用式（2-1）~式（2-7），即可计算出移动容器收集操作条件下的工作时间和收集次数，编制作业计划。

［例 2-1］ 某住宅区生活垃圾量约 290 m^3/ 周，拟用垃圾车负责清运工作，实行交换模式的移动式清运。已知该车每次集装容积为 9 m^3/ 次，容器利用系数为 0.66，垃圾车采用 9 小时工作制。试求为及时清运该住宅垃圾，每周需清运多少次？累计工作多少小时？经调查已知：平均运输时间为 0.552 h/ 次，容器装车时间为 0.043 h/ 次，容器放回原处时间为 0.043 h/ 次，卸车时间为 0.037 h/ 次，非生产时间占全部工时的 25%。

解： 由式（2-1）可得拾取时间为

$P_{hcs}=t_{pc}+t_{uc}+t_{dbc}=(0.043+0.043+0)$ h/ 次 =0.086 h/ 次

由式（2-3）可得，清运一次所需时间为

$T_{hcs}=(P_{hcs}+S+h)/(1-w)=[(0.086+0.037+0.552)/(1-0.25)]$ h/ 次 =0.9 h/ 次

由式（2-5）可得，清运车每日可以进行的集运次数为

$N_d=H/T_{hcs}=(9/0.9)$ 次 /d=10 次 /d

由式（2-6）可得，每周收集次数为

$N_w=V_w/(cf)=[290/(9\times0.66)]$ 次 / 周 =49 次 / 周

由式（2-7）可得，每周所需要的工作时间为

$D_w=N_wT_{hcs}=(49\times0.9)$ h/ 周 =44.1 h/ 周

（2）固定容器系统

固定容器系统是指垃圾车到各容器集装点装载垃圾，容器倒空后固定在原地不动，车装满后运往中转站或处理处置场。固定容器收集法的一次行程中，装车时间是核心因素。因为装车有机械操作和人工操作之分，故计算方法也略有差别，其基本公式类似于移动容器系统。

1）机械装车。每一收集行程时间用式（2-8）表示：

$$T_{scs}=(P_{scs}+S+h)/(1-w) \tag{2-8}$$

式中，T_{scs}——固定容器系统每一行程时间，h/ 次；

P_{scs}——每次行程集装时间，h/ 次；

其余符号同移动容器系统。

其中，集装时间为

$$P_{scs}=c_t\,t_{uc}+(N_p-1)\,t_{dbc} \tag{2-9}$$

式中，c_t——每次行程倒空的容器数，个 / 次；

t_{uc}——卸空一个容器的平均时间，h/ 个；

N_p——每一行程经历的集装点数；

t_{dbc}——每一行程各集装点之间平均行驶时间。

如果集装点平均行驶时间未知，也可用公式 $h=a+bx$ 进行估算，但以集装点间距离代替往返运输距离 x（km/ 次）。

每一行程能倒空的容器数与收集车容积和压缩比以及容器体积有直接关系，其关系式为

$$c_t=Vr/(cf) \tag{2-10}$$

式中，V——收集车容积，m^3/ 次；

r——收集车压缩比；

其余符号同前。

每周需要的行程次数可用式（2-11）求出：

$$N_w=V_w/(Vr) \tag{2-11}$$

式中，N_w——每周行程次数，次 / 周；

其余符号同前。

由此每周需要的收集时间为

$$D_w=[N_wP_{scs}+t_w(S+a+bx)]/[(1-w)H] \tag{2-12}$$

式中，D_w——每周收集时间，d/ 周；

t_w——N_w 值四舍五入后的整数值；

其余符号同前。

2）人工装车。使用人工装车，每天进行的收集行程数为已知值或保持不变。在这种情况下每次行程集装时间为

$$P_{scs}=[(1-w)H/N_d]-(S+h) \quad (2\text{-}13)$$

每一行程能够收集垃圾的集装点可以由式（2-14）估算：

$$N_p=60P_{scs}n/t_p \quad (2\text{-}14)$$

式中，n——收集工人数，人；

t_p——每个集装点需要的集装时间，min/（点·人）；

其余符号同前。

每次行程的集装点数确定后，即可用下式估算收集车的合适车型尺寸（载重量）：

$$V=V_pN_p/r \quad (2\text{-}15)$$

式中，V_p——每一集装点收集的平均垃圾量，m^3/次；

其余符号同前。

每周的行程数，即收集次数为

$$N_w=T_pF/N_p \quad (2\text{-}16)$$

式中，T_p——集装点总数，点；

F——每周容器收集频率，次/周；

其余符号同前。

［例2-2］某住宅区共有1 000户居民，由两名工人负责清运该区垃圾。试按固定容器系统，计算工人每周清运时间及清运车容积。已知，每一集装点平均服务人数3.5人；垃圾产生量为1.2 kg/（d·人）；容器内垃圾的容重为120 kg/m^3；每个集装点设0.12 m^3的容器两个；收集频率为每周一次；收集车压缩比为2；来回运距为24 km；每天工作为8 h，每天行程次数为2次；卸车时间为0.10 h/次，运输时间为0.29 h/次；每个集装点需要的人工集装时间为1.76 min/（点·人）；非生产时间占15%。

解：由式（2-13）求集装时间：

$P_{scs}=(1-w)H/N_d-(S+h)=[(1-0.15)\times 8/2-(0.10+0.29)]$ h/次 =3.01 h/次

一次行程能进行的集装点数目：

$$N_p=60P_{scs}n/t_p=(60\times 3.01\times 2/1.76)\text{ 点/次}=205\text{ 点/次}$$

每集装点每周的垃圾量换成体积数为

$$V_p=(1.2\times 3.5\times 7/120)\ m^3/\text{次}=0.245\ m^3/\text{次}$$

清运车的容积［根据式（2-15）计算］应大于：

$$V=V_pN_p/r=(0.245\times 205/2)\ m^3/\text{次}=25.1\ m^3/\text{次}$$

由式（2-16）可得每周需要进行的行程数为

$$N_w=T_pF/N_p=(1\,000\times 1/205)\text{次/周}=4.88\text{次/周}$$

由式（2-12）可得工人每周需要的工作时间为

$$D_w=[N_wP_{scs}+t_w(S+a+bx)]/[(1-w)H]$$
$$=\{[4.88\times 3.01+5\times(0.10+0.29)]/[(1-0.15)\times 8]\}\text{d/周}=2.45\text{d/周}$$

2.2.2 收集容器及车辆

2.2.2.1 收集容器

（1）垃圾收集容器的类型

垃圾收集容器可分成垃圾桶（又称废物箱）（如图 2-8 所示）和集装箱两类。

图 2-8 常见的垃圾桶

1）垃圾桶有圆形、方形和倒梯形等，容器的底部应配有活动滚轮。容器的上口应有盖，其上部配有吊钩或翻盖装置。垃圾桶按材料不同，可分为塑料桶、金属（钢）桶和复合材料桶等。一般而言，塑料垃圾桶比钢制桶耐用，而复合材料垃圾桶性能最佳。我国 20 世纪 80 年代前普遍采用钢制垃圾桶，由于垃圾产生的污水具有很强的腐蚀性，钢制垃圾桶很快生锈、被腐蚀，使用寿命短，又影响市容，所以近年来，塑料垃圾桶的应用越来越广。在有些场合也有用不锈钢作为材质的垃圾桶。

2）垃圾集装箱一般可分为标准集装箱和专用垃圾集装箱两大类。标准集装箱是指符合国际标准尺寸的集装箱，一般应用于环卫作业的大都是 6.67 m^3 标准集装箱。为了适应垃圾收集作业的要求，在其标准尺寸不变的情况下，可做一些局部的改动，如开设进垃圾的口（及门）、增加锁定结构等。

（2）垃圾收集容器的数量设置

某地段需配置多少垃圾收集容器，主要考虑的因素是：①服务范围内居民人数 R；②垃圾人均产生量 C；③垃圾容重 D；④容器大小（如体积 V）；⑤收集次数 n。

设置数量的计算方法如下：

1）求出服务区域内的垃圾平均日产生量：

$$W=RCA_1A_2 \tag{2-17}$$

式中，W——垃圾平均日产生量，t/d；

R——服务范围内居民人数，人；

C——垃圾人均产生量，t/（人·d）；

A_1——垃圾日产生量不均匀系数，取 1.1 ~ 1.5；

A_2——居住人口变动系数，取 1.02 ~ 1.05。

2）计算垃圾平均日产生体积：

$$V_{ave}=W/（D_{ave}A_3） \tag{2-18}$$

$$V_{max}=KV_{ave} \tag{2-19}$$

式中，V_{ave}——垃圾平均日产生体积，m^3/d；

D_{ave}——垃圾平均容重，t/m^3；

A_3——容重变动系数，取 0.7 ~ 0.9；

V_{max}——日产最大体积，m^3/d；

K——垃圾产生高峰时体积变动系数，取 1.5 ~ 1.8。

3）求出收集点所需设置的垃圾容器数量：

$$N_{ave}=A_4V_{ave}/（V_1A_5） \tag{2-20}$$

$$V_{max}=A_4V_{max}/（V_1A_5） \tag{2-21}$$

式中，N_{ave}——平时所需设置的垃圾容器数，个；

N_{max}——高峰时所需设置的垃圾容器数，个；

V_1——单个垃圾容器的容积，m^3/个；

A_4——垃圾收集周期，d/次，若1天收集1次，A_4=1，1天收集2次，A_4=0.5，2天收集1次，A_4=2；

A_5——容器填充系数，取 0.75 ~ 0.9。

注意：①以 N_{max} 来设置服务地段容器数量；②收集点的半径一般不超过 70 m；③新住宅区，未设置垃圾通道的多层公寓一般每四幢楼应设置一个容器收集点。

2.2.2.2　收集车辆

（1）收集车类型

城市垃圾收集车一般配置专用垃圾集装、卸载设备，并且具有一定程度的机械化和自动化功能。城市垃圾收集车辆类型众多，各国还没有形成一个统一的分类标准。常用的分类方式有：按照装车形式可分为前装式、后装式、侧装式、顶装式、集装箱直接上车式等类型；按照车辆垃圾载重量分为 2 t、5 t、10 t、15 t、30 t 等类型；按照装载垃圾容积分为 6 m^3、10 m^3、20 m^3 等类型的收集车辆[10]。

不同城市应根据当地的垃圾组成特点、垃圾收运系统的构成、交通、经济等实际情况，选用与其相适应的垃圾收集车辆。一般应根据整个收集区内的建筑密度、交通状况和经济能力选择最佳的收集车辆规格。近年来，我国各地的环卫部门引进配置了不少国外机械化、自动化程度较高的垃圾收集车辆，并且自主研制了一些适合国内具体情况的专用垃圾收集车辆。下面简要介绍几种国内常用的垃圾收集车。

1）简易自卸式收集车。简易自卸式收集车适用于固定容器收集法作业，一般需配以叉车或铲车，便于在车厢上方机械装车。自卸式收集车常见的有两种形式：一是罩盖式自卸收集车，这种车辆为了防止输送途中垃圾飞散，使用防水帆布盖或框架式玻璃钢罩盖，后者可通过液压装置在装入垃圾前启动罩盖，密封程度较高；二是密封式自卸车，即车厢为带盖的整体容器，顶部开有数个垃圾投入口[11]。

2）活动斗式收集车。活动斗式收集车主要用于移动容器收集法作业，这种收集车的车厢作为活动敞开式贮存容器，平时放置在垃圾收集点。由于车厢贴地且容量大，适合于贮存装载大件垃圾，所以也称为多功能车。目前在我国大多数城市广泛使用。

3）桶式侧装式密封收集车。这种收集车一般装有液压驱动提升装置，装载垃圾时，利用液压驱动提升装置将地面上配套的垃圾桶提升至车厢顶部，由倒入口倾翻，然后空桶送回原处，完成收集过程。

国外这类车的机械化程度高，具有很高的工作效率，2 个垃圾桶卸料用时不到 10 s。另外这类车提升架悬臂长，旋转角度大，可以在相当大的作业区内抓取垃圾桶，车辆不必对准垃圾桶停放，十分灵活方便。

4）后装式压缩收集车。这种车是在车厢后部开设投入口，一般自带压缩推板装置，能够满足体积大、密度小的垃圾收集工作，并且在一定程度上减轻了垃圾对环境造成二次污染的可能性。这种车与手推车收集垃圾相比，工效提高 6 倍以上，大大减轻了环卫工人的劳动强度，缩短了工作时间。另外，为方便中老年人和小孩倒垃圾，该车的垃圾投入口距地面较低。为了收集狭小里弄、小巷内的垃圾，许多城市还配有人力手推车、人力三轮车和小型机动车作为辅助的垃圾清运工具。

（2）收集车数量配备

收集车数量的配备是否合理，直接影响到垃圾收集的效率和费用高低。在进行车辆配备时，应该考虑车辆的种类、满载量、垃圾输送量、输送距离、装卸自动化程度以及人员配备情况等因素[10]。

某服务区各类收集车辆的配备数量可以按照式（2-22）计算：

$$\text{简易自卸车数}=\frac{\text{垃圾平均日产生量}}{\text{车额定吨位}\times\text{日单班收集次数定额}\times\text{完好率}} \tag{2-22}$$

式中，垃圾平均日产生量由式（2-17）计算；日单班收集次数定额按各地方环卫部门定额计算；完好率一般按 85% 计算。

$$多功能车数=\frac{垃圾平均日产生量}{车箱额定容量\times箱容积利用率\times日单班收集次数定额\times完好率} \quad (2-23)$$

式中，箱容积利用率按 50% ~ 70% 计算；完好率按 80% 计算；其余同前。

$$侧装密封车数=\frac{垃圾平均日产生量}{桶额定容量\times桶容积利用率\times日单班装桶数定额\times日单班收集次数定额\times完好率} \quad (2-24)$$

式中，日单班装桶数定额按各地方环卫定额计算；完好率按 80% 计算；桶容积利用率按 50% ~ 70% 计算；其余同前。

（3）收集车劳力配备

每辆收集车配备的工作人员，一般按照运输车辆的载重量、机械化作业程度、垃圾容器放置地点与容器类型以及工人的业务能力和素质等情况而定。

一般情况下，除司机外，采用人力装车的 3 t 简易自卸车配 2 名工作人员，5 t 简易自卸车配 3 ~ 4 名工作人员；多功能车配 1 名工作人员；侧装密封车配 2 名工作人员。

此外，还应设立一定数量的备用工作人员，当在特定阶段工作量增大、人员生病或设备出现故障时，备用人员可以马上投入工作。另外，当遇到工作量、气候、雨雪、收集路线和其他因素变化时，劳力配备规模可以随实际需要而发生变动。

2.3　生活垃圾的转运

2.3.1　垃圾转运系统

如果城市生活垃圾的收集地点距离生活垃圾的处理处置场较近，用垃圾收集车直接运送到生活垃圾处理处置场进行处理处置是最简单和最经济的方法。随着我国城市对环境卫生要求的不断提高，城市生活垃圾的处理设施和处置场地离居民区和商业区越来越远，需要把在商业区和居民区收集的生活垃圾运送到较远的生活垃圾处理设施或处置场地，属于远距离运输。垃圾收集车因为装载容积较小，一般需 2 ~ 3 人对其进行操作，其运输成本升高，不适合远距离运输。所以，进行生活垃圾的远距离运输，最好先将收集到的生活垃圾进行集中，这就需要生活垃圾转运系统。设置生活垃圾转运系统，可有效地利用人力、物力，使垃圾收集车更好地发挥效益，使载重量大的运输工具能经济有效地进行长距离运输，从而降低运输费用。垃圾的转运也称垃圾的中转，是指通过垃圾中转站把收集车分散收集来的垃圾转载到大型运输工具上，并运往最终处理处置场所的过程[12]。

2.3.2 垃圾中转站

垃圾中转站是垃圾从产生源到达处理处置场的中间转运场所，即城市垃圾一般首先经由环卫部门收集清运到垃圾中转站，然后再在垃圾中转站把垃圾转运到垃圾处理厂。

2.3.2.1 垃圾中转站的作用

垃圾中转站的推广和运用，既可以美化环境，又可以杜绝二次污染，减少蚊蝇的滋生，提高车载效率，减轻工人劳动强度，大大降低运行成本。

设置垃圾中转站主要有以下三个目的：

1）降低运输成本。长距离运输时，大吨位的运输工具的运行费用比小吨位的要低，运输距离越长，设立垃圾中转站越划算。

2）提高运输效率。中转站一般设有压缩设备，压缩后垃圾的密度明显提高，可大大提高载运工具的转运效率，并进一步降低垃圾的运输费用。

3）对垃圾进行预处理。中转站除转运垃圾外，还具有破碎、压实、分选等预处理功能，有利于后续的分类处理、资源回收等。

2.3.2.2 垃圾中转站分类

（1）传统垃圾中转站

传统的垃圾中转站存在设施不健全和储存工艺有缺陷的问题，不仅污染环境，而且臭味严重，滋生大量蚊蝇，使其选址成为难题。近年来，传统的垃圾中转站都在改建、重建，以期减少对环境的二次污染。

（2）环保型地下隐藏垃圾中转站

相对于传统垃圾中转站，新式环保型垃圾中转站则采用环保型地下隐藏式压缩设备，不但转运的效率高、规模大、自动化程度高，并拥有物理除臭和封闭式操作系统，减少了垃圾存放和处理过程中产生的二次污染，极大地改善了周边的空气质量，从而减轻了垃圾中转站对周围环境的影响，而且有效降低了综合运营成本，实现了科学、环保、人性化的全天候作业。

1）社区适用性环保型地下隐藏式。

无论是高档小区还是中低档次小区，垃圾问题解决不好，都会造成物产贬值。垃圾站建到什么地方，周边的住户都会强烈反对。环保型地下隐藏式全封闭智能压缩垃圾中转站可取代小区内的多个垃圾箱，减少环卫工人数量。各种造型轻松融入环境，减少了污水滴漏，消除了垃圾堆放产生的异味、蚊蝇等，环保效果特别明显。垃圾中转站与旁边的住宅、绿树、红花互相掩映外观精致小巧。

2）医院适用性环保型地下隐藏式。

医院产生的垃圾中含有大量的病菌，如临床诊断留下的特殊物质（主要包括医疗污水、医疗废弃物、一次性输液器具、注射器等），因此，针对医院的特殊性，新型的环保垃圾站采用了特殊的消毒系统，对垃圾进行彻底消毒，以防止传染病扩散和流行，使环境更卫生、生活更健康。

3）市政适用性环保型地下隐藏式。

新型的垃圾中转站不仅占地面积小，管理也方便。由于清运垃圾全过程采取封闭式处理，垃圾在压缩、装卸和转运等作业过程中，全处于封闭状态，不再出现垃圾撒漏现象。在转运过程中，空气喷雾除臭系统自动喷洒消毒剂，消除臭味。室外遮雨棚可根据周围环境设计成不同的造型，与周围环境协调、外形美观大方。

4）学校适用性环保型地下隐藏式。

校园是书香飘逸的地方。传统的垃圾站脏、乱、差、臭，严重影响环境气氛。新型垃圾中转站建成以后，不但转运的效率高、规模大、自动化程度高，而且由于配备了除臭和污水处理系统，防漏措施到位，有效地消除了异味及病菌，减少了环境污染，极大地改善了当地的空气质量。

5）军营适用性环保型地下隐藏式。

全封闭智能压缩垃圾中转站设备的高效、环保功能，适合于政府机关、军营及工矿企业选用。

（3）现代化垃圾中转站

现代化的垃圾中转站主要分为垃圾筛分车间和垃圾转运车队，筛分车间是中转站的生产核心。居民区的生活垃圾由清运车辆运输到中转站，首先在地磅房进行称重计量，将数据输入计算机。清运车辆经现场调度员指挥将垃圾卸入指定料仓，料仓底部的传送带将垃圾送入筛分车间。筛分车间对称分为 A、B 两条生产线，生产线可以分别或同时使用。混合的原生垃圾经筛分按照粒径大小被分成四个部分：0 ~ 15 mm；15 ~ 60 mm；60 mm 以上；金属物质，电磁铁将金属物质分离出来。上述四类垃圾根据其特性运往不同的处理点。根据工作原理和特点，又可将现代化垃圾中转站分为以下几种形式。

1）预压缩式垃圾中转站。

预压缩式垃圾中转站的工作原理是把垃圾在固定的箱体内压缩成块，然后一次性推入对接车的大型集装箱内。预压缩式垃圾中转站具有以下特点：垃圾在固定箱体内压缩成块，压缩比高；箱体密封，可收集垃圾挤出液，防止二次污染；重量和压力检测精确，垃圾压缩过程不须集装箱、半挂车配合，工作效率高。

2）直接压缩式垃圾中转站。

直接压缩式垃圾中转站的工作原理是把垃圾倒入料槽，车辆对接后，压装机直接将垃圾压入大型集装箱内，压装过程需反复多次。其具有以下特点：设备体积较小，配套的土建设施规模较小；压装过程完全自动控制；全封闭，无二次污染；与预压缩式中转站相比，车辆等候时间较长。配套车辆可选用车厢一体，也可采用车厢分离的拉臂车。

3）分选式垃圾中转站。

分选式垃圾中转站的工作原理是压装前对垃圾进行预处理，将垃圾按不同的粒度进行分选，只对大粒度的垃圾进行压缩，为后续处理提供条件。其具有以下特点：采用国际先进的分选工艺方案，压缩与分选组合，可实现垃圾减量化。

4）压缩打包式垃圾中转站。

压缩打包式垃圾中转站的工作原理是对垃圾分选后，将大粒度垃圾压缩，然后用铁丝捆成 2 m^3 的垃圾包，用平板车运往垃圾填埋场。其具有以下特点：工艺先进，实行分选与打包相结合，可减少填埋场防渗工程投资；垃圾的压缩比较大，可减少填埋空间，节省宝贵的土地资源。

2.3.2.3 垃圾中转站的环境保护与卫生要求

城市垃圾中转站操作管理不善，常常会给环境带来不利影响，引起附近居民的不满。所以大多数现代化及大型垃圾中转站都采用封闭形式、规范作业，并采取一系列的环保措施[13,14]：

1）周围一般设置防风网罩和其他栅栏，防止碎纸破布及其他垃圾碎屑和飞尘等随风飘散到周围环境，造成负面影响。当垃圾抛撒到外边时，要及时捡回。

2）平时贮存垃圾要采取有效措施，避免垃圾飘尘及臭气污染周围环境。

3）内部运行要严格按照相应的安全规范程序进行组织和管理，例如垃圾进出要严格管理，认真检查运输车辆的环保措施是否得当，还有工人在进行操作作业时必须穿工作服、戴防尘面罩等。

4）一般均设有防火设施，以免垃圾长期堆放引发火灾。

5）要有防止垃圾产生的渗滤液渗入地下的防渗处理等卫生设施，防止地下水遭到污染和破坏。

6）应采用多种预防措施，降低垃圾装卸机械、运输车辆等工作时的噪声，防止对周围居民生活造成噪声污染。

7）应最大限度地减少对周围环境造成的负面影响，采取综合防治污染措施。

8）应注重站内外的绿化。绿化面积应达到 10%～20%，充分实现与周围环境的和谐。

总之，中转站的飘尘、噪声、臭气、废水等指标要符合环境监测标准。

2.3.2.4　中转站选址要求

中转站位置的合理与否，直接关系到其效能是否能最大限度地发挥和对周围环境的影响。中转站选址既要满足环境卫生要求，也要尽可能地降低垃圾中转过程的费用。

中转站选址要注意的事项如下[10]：

1）选址要综合考虑各个方面的要求，科学合理地进行规划设置。

2）应尽可能设置在城市垃圾收集中心或垃圾产量比较多的地方。

3）最好位于对城市居民身体健康和环境卫生危害及影响较小的地方，例如离城市水源地和公众生活区不能太近。

4）应尽可能靠近公路、水路干线等交通方便的地方，以方便垃圾进出，减少运输费用。

5）最好位于便于垃圾收集运输，运作能耗最经济的地方。

6）选址应考虑便于废物回收利用的可能性。

2.3.2.5　中转站的工艺计算

中转站的工艺设计是关乎其功能能否充分合理发挥的关键因素之一，要根据中转的垃圾量、中转周期、垃圾类型以及地方经济等实际情况进行设计。

假定某中转站要求：①采用挤压设备；②高低货位方式装卸垃圾；③机动车辆清运。其工艺设计如下：清运车在高货位上的卸料台卸料，倾入低货位上的压缩机漏斗内，然后将垃圾压入半拖挂车内，满载后由牵引车拖运，另一辆半拖挂车装料。根据该工艺与服务区的垃圾量，可计算应建造高低货位卸料台的数量以及配备压缩机、牵引车和半拖挂车的数量。

（1）卸料台数量（A）

该垃圾中转站每天的工作量可按式（2-25）计算：

$$E=\frac{MW_a k_1}{365} \tag{2-25}$$

式中，E——每天的工作量，t/d；

M——服务区的居民人数，人；

W_a——垃圾人均年产量，t/（人·a）；

k_1——垃圾产量变化系数，一般取 1.15。

一个卸料台工作量的计算公式如下：

$$F=\frac{t_1}{t_2 k_t} \tag{2-26}$$

式中，F——卸料台 1 天接受清运车数量，辆 /d；

t_1——中转站 1 天的工作时间，min/d；

t_2——一辆清运车的卸料时间，min/ 辆；

k_t——清运车到达的时间误差系数。

则所需卸料台数量为

$$A=\frac{E}{WF} \tag{2-27}$$

式中，W——清运车的载重量，t/ 辆。

（2）压缩设备数量（B）

每一个卸料台配备一台压缩设备，因此，压缩设备数量（B）为

$$B=A \tag{2-28}$$

（3）牵引车数量（C）

一个卸料台工作的牵引车数量可按式（2-29）计算：

$$C_1=\frac{t_3}{t_4} \tag{2-29}$$

式中，C_1——牵引车数量；

t_3——清运车辆往返的时间，h；

t_4——半拖挂车的装料时间，h。

其中半拖挂车装料时间 t_4 可按式（2-30）计算：

$$t_4=t_2nk_4 \tag{2-30}$$

式中，n——一辆半拖挂车装料的清运车数量；

k_4——半拖挂车装料的时间误差系数。

所以，该中转站所需的牵引车总数 C 为

$$C=C_1A \tag{2-31}$$

（4）半拖挂车数量（D）

半拖挂车是轮流作业，一辆车满载后，另一辆车装料，因此半拖挂车的总数为

$$D=（C_1+1）A \tag{2-32}$$

思考题

1. 什么是垃圾分类？如何进行分类？目前的生活垃圾分类治理还存在哪些问题？

2. 简述生活垃圾的收集过程。

3. 垃圾收集有哪几种方式？你所在的地区主要采用哪几种收集方式？

4. 某住宅区生活垃圾产生量约 280 m^3/ 周，拟用一辆垃圾车负责清运工作，实行交换

模式的移动式清运。已知该车每次集装容积为 8 m^3/ 次，容器利用系数为 0.67，垃圾车采用 8 小时工作制。试求为及时清运该住宅垃圾，每周需清运多少次？累计工作多少小时？经调查已知：平均运输时间为 0.512 h/ 次，容器装车时间为 0.033 h/ 次，容器放回原处时间为 0.033 h/ 次，卸车时间为 0.022 h/ 次，非生产时间占全部工时的 25%。

5. 为什么要设置垃圾中转站？常见的垃圾中转站设备有哪些？各有什么特点？

6. 如何进行垃圾中转站的选址？

参考文献

[1] 崔琳，陈红 . 实施垃圾分类意义重大［N］. 鞍山日报，2019-8-20（A05）.
[2] 宁平 . 固体废物处理与处置［M］. 北京：高等教育出版社，2007.
[3] 奚丹立，孙裕生 . 环境监测［M］. 北京：高等教育出版社，2015.
[4] 原效凯，毕方，李巍 . 农村垃圾收运处理技术有哪些［J］. 环境，2019（6）：25-27.
[5] 周克春 . 常州市生活垃圾分类治理问题研究［D］. 南京：南京理工大学，2018.
[6] 杨美山 . 厦门市城市生活垃圾分类处理多中心治理模式研究［D］. 福州：福建师范大学，2018.
[7] 李杨 . 天津市和平区生活垃圾分类治理的问题研究［D］. 天津：天津师范大学，2016.
[8] 张小平 . 固体废物处理处置工程［M］. 北京：科学出版社，2017.
[9] 刘长玮 . 城市生活垃圾收运系统优化模型及其应用研究［D］. 重庆：重庆大学，2007.
[10] 孙秀云，王连军，李健生，等 . 固体废物处置及资源化［M］. 南京：南京大学出版社，2007.
[11] 文一波 . 中国生活垃圾收运处置新模式［M］. 北京：化学工业出版社，2019.
[12] 孙秀云，王连军，李健生，等 . 固体废物处理处置［M］. 北京：北京航空航天大学出版社，2015.
[13] 刘银 . 固体废弃物资源化工程设计概论［M］. 合肥：中国科学技术大学出版社，2017.
[14] 王琳 . 固体废物处理与处置［M］. 北京：科学出版社，2014.

第3章　生活垃圾预处理技术

3.1　概述

垃圾的预处理是一个系统工程，包括前端分类、中端收运、末端处理3个部分。实施垃圾分类收集，不仅可以减少垃圾的清运量和最终处理量，减轻末端处理压力，而且能够回收利用垃圾中的资源，提高处理效率，促进资源节约型、环境友好型社会的建设。因此，推广垃圾分类收集与资源化利用具有紧迫性和必要性[1]。生活垃圾分类是治理垃圾公害、促进循环经济发展最有效的方式。

从整体角度分析，我国城市生活垃圾的主要构成是无机物、有机物以及可回收物，其中无机物比较多，有机物以及可回收物比较少。

目前我国城市生活垃圾处理以回收利用、填埋、堆肥、焚烧为主，其中填埋所占的比例超过90%[2]。四种方式在某些程度上互相补充，各有优势。因此，垃圾处理方式一般为综合处理，即通过对垃圾分类，将可堆肥的生物质类用于堆肥，可焚烧的可燃物类用于焚烧，可再生利用的物资类回收再利用，灰土和焚烧的灰渣、飞灰等利用填埋方式处理。垃圾的综合利用要求采用比较完善的预处理。通过预处理不仅能减少垃圾处理成本，而且可以通过技术获得收益。[3]

预处理主要包括压实、破碎、分选、脱水等。采用合理的预处理系统，可以起到一定的垃圾分类作用。例如对于焚烧处理方式，预处理可以将低热值物质和不燃物除去，将物质调整到合适的粒径，提高垃圾中可燃分含量和垃圾的热值，从而提高燃烧温度，减少有害气体的排出，提高焚烧系统的效率和经济效益，同时可避免对焚烧炉的破坏；通过预处理设备，可将玻璃、灰土和石块等不可堆腐物分离出来，从而可以提高堆肥时垃圾肥料的肥效，取得较好的经济效益。

3.2　压实

3.2.1　原理及目的

3.2.1.1　压实的概念

压实又称压缩，是通过外力加压于松散的固体物质上，缩小其体积，增大其容重，制取高密度惰性块料，便于装卸、运输、贮存和填埋的一种操作方法。

垃圾压实的作用主要有两种：一是增大容重，减少体积。对固体废物施加压力，随着压力的增大，空隙率减小，表观体积随之减小，各颗粒间互相挤压、变形或破碎从而重新组合，以便于装卸和运输、确保运输安全与卫生、降低运输成本和减少填埋占地。二是制取高密度惰性块料，便于贮存、填埋或作为建筑材料使用。例如，日本采用高压压实的方法进行垃圾预处理，除减小空隙率外，分子之间可能发生晶格的破坏，从而使物质变性，垃圾块成为一种均匀的类塑料结构的惰性材料，大大降低了腐化性。

固体废物中适用于压实处理的主要是压缩性能大而复原性小的物质。进行垃圾分类后，可回收利用的玻璃、塑料以及大块的设备损毁废物，不适宜进行压实处理；某些可能引起操作问题的废物，如焦油、污泥等，也不宜采用压实处理。湿垃圾在压缩过程中，由于挤压和升温可使其 COD 大大降低，比较适合压实处理。

生活垃圾在压实前容重通常在 0.1 ~ 0.6 t/m^3，经过压实器压实后，容重可提高到 1 t/m^3，未破碎的原状生活垃圾，压实容重极限约为 1.1 t/m^3。为了提高经济效益，先将垃圾进行破碎再压实，可提高压实效率。

3.2.1.2　压缩程度的度量

（1）压缩比和压缩倍数

1）压缩比（r）。固体废物经压实处理后，体积减小的程度叫作压缩比，可用固体废物压实前后的体积之比来表示：

$$r=V_f/V_i\ (r \leqslant 1) \tag{3-1}$$

式中，r——固体废物体积压缩比；

V_i——固体废物压缩前的原始体积；

V_f——固体废物压缩后的最终体积。

固体废物压缩比取决于废物的种类、性质及施加的压力，一般压缩比为 1/5 ~ 1/3。

体积减小百分比（R）可用下式表示：

$$R=(V_i-V_f)/V_i \times 100\% \tag{3-2}$$

2）压缩倍数（n）。压缩倍数的计算公式如下：

$$n=V_i/V_f\ (n \geqslant 1) \tag{3-3}$$

n 与 r 互为倒数，显然 n 越大，压实效果越好，体积减小百分比 R 和压缩倍数 n 可互相推算，其相互关系如图 3-1 所示。

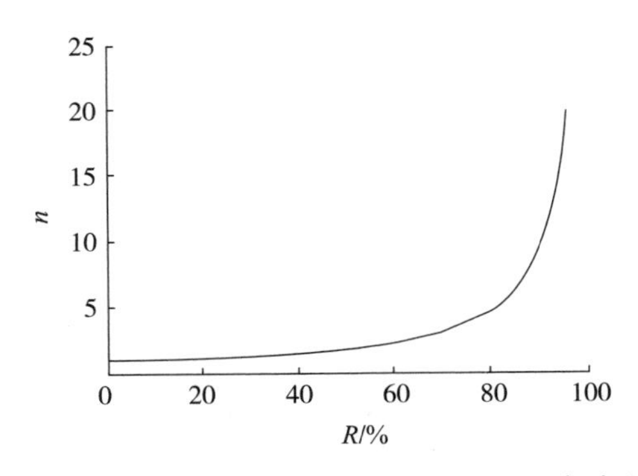

图 3-1 垃圾体积减小百分比（R）和压缩倍数（n）的关系

（2）空隙比与空隙率

大多数固体废物都是由不同颗粒及颗粒之间充满气体的空隙共同构成的集合体，所以固体废物的总体积（V_m）等于包括水分在内的固体颗粒体积（V_s）与空隙体积（V_v）之和，即 $V_m=V_s+V_v$，则固体废物的空隙比（e）为

$$e=V_v/V_s \tag{3-4}$$

空隙率（ε）为

$$\varepsilon=V_v/V_m \tag{3-5}$$

3.2.2 设备与流程

3.2.2.1 设备

（1）水平式压实器

该装置（图 3-2）具有一个水平往复运动的压头，在手动或光电装置控制下将废物压到矩形或方形的钢质容器中，随着容器中废物的增多，压头的行程逐渐变短，装满后压头呈完全收缩状。

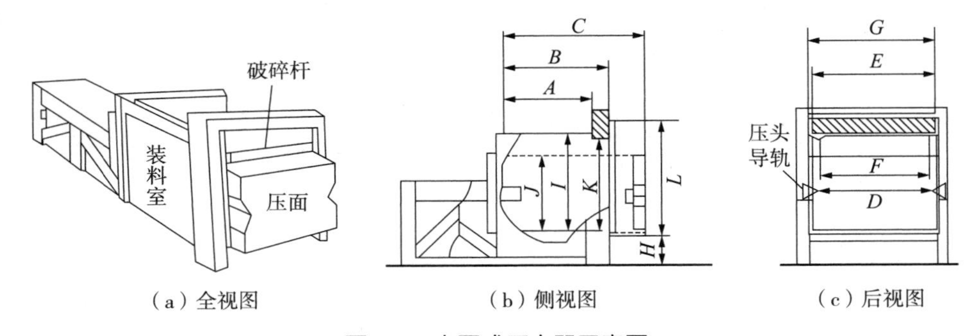

图 3-2 水平式压实器示意图

（2）三向联合式压实器

该装置（图3-3）具有三个互相垂直的压头，金属等废弃物被置于容器单元，然后依次经过1、2、3三个压头，逐渐使固体废物的体积减小、密度增大，最终将固体废物压成一块密实的块体。

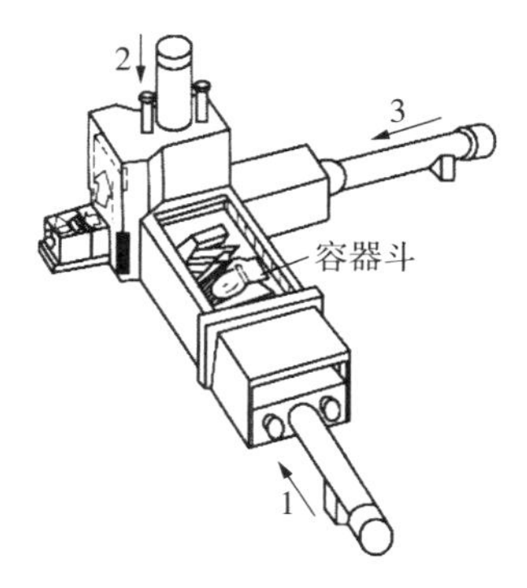

图3-3　三向联合式压实器示意图

（3）回转式压实器

该装置的压头铰链在容器的一端，借助液压缸驱动，适于压实体积小且自重较轻的固体废物。

3.2.2.2　流程

近年来，日本、美国一些较为先进的城市采用了生活垃圾压缩处理工艺流程（图3-4）。

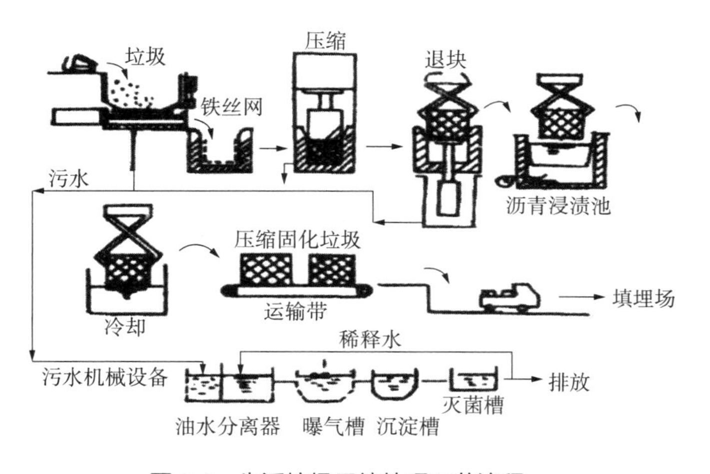

图3-4　生活垃圾压缩处理工艺流程

生活垃圾压缩处理工艺仿真

先将垃圾装入四周垫有铁丝网的容器中，然后送入压缩机压缩，压力为16～20 MPa，压缩比可达5∶1。压缩后的压块由推动活塞向上推出压缩腔，送入180～200℃沥青浸渍池10 s涂浸沥青防漏，冷却后经运输皮带装入汽车运往垃圾填埋场。压缩污水经油水分离器进入活性污泥处理系统，处理水灭菌后排放。

3.3 破碎

3.3.1 原理及目的

（1）原理

利用外力克服固体废物质点间的内聚力而使大块固体废物分裂成小块的过程称为破碎，使小块固体废物颗粒分裂成细粉的过程则称为磨碎。

为使废物尺寸缩减，通常所用的方法就是破碎，即颗粒尺寸减小。它不是最终处理的作业，而是运输、焚烧、热分解、熔化、压缩等其他作业的预处理工艺。经破碎处理后，固体废物的性质改变，消除其中的较大间隙，使物料整体密度增加，并达到废物混合体更为均一的颗粒尺寸分布，从而更适合于各类后处理工序所要求的形状、尺寸与容重等。

（2）目的

①使固体废物的容积减小，便于运输和贮存。

②为固体废物的分选提供所要求的入选粒度，以便有效地回收固体废物中某种成分。

③使固体废物的比表面积增加，提高焚烧、热分解、熔融等作业的稳定性和热效率。

④为固体废物的下一步加工作准备，如用煤矸石制砖、制水泥等，都要求把煤矸石破碎和磨碎到一定粒度以下，以便进一步加工制备使用。

⑤用破碎后的生活垃圾进行填埋处置时，压实密度高而均匀，可以加快复土还原。

⑥防止粗大、锋利的固体废物损坏分选、焚烧和热解等设备或炉膛。

3.3.2 影响破碎效果的因素

3.3.2.1 机械强度

固体废物的机械强度是指固体废物抗破碎的阻力。通常用抗压强度、抗拉强度、抗剪强度和抗弯强度来表示，一般以固体废物的抗压强度为标准来衡量。坚硬固体废物的抗压强度一般大于 250 MPa，中硬固体废物的抗压强度为 40～250 MPa，软固体废物的抗压强度小于 40 MPa。

固体废物的机械强度与废物颗粒的粒度有关，粒度小的废物颗粒，其宏观和微观裂缝比大粒度颗粒要少，因而机械强度较高。

3.3.2.2 硬度

固体废物的硬度是指固体废物抵抗外力机械侵入的能力。一般硬度越大的固体废物其破碎难度越大。固体废物的硬度有两种表示方法，一种是对照矿物硬度确定，另一种是按废物破碎时的性状确定。按废物在破碎时的性状，固体废物可分为最坚硬物料、坚硬物料、中硬物料和软质物料4种。

由于需要破碎的废物大都呈现脆性，废物在破碎之前的塑性变形很小，但也有一些需要破碎的废物在常温下呈现较高的韧性和塑性，因此用传统的破碎方法难以将其破碎，在这种情况下就需要采用特殊的破碎手段。例如，橡胶在压力作用下能产生较大的塑性变形却不断裂，但可利用它在低温时变脆的特性来有效地进行破碎。

3.3.2.3 破碎比和破碎段

（1）破碎比（i）

在破碎过程当中，原废物粒度与破碎产物粒度的比值称为破碎比。破碎比有以下两种表示方法。

1）最大粒度法。

$$i=D_{max}/d_{max} \tag{3-6}$$

式中，D_{max}——破碎前的最大粒度；

d_{max}——破碎后的最大粒度。

2）平均粒度法。

$$i=D_{cp}/d_{cp} \tag{3-7}$$

式中，D_{cp}——破碎前的平均粒度；

d_{cp}——破碎后的平均粒度。

（2）破碎段（n）

固体废物每经过一次破碎机，称为一段。

因此，总破碎比（$i_{总}$）为所有破碎段的破碎比（i_n）之积，即

$$i_{总}=i_1\times i_2\times i_3\times i_4\times i_5\times\cdots\times i_n \tag{3-8}$$

式中，i_n——n段的破碎比。

3.3.3 破碎处理

3.3.3.1 破碎流程

根据固体废物的性质、颗粒的大小、要求达到的破碎比和选用的破碎机类型，每段破碎流程可以有不同的组合方式，其基本的工艺流程如图3-5所示。

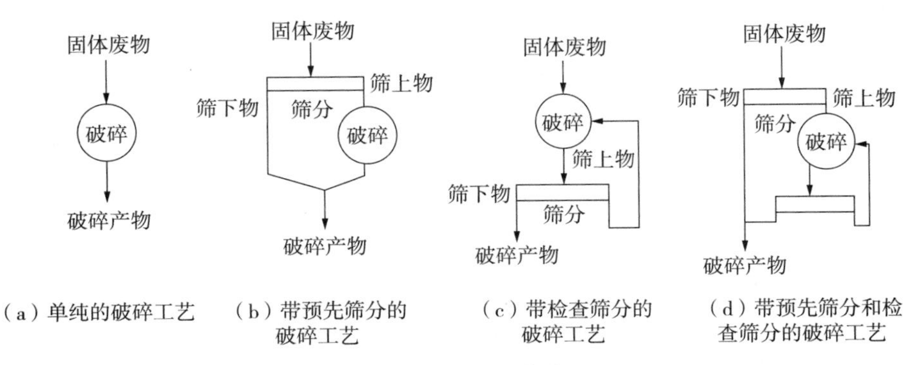

（a）单纯的破碎工艺　（b）带预先筛分的破碎工艺　（c）带检查筛分的破碎工艺　（d）带预先筛分和检查筛分的破碎工艺

图 3-5　破碎基本工艺流程

3.3.3.2　破碎方法

破碎方法包括物理方法和机械方法，目前常用的物理方法包括低温破碎、湿式破碎、热力破碎和超声波破碎等；机械方法包括挤压破碎（压碎）、切碎（如劈碎、折断）、擦碎、磨碎、冲击破碎和剪切（图 3-6）。

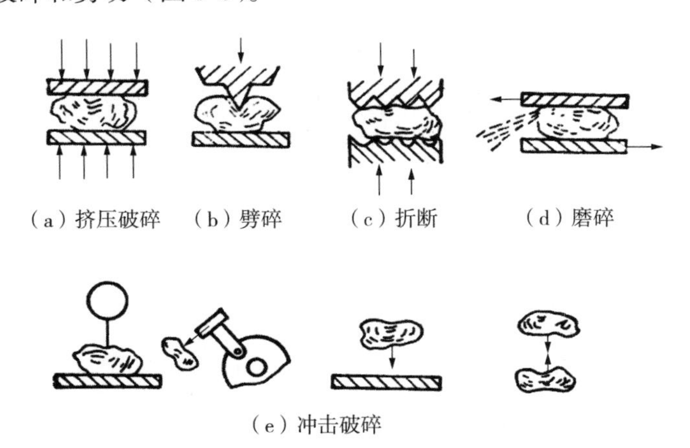

（a）挤压破碎　（b）劈碎　（c）折断　（d）磨碎

（e）冲击破碎

图 3-6　常见机械方法

低温破碎是指利用塑料、橡胶类废物在低温下脆化的特性进行的破碎。

湿式破碎是指利用湿法将纸类、纤维类废物调制成浆状，然后加以利用的一种方法。

挤压破碎是指废物在两个相对运动的硬面之间的挤压作用下的破碎。

切碎是指在剪切作用下使废物破碎，剪切作用包括劈碎、撕破和折断等。

擦碎是指废物在两个相对运动的硬面摩擦作用下的破碎，如碾磨机是借助旋转磨轮沿环形底盘运动来连续摩擦、压碎和磨削废物的。

冲击破碎有重力冲击和动冲击两种形式。重力冲击是使废物落到一个硬的表面上，依靠重力作用使其破碎。动冲击是使废物碰到一个比它硬的快速旋转的表面时产生冲击作用。在动冲击过程中，废物是无支承的，冲击力使破碎的颗粒向各个方向加速，如锤式破碎机利用的就是动冲击的原理。

应根据固体废物的机械强度，特别是硬度选择破碎方法。对坚硬废物，采用挤压和冲击破碎；对韧性废物，采用剪切、磨碎和冲击破碎；对脆性废物，采用劈碎、冲击破碎。如果废物大多数呈现脆性且在断裂之前的塑性变形很小，则废物用传统的破碎机难以破碎，需要采取特殊措施，如橡胶、塑料等。

为避免机器的过度磨损，工业固体废物的尺寸减小一般采用三级破碎，第一级破碎可以把材料的尺寸减小到 3 in（7.62 cm），第二级破碎减小到 1 in（2.54 cm），第三级减小到 1/8 in（0.32 cm）。

3.3.3.3　破碎设备

（1）颚式破碎机

颚式破碎机俗称老虎口，属于挤压型破碎机械，具有结构简单、坚固、维护方便、高度小、工作可靠等特点。在固体废物破碎处理中，主要用于破碎强度及韧性高、腐蚀性强的废物，如煤矸石作为沸腾炉燃料、制砖和水泥原料时的破碎。颚式破碎机既可用于粗碎，也可用于中碎、细碎。

颚式破碎机的主要部件为固定颚板、可动颚板、连接于传动轴的偏心转动轮，固定颚板和可动颚板构成破碎腔。通常按照动颚板的运动特性将颚式破碎机分为简单摆动颚式破碎机、复杂摆动颚式破碎机，近年还出现了振动颚式破碎机。

图 3-7 为颚式破碎机的主要类型。

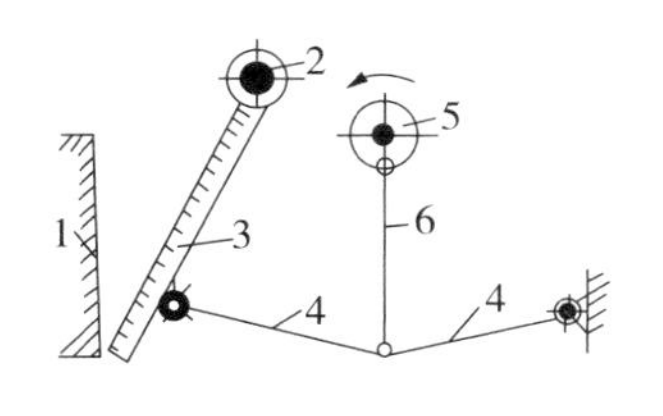

（a）简单摆动颚式破碎机

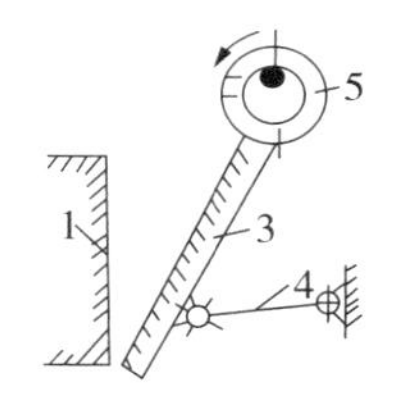

（b）复杂摆动颚式破碎机

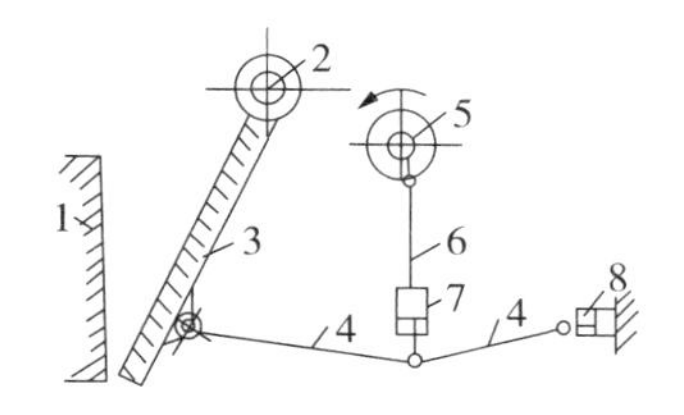

（c）液压颚式破碎机

1—固定颚板；2—动颚悬挂轴；3—可动颚板；4—前（后）推力板；
5—偏心转动轮；6—连杆；7—连杆液压油缸；8—调整液压油缸

图 3-7　颚式破碎机的主要类型

1）简单摆动颚式破碎机。该设备主要由机架、工作机构、传动机构、保险装置等部分组成，定颚板、动颚板和边护板构成破碎腔（图 3-8）。皮带轮带动偏心轴旋转时，偏心顶点牵动连杆上下运动，也就牵动前后推力板做舒张及收缩运动，从而使动颚时而靠近固定颚，时而又离开固定颚。动颚靠近固定颚时就对破碎腔内的物料进行压碎、劈碎

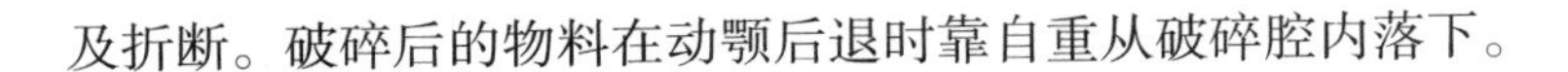

及折断。破碎后的物料在动颚后退时靠自重从破碎腔内落下。

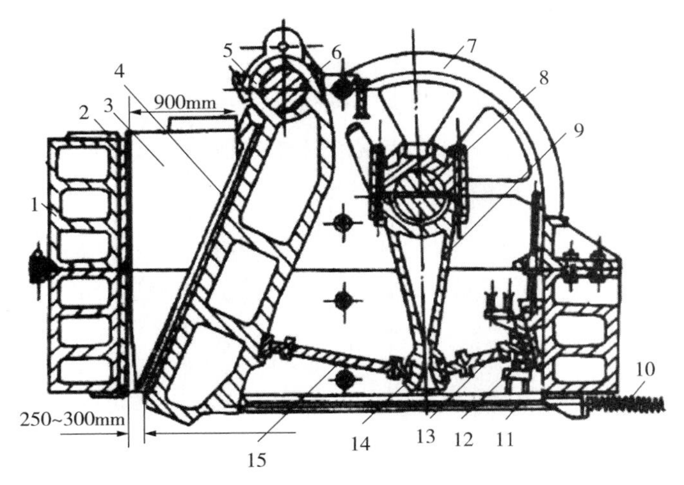

1—机架；2、4—破碎齿板；3—侧面衬板；5—可动颚板；6—心轴；7—皮带轮；
8—偏心轴；9—连杆；10—弹簧；11—拉杆；12—楔块；13—后推力板；
14—肘板支座；15—前推力板

图 3-8 简单摆动颚式破碎机

2）复杂摆动颚式破碎机。图 3-9 为复杂摆动颚式破碎机的构造图。从构造上看，复杂摆动颚式破碎机与简单摆动颚式破碎机的区别是少了一根动颚悬挂的心轴，动颚与连杆合为一个部件，没有垂直连杆，肘板也只有一块。可见，复杂摆动颚式破碎机构造简单，但动颚的运动却较简单摆动颚式破碎机复杂，动颚在水平方向有摆动，同时在垂直方向也运动，是一种复杂运动，故称复杂摆动颚式破碎机。复杂摆动颚式破碎机的破碎方式为曲动挤压型，电动机驱动皮带和皮带轮通过偏心轴使动颚上下运动，当动颚板上升时肘板和动颚板间夹角变大，从而推动动颚板向定颚板接近，与此同时固体废物发生挤压、搓、碾等多重破碎过程；当动颚下行时，肘板和动颚板间夹角变小，动颚板在拉杆、弹簧的作用下离开定颚板，此时破碎产品从破碎腔下口排出，完成破碎过程。

复杂摆动颚式破碎机的优点是破碎产品较细，破碎比大（一般可达 4 ~ 8，简单摆动颚式破碎机只能达 3 ~ 6）。规格相同时，复杂摆动颚式破碎机比简单摆动颚式破碎机破碎能力高 20% ~ 30%。

3）振动颚式破碎机。振动颚式破碎机利用不平衡振动器产生的离心惯性力和高频振动实现破碎。这种破碎机也具有双动颚结构，两个振动器分别作用在两动颚上，转向相反并可使两动颚绕扭力轴同步振动，通过扭力轴可以调整振幅从而控制产品粒度。适用于破碎铁合金、金属屑、砂轮和冶金炉渣等难碎物料，可破碎的物料抗压强度高达 500 MPa，结构见图 3-10。

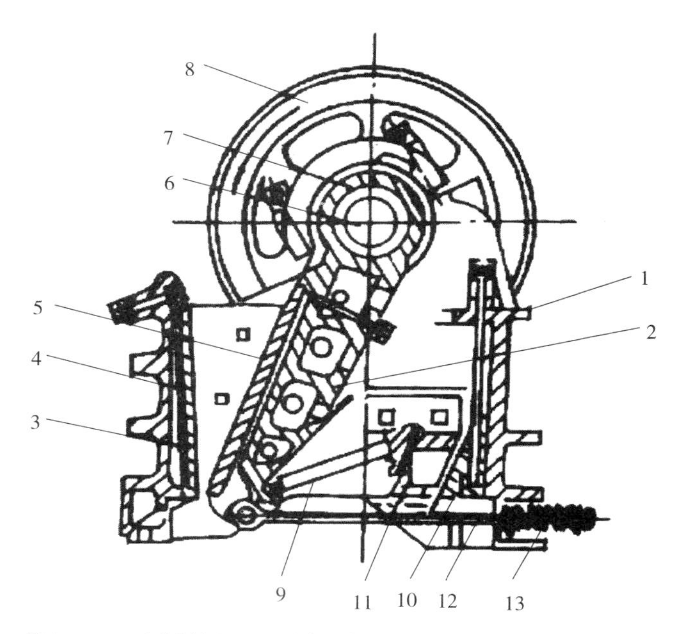

1—机架；2—可动颚板；3—固定颚板；4、5—破碎齿板；6—偏心轴；
7—轴孔；8—皮带轮；9—肘板；10—调节楔；11—楔块；12—水平拉杆；13—弹簧

图 3-9　复杂摆动颚式破碎机

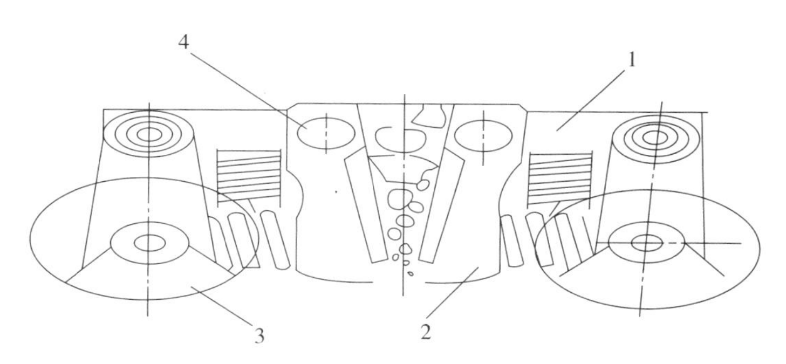

1—机座；2—颚板；3—不平衡振动器；4—扭力轴

图 3-10　振动颚式破碎机

（2）冲击式破碎机

冲击式破碎机大多是旋转式，都是利用冲击作用进行破碎的。进入破碎机空间的物料块，将被绕中心轴高速旋转的转子和坚硬的机壁猛烈冲击碰撞而发生破碎。在冲击过程中，难以破碎的物料被转子和固定板夹持而剪断。破碎产品由下部排出。

1）反击式破碎机。反击式破碎机的工作原理是：进入破碎机的固体废物受到绕中心轴做高速旋转的转子猛烈冲撞后，被第一次破碎；同时破碎产品颗粒获得一定动能而高速冲向坚硬的机壁，受到第二次破碎；在冲击机壁后又被弹回的颗粒再次受转子破碎；难以破碎的一部分废物颗粒，被转子和固定板夹持而剪断或磨损，破碎后最终产品由下部排出。当要求破碎产品粒度为 40 mm 时，此时足以达到目的；若要求粒度更小，如 20 mm 时，接下来还需经锤子与研磨板的作用进一步细化产品。若底部再设有篦筛，可更为有效地控制出料尺寸。冲撞板与锤子之间的距离，以及冲击板倾斜度是可以调节的。合理设置这些参数，使破碎物存在于破碎循环中，直至其充分破碎，最后通过锤子与板间空隙或篦筛筛孔排出机外。典型反击式破碎机的结构如图 3-11 所示。

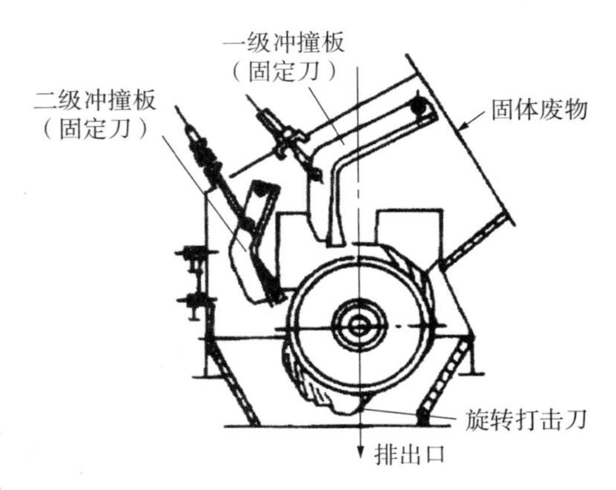

图 3-11　反击式破碎机

反击式破碎机具有破碎比大、适应性强、构造简单、外形尺寸小、操作方便、易于维护等特点，适用于破碎中等硬度、软质、脆性、韧性及纤维状等多种固体废物。

2）锤式破碎机。锤式破碎机利用冲击摩擦和剪切作用将固体废物破碎。其主要部件有大转子、铰接在转子上的重锤及内侧的破碎板。

其工作原理为：固体废物自上部给料口给入机内，立即遭受高速旋转的锤子的打击、冲击、剪切、研磨等作用而被破碎。锤子以铰链方式装在各圆盘之间的销轴上，可以在销轴上摆动。电动机带动主轴、圆盘、销轴及锤子以高速旋转。这个包括主轴、圆盘、销轴和锤子的部件称为转子。在转子的下部设有筛板，破碎物料中小于筛孔尺寸的细粒通过筛板排出；大于筛孔尺寸的粗粒被阻留在筛板上并继续受到锤子的打击和研磨，最后通过筛板排出。

锤式破碎机可分为单转子和双转子两种。单转子又分为可逆和不可逆式两种。目前普遍采用可逆式单转子锤式破碎机（图 3-12）。

锤式破碎机主要用于破碎中等硬度且腐蚀性弱的固体废物。例如，煤矸石经一次破碎后小于 25 mm 的粒度达 95%，可送至球磨机磨细制造水泥。还可破碎含水分及油质的有机物、弹性和韧性较强的木块等。

（3）辊式破碎机

辊式破碎机主要靠剪切和挤压作用。根据辊子的特点，可将辊式破碎机分为光辊破碎机和齿辊破碎机。光辊破碎机的辊子表面光滑，主要作用为挤压与研磨，可用于硬度较大的固体废物的中碎与细碎；而齿辊破碎机辊子表面有破碎齿牙，其主要作用为劈裂，可用于脆性或黏性较大的废物，也可用于堆肥物料的破碎。

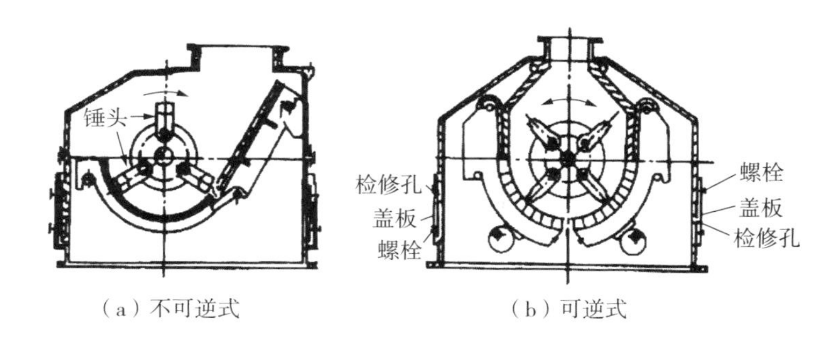

（a）不可逆式　　（b）可逆式

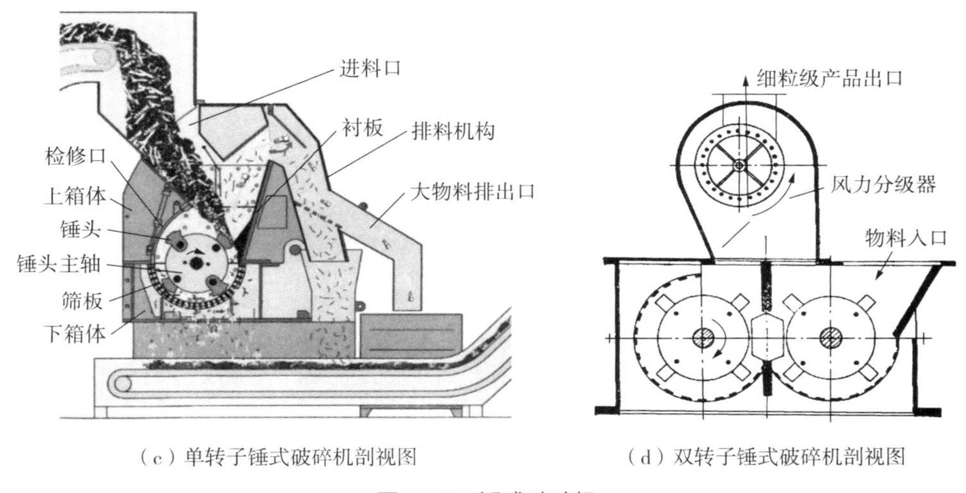

（c）单转子锤式破碎机剖视图　　（d）双转子锤式破碎机剖视图

图 3-12　锤式破碎机

辊式破碎机具有结构简单、紧凑、轻便、工作可靠、价格低廉等优点，广泛用于处理脆性物料和含泥黏性物料，作为中、细碎之用。

根据齿辊数目的多少，可将齿辊破碎机分为单齿辊破碎机和双齿辊破碎机（图3-13）。

1）单齿辊破碎机。单齿辊破碎机由一旋转的齿辊和一固定的弧形破碎板组成。破碎板和齿辊之间形成上宽下窄的破碎腔。固体废物由上方给入破碎腔，大块废物在破碎腔上部被长齿劈碎，随后继续落在破碎腔下部进一步被齿辊轧碎，合格的破碎产品从下部缝隙排出。

2）双齿辊破碎机。双齿辊破碎机由两个相对运动的齿辊组成。固体废物由上方给入两齿辊中间，当两齿辊相对运动时，辊面上的齿牙将废物咬住并加以劈碎，破碎后产品随齿辊转动由下部排出。破碎产品粒度由两齿辊的间隙大小决定。根据齿辊的可动性，可将双齿辊破碎机分为单可动齿辊破碎机和双可动齿辊破碎机（图3-14）。

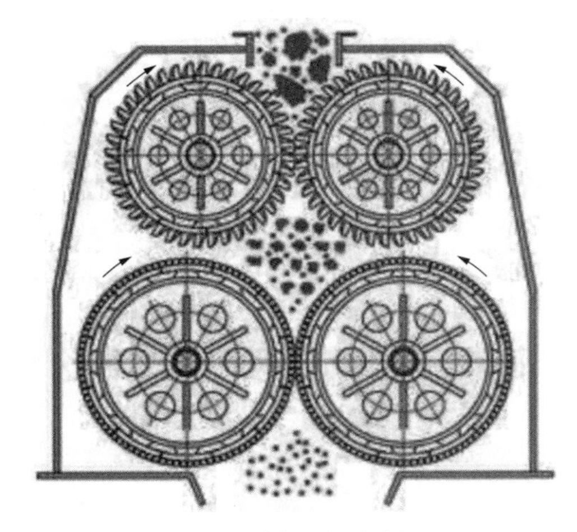

（a）双齿辊两级破碎机

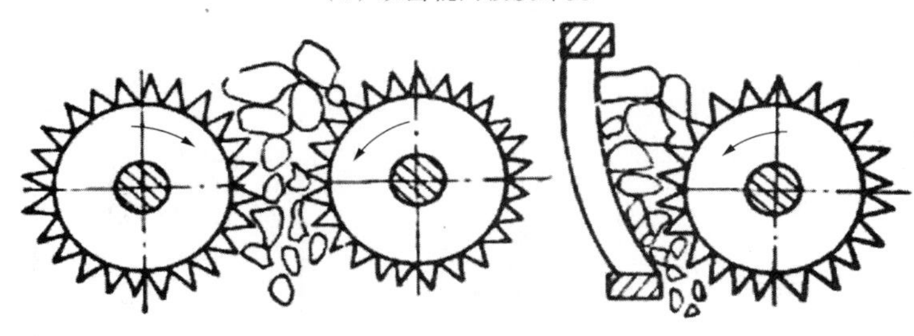

（b）双齿辊破碎机　　（c）单齿辊破碎机

图 3-13　齿辊破碎机示意图

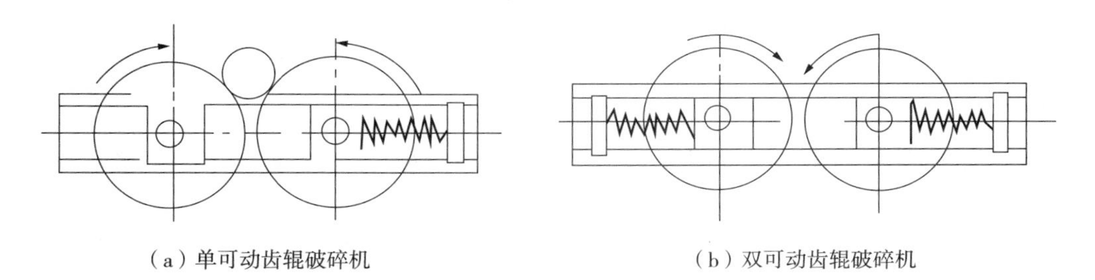

（a）单可动齿辊破碎机　　（b）双可动齿辊破碎机

图 3-14　可动齿辊破碎机示意图

（4）剪切式破碎机

剪切式破碎机是以剪切破碎作用为主的破碎机，安装有固定刀和活动刀，固体废物投入后，通过液压装置缓缓将活动刀推向固定刀，将固体废物剪成碎片，通过固定刀和活动刀的啮合作用，将固体废物破碎成适合的形状和尺寸。

最简单的剪切式破碎机类型就像一组呈直线状安装在枢轴上的剪刀一样，它们都向上开口。另外一种是在转子上布置刀片，可以是旋转刀片与固定刀片组合，也可以是反向旋转的刀片组合。两种情况下都必须有机械措施，以防止发生堵塞时可能造成的损害。

通常由一负荷传感器检测超压与否，必要时使刀片自动反转。剪切式破碎机属于低速破碎机，转速一般为 20 ~ 60 r/min。

剪切式破碎机不适宜破碎过于坚硬的废物，对于垃圾分类后的部分坚硬物质，如金属块、轮胎等需分拣出去，对于大型木质家具，可用剪切式破碎机破碎后进行回收再用。

1）往复剪切式破碎机。往复剪切式破碎机结构如图 3-15 所示，固定刃和可动刃通过下端活动铰轴连接，犹如一把剪刀，破碎腔开口时侧面呈“V”字形，固体废物投入后，通过液压装置缓缓将活动刃推向固定刃，当“V”字形闭合时，废物被挤压破碎。

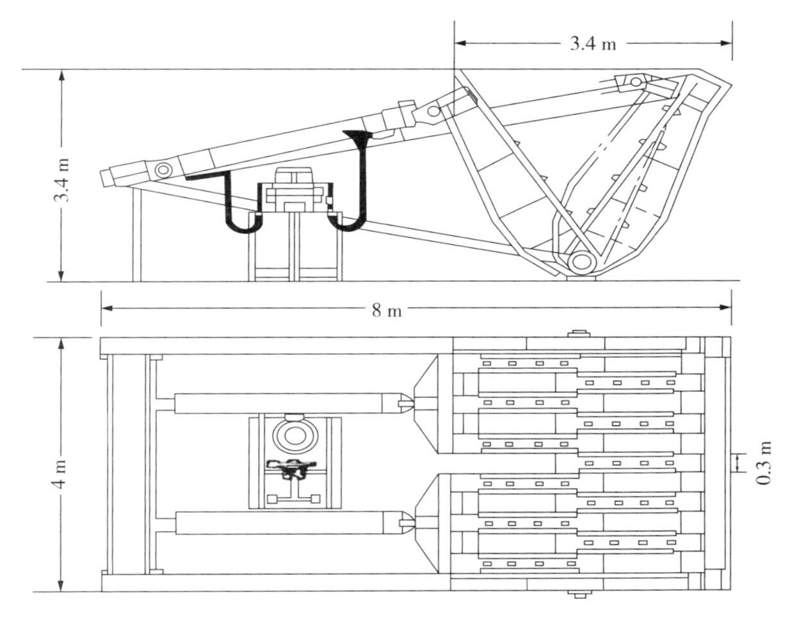

图 3-15　Von Roll 型往复剪切式破碎机

2）旋转剪切式破碎机。旋转剪切式破碎机（图 3-16）由固定刀和旋转刀组成。固体废物给入料斗，依靠高速转动的旋转刀和固定刀之间的间隙挤压和剪切破碎，破碎产品经筛缝排出机外。该机的缺点是当混入硬度较大的杂物时，易发生操作事故。该破碎机适合生活垃圾中硬度较小垃圾的破碎。

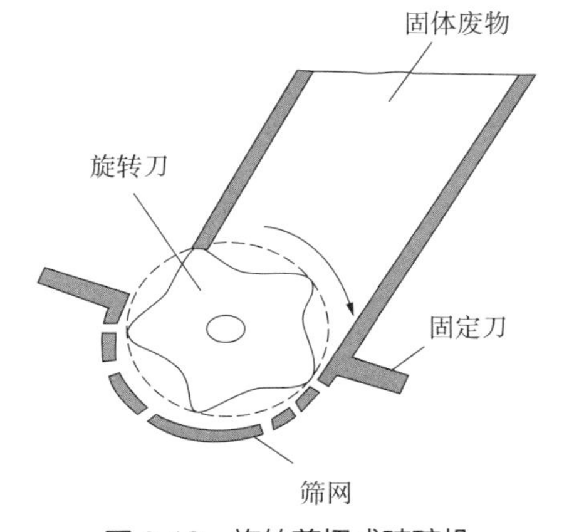

图 3-16　旋转剪切式破碎机

（5）球磨机

球磨机粉碎通常是最后一段粉碎，目的是使其中各种成分单体分离，为下一步分选创造条件；同时可以对多种废物原料进行粉磨，起到把它们混合均匀的作用；还可以制造废物粉末，增加物料比表面积，便于后续的焚烧以及化学处理。

球磨机由圆柱形筒体、筒体两端端盖、中空轴颈、轴承和传动大齿圈等组成。在筒体内装有钢球（直径为 25 ~ 150 mm）。其装入量为筒体有效容积的 25% ~ 50%。筒体两端的中空轴颈有两个作用：一是起轴颈的支承作用，使球磨机全部重量由中空轴颈传给轴承和机座；二是起给料和排料的漏斗作用，电动机通过联轴器和小齿轮带动大齿圈和筒体缓缓转动。筒体内壁设有衬板，它同时起到防止筒体磨损和提升钢球的作用。当筒体转动时，钢球和破碎物料在摩擦力、离心力和衬板的共同作用下，被衬板带动提升。在升到一定高度后，由于自身重力的作用使得钢球和物料产生自由泻落和抛落，从而对筒体内底脚区的物料产生冲击和研磨作用，物料粒径达到要求后由风机抽出（图 3-17）。

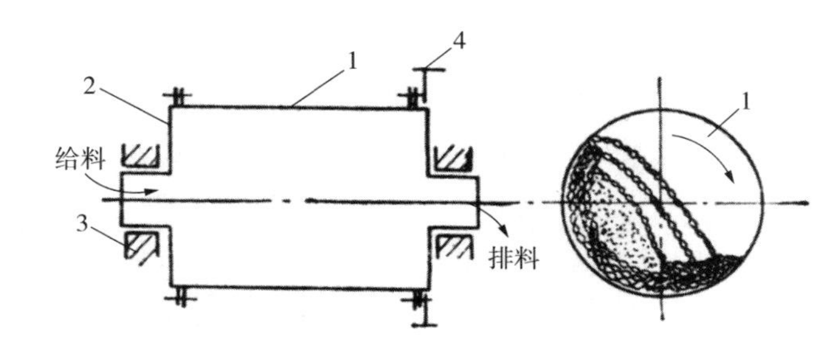

1—筒体； 2—端盖； 3—轴承； 4—大齿轮； 5—传动大齿圈

（A）球磨机的示意图

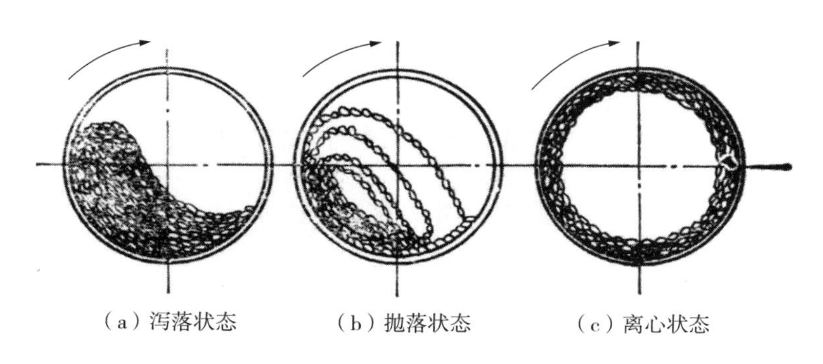

（a）泻落状态　（b）抛落状态　（c）离心状态

（B）磨介的运动状态

图 3-17　球磨机构造及工作原理

（6）低温破碎处理

对于一些在常温下难以破碎的固体废物（如汽车轮胎、包覆电线、废家用电器等可回收垃圾），可以利用其低温变脆的性能有效地实施破碎，也可利用不同废物脆化温度的差异在低温下进行选择性破碎。低温破碎通常需要配置制冷系统，液氮是常用的制冷剂，因液氮制冷效果好、无毒、无爆炸性且货源充足。但是所需的液氮量较大，且制备液氮需要消耗大量的能量，故出于经济上的考虑，低温破碎对象仅限于常温下破碎机回收成本高的合成材料，如橡胶和塑料。

将固体废物先投入预冷装置，再进入浸没冷却装置，这样橡胶、塑料等易冷脆物质迅速脆化，之后送入高速冲击破碎机破碎，使易脆物质脱落粉碎。破碎产物再进入各种分选设备进行分选（图 3-18）。

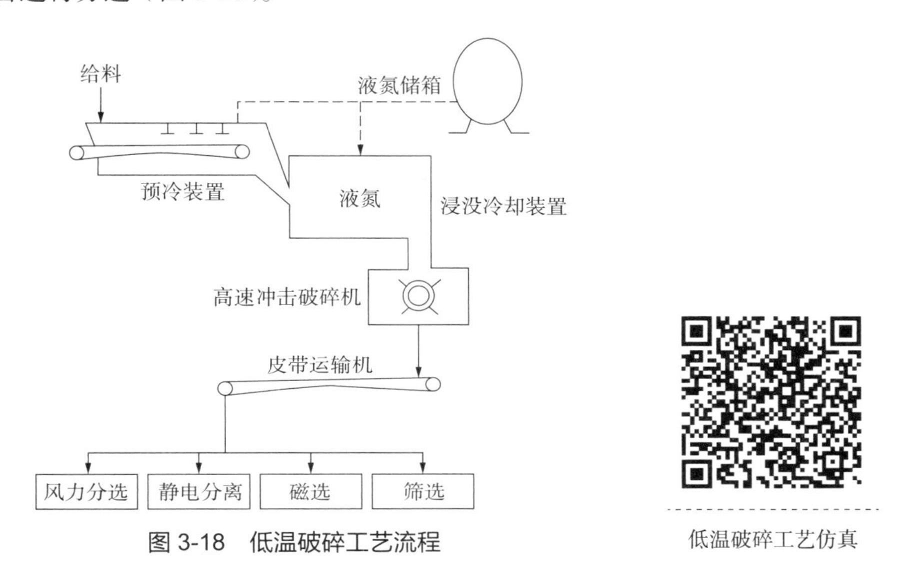

图 3-18　低温破碎工艺流程

低温破碎工艺仿真

低温破碎可从废轮胎、有色金属混合物、包覆电线电缆等固体废物中高效回收铜、铝、锌等物。

（7）湿式破碎处理

1）半湿式破碎。半湿式破碎是利用城市生活垃圾中各种不同物质的强度和脆性的差异，在一定湿度下破碎成不同粒度的碎块，然后通过不同筛孔加以分离的过程。半湿式选择性破碎分选可把城市生活垃圾中有利用价值的各种物质充分利用，例如纸类在适量水分存在时强度降低，玻璃类受冲击时容易破碎成小块，蔬菜类废物耐冲击、耐剪切性能均差，很容易破碎，根据这些差异，采用特制的具有冲击、剪切作用的半湿式破碎装置，对废物进行选择性破碎，使其变成不同粒径的碎块，然后通过网眼大小不同的筛网加以分选（图 3-19）。

2）湿式破碎。湿式破碎是利用特制的破碎机将投入机内的含纸垃圾和大量水流一起剧烈搅拌和破碎成为浆液的过程，从而可以回收垃圾中的纸纤维。这种使含纸垃圾浆液化的特制破碎机称为湿式破碎机。

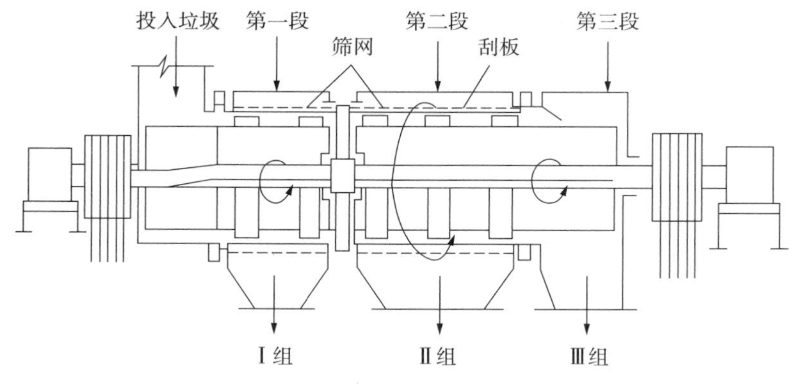

图 3-19 半湿式破碎工艺流程

其工作原理是：垃圾用传送带给入湿式破碎机，破碎机于圆形槽底上安装多孔筛，筛上设有 6 个刀片的旋转破碎辊，使投入的垃圾和水一起激烈回旋，废纸则破碎成浆状，通过筛孔落入筛下，由底部排出，难以破碎的筛上物（如金属等）从破碎机侧口排出，再用斗式脱水提升机送至装有磁选器的皮带运输机，以便将铁与非铁物质分离（图 3-20）。

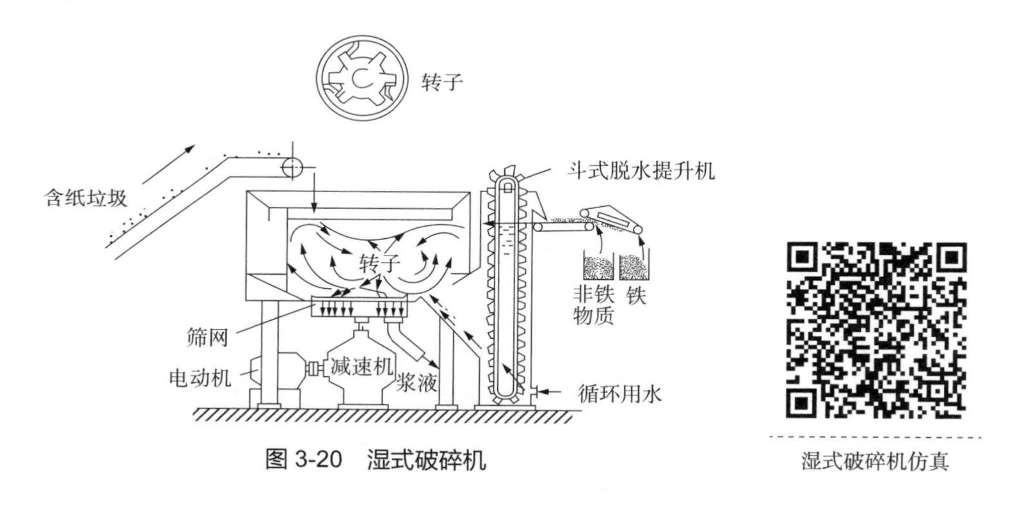

图 3-20 湿式破碎机

湿式破碎机把垃圾变成泥浆状，物料均匀，呈流态化操作，具有以下优点：①垃圾变成均质浆状物，可按流体处理法处理；②不会滋生蚊蝇和恶臭，符合卫生条件；③不会产生噪声、发热和爆炸等污染和危险；④对有机残渣进行脱水，不受质量、粒度、水分等变化的影响；⑤在化学物质、纸和纸浆、矿物等处理中均可使用，可以回收纸纤维、玻璃、铁和有色金属等。

湿式破碎机适合于纸类含量高的垃圾或经过分离分选而回收的纸类生活垃圾。

3.4　分选

3.4.1　筛分

3.4.1.1　原理

（1）筛分原理

筛分是利用筛子将物料中小于筛孔的细粒物料透过筛面，而大于筛孔的粗粒物料留在筛面上，完成粗、细粒物料分离的过程。该分离过程可看作由物料分层和细粒透筛两个阶段组成。物料分层是完成分离的条件，细粒透筛是分离的目的，分层和透筛是相互交错、同时进行的。

为了使粗、细物料通过筛面而分离，必须使物料和筛面之间具有适当的相对运动，使筛面上的物料层处于松散状态，即按颗粒大小分层，形成粗粒位于上层、细粒位于下层的规则排列，细粒到达筛面并透过筛孔。同时，物料和筛面的相对运动还可使堵在筛孔上的颗粒脱离筛孔，以利于细粒透过筛孔。细粒透筛时，尽管粒度都小于筛孔，但它们透筛的难易程度却不同。粒度小于筛孔尺寸3/4的为易筛粒，大于筛孔尺寸3/4的为难筛粒。

（2）影响筛分效率的因素

1）物料性质的影响：①粒度组成，易筛粒越多效率越高；②含水率，水分多物料易黏结，但是水分多到一定程度则促进细粒透筛；③颗粒形状，近似球形的容易透过筛网，扁平长形的不容易透筛。

2）筛分设备性能：①筛面结构，可分为棒条、钢板瓦、钢丝编织；②运动方式，振动筛的筛分效率可达90%以上，效率最高，固定筛的效率最低，为50%～60%；③筛面倾角，保持为15°～25°时筛分效率最高。

3）筛操作条件：应连续均匀给料。

3.4.1.2　筛分设备

（1）固定筛

固定筛的筛面由许多平行排列的筛条组成，可以水平或倾斜安装。固定筛可分为格筛和棒条筛两种，格筛一般安装在粗碎机之前，起到保证入料块度适宜的作用；棒条筛主要用于粗碎和中碎之前，安装倾角应大于废物对筛面的摩擦角，一般为30°～35°，以保证废物沿筛面下滑。棒条筛筛孔尺寸为筛下粒度的1.1～1.2倍，一般筛孔尺寸不小于50 mm；筛条宽度应大于固体废物中最大块度的2.5倍。该筛适用于筛分粒度大于50 mm

的粗粒废物（图 3-21）。

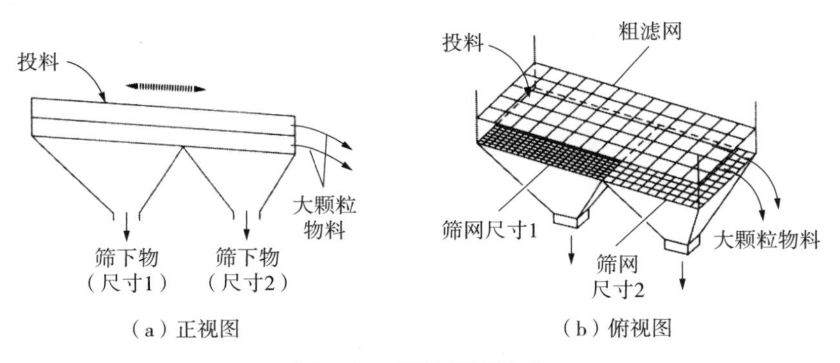

（a）正视图 （b）俯视图

图 3-21 固定筛示意图

固定筛由于构造简单、不耗用动力、设备费用低和维护简单，所以在固体废物处理中被广泛应用。

（2）滚筒筛

滚筒筛也叫转筒筛，这是一种特制的筛。筛面为带孔的圆柱形筒体。它是利用做回转运动的桶形筛体将垃圾按粒度进行分级的机械。

在传动装置带动下，筛筒绕轴缓缓旋转。为使废物在筒内沿轴线方向前进，筛筒的轴线应倾斜 3°～5° 安装。固体废物由筛筒一端给入，被旋转的筒体带起，当达到一定高度后因重力作用自行落下，如此不断地做起落运动，使小于筛孔尺寸的细粒透筛，而筛上产品则逐渐移到筛的另一端排出（图 3-22）。

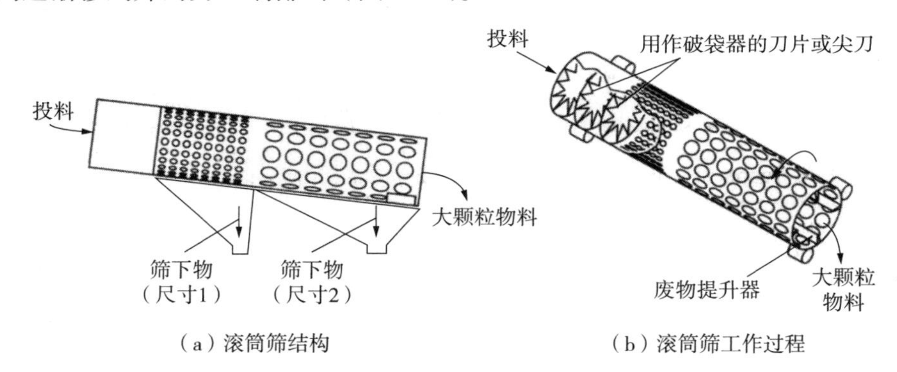

（a）滚筒筛结构 （b）滚筒筛工作过程

图 3-22 滚筒筛示意图

滚筒筛的转速很低，通常在 10～18 r/min，且采用摩擦传动，因此它运转平稳，噪声小。在城市生活垃圾堆肥的预处理或中间处理中，滚筒筛去除粒度大于 100 mm 的无机物，为下道工序做准备，即筛上物焚烧和筛下物发酵，是一种较理想的分选设备。

（3）惯性振动筛

惯性振动筛结构简单、维护方便，多用于筛分粗粒级物料。在生活垃圾废物处理中，主要用于手选前的准备筛分，也可用于固体废物处理一般分级筛分。

当电动机带动皮带轮做高速旋转时，配重轮上的重块即产生离心惯性力，其水平分力使弹簧作横向变形，由于弹簧横向刚度大，所以水平分力被横向刚度吸收。而垂直分力则垂直于筛面通过筛箱作用于弹簧，强迫弹簧作拉伸及压缩运动。因此，筛箱的运动轨迹为椭圆形或近似于圆形。由于该种筛子的激振力是离心惯性力，故称惯性振动筛（图3-23）。

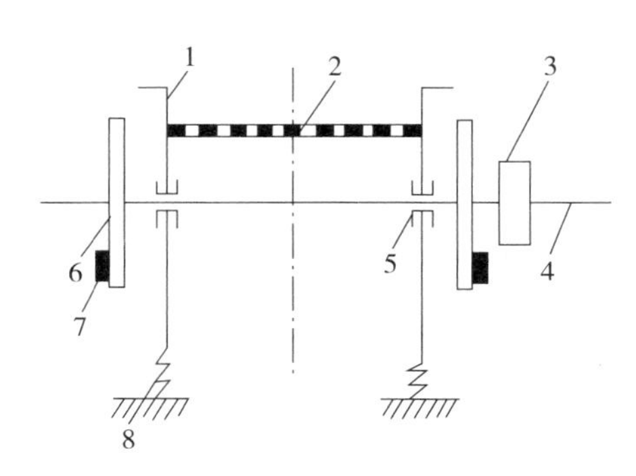

1—筛箱；2—筛网；3—皮带轮；4—主轴；5—轴承；6—配重轮；7—重块；8—板簧

图3-23 惯性振动筛示意图

（4）共振筛

共振筛是振动筛的一种，它与振动筛的不同点是：振动筛是在远离共振区的超共振状态下工作；而共振筛是在接近共振区的条件下工作，即筛分机的工作频率接近其本身的自振频率。利用这个特点，就可以用较小的激振力来驱动较大面积的筛箱，所以共振筛的动力消耗小，而生产能力大。

共振筛的筛箱运动轨迹是直线或接近直线的，其运动方向与筛面形成一定的抛射角，筛面一般为水平或微倾斜，所以共振筛的运动特征与直线振动筛相似，筛子的工艺参数可以沿用直线振动筛的计算方法。

共振筛是在接近共振区的条件下工作的。而振动筛在共振区工作时，当其工作频率稍有改变时，筛分机的振幅就会有很大的变动，这时筛分机的工作是不稳定的。共振筛之所以能在共振区附近工作，是因为采用了非线性弹簧，使弹性系统的振动从线性振动变为非线性振动。

根据机械振动学的理论，在非线性振动系统中，筛分机的自振频率不是一个定值，它随筛分机振幅的变化而改变，同时，非线性振动可使筛分机在共振区附近工作时的振幅变得稳定。

共振筛具有筛箱和机架两个质量结构。机架通过橡胶隔振弹簧固定在基础上，筛箱和机架用支承弹簧相连接。筛箱和机架之间装设有非橡胶主振弹簧，该弹簧的作用是储存两个质量运动的能量并使振动较为稳定。电动机带动装在机架上的偏心传动机构，然后通过装有橡胶传动弹簧的连杆，将力传给筛箱，驱动筛箱做往复运动，同时机架也受到反方向力的作用，做反向运动（图 3-24）。

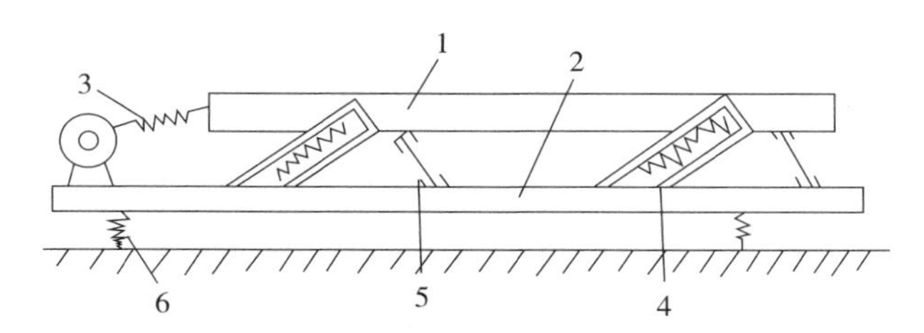

1—上筛箱；2—下机体；3—传动装置；4—共振弹簧；5—板簧；6—支承弹簧

图 3-24 共振筛示意图

由于这种共振筛的工作频率与自振频率接近相等，因此，它是在共振区工作的。共振筛的筛箱、机架和主振弹簧等组成了一个双质量的弹性系统，其工作过程就是系统内的动能和位能相互转化的过程。当主振弹簧的压缩量增大时，它的位能（橡胶变形能）也增大，筛箱和机架的运动速度则减小，也就是它们的动能减小；当筛箱和机架的运动速度等于零时，主振弹簧的压缩量和位能达到最大值。然后，主振弹簧放出位能使筛箱和机架的运动速度及系统的动能增大，当筛箱和机架的速度及动能达最大值时，主振弹簧的压缩量和位能减到最小，如此循环变化。因为共振筛的工作过程是动能和位能的相互转化过程，所以为了获得筛分机的连续振动，只要在每一次振动中补充为克服阻尼所需要的能量。因此，其动力消耗比其他类型的筛分机要少得多。

由于共振筛的制造与装配要求高，操作和调试难度大，弹性元件价格昂贵，受给料变化的影响较大，所以实际使用中受到了限制，在固体废物处理厂没有得到广泛推广。但共振筛是一种先进的筛分设备，适用于大多数固体废物的筛分作业。

3.4.2 重力分选

重力分选简称重选，是根据固体废物中不同物质颗粒间的密度差异，在运动介质中受到重力、介质动力和机械力的作用，使颗粒群产生松散分层和迁移分离，从而得到不同密度产品的分选过程。

按介质不同，固体废物的重选可分为重介质分选、跳汰分选、风力分选和摇床分选等。

各种重选过程中，必须具有以下工艺条件：①固体废物中颗粒间必须存在密度的差异；②分选过程都是在运动介质中进行的；③在重力、介质动力及机械力的综合作用下，使颗粒群松散并按密度分层；④分好层的物料在运动介质流的推动下互相迁移、彼此分离，并获得不同密度的最终产品。

3.4.2.1 重介质分选

（1）原理

重介质分选适用于分离密度相差很大的固体颗粒。通常将密度大于水的介质称为重介质。在重介质中使固体废物中的颗粒群按密度分开的方法称为重介质分选。

其基本原理为阿基米德原理，重介质密度为ρ_C，轻物料密度为ρ_L，重物料密度为ρ_W，应使$\rho_L<\rho_C<\rho_w$，从而重物料下沉，轻物料上浮。

重介质是由高密度的固体微粒和水构成的固液两相分散体系，是密度高于水的非均匀介质。高密度固体微粒起着加大介质密度的作用，故称为加重质。

（2）鼓形重介质分选机

重介质分选的设备多为鼓形重介质分选机。由图3-25可知，该设备外形是一圆筒形转鼓，由四个辊轮支承，通过圆筒腰间的大齿轮由传动装置带动旋转（转速为2 r/min），在圆筒的内壁沿纵向设有扬板，用以提升重产物到溜槽内，圆筒水平安装。固体废物和重介质一起由圆筒一端给入，在向另一端流动的过程中，密度大于重介质的颗粒沉于槽底，由扬板提升落入溜槽内，排出槽外称为重产物；密度小于重介质的颗粒随重介质流从圆筒溢流口排出称为轻产物。

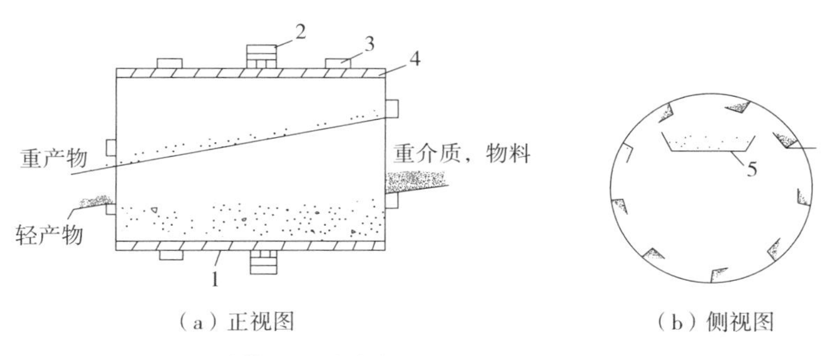

（a）正视图　　（b）侧视图

1—圆筒形转鼓；2—大齿轮；3—辊轮；4—扬板；5—溜槽

图3-25 鼓形重介质分选机示意图

鼓形重介质分选机适用于分离粒度较粗（40 ~ 60 mm）的固体废物。其优点为结构简单、紧凑，便于操作，分选机内物料分布均匀，动力消耗低；缺点是轻重产物量调节不方便。

3.4.2.2 跳汰分选

（1）原理

跳汰分选是在垂直变速介质流中按密度分选固体废物的一种方法。分选介质是水，称为水力跳汰。水力跳汰分选设备称为跳汰机。

跳汰分选时，在垂直脉冲运动的介质流中按密度分层，不同密度的粒子群在高度上占据不同的位置，大密度的粒子群位于下层，小密度的粒子群位于上层，从而实现分离的目的（图 3-26）。

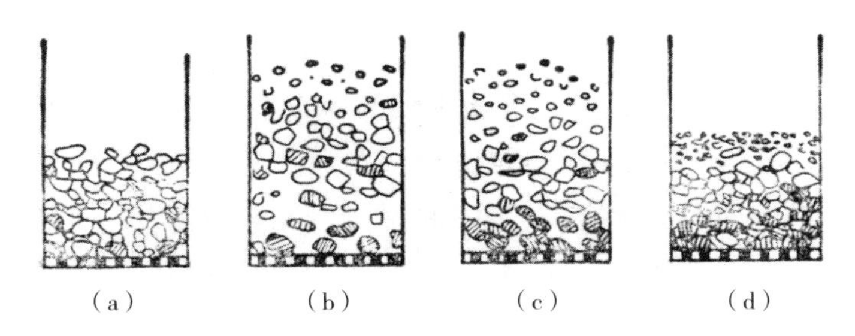

（a）分层前颗粒混杂堆积；（b）上升水流将床层抬起；
（c）颗粒在水流中沉降分层；（d）下降水流，床层紧密，重颗粒进入底层

图 3-26 颗粒在跳汰时分层的过程

（2）跳汰分选设备

1）工作原理。隔板跳汰机是常用的跳汰分选设备。跳汰分选时，将固体废物给入跳汰机的筛板上，形成密集的物料层，从下面透过筛板周期性地给入上下交变的水流，使床层松散并按密度分层。分层后，密度大的颗粒群集中到底层；密度小的颗粒群进入上层。上层的轻物料被水平水流带到机外称为轻产物；下层的重物料透过筛板或通过特殊的排料装置排出称为重产物。随着固体废物的不断给入和轻、重产物的不断排出，形成连续不断的分选过程（图 3-27）。

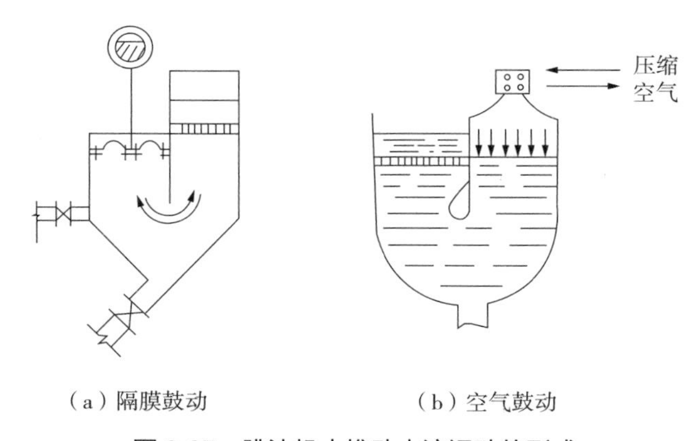

（a）隔膜鼓动　　（b）空气鼓动

图 3-27 跳汰机中推动水流运动的形式

2）分选效果影响因素。

①入料要求。在跳汰机入料时，应保证均匀给料，以保持床层稳定，同时入料宽度上分布要均匀，一定要使固体废物预先润湿。

②跳汰机的频率和跳汰振幅。跳汰机的频率和跳汰振幅要配合给料粒度和床层厚度。

力度大，床层厚，则要求有较大的水流振幅，相应的频率应小些，以保证上升水流有足够的作用力。

③重产物排放。重产物的排放速度应与床层分层速度、床层水平移动速度相适应。如果重产物排放不及时，将产生堆积，影响轻产物的质量；如果重产物排放太快，将出现重产物过薄，使整个床层不稳定，从而破坏分层，增加轻产物损失。在重产物排放问题上，高灵敏度的自动排料装置具有重要的意义。

跳汰分选在固体废物分选方面，作为混合金属的分离、回收流程中的一个工序，对于在筛分作用中没有得到回收的金属细粒来说，是一种可行有效的方法。

3.4.2.3 风力分选

风力分选是最常用的一种固体废物的分选方法。物质在介质中运动，由于介质具有质量和黏性，对性质不同的物质产生不同的浮力和阻力，性质不同的物质将出现运动状态的差异，可借此将它们分离，且在一定的范围内，介质的密度越大，这种差异越显著，分选效果越好。风选所用介质为空气。

（1）原理

以空气为介质，在气流作用下使固体废物颗粒按密度和粒度进行分选。在风选过程中，风压不超过 1 MPa，可以忽略空气的压缩性，将其视为液体。

在风选前应使其粒度均匀，然后按密度差分选。在上升气流中，颗粒的沉降末速（v'）等于颗粒相对介质的相对速度（v_0）和上升气流速度（u_a）之差，即 $v'=v_0-u_a$，上升气流可以缩短颗粒达到沉降末速的时间和距离；在水平气流中，当水平气流速度一定，颗粒粒度相同时，密度大的颗粒沿与水平夹角较大的方向运动，密度较小的颗粒则沿夹角较小的方向运动。因此，可通过控制水平气流速度，控制不同密度颗粒的沉降位置，从而有效地分离不同密度的固体颗粒。

（2）设备

1）水平气流分选机。在水平气流分选机中，物料是在空气动压力及本身重力作用下按粒度或密度进行分选的。固体废物经破碎机破碎和圆筒筛筛分后，获得粒度均匀的给料。定量均匀地给入机内，当废物在机内下落时，被鼓风机鼓入的水平气流吹散，固体废物中各种组分沿着不同运动轨迹分别落入重质组分、中重质组分和轻质组分中（图 3-28）。

2）立式风力分选机。经破碎的固体废物从中部给入机内，固体废物在上升气流作用下，各组分按密度进行分离，重质组分从底部排出，轻质组分从顶部排出，经旋风除尘器进行气固分离（图 3-29）。与水平气流分选机相比，立式风力分选机分选精度更高。

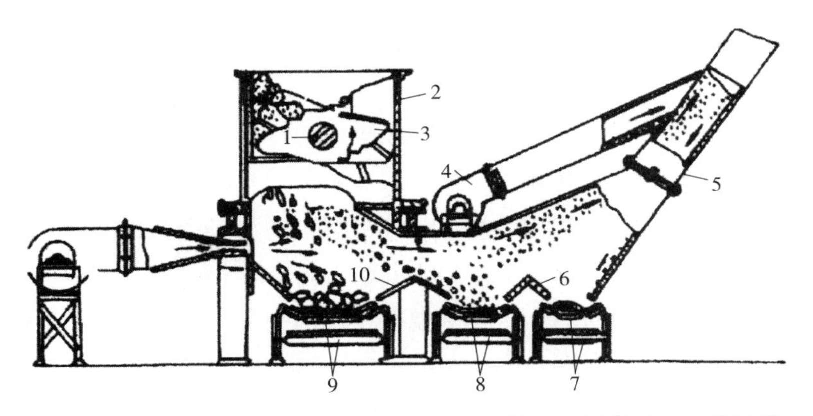

1—轴；2—粉碎机；3—破碎转子；4—风机；5—管；6—导料板；7—输送带；8—输送带；9—输送带；10—导料板

图 3-28 水平气流分选机

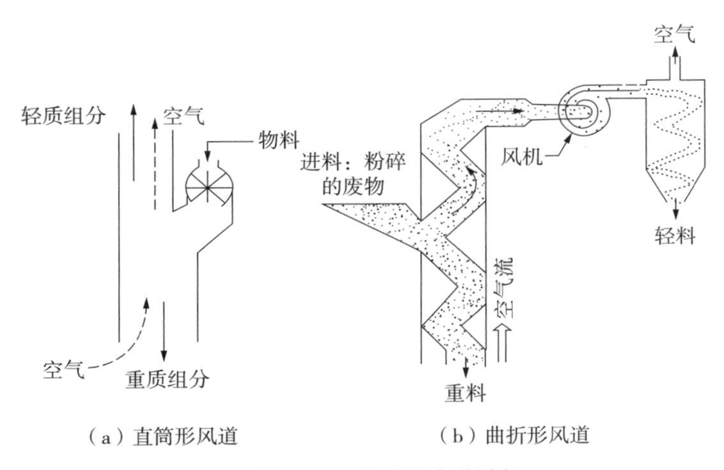

（a）直筒形风道　（b）曲折形风道

图 3-29 立式风力分选机

风力分选机有效识别轻、重组分的一个重要条件就是使气流在分选筒中产生湍流和剪切力，借此分散废物团块，以达到较好的分选效果。为强化风选机对废物的分散作用，通常采用锯齿形、振动式或回转式分选机的气流通道，它是让气流通过一个垂直放置的、具有一系列直角或 60° 转折的筒体。当通过筒体的气流速度达到一定的数值以后，即可以在整个空间形成完全的湍流状态，废物团块在进入湍流后立即被破碎，轻组分进入气流的上部，重组分则从一个转折落到下一个转折。在沉降过程中，气流对于没有被分散的固体废物团块继续施加破碎作用。重组分沿管壁下滑到转折点后，即受到上升气流的冲击，此时对于不同速度和质量的废物组分将出现不同的结果，质量大和速度大的颗粒将进入下一个转折，而下降速度慢的轻颗粒则被上升气流所裹带。因此每个转折实际上起到了单独的一个分选机的作用。

有时可将其他的分选手段与风力分选在一个设备中结合起来，如振动式风力分选机和回转式风力分选机。前者兼有振动和气流分选的作用，它是让给料沿着一个斜面振动，较轻的废物逐渐集中于表面层，随后由气流带走。后者实际上兼有圆筒筛的筛分作用和风力分选的作用，当圆筒旋转时，较轻组分悬浮在气流中而被带往集料斗，较重且较小的组分则透过圆筒壁上的筛孔落下，较重的大组分颗粒则在圆筒的下端排出。

（3）风力分选工艺流程

国外城市垃圾通常采用两级风选流程。其分选过程是预先将城市垃圾破碎到一定粒度，调整水分在45%以下，定量给入卧式风选机，同时，由鼓风机送入水平气流，垃圾中各组分按密度差异分选，粗选为重质组分（金属、瓦块等）、中重组分（木块、硬塑料）和轻质组分（塑料薄膜、纸类等）。分别送振动筛分级后，再送立式曲折形风力分选机进行二次风选，最后使有机物与无机物分离（图3-30）。

两级风力分选工艺仿真

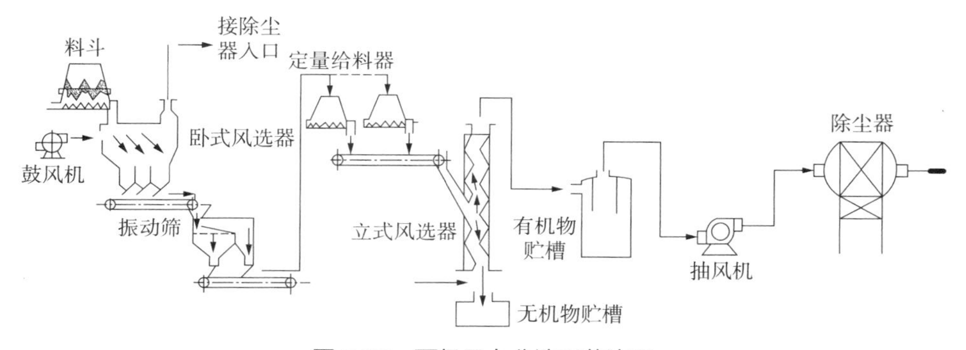

图3-30　两级风力分选工艺流程

3.4.3　磁力分选

3.4.3.1　磁选

（1）原理

磁选是利用固体废物中各种物质的磁性差异在不均匀磁场中进行分选的一种处理方法。其过程为将固体废物输入磁选机后，磁性颗粒在不均匀磁场作用下被磁化，从而受磁场吸引力的作用，使磁性颗粒吸在圆筒上，并随圆筒进入排料端排出；非磁性颗粒由于所受的磁场作用力很小，仍留在废物中而被排出（图3-31）。

磁性颗粒在均匀磁场中只受扭矩作用，使它的长轴平行于磁场方向。在非均匀磁场中，颗粒不仅受扭矩作用，还受磁力的作用，结果使它既发生转动，又向磁场梯度增大的方向移动。因此必须在非均匀磁场中进行分选。

固体废物颗粒通过磁选机的磁场时，同时受到磁力和机械力（包括重力、离心力、介质阻力、摩擦力等）的作用。磁性强的颗粒所受的磁力大于其所受的机械力，而非磁性颗粒所受的磁力很小，则以机械力占优势。由于作用在各种颗粒上的磁力和机械力的合力不同，它们的运动轨迹也不同，从而实现分离。

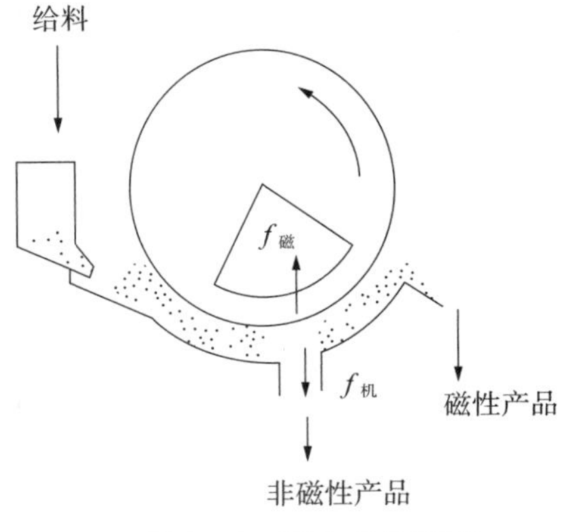

图 3-31 磁力分选原理

磁性颗粒分离的必要条件是磁性颗粒所受的磁力必须大于与其方向相反的机械力的合力。即

$$f_{磁}>\sum f_{机}$$

（2）设备

磁选设备种类很多，固体废物磁选时常用的磁选机有如下几种。

1）磁力滚筒。磁力滚筒的主要组成部分是一个回转的多极磁系和套在磁系外面的用不锈钢或铜、铝等非导磁材料制成的圆筒（图 3-32）。一般磁系包角为 360°。磁系与圆筒固定在同一个轴上，安装在皮带运输机头部（代替传动滚筒）。

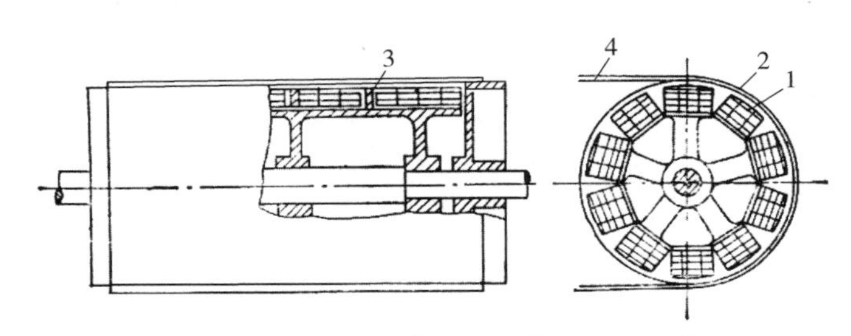

1—多极磁系；2—圆筒；3—磁导板；4—皮带

（a）CT型永磁磁力滚筒示意图

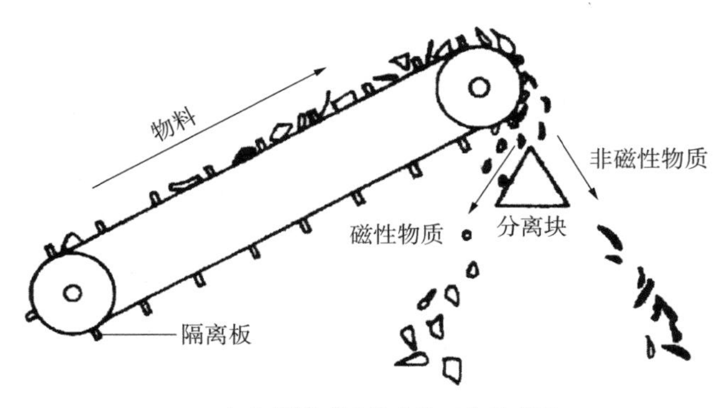

（b）辊筒磁选机分选工作示意图

图 3-32 磁力滚筒及辊筒磁选机分选工作示意图

用磁辊筒作为皮带输送机的驱动滚筒，将固体废物均匀地给在皮带运输机上，当废物经过磁力滚筒时，非磁性固体废物在重力及惯性力的作用下，被抛落到辊筒的前方，而磁性物质则在磁力作用下被吸附到皮带上，并随皮带一起继续向前运动。当磁性物质转到辊筒下方逐渐远离辊筒时，磁力也将逐渐减小，此时若磁性物质颗粒较大，在重力和惯性力的作用下就可能脱开皮带而落下，但若磁性物质颗粒较小，且皮带上无阻滞条或隔板，则磁性颗粒就可能又被磁辊筒吸回。这样，颗粒就可能在辊筒下面相对于皮带做往复运动，以至在辊筒的下部集存大量的磁性物质而不下落。此时可切断激磁线圈电流，去磁后而使磁性物质下落，或在皮带上加上阻滞条或隔离板，使磁性物质顺利落入预定的收集区。

这种设备主要用于城市垃圾的破碎设备或焚烧炉前，除去废物中的铁器，防止损坏破碎设备或焚烧炉。

2）湿式永磁圆筒式磁选机。CTN 型永磁圆筒式磁选机是一种湿式永磁圆筒式磁选机，它的构造型式为逆流型，给料方向和圆筒旋转方向或磁性物质的移动方向相反。物料液由给料箱直接进入圆筒的磁系下方，非磁性物质由磁系左边下方的底板上排料口排出。磁性物质随圆筒逆着给料方向移到磁性物质排料端，排入磁性物质收集槽中（图 3-33）。

这种设备适用于粒度≤ 0.6 mm 强磁性颗粒的回收及重介质分选产品中的加重质的回收。

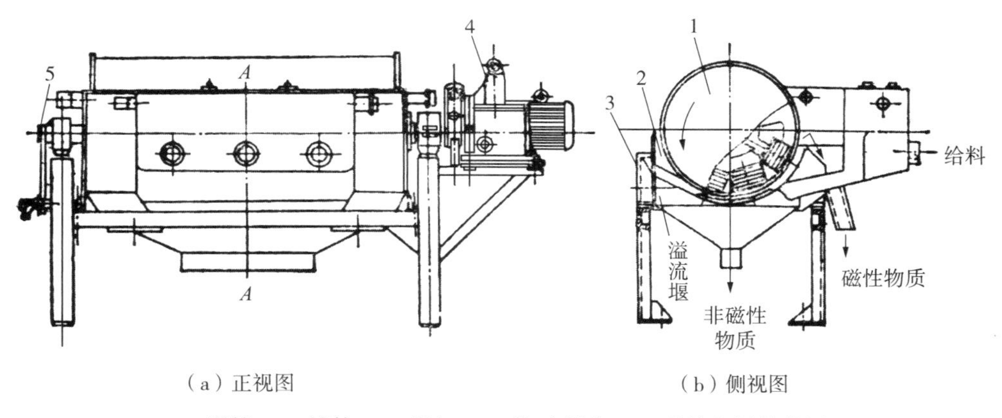

（a）正视图　　（b）侧视图

1—圆筒；2—槽体；3—机架；4—传动部分；5—磁偏角调整装置

图 3-33　CTN 型永磁圆筒式磁选机

3）悬挂带式磁力分选机。在垃圾输送带的上方，距离被分选的物料一定高度（通常 <500 mm）上悬挂一大型固定磁铁（永磁铁或电磁铁），并配有一传送带。当垃圾通过固定磁铁下方时，磁性物质就被吸附在此传送带上，并随同此带一起运动。磁性物质被送

到小磁性区时，自动脱落，从而可实现铁磁物质的回收（图 3-34）。

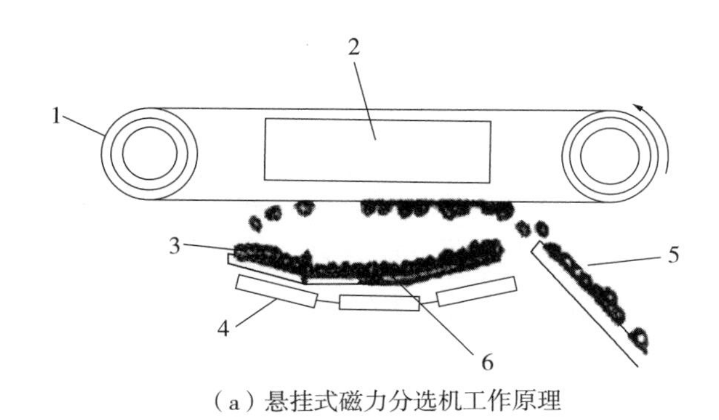

（a）悬挂式磁力分选机工作原理

1—传动皮带；2—悬挂式固定磁铁；3—传送带；4—滚轴；5—金属物；6—来自破碎机的固体废物

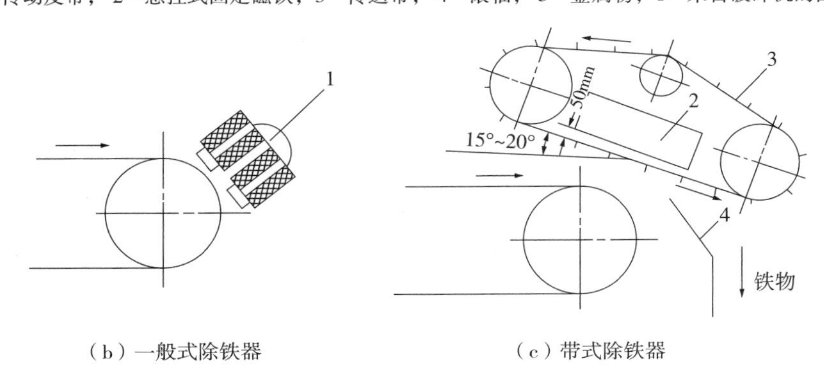

（b）一般式除铁器 （c）带式除铁器

1—电磁铁；2—吸铁箱；3—胶带装置；4—接铁箱

图 3-34 悬挂带式磁力分选机工作原理及除铁器

3.4.3.2 磁流体分选

磁流体分选是利用磁流体作为分选介质，在磁场或磁场和电场的联合作用下产生“加重”作用，按固体废物各组分的磁性和密度的差异或磁性、导电性和密度的差异，使不同组分分离。当固体废物中各组分间的磁性差异小而密度或导电性差异较大时，采用磁流体分选可以有效地进行分离。

所谓磁流体是指某种能够在磁场或磁场和电场联合作用下磁化，呈现似加重现象，对颗粒产生磁浮力作用的稳定分散液。磁流体通常采用强电解质溶液、顺磁性溶液和铁磁性胶体悬浮液。似加重后的磁流体仍然具有液体原来的物理性质，如密度、流动性、黏滞性等。似加重后的密度称为视在密度，它可以通过改变外磁场强度、磁场梯度或电场强度来调节。视在密度高于流体密度（真密度）数倍，流体真密度一般为 1 400 ~ 1 600 kg/m^3，而似加重后的流体视在密度可高达 19 000 kg/m^3，因此，磁流体分选可以分离密度范围宽的固体废物。

磁流体分选根据分离原理与介质的不同，可分为磁流体动力分选和磁流体静力分选两种。磁流体分选是一种重力分选和磁力分选联合作用的分选过程。在似加重介质中，按密度差分离；在磁场中，按磁性（或电性）差异分离。因此，磁流体分选不仅可以将磁性和非磁性物质分离，也可以将非磁性物质按密度差异分离。

3.4.4　电力分选

电力分选（简称电选）是利用固体废物中各种组分在高压电场中电性的差异而实现分选的一种方法。物质根据其导电性，分为导体、半导体和非导体三种。大多数固体废物属于半导体和非导体，因此，电选实际是分离半导体和非导体固体废物的过程。电选对于各种导体、半导体和绝缘体的分离等都十分简便有效。

3.4.4.1　原理

废物由给料斗均匀地给入辊筒上，随着辊筒的旋转，废物颗粒进入电晕电场区，由于空间带有电荷，导体和非导体颗粒都获得负电荷（与电晕电极电性相同）；导体颗粒一面荷电，一面又把电荷传给辊筒（接地电极），其放电速度快，因此，当废物颗粒随辊筒旋转离开电晕电场区而进入静电场区时，导体颗粒的剩余电荷少，而非导体颗粒则因放电速度慢，致使剩余电荷多。导体颗粒进入静电场后不再继续获得负电荷，但仍继续放电，直至放完全部负电荷，并从辊筒上得到正电荷而被辊筒排斥，在电力、离心力和重力的综合作用下，其运动轨迹偏离辊筒，而在辊筒前方落下。偏向电极的静电引力作用更增大了导体颗粒的偏离程度；非导体颗粒由于有较多的剩余负电荷，将与辊筒相吸，被吸附在辊筒上，带到辊筒后方，被毛刷强制刷下；半导体颗粒的运动轨迹则介于导体与非导体颗粒之间，成为半导体产品落下，从而完成电选分离过程（图 3-35）。

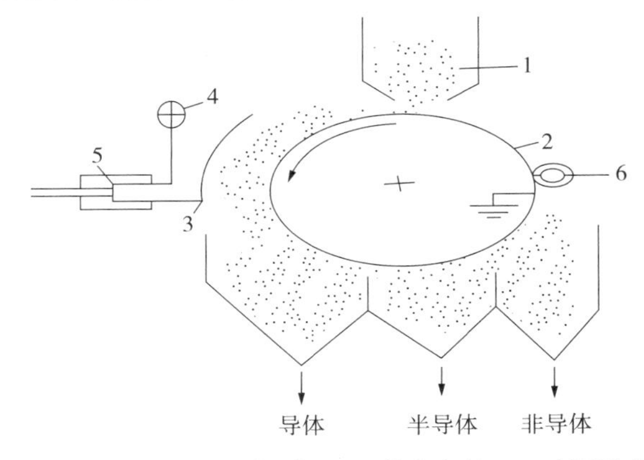

1—给料斗；2—辊筒电极；3—电晕电极；4—偏向电极；5—高压绝缘子；6—毛刷

图 3-35　电选分离过程示意图

3.4.4.2 电力分选的条件

废物颗粒进入电选设备电场后，受到电力和机械力的作用。作用在颗粒上的电力有库仑力、非均匀电场作用力和界面吸力等，作用在颗粒上的机械力有重力和离心力等。

（1）库仑力 f_1

$$f_1=QE \tag{3-9}$$

式中，Q——颗粒上的电荷；

E——颗粒所在位置的电场强度。

考虑到颗粒放电，则

$$f_1=Q_RE \tag{3-10}$$

式中，Q_R——颗粒上的剩余电荷，导体颗粒 Q_R 等于 0，非导体颗粒 Q_R 约为 1，库仑力的作用是促使颗粒被吸附在辊筒表面上。

（2）非均匀电场作用力 f_2

越靠近电晕电极 f_2 越大，越靠近辊筒表面则电场均匀，f_2 越小；对颗粒来说 f_2 很小，f_2 是 f_1 的几百分之一，因此可忽略。

（3）界面吸力 f_3

是荷电颗粒的剩余电荷和辊筒表面相应位置的感应电荷之间的吸引力（此感应电荷大小与剩余电荷相同，符号相反）。导体颗粒，剩余电荷少，f_3 约为 0；非导体颗粒，则相反，f_3 促使颗粒被吸向辊筒。

（4）重力 f_4

$$f_4=mg \tag{3-11}$$

颗粒在分选过程中所受的重力在整个过程中其径向和切线方向的分力是变化的，f_4 起着使颗粒沿辊筒表面移动或脱离的作用。

（5）离心力 f_5

$$f_5=mv^2/R \tag{3-12}$$

式中，v——颗粒在辊筒表面上的运动速度；

R——辊筒的半径。

如图 3-36 所示，导体颗粒，在 EB 段中分出，$f_3<(f_5+mg\cos\alpha)$；半导体颗粒，在 BC 段中分出，$f_1+f_3<(f_5+mg\cos\alpha)$；非导体颗粒，在 CD 段内分出，$f_1+f_3>(f_5+mg\cos\alpha)$。

3.4.4.3　设备

目前使用的电选机，按电场特征主要分为静电分选机和复合电场分选机两种，这里主要介绍辊筒式静电分选机。

将含有铝和玻璃的废物，通过电振给料器均匀地给到带电辊筒上，铝为良导体，能从辊筒电极获得相同符号的大量电荷，因而被辊筒电极排斥落入铝收集槽内。玻璃为非导体，与带电辊筒接触被极化，在靠近辊筒一端产生相反的束缚电荷，被辊筒吸住，随辊筒带至后面被毛刷强制刷落进入玻璃收集槽，从而实现铝与玻璃的分离（图 3-37）。

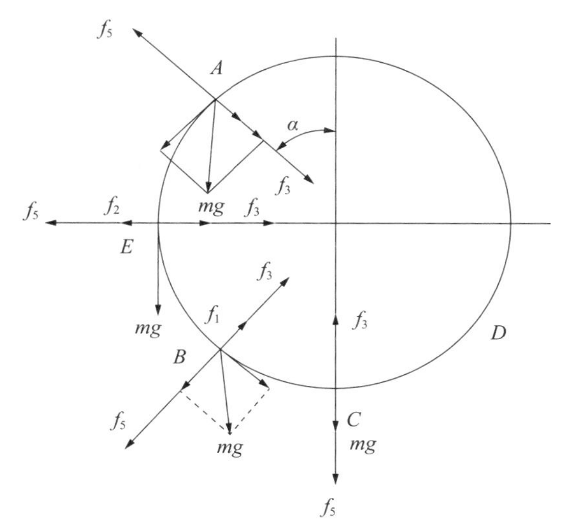

图 3-36　颗粒受力分析

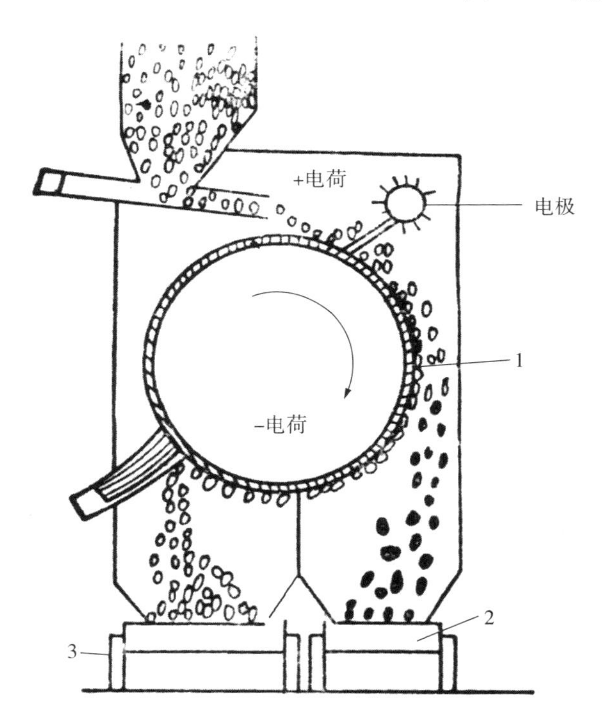

1—转鼓；2—导体产品受槽；3—非导体产品受槽

图 3-37　静电分选机示意图

静电分选机既可以从导体与绝缘体的混合物中分离出导体，也可以对含不同介电常数的绝缘体进行分离。因此，可以有效回收城市生活垃圾中不易分类的物质并加以重新利用。

3.4.5 摩擦与弹跳分选

根据物料中各组分的摩擦系数和碰撞系数的差异，在斜面上运动或与斜面碰撞弹跳时，产生不同的运动速度和弹跳轨迹而实现分离。

沿着斜面向下运动时，其运动方式随颗粒的形状或密度不同而不同。其中纤维状废物或片状废物几乎全靠滑动，球形颗粒有滑动、滚动和弹跳三种运动。

3.4.5.1 原理

（1）颗粒沿斜面运动

$$G\sin\alpha \geqslant F \tag{3-13}$$

式中，G——颗粒的重力；

F——颗粒与斜面之间的摩擦力。

$$F=fN=fG\cos\alpha \tag{3-14}$$

式中，f——摩擦系数；

N——垂直斜面的正压力。

$$G\sin\alpha \geqslant fG\cos\alpha \tag{3-15}$$

$$\tan\alpha \geqslant f,\ f=\tan\psi \tag{3-16}$$

式中，ψ——摩擦角，$\alpha \geqslant \psi$，如果斜面倾角大于颗粒的摩擦角时，颗粒将沿着斜面向下滑动，否则不滑动。

使颗粒沿斜面下滑的作用力（P）：

$$P=G(\sin\alpha-f\cos\alpha) \tag{3-17}$$

$$a=P/m=g(\sin\alpha-f\cos\alpha) \tag{3-18}$$

式中，a——加速度。

初速度为零的颗粒，沿斜面下滑 L 距离后的速度为

$$\begin{aligned} v &= \sqrt{2aL} \\ &= \sqrt{2gL(\sin\alpha - f\cos\alpha)} \end{aligned} \tag{3-19}$$

颗粒沿斜面滚动的条件：

$$hG\sin\alpha \geqslant bG\cos\alpha \tag{3-20}$$

$$\tan\alpha \geqslant b/h$$

而颗粒沿斜面滑动的条件是：$\tan\alpha \geqslant f$。

将滚动条件和滑动条件比较：当 $f > b/h$ 时，颗粒首先满足滚动条件，产生滚动；当 $f < b/h$ 时，则颗粒滑动。

当斜面长度及倾角一定时，颗粒的运动速度仅与摩擦系数有关（图 3-38）。

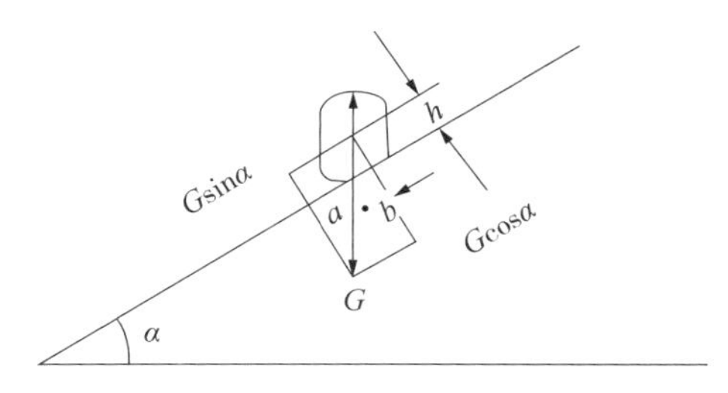

图 3-38　颗粒沿斜面受力分析

（2）颗粒在斜面上的弹跳

1）颗粒与平面碰撞。

颗粒从高度 H 落到平面上的瞬时速度为

$$v=\sqrt{2gH} \tag{3-21}$$

碰撞后弹跳的初速度为 u，跳起高度为 h，则 u 为

$$u=\sqrt{2gh} \tag{3-22}$$

$$k=\frac{u}{v}=\sqrt{h/H} \tag{3-23}$$

式中，k——速度恢复系数。

当 k=1，u=v，h=H 时，为完全弹性碰撞；k=0，u=0，h=0 时，为塑性碰撞；$0<k<1$，$u<v$，$h<H$ 时，为弹性碰撞。如图 3-39 所示。

2）颗粒与斜面碰撞。固体废物从斜面顶端给入，由于颗粒碰撞恢复系数不同，经过斜面的多次碰撞之后，不同的颗粒的最终速度不同，从而可以分离（图 3-40）。

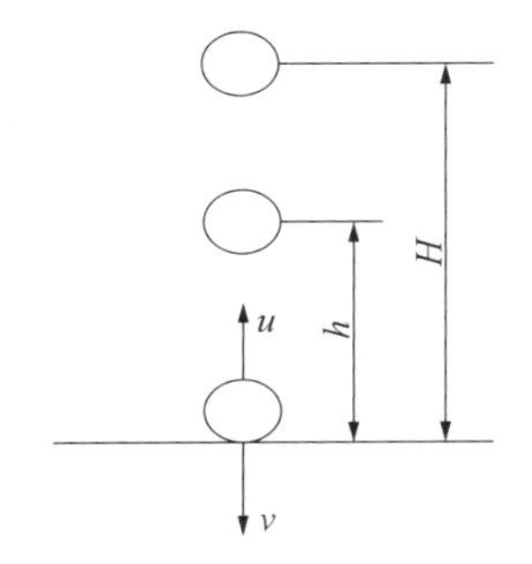

图 3-39　颗粒与平面碰撞

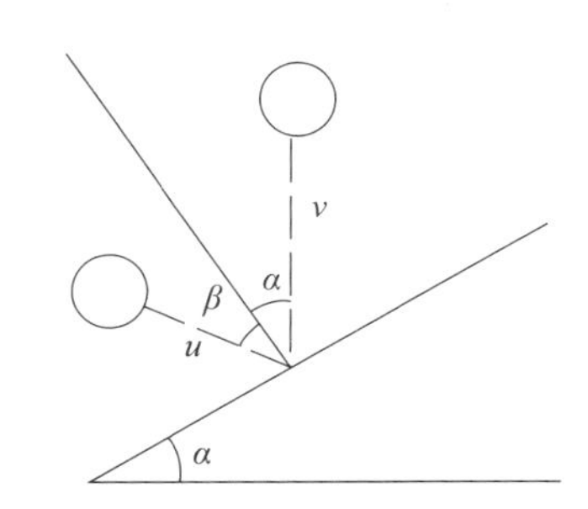

图 3-40　颗粒在斜面上受力分析

颗粒碰撞恢复系数应等于碰撞前后的速度在斜面法线上投影之比：

$$K_p=\frac{u\cos\beta}{v\cos a} \tag{3-24}$$

3.4.5.2　设备

（1）带式筛

带式筛是一种倾斜安装且带有振打装置的运输带，其带面由筛网或刻沟的胶带制成。

带面安装倾角大于颗粒废物的摩擦角，小于纤维废物的摩擦角。废物由带面的下半部的上方给入，由于带面的振动，颗粒废物在带面上做弹性碰撞，向带面的下部弹跳，又因带面的倾角大于颗粒废物的摩擦角，所以颗粒废物还有下滑的运动，最后由带面的下端排出。纤维废物与带面为塑性碰撞，不产生弹跳，并且带面倾角小于纤维废物的摩擦角，所以纤维废物不沿带面下滑，而随带面一起向上运动，从带面的上端排出。在向上运动过程中，由于带面的振动使一些细粒灰土透过筛孔从筛下排出，从而使颗粒状废物与纤维状废物分离（图 3-41）。

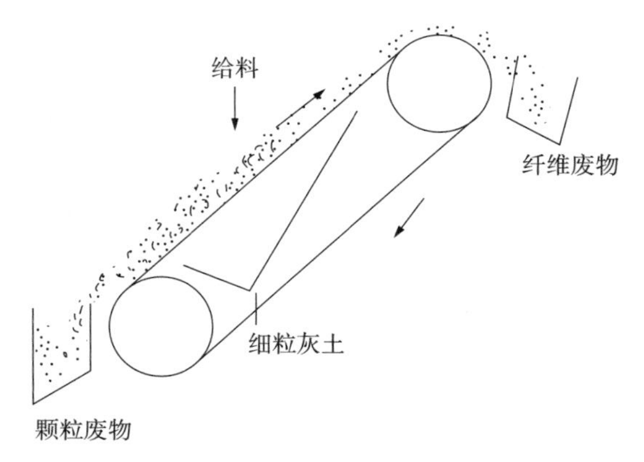

图 3-41　带式筛示意图

（2）斜板运输分选机

斜板运输分选机分选过程为：废物由给料皮带运输机从斜板运输分选机的下半部的上方给入，其中砖瓦、铁块、玻璃等与斜板板面产生弹性碰撞，向板面下部弹跳，从斜板分选机下端排入重的弹性产物收集仓；而纤维织物、木屑等与斜板板面为塑性碰撞，不产生弹跳，因而随斜板运输板向上运动，从斜板上端排入轻的非弹性产物收集仓，从而实现分离（图 3-42）。

（3）反弹滚筒分选机

反弹滚筒分选机分选系统由抛物皮带运输机、回弹板、滚筒和产品收集仓组成，其分选过程是废物由倾斜抛物皮带运输机抛出，与回弹板碰撞，其中铁块、砖瓦、玻璃等与回弹板、分料滚筒产生弹性碰撞，被抛入重的弹性产品收集仓；而纤维废物、木屑等与回弹板为塑性碰撞，不产生弹跳，被分料滚筒抛入轻的非弹性产品收集仓，从而实现分离（图 3-43）。

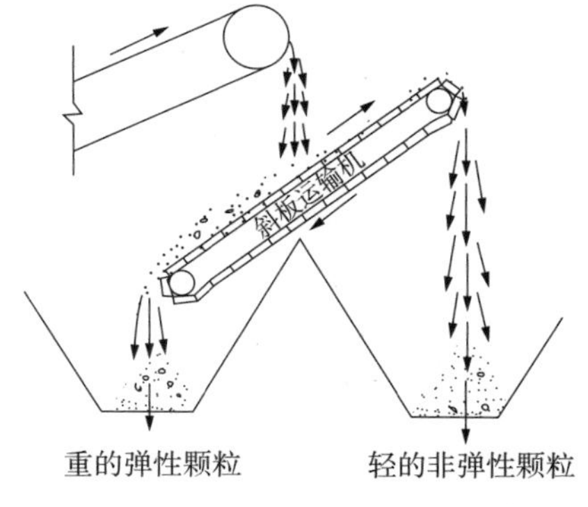

图 3-42　斜板运输分选机

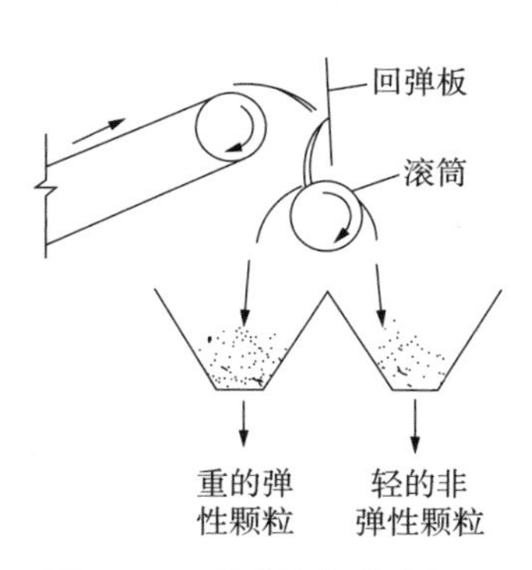

图 3-43　反弹滚筒分选机

3.4.6　浮选

浮选主要指泡沫浮选，是按固体废物表面物理化学性质的差异来分离各种细粒的方法。浮选过程是指在气、液、固三相体系中完成的复杂的物理化学过程，其实质是疏水的固体废物黏附在气泡上，亲水的固体废物留在水中，从而实现彼此分离。具体操作是：在固体废物与水调制的料浆中加入浮选药剂，并通入空气形成无数细小气泡，使欲选物质颗粒黏附在气泡上，随气泡上浮于料浆表面成为泡沫层，然后刮出回收。

3.4.6.1　原理

有些物质表面的疏水性较强，容易黏附在气泡上，而另一些物质表面亲水，不容易黏附在气泡上。由于固体废物矿浆中矿物质各自的湿润特性的差异，当非极性矿物颗粒与气泡发生碰撞时，气泡易于排开其表面薄且容易破裂的水化膜，使废物颗粒黏附到气泡的表面，从而进入泡沫产品；极性矿物质表面与气泡碰撞时，颗粒表面的水化膜很难破裂，气泡很难附着到矿物质颗粒的表面上，因此极性矿物质留在料浆中，从而实现了分离。

物质表面的亲水性、疏水性可以通过浮选药剂的作用而加强，因此，可使用浮选药剂调整物质的可浮性。

3.4.6.2　浮选药剂

物质的天然可浮性差异较小，仅利用它们的天然可浮性差异进行分选，分选效率很低，主要靠人为地改变物质的可浮性，从而提高浮选效率。要造成人为的可浮性，目前最有效的方法是加浮选药剂处理，正确选择、使用浮选药剂是调整物质可浮性的主要外部条件。浮选药剂根据它在浮选过程中的作用不同，可分为捕收剂、起泡剂和调整剂三大类。

（1）捕收剂

捕收剂能够选择性地吸附在欲选的物质颗粒表面上，使其疏水性增强，提高可浮性，并牢固地黏附在气泡上而上浮。

（2）起泡剂

起泡剂是一种表面活性物质，主要作用在水、气界面上，使其界面张力降低，促使空气在料浆中弥散，形成小气泡，防止气泡兼并，增大分选界面，提高气泡与颗粒的黏附性和上浮过程中的稳定性。

（3）调整剂

调整剂主要是调整其他药剂与物质颗粒表面之间的作用，还可调整料浆的性质，提高浮选过程的选择性。

3.4.6.3 机械搅拌式浮选机

浮选工作时，料浆由进浆管进入，给到盖板与叶轮中心处，由于叶轮的高速旋转，在盖板与叶轮中心处造成一定的负压，空气由进气管和套管吸入，与料浆混合后一起被叶轮甩出。在强烈的搅拌下气流被分割成无数微细气泡。欲选物质颗粒与气泡碰撞黏附在气泡上而浮升至料浆表面形成泡沫层，经刮泡机刮出成为泡沫产品，再经消泡脱水后即可回收（图 3-44）。

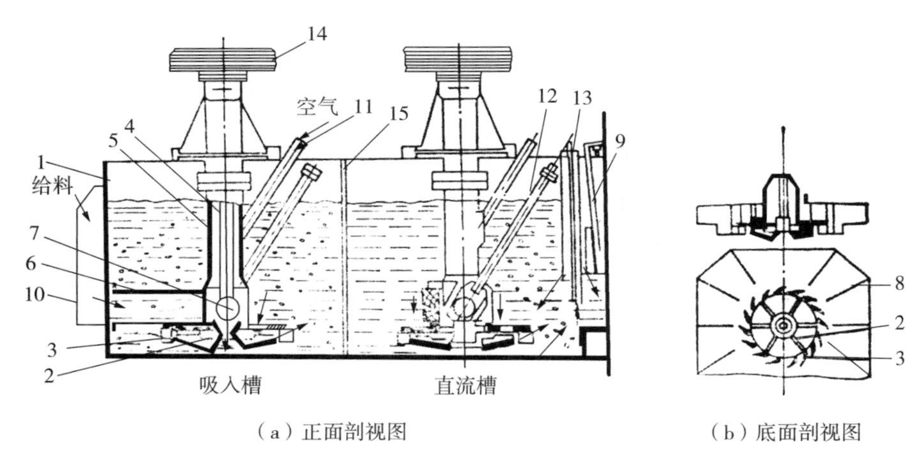

（a）正面剖视图　　（b）底面剖视图

1—槽子；2—叶轮；3—盖板；4—轴；5—套管；6—进浆管；7—循环孔；8—稳流板；9—闸门；10—受浆箱；11—进气管；12—调节循环量的闸门；13—闸门；14—皮带轮；15—槽间隔板

图 3-44　机械搅拌式浮选机

3.4.6.4 浮选工艺过程

浮选工艺过程主要包括调浆、调药、调泡三个程序。调浆即浮选前料浆浓度的调节，它是浮选过程的一个重要作业。所谓料浆浓度就是指料浆中固体废物与液体（水）的质量之比，即液固比，常用固体含量百分数来表示。一般浮选密度较大、粒度较粗的废物颗粒，往往用较浓的料浆；反之，浮选密度较小的废物颗粒，可用较稀的料浆。

调药为浮选过程药剂的调整，包括提高药效、合理添加、混合用药、料浆中药剂浓度调节与控制等。对一些水溶性小或不溶的药剂，提高药效可采用配成悬浮液或乳油液、皂化、乳化等措施。药剂合理添加主要是为了保证料浆中药剂的最佳浓度，一般先加调整剂，再加捕收剂，最后加起泡剂。

调泡为浮选气泡的调节。气泡主要是供疏水颗粒附着，并在料浆表面形成三相泡沫层，不与气泡附着的亲水颗粒则留在料浆中。因此，气泡的大小、数量和稳定性对浮选具有重要影响。气泡越小，数量越多，气泡在料浆中分布越均匀，料浆的充气程度越好，为欲浮颗粒提供的气液界面越充分，浮选效果越好。对机械搅拌式浮选机，当料浆中有适量起泡剂存在时，大多数气泡直径介于0.4～0.8 mm，最小为0.05 mm，最大为1.5 mm，平均为0.9 mm左右。

一般浮选法大多是将有用物质浮入泡沫产品，而无用或回收经济价值不大的物质仍留在料浆内，这种浮选法称为正浮选。但也有将无用物质浮入泡沫产品，将有用物质留在料浆内的，这种浮选法称为反浮选。

当固体废物中含有两种或两种以上的有用物质需要浮选时，通常可采用优先浮选或混合浮选方法。优先浮选是将固体废物中有用物质依次一种一种地浮出，成为单一物质产品的浮选方法。混合浮选是将固体废物中有用物质共同浮出为混合物，然后再把混合物中有用物质一种一种地分离的方法。

浮选是固体废物资源化的一种重要技术，但浮选法要求废物在浮选前需破碎和磨碎到一定的细度，浮选时要消耗一定数量的浮选药剂，且易造成环境污染或增加相配套的净化设备。另外还需要一些辅助工序，如浓缩、过滤、脱水、干燥等。

3.5 脱水

3.5.1 原理

湿垃圾是由米、面、果蔬、动植物油、肉、骨等组成的混合物，其主要成分为淀粉、蛋白质、脂类、纤维素和无机盐。相关资料显示，湿垃圾干物质中有机质含量达95%以上，其中粗脂肪占21%～33%，粗蛋白占11%～28%，粗纤维占2%～4%，除此之外，湿垃圾中还富含氮、磷、钾、钙、钠、镁、铁等微量元素。因此经适宜的处理，湿垃圾将有很高的再利用价值[4]。

水是湿垃圾的基本成分，占湿垃圾的70%左右，是湿垃圾腐败变质的基础，因此脱水成了湿垃圾处理的必要环节。因湿垃圾有机物含量高，且颗粒细小，湿垃圾中水的存在形式呈现出多样性，主要有自由水、间隙水、结合水。自由水是湿垃圾中含量较多、较容易去除的水分，这部分水分与垃圾中固体颗粒没有相互作用关系，通过重力、离心力等机械方式或者简单加热就能去除；间隙水是夹在胶体颗粒细小间隙和毛细管中的水分，受到液体凝聚力和液固表面附着力的双重作用，要分离这部分水，需要较高的机械作用力和能量；结合水是由淀粉、蛋白质等胶体颗粒表面张力作用而吸附的水分，这部分水分很少，也较难去除。因此，在湿垃圾脱水处理中以去除自由水和间隙水为主。

垃圾经过脱水处理后，便于包装、运输与资源化利用，大大节约了成本，具体表现为：降低了生活垃圾的含水率，缩小了生活垃圾的体积，缩短了生活垃圾的烘干时间，提高了生活垃圾的热值。因湿垃圾有机质含量高，营养丰富，考虑到资源循环利用及当地的实际情况，垃圾烘干产物有两种去向：混入其他生活垃圾一并处理；统一收集进行资源化再处理。根据各地特点，可以将收集来的烘干产物进行如下处理：堆肥；高温压榨脱油，将脱出的油脂进行精加工，生产工业用油，压榨后的固形物再进行堆肥处理；发酵产沼气；高温灭菌，添加其他原料制成再生饲料。

3.5.2 设备

机械脱水是所有脱水方法中最快速、最节能的方法。但通过试验发现，采用螺旋挤压或离心的办法很难在短时间内将餐厨垃圾脱水至 75% 以下，不能满足垃圾堆肥含水率小于 60% 和垃圾焚烧低位热值高于 5 000 kJ/kg 的要求；同时挤压和离心所脱出水分的固形物含量较高，尤其是挤压所脱出的水分较黏稠，如不处理，很难达标排放。微波是近年来发展较快的一种加热方式，具有物料内外同时加热、及时加热、热效率高和杀菌等优点，但其缺点是投资大，设备占地面积大，技术难度大，存在微波泄漏的危险，难以实现自动控制，因此很少采用微波加热的方法进行脱水。

（1）干燥脱水机

该机主体采用双筒结构（图 3-45），与单筒结构相比，在相同的内部容积下，体积可缩小 50%，最大限度地减小了设备的占地面积；同时加热面积增加 20%，提高了热效率。加热体主要通过传导与辐射的方式实现对筒体底部及筒内物料的加热。每个单筒设计一根搅拌轴，同时搅拌轴上装有齿形搅拌桨。通过电机驱动搅拌轴转动，实现对物料的搅拌。搅拌桨具有四个方面的作用：①通过搅拌使筒体内部物料受热均匀；②通过刮擦作用，避免不断失水的餐厨垃圾在筒体内表面形成黏结；③避免加热过程中物料结团、堆积；④处理完成后自动出料。该机采用程序控制，通过预先设定的程序，控制对不同容积物料加热体的输出功率及加热时间，并结合筒底和筒内温度传感器，控制加热温度。

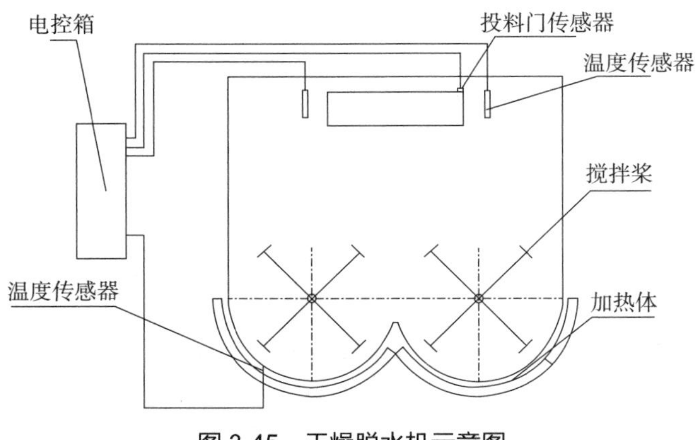

图 3-45　干燥脱水机示意图

干燥脱水机自动化程度高。除了在餐厨垃圾投放和排出时需要手动操作外，其余全部实行自动控制，可在无人职守的情况下自动运行；除水蒸气外，没有其他排放物，不会造成二次污染，环境清洁，可使最终产物减容 60%，减少质量 70% 以上；适应性强，餐厨垃圾中混有杂物，不会对处理功能造成影响；可在 3.5 h 内将餐厨垃圾的含水率降到 20% 以下，处理后的产物经真空包装，在室温放置 30 d 无变化；采用多次进料、集中出料的方式操作，省工省力。

（2）挤压脱水机

挤压脱水机由电机、减速机以及联轴器构成驱动装置。挤压装置由螺旋压榨轴、阻料堵头以及出口处调节压力的弹簧组成。渗水装置由 2 件渗水篦条组成滤笼，经过下方的污水收集槽进入污水处理管道。输送装置由传送带构成，物料在经过粉碎脱水进入传送带后，进行后续的发酵处理（图 3-46）。

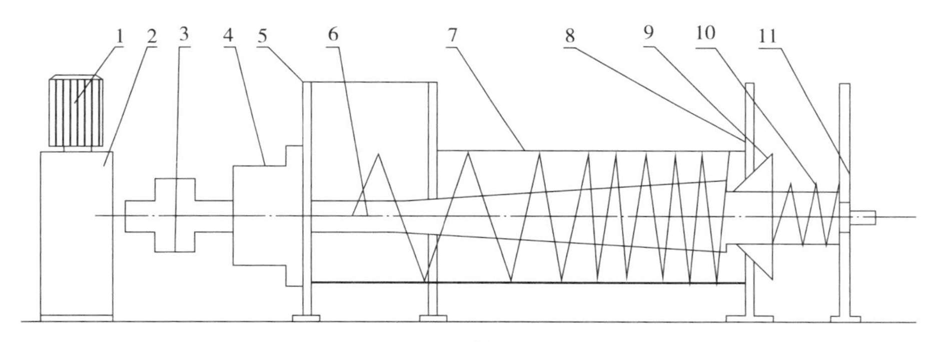

1—电机；2—减速机；3—联轴器；4—轴承座；5—进料口；6—螺旋压榨轴；
7—渗水装置；8—出料口；9—阻料堵头；10—弹簧；11—螺旋轴支撑架

图 3-46　挤压脱水机示意图

粉碎机破碎物料后，物料从进料口进入，在螺旋轴的旋转下，物料沿轴向在渗水装置中前进，随着螺旋槽的体积不断减小，物料在轴向压制下逐渐进行脱水，而物料中的水分通过渗水装置上的滤孔将水分排出。理想状态下，物料在进入脱水机后体积缩小了 35.7%，原因是物料之间的缝隙和固液分离的作用[5]。

思考题

1. 固体废物压实的目的是什么？压实的设备有哪几种？
2. 怎样确定破碎比？破碎比与破碎段之间有何内在联系？
3. 阐述重介质分选的原理，以及选择重介质分选的要求，并叙述工艺过程。
4. 固体废物中的水分主要包含几类？采用什么方法脱除水分？
5. 列举分选的方法，并对比其异同。

参考文献

[1] 彭韵，李蕾，彭绪亚，等．我国生活垃圾分类发展历程、障碍及对策［J］．中国环境科学，2018，38（10）：276-281.

[2] 李绍君．我国城市垃圾处理的问题及对策研究［J］．中外企业家，2018（11）：83-84.

[3] Chen S S, Huang J L, Xiao T T, et al. Carbon emissions under different domestic waste treatment modes induced by garbage classification: Case study in pilot communities in Shanghai, China[J]. Science of The Total Environment, 2020（717）：137-193.

[4] 梁晓军，耿思增，薛庆林，等．餐厨垃圾就地脱水处理技术［J］．农产品加工（学刊），2010（2）：98-102.

[5] 薛沁蕾．一种餐厨垃圾脱水处理一体机：CN207483473U［P］.

第 4 章　生活垃圾焚烧处置

4.1　概述

面对城市生活垃圾产生量快速增长的巨大压力，目前世界各国主要采用卫生填埋、垃圾焚烧和堆肥三种方式进行无害化处理。垃圾焚烧处理方式因其具有占地空间小、处理效率高、减量效果明显及燃烧余热可利用等优点，已在发达国家广泛应用并成为主流方式，但我国前期因生活垃圾未有效分类、技术落后、运营成本高、监管不力、“邻避效应”等问题难以推广。

随着经济、技术、社会的不断发展，人们对城市生活垃圾处理的要求越来越高，从逐步推动减量化、资源化、无害化的进程来看，我国城市生活垃圾处理将从以填埋为主的垃圾处理结构逐步向以焚烧为主转变。2016 年 12 月，《“十三五”全国城镇生活垃圾无害化处理设施建设规划》提出，至 2020 年年底，设市城市生活垃圾焚烧处理能力要占无害化处理总能力的 50% 以上，其中东部地区要达到 60% 以上。垃圾焚烧已成为我国生活垃圾处理的主流工艺。

生活垃圾的低位热值决定了生活垃圾是否适宜焚烧。我国《城市生活垃圾处理及污染防治技术政策》规定焚烧适用于平均低位热值高于 5 000 kJ/kg 的垃圾。一般认为，低位热值小于 3 300 kJ/kg 的垃圾不易采用焚烧处理，介于 3 300 ~ 5 000 kJ/kg 的垃圾可以采用焚烧处理，大于 5 000 kJ/kg 的垃圾适宜焚烧处理。我国生活垃圾含水量大、热值低，加强垃圾分类，分离生物质垃圾，对于降低剩余垃圾的水分、提高其低位热值的效果是非常明显的。以杭州为例，在推行生活垃圾分类之前，生活垃圾的含水率约为 55%，平均低位热值约为 5 020 kJ/kg（1 200 kcal/kg）；在推行垃圾分类 3 年之后，生活垃圾的含水量比分类前下降了 20% 以上，热值提高近 1 倍，垃圾焚烧效率和发电量显著提升[1]。

4.2　焚烧原理

4.2.1　焚烧的定义及特点

固体废物的焚烧（incineration 或 combustion）是一种高温热处理技术，即以一定的过剩空气量与被处理的有机废物在焚烧炉内进行氧化燃烧反应，废物中的有毒有害物质在高温下氧化、热解而被破坏，是一种可同时实现废物无害化、减量化、资源化的处理技术。

垃圾焚烧技术作为固体废物处理的重要手段，不但可以处理固体废物，还可以处理液体废物和气体废物；不但可以处理城市垃圾和一般工业废物，还可以处理危险废物。在焚烧处理城市生活垃圾时，也常常将垃圾焚烧处理前暂时贮存过程中产生的渗滤液和臭气引入焚烧炉焚烧处理。

经过焚烧处理，固体废物体积可以减少 80%～90%，质量减少 20%～80%[2]，可节约大量的后续填埋用地；焚烧可以破坏固体废物组成，杀灭细菌和病毒等，达到无害化处理，最终产物转化为化学性质比较稳定的无害化灰渣；焚烧产生的大量高温烟气，可回收其热能进行发电，还具有副产品、化学物质回收及资源回收利用等优点。

但是，城市生活垃圾在运输、贮存与燃烧过程均存在产生二次污染的可能。其中最主要的是烟气污染，包括颗粒物、SO_2、HCl、NO_x、重金属和毒害性微量有机物如二噁英等空气污染物。现代垃圾焚烧技术所包含的烟气净化系统通常能比较有效地控制除 NO_x 和二噁英以外的一般污染物，但还缺乏技术可靠、经济可行的 NO_x 和二噁英等的末端净化工艺，只能以燃烧过程的工艺控制为主要手段加以调控。

此外，垃圾贮存与灰渣冷却过程产生的污水和灰渣，也是垃圾焚烧厂常见的污染物。其中对污水虽已有较为有效的净化甚至回用技术，但单独处理的工程投资及运行成本均较高，一般可采用经预处理后排入城市污水管道、送城市污水处理厂集中深度处理的方法；而灰渣特别是飞灰通常需用代价比较昂贵的安全处置法处理，如安全填埋、水泥或沥青固化后卫生填埋等。

4.2.2 焚烧的过程

固体废物的焚烧是一个复杂的过程，是包括蒸发、挥发、分解、烧结、熔融和氧化还原等一系列物理变化和化学反应，以及相应的传质和传热的综合过程。它必须以良好的燃烧为基础，使可燃性废物与氧发生反应产生燃烧，经济有效地转换成燃烧气或少量稳定的残渣，是一个完全燃烧的过程。

一般认为，固体物质的燃烧存在以下三种形式：

（1）蒸发燃烧

指熔点较低的可燃固体（如石蜡、高分子材料和沥青等）受热后熔化为液体，继而受热变成蒸汽，再与空气混合燃烧。这种燃烧的速度受物料的蒸发速度和空气中的氧与燃料蒸汽之间的扩散速度控制。

（2）分解燃烧

指分子结构复杂的固体可燃物（如木材、纸张和合成高分子纤维等）受热后分解为挥发性组分和固定碳，挥发性组分中可燃气体进行扩散燃烧，而碳则进行表面燃烧。在分解燃烧过程中，需要一定的热量和温度，物料中的传热速度是影响这种燃烧速度的主要因素。

（3）表面燃烧

指有些固体可燃物的蒸气压非常小或难以发生热分解，不能发生蒸发燃烧或分解燃烧，当氧气包围物质的表层时，呈炽热状态发生无火焰燃烧，它属于非均相燃烧，如木炭、焦炭和铁等。这种方式的燃烧速度受燃料表面的扩散速度和化学反应速度控制。表面燃烧又称为多相燃烧或置换燃烧。

生活垃圾的可燃组分种类复杂，因此固体废物的焚烧过程是蒸发燃烧、分解燃烧和表面燃烧的综合过程。物料从送入焚烧炉到形成烟气和固态残渣的整个过程总称为焚烧过程（图 4-1）。通常将焚烧过程划分为干燥阶段、燃烧阶段和燃尽阶段三个阶段。

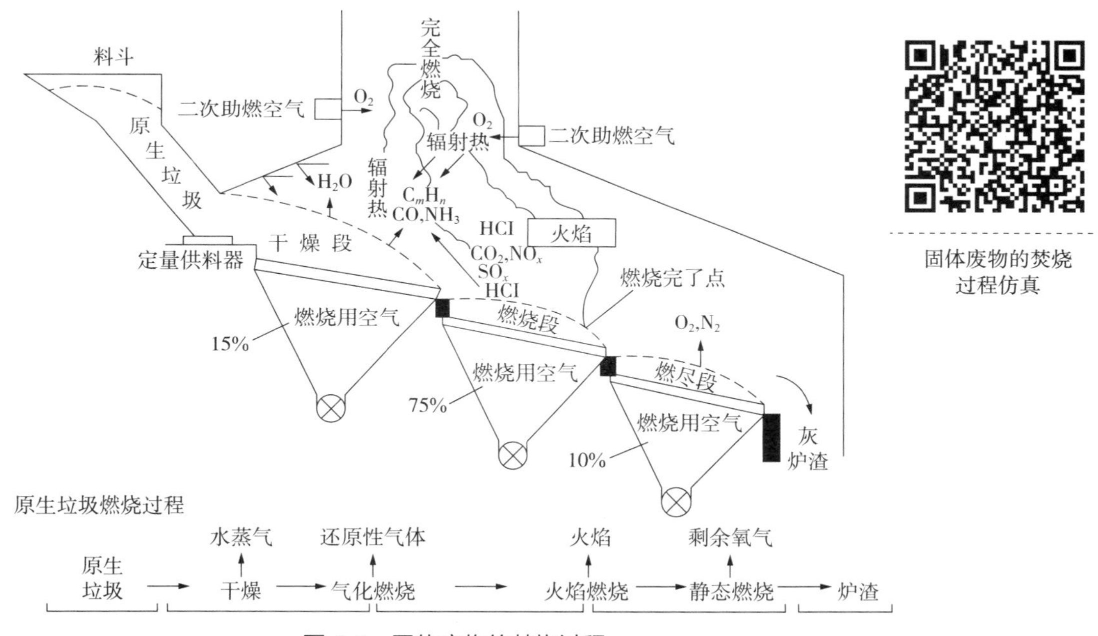

图 4-1　固体废物的焚烧过程

4.2.2.1　干燥阶段

干燥阶段是指从物料送入焚烧炉起，到物料开始析出挥发成分和着火的这段时间。

我国城市生活垃圾含水率一般在 40%～60%，含水率较高。在所含水分蒸发后，垃圾才会开始着火燃烧。因此，焚烧的干燥阶段是很重要的。当物料送入焚烧炉后，物料温度逐步升高，其表面水分开始逐步蒸发，当温度增高到 100℃左右，相当于达到一个大气压下水蒸气的饱和状态时，物料中水分开始大量蒸发，此时，物料温度基本稳定。随着不断加热，物料中水分大量析出，物料不断干燥。当水分基本析出完后，物料温度开始迅速上升，直到着火进入真正的燃烧阶段。在干燥阶段，物料的水分是以蒸汽形态析出的，因此需要吸收大量的热量——水的汽化热。

固体废物含水率的高低，决定了干燥阶段所需时间的长短，这在很大程度上也影响着固体废物焚烧过程。对于高水分固体废物，特别是污泥、废水等，为了蒸发、干燥、脱水和保证焚烧过程的正常运行，常常需要投入辅助燃料燃烧，以提高炉温，改善干燥着火条件。

4.2.2.2 燃烧阶段

物料基本完成干燥阶段后，如果炉内温度足够高且又有足够的氧化剂，就会顺利进入真正的燃烧阶段。燃烧阶段是指物料开始着火到强烈地发热发光氧化反应结束的这段时间。本阶段包括了三个同时发生的化学反应进程。

（1）强氧化反应

即废物中的可燃组分发生完全燃烧的反应。以有机碳（C）燃烧为例，用空气作氧化剂，在理论完全燃烧状态下的反应式为

$$C+O_2+3.76N_2 = CO_2+3.76N_2 \tag{4-1}$$

又如，以典型废物 $C_xH_yCl_z$ 为例，其在理论完全燃烧状态下，用空气作氧化剂，燃烧反应式为

$$C_xH_yCl_z+\left[x+\frac{y-z}{4}\right](O_2+3.76N_2) = xCO_2+zHCl+\frac{y-z}{2}H_2O+3.76\left[x+\frac{y-z}{4}\right]N_2 \tag{4-2}$$

式中，x、y、z 分别是 C、H、Cl 的原子数。

事实上在这些反应中还有若干中间反应，即使是碳的反应也还会出现若干形式。

（2）热解反应

热解是在无氧或近乎无氧的条件下，利用热能破坏含碳高分子化合物元素间的化学键，使含碳化合物破坏或者进行化学重组的过程。

尽管焚烧要求确保有 50%～150% 的过剩空气量，以提供足够的氧与物料有效接触，但由于物料组分的复杂性和其他因素的影响，燃烧过程中仍有部分物料没有机会与氧接触，处于无氧或缺氧的状态下。这部分物料在高温条件下就要进行热解，有机物会析出大量的气态可燃成分，如 CO、CH_4、H_2 或分子量较小的 C_mH_n 等。之后，这些析出的小分子气态可燃成分再与氧接触，发生氧化反应，从而完成燃烧过程。

以常见的纤维素分子为例，若燃烧时存在无氧或缺氧条件，它就会先进行热解，产生可燃气体 CO、H_2O、CH_4 和固态碳等，之后，这些热解产物再与氧反应，完成燃烧过

程。其热解反应式为

$$C_6H_{10}O_5 \longrightarrow 2CO+CH_4+3H_2O+3C \tag{4-3}$$

（3）原子基团碰撞

在物料燃烧过程中，还伴有火焰的出现，燃烧火焰实质上是高温下富含原子基团的气流造成的。由于原子基团电子能量的跃迁、分子的旋转和振动等产生量子辐射、红外热辐射、可见光和紫外线等，从而导致火焰的出现。火焰的性状取决于温度和气流的组成。原子基团气流包括原子形态的 H、O、Cl 等元素，双原子的 CH、CN、OH、C_2 等，以及多原子的基团 HCO、NH_2、CH_3 等，这些原子基团的碰撞会进一步促进废物的热分解过程。

4.2.2.3 燃尽阶段

燃尽阶段是指主燃烧阶段结束至燃烧完全停止的这段时间。

到燃尽阶段，参与反应的物质的量大大减少了，而反应生成的惰性物质（如气态的 CO_2、H_2O 和固态灰渣）则增加了。灰层的形成和惰性气体的比例增加，使剩余的氧化剂难以与物料内部未燃尽的可燃成分接触并发生氧化反应，燃烧过程因此而减弱，物料周围温度也随之逐渐降低，反应处于不利情况。因此，要使物料中未燃的可燃成分燃烧干净，就必须延长焚烧过程，使之能够有足够的时间尽可能完全燃烧掉。这就是设置燃尽阶段的主要目的。为改善燃尽阶段的工况，常采用翻动、拨火等方法来减少物料外表面的灰尘，从而使物料与空气尽可能充分接触。

4.2.3 焚烧效果的评价指标及影响因素

4.2.3.1 焚烧效果的评价指标

垃圾等废物经焚烧处理后，需要对焚烧效果进行评价，以判定焚烧效果的好坏。用于衡量焚烧处理效果的技术指标主要有以下 4 类。

（1）减量比

用于衡量焚烧处理废物减量化效果的指标是减量比，定义为可燃废物经焚烧处理后减少的质量占所投加废物总质量的百分比，即

$$\mathrm{MRC}=\frac{m_b-m_a}{m_b-m_c}\times 100\% \tag{4-4}$$

式中，MRC——减量比，%；

m_a——焚烧残渣的质量，kg；

m_b——投加的废物质量，kg；

m_c——残渣中不可燃物的质量，kg。

（2）热灼减率

在我国的焚烧污染控制标准中，还采用热灼减率反映灰渣中残留可焚烧物质的量。热灼减率是指焚烧残渣在（800±25）℃经3 h灼烧后减少的质量占原焚烧残渣质量的百分比，表示为

$$Q_R=\frac{(M_a-M_d)}{M_a}\times 100\% \quad (4\text{-}5)$$

式中，Q_R——热灼减率，%；

M_a——干燥后的原始焚烧残渣的质量，g；

M_d——焚烧残渣在（800±25）℃经3 h灼烧后冷却至室温时的质量，g。

（3）燃烧效率及焚毁去除率

在焚烧垃圾及一般固体废物时，以燃烧效率（或焚烧效率，combustion efficiency，CE）作为焚烧处理效果的评价指标。其表达式为

$$\mathrm{CE}=\frac{[\mathrm{CO_2}]}{[\mathrm{CO_2}]+[\mathrm{CO}]}\times 100\% \quad (4\text{-}6)$$

式中，[CO_2]、[CO]——分别为焚烧烟气中相应气体的浓度值。

对危险废物，以有害有机物的破坏去除效率（或焚毁去除率，destruction and removal efficiency，DRE）作为焚烧处理效果的评价指标。用下式表示：

$$\mathrm{DRE}=\frac{(W_i-W_0)}{W_i}\times 100\% \quad (4\text{-}7)$$

式中，W_i——加入焚烧炉内的有害有机物的质量；

W_0——烟道排放气和焚烧残渣中残留的有害有机物的质量之和。

一般法律都对危险废物焚烧的焚毁去除率要求非常严格。例如，美国在《资源保护与回收法》有关危险废物焚烧的规定中，要求有机性有害成分的焚毁去除率达到99.99%，二噁英和呋喃的焚毁去除率达到99.999 9%。

（4）烟气排放浓度限制指标

废物在焚烧过程中会产生一系列新污染物，有可能造成二次污染。对焚烧设施排放的大气污染物控制项目大致包括4个方面：①烟尘，常将颗粒物、黑度、总碳量作为控制指标；②有害气体，包括SO_2、HCl、HF、CO和NO_x；③重金属元素单质或其化合物，如Hg、Cd、Pb、Ni、Cr、As等；④有机污染物，如二噁英，包括多氯代二苯并-对-二噁英（PCDDs）和多氯代二苯并呋喃（PCDFs）。

4.2.3.2 焚烧效果的影响因素

影响垃圾等固体废物焚烧的因素很多，其中主要有物料尺寸、焚烧温度、停留（燃

烧）时间、搅混强度和过剩空气率等。

（1）物料尺寸

垃圾尺寸越小、单位比表面积越大、燃烧过程中垃圾与空气的接触越充分，传热传质的效果越好，燃烧越完全。一般来说，固体物质的燃烧时间与颗粒粒度的1~2次方成正比。

（2）焚烧温度

废物的焚烧温度是指废物中有害组分在高温下氧化、分解直至破坏所需达到的温度。它比废物的着火温度要高得多，决定废物燃烧是否完全。

一般来说，提高焚烧温度有利于废物中有机毒物的分解和破坏，并可抑制黑烟的产生和提高焚烧效率。但温度过高（高于1 300℃）不仅会损坏炉体内衬耐火材料，还会增加废物中金属的挥发量和氧化氮的产生量，容易引起二次污染。温度太低（低于700℃），则导致不完全燃烧，产生有害的副产物。炉膛温度最低应保持在物料的燃点温度以上。

合适的焚烧温度是在一定的停留时间下由实验确定的。大多数有机物的焚烧温度为700~1 000℃，通常以800~900℃为宜。

（3）停留时间

通常所说的焚烧停留时间是指废物（尤指焚烧尾气）在燃烧室与空气的接触时间，并不是指废物在焚烧炉内的停留时间。

停留时间的长短直接影响废物的焚烧效果、尾气组成等，停留时间也是决定炉体容积尺寸和燃烧能力的重要依据。

废物在炉内焚烧所需停留时间是由许多因素决定的，如废物本身的特性、燃烧温度和搅动程度等。一般情况下，应尽可能通过生产性模拟试验来获得设计数据。对缺少试验手段或难以确定废物焚烧所需时间的情况，可参阅经验数据。对于垃圾焚烧，如温度维持在850~1 000℃，并有良好的搅拌和混合时，燃烧气体在燃烧室的停留时间为1~2 s。

（4）搅混强度

要使固体废物燃烧完全，减少污染物形成，必须使固体废物与助燃空气充分接触、燃烧气体与助燃空气充分混合。

为增大固体废物与助燃空气的接触和混合程度，搅动方式是关键所在。焚烧炉所采用的搅动方式有空气流搅动、机械炉排搅动、流态化搅动及旋转搅动等，其中以流态化搅动效果最好。小型焚烧炉多属于固定炉床式，常通过空气流动来进行搅动，大中型焚烧炉一般都采用机械炉排搅动。

二次燃烧室内氧气与燃烧气体的混合程度取决于二次助燃空气与燃烧气体的相互流动方式和气体的湍流程度。湍流程度可由气体的雷诺数决定，雷诺数越高，湍流程度越高，混合越理想。一般来说，二次燃烧室气体速度在 3～7 m/s 即可满足要求。气体流速过大时，混合强度加大，但气体在二次燃烧室的停留时间会降低，反而不利于燃烧的完全进行。

（5）过剩空气率

在实际的燃烧系统中，氧气与可燃物质无法完全达到理想程度的混合及反应。为使燃烧完全，仅供给理论空气量很难使其完全燃烧，需要供给比理论空气量更多的助燃空气量，以使废物与空气能完全混合燃烧，这就是过剩空气量。它常用过剩空气系数或过剩空气率表示。过剩空气系数 α 用于表示实际供应空气量与理论空气量的比值，定义为

$$\alpha=\frac{A}{A_0} \tag{4-8}$$

式中，A_0——理论空气量；

A——实际供应空气量。

过剩空气率由式（4-9）表示：

$$\text{过剩空气率}=(\alpha-1)\times100\% \tag{4-9}$$

根据经验，在通常情况下，过剩空气系数一般需大于 1.5，常在 1.5～1.9；但在某些特殊情况下过剩空气系数能在 2 以上，才能达到较完全的焚烧效果。

在焚烧系统中，焚烧温度、停留时间、搅混强度和过剩空气率是四个重要的设计及操作参数，其中焚烧温度、停留时间、搅混强度一般被称为“3T”原理，它们不是独立的参数，而是相互影响、相互依赖的。

4.3 焚烧物质平衡与热平衡[3]

4.3.1 焚烧物质平衡

4.3.1.1 垃圾焚烧物质转化分析

生活垃圾焚烧过程中，输入系统的物料包括生活垃圾、空气、烟气净化所需的化学物质及大量的水。其中生活垃圾按工业分析又可以进一步分为可燃分组分（挥发分和固定碳）、灰分和水分，不同组分在焚烧过程的转化过程和最终焚烧产物明显不同。生活垃圾的可燃分（挥发分和固定碳）与空气中的氧气发生氧化反应生成碳氧化物、氮氧化物、硫氧化物等干烟气和水蒸气，成为焚烧烟气的主要组成部分；灰分组成在焚烧过程小部分以细小的固体颗粒物（飞灰）进入烟气排至后续的烟气净化系统，大部分以熔融态排出，经水冷处理形成炉渣。生活垃圾表面附着的水分在垃圾储仓中以渗出液的形式排出，

而生活垃圾的水组分除很少一部分参与可燃分的氧化过程外，绝大部分高温蒸发以水蒸气的形式进入烟气。生活垃圾焚烧系统的物料平衡如图 4-2 所示。

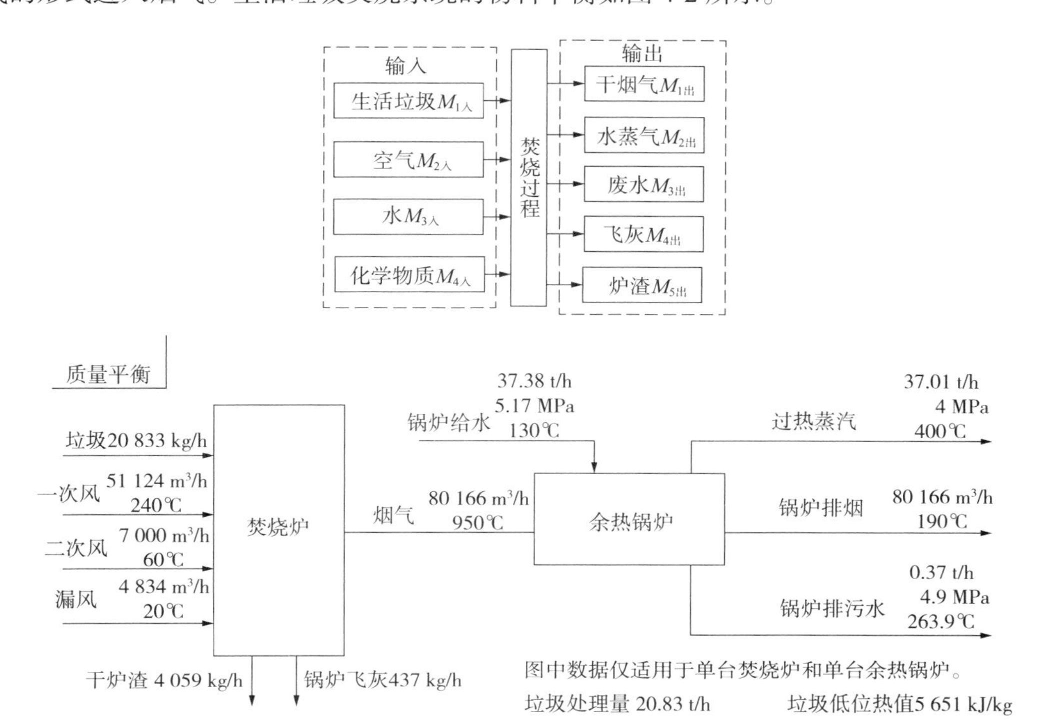

图 4-2　生活垃圾焚烧系统的物料平衡示意

根据质量守恒定律，输入的物料质量应等于输出的物料质量，即

$$M_{1入}+M_{2入}+M_{3入}+M_{4入}=M_{1出}+M_{2出}+M_{3出}+M_{4出}+M_{5出} \tag{4-10}$$

式中，$M_{1入}$——进入焚烧系统的生活垃圾量，kg/d；

$M_{2入}$——焚烧系统的实际供给空气量，kg/d；

$M_{3入}$——焚烧系统的用水量，kg/d；

$M_{4入}$——烟气净化系统所需的化学物质量，kg/d；

$M_{1出}$——排出焚烧系统的干烟气量，kg/d；

$M_{2出}$——排出焚烧系统的水蒸气量，kg/d；

$M_{3出}$——排出焚烧系统的废水量，kg/d；

$M_{4出}$——排出焚烧系统的飞灰量，kg/d；

$M_{5出}$——排出焚烧系统的炉渣量，kg/d。

一般情况下，焚烧过程的物料输入量以生活垃圾、空气和水为主，输出量则以干烟气、水蒸气及炉渣为主，而飞灰所占比重相对较少。瑞士某垃圾焚烧厂焚烧产物的质量比分布见图 4-3。

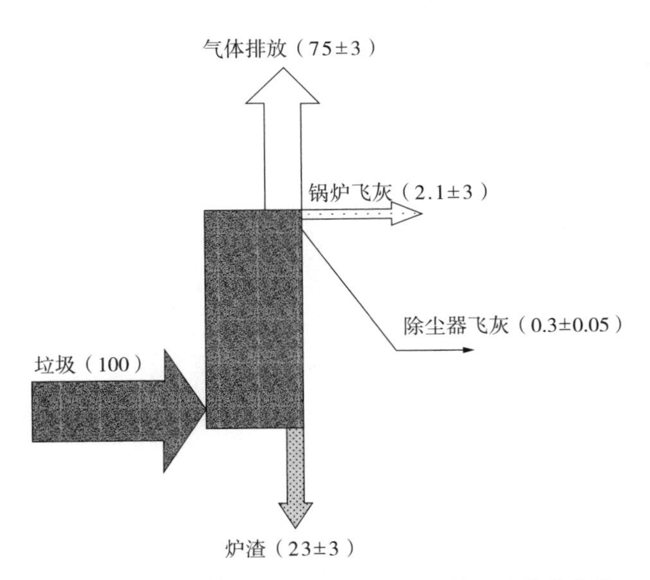

图 4-3 瑞士某垃圾焚烧厂垃圾焚烧产物质量比分布图

因此，为了简化计算，常以这 6 种物料作为物料平衡计算参数，而不考虑其他因素，计算结果可以基本反映实际情况。

4.3.1.2 与物质平衡有关参数的计算

根据固体废物的元素分析结果，固体废物中的可燃组分可用 $C_xH_yO_zN_uS_vCl_w$ 表示，固体废物完全燃烧的氧化反应可用总反应式来表示：

$$C_xH_yO_zN_uS_vCl_w + \left(x + v + \frac{y-w}{4} - \frac{z}{2}\right)O_2 \longrightarrow xCO_2 + wHCl + \frac{u}{2}N_2 + vSO_2 + \left(\frac{y-w}{2}\right)H_2O \tag{4-11}$$

燃烧空气和烟气的物料平衡就是根据固体废物的元素分析结果和上述燃烧化学反应方程式，计算燃烧所需空气量和烟气量及其相应组成的。

（1）理论和实际燃烧空气量

理论和实际燃烧空气量是指废物或燃料完全燃烧时所需要的最低空气量，一般以 V_0 来表示。固体废物中碳、氢、氧、硫、氮、氯的含量分别以 w_C、w_H、w_O、w_S、w_N、w_{Cl} 来表示，根据固体废物的完全燃烧化学反应方程式，可以计算理论空气量。

但应注意一点，由于在固体废物燃烧过程中氯元素可以与氢元素反应生成氯化氢气体进入烟气，从而相应减少与氢气反应的氧气量。因此在含氯量较高的固体废物焚烧的理论燃烧空气量的计算中应注意氯元素的影响。因此 1 kg 垃圾完全燃烧的理论氧气需要量 $V^0{}_{O_2}$ 为

$$V^0{}_{O_2}=1.866w_C+0.7w_S+5.66(w_H-0.028w_{Cl})-0.7w_O \tag{4-12}$$

空气中氧气的体积含量以 21% 计算，所以 1 kg 垃圾完全燃烧的理论空气需要量 V_0 为

$$V_0=\frac{1}{0.21}\left[1.866w_C+0.7w_S+5.66(w_H-0.028_{Cl})-0.7w_O\right] \tag{4-13}$$

在实际燃烧过程中，垃圾不可能与空气中的氧气达到完全混合。为了保证垃圾中的可燃组分完全燃烧，实际空气供气量要大于理论空气需要量，两者的比值即为过剩空气系数 α。则实际供给的空气量 V 为

$$V=\alpha V_0 \tag{4-14}$$

（2）焚烧烟气量

焚烧烟气量的计算常常是首先利用烟气的成分和经验公式计算出理论烟气量，然后再通过过剩空气系数计算烟气量。不考虑辅助燃料的影响，并且假设物料中所有 C 均转化为 CO_2，所有 S 均转化为 SO_2，所有 N 均转化为 N_2，计算公式如下：

$$V=V_{CO_2}+V_{SO_2}+V_{H_2O}+V_{N_2}+V_{O_2} \tag{4-15}$$

式中

$$V_{CO_2}=22.4\times\frac{w_C}{12}=1.866w_C \tag{4-16}$$

$$V_{SO_2}=22.4\times\frac{w_S}{32}=0.7w_S \tag{4-17}$$

$$V_{H_2O}=22.4\times\left(\frac{w_H}{2}+\frac{w_{H_2O}}{18}\right)=11.2w_H+1.244w_{H_2O} \tag{4-18}$$

$$V_{O_2}=0.21\times(\alpha-1)\times V_0 \tag{4-19}$$

$$V_{N_2}=0.79\times\alpha\times V_0+22.4\times\frac{w_N}{28} \tag{4-20}$$

代入式（4-15）中得到：

$$V=(\alpha-0.21)\times V_0+1.866w_C+11.2w_H+0.7w_S+0.8w_N+1.244w_{H_2O} \tag{4-21}$$

式中，w_C——烟气中 C 元素的质量分数；

w_H——烟气中 H 元素的质量分数；

w_S——烟气中 S 元素的质量分数；

w_N——烟气中 N 元素的质量分数；

w_{H_2O}——烟气中 H_2O 的质量分数；

α——过剩空气系数

4.3.2 焚烧热平衡[4]

4.3.2.1 固体废物的热值

固体废物的热值是固体废物化学能含量的一种量度，是指单位质量的固体废物在燃

烧过程中所能释放的热量，单位为 kJ/kg。热值的大小可用来判断固体废物的可燃性和能量回收潜力。要使固体废物能维持正常焚烧过程，就要求其具有足够的热值。即在进行焚烧时，垃圾焚烧释放出来的热量足以加热垃圾，并使之达到燃烧所需要的温度或者具备发生燃烧所必需的活化能，否则，需添加辅助燃料才能维持正常燃烧。

热值有两种表示方式，即高位热值（粗热值）和低位热值（净热值）。两者的区别在于生成水的状态不同，前者生成水是液态，而后者生成水以水蒸气形态存在，两者之差就是水的汽化潜热。

固体废物高热值和低热值的转化关系式如下：

$$\mathrm{LHV}=\mathrm{HHV}-2\,420\left[w_{\mathrm{H_2O}}+9\left(w_{\mathrm{H}}-\frac{w_{\mathrm{Cl}}}{35.5}-\frac{w_{\mathrm{F}}}{19}\right)\right] \tag{4-22}$$

式中，LHV——低位热值，kJ/kg；

HHV——高位热值，kJ/kg；

$w_{\mathrm{H_2O}}$——水的质量分数，%；

w_{H}、w_{Cl}、w_{F}——分别为氢、氯、氟元素的质量分数，%。

城市固体废物的高位热值，一般采用氧弹量热计进行测定。低位热值可以根据固体物理组分的发热量或者根据 Dulong 方程式（4-23）近似计算。

$$\mathrm{LHV}=2.32\left[1\,400w_{\mathrm{C}}+4\,500\left(w_{\mathrm{H}}-\frac{1}{8}w_{\mathrm{O}}\right)-760w_{\mathrm{Cl}}+4\,500w_{\mathrm{S}}\right] \tag{4-23}$$

式中，w_{C}、w_{O}、w_{H}、w_{Cl}、w_{S}——分别为碳、氧、氢、氯和硫元素的质量分数，%。

4.3.2.2 燃烧火焰温度

许多有毒、有害可燃污染物质，只有在高温和一定条件下才能被有效分解和破坏，因此维持足够高的焚烧温度和时间是确保固体废物焚烧减量化和无害化的基本前提。燃烧反应是由多个单反应组成的复杂化学过程。燃烧产生的热量绝大部分贮存在烟气中，因此无论在燃烧效率还是余热利用方面，掌握烟气的温度都十分重要。假如焚烧系统处于恒压、绝热状态，则焚烧系统所有能量都用于提高系统的温度和燃料的热焓。该系统的最终温度称为理论燃烧温度或绝热燃烧温度。实际燃烧温度可以通过能量平衡精确计算，也可以利用经验公式进行近似计算。常用经验公式如式（4-24）所示。

$$\mathrm{LHV}=VC_{\mathrm{pg}}(T-T_0) \tag{4-24}$$

式中，LHV——低位热值，kJ/kg；

V——燃烧产生的废气体积，$\mathrm{m^3}$；

C_{pg}——废气在 $T\sim T_0$ 的平均比热容，kJ/（kg·℃）；

T——最终废气温度，℃；

T_0——大气或助燃空气温度，℃。

若把 T 当成近似的理论燃烧温度，式（4-24）可以变换为

$$T=\frac{\text{LHV}}{VC_{\text{pg}}}+T_0 \tag{4-25}$$

若系统总损失为 ΔH，则实际燃烧温度可由式（4–26）估算：

$$T=\frac{\text{LHV}-\Delta H}{VC_{\text{pg}}}+T_0 \tag{4-26}$$

4.3.2.3　热平衡分析

焚烧过程进行着一系列能量转换和能量传递。从能量转换的观点来看，焚烧系统是一个能量转换设备，它将垃圾燃料的化学能通过燃烧过程转化成烟气的热能，烟气再通过辐射、对流、导热等基本传热方式将热能分配交换给工质或排放到大气环境。焚烧系统热量的输入与输出可用图 4-4 简单地表示。

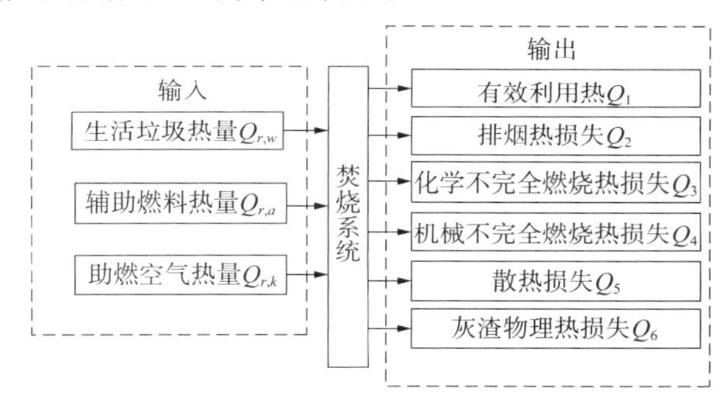

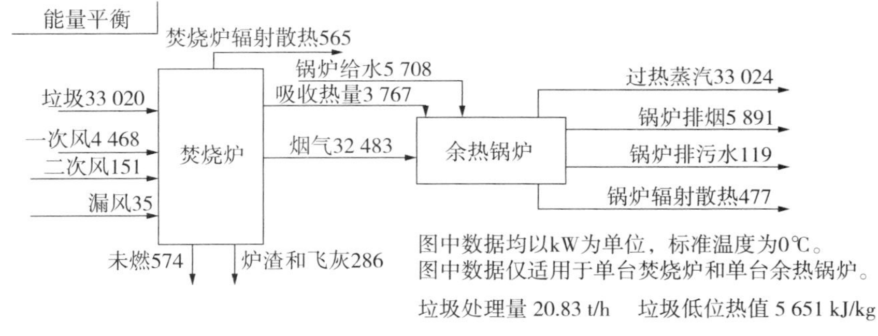

图 4-4　焚烧系统热量平衡图

在稳定工况条件下，焚烧系统输入、输出的热量是平衡的，即

$$Q_{r,w}+Q_{r,a}+Q_{r,k}=Q_1+Q_2+Q_3+Q_4+Q_5+Q_6 \tag{4-27}$$

式中，$Q_{r,w}$——生活垃圾的热量，kJ/h；

$Q_{r,a}$——辅助燃料的热量，kJ/h；

$Q_{r,k}$——助燃空气的热量，kJ/h；

Q_1——有效利用热，kJ/h；

Q_2——排烟热损失，kJ/h；

Q_3——化学不完全燃烧热损失，kJ/h；

Q_4——机械不完全燃烧热损失，kJ/h；

Q_5——散热损失，kJ/h；

Q_6——灰渣物理热损失，kJ/h。

（1）输入热量

1）生活垃圾的热量 $Q_{r,w}$。在不计垃圾的物理显热情况下，$Q_{r,w}$ 等于送入炉内的垃圾量 W_r（kg/h）与其热值 Q_{dw}^y（kJ/kg）的乘积。

$$Q_{r,w}=W_r\cdot Q_{dw}^y \tag{4-28}$$

2）辅助燃料的热量 $Q_{r,a}$。若辅助燃料只是在启动点火或焚烧炉工况不正常时才投入，则辅助燃料的输入热量不必计入。只有在运行过程中需维持高温，一直需要添加辅助燃料帮助焚烧炉的燃烧时才计入。此时：

$$Q_{r,a}=W_{r,a}\cdot Q_a^y \tag{4-29}$$

式中，$W_{r,a}$——辅助燃料量，kg/h；

Q_a^y——辅助燃烧的热值，kJ/kg。

3）助燃空气热量 $Q_{r,k}$。按入炉垃圾量乘以送入空气量的热焓计。

$$Q_{r,k}=W_r\alpha\left(I_{rk}^0-I_{vk}^0\right) \tag{4-30}$$

式中，α——送入炉内空气的过剩空气系数；

I_{rk}^0、I_{vk}^0——分别为随 1 kg 垃圾入炉的理论空气量在热风和自然状态下的焓值。

以上助燃空气热量只有用外部热源加热空气时才能计入。若助燃空气的加热是焚烧炉本身的烟气热量，则该热量实际上是焚烧炉内部的热量循环，不能作为输入炉内的热量。对采用自然状态的空气助燃，此项为零。

（2）输出热量

1）有效利用热 Q_1。有效利用热是其他工质在焚烧炉产生的热烟气加热时所获得的热量，一般被加热的工质是水，它可产生蒸汽或热水。

$$Q_1=D\left(h_2-h_1\right) \tag{4-31}$$

式中，D——工质输出流量，kg/h；

h_1、h_2——分别为进、出焚烧炉的工质热焓，kJ/kg。

2）排烟热损失 Q_2。由焚烧炉排出烟气所带走的热量，其值为排烟容积 V_{py}（m³/h，标准状态下）与烟气单位容积的热容之积，即

$$Q_2=V_{py}\left[\left(\partial C\right)_{py}-\left(\partial c\right)_0\right]\frac{100-q_4}{100} \tag{4-32}$$

式中，$(\partial C)_{py}$、$(\partial c)_0$——分别为排烟温度和环境温度下烟气单位容积的热容量；

$\frac{100-q_4}{100}$——因机械不完全燃烧引起实际烟气量减少的修正值。

3）化学不完全燃烧热损失 Q_3。由于炉温低、送风量不足或混合不良等导致烟气成分中一些可燃气体（如 CO、H_2、CH_4 等）未燃烧所引起的热损失，即化学不完全燃烧热损失。

$$Q_3 = W_r\left[V_{CO}Q_{CO} + V_{H_2}Q_{H_2} + V_{CH_4}Q_{CH_4} + \dots\right]\frac{100-q_4}{100} \tag{4-33}$$

式中，V_{CO}、V_{H_2}、V_{CH_4}——分别为 1 kg 垃圾产生的烟气所含未燃烧各组分的容积；

Q_{CO}、Q_{H_2}、Q_{CH_4}——分别为各组分对应的热值。

4）机械不完全燃烧热损失 Q_4。这是由垃圾中未燃或未完全燃烧的固定碳所引起的热损失。

$$Q_4 = 32\,700W_r \times \frac{A^y}{100} \times \frac{c_{lx}}{100-c_{lx}} \tag{4-34}$$

式中，A^y——炉渣中含碳百分比；

c_{lx}——炉渣的比热容，kJ/（kg · ℃）。

5）散热损失 Q_5。散热损失为因焚烧炉表面向四周空间辐射和对流所引起的热量损失。其值与焚烧炉的保温性能和焚烧炉焚烧量及比表面积有关。焚烧量小，比表面积越大，散热损失越大；焚烧量大，比表面积越小，其值越小。

6）灰渣物理热损失 Q_6。垃圾焚烧所产生炉渣的物理显热即为灰渣物理热损失。若垃圾为高灰分、排渣方式为液态排渣、焚烧炉为纯氧热解炉，则灰渣物理热损失不可忽略。

$$Q_6 = W_r\alpha_{lz}\frac{A^y}{100}c_{lx}t_{lx} \tag{4-35}$$

式中，α_{lz}——灰渣份额；

t_{lx}——炉渣的温度，℃。

4.4 垃圾焚烧工艺流程[5]

4.4.1 概述

生活垃圾焚烧的系统构成在不同的国家、研究机构有不同的划分方法，或由于垃圾焚烧的规模不同而具有不同的系统构成。但现代化生活垃圾焚烧大体相同，通常包括前处理系统、垃圾焚烧系统、助燃空气系统、余热利用系统、自动控制系统、相关环保系统（如烟气处理系统、废水处理系统及炉渣处理系统）等，如图 4-5 所示。

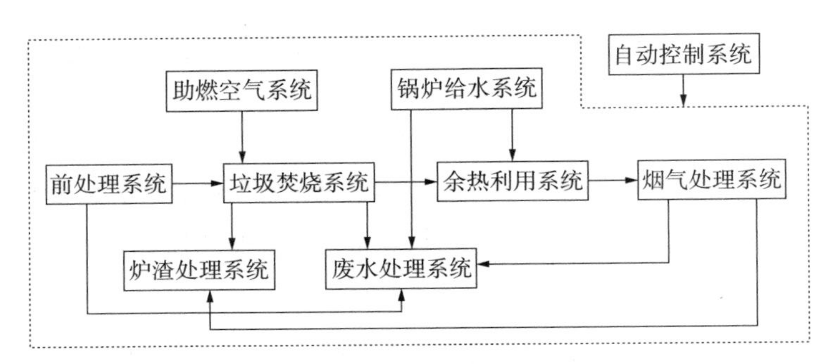

图 4-5 垃圾焚烧系统的组成

垃圾焚烧的工艺流程可描述为：垃圾收集车将垃圾运至垃圾前处理系统，前处理系统中的垃圾由垃圾起重机送至下料斗，垃圾与助燃空气系统所提供的一次和二次助燃空气在垃圾焚烧炉中混合燃烧，燃烧所产生的热能被余热锅炉加以回收利用，经过降温后的烟气送入烟气处理系统处理后，经烟囱排入大气，排烟温度约为 250℃；垃圾焚烧产生的炉渣经炉渣处理系统处理后送往填埋场或作其他用途，烟气处理系统所收集的飞灰做专门处理；各系统产生的废水送往废水处理系统，废水处理达到排放标准后可排入河流等公共水域或加以循环利用。现代化垃圾焚烧的整个处理过程用自动控制系统加以控制。

目前垃圾焚烧采用的垃圾焚烧炉主要为回转窑炉、流化床炉、机械炉排炉三种，对于不同形式的垃圾焚烧炉，垃圾焚烧各系统也必然具有不同的工艺流程。根据各国垃圾焚烧炉的使用情况，机械炉排焚烧炉应用最广且技术比较成熟，其单台日处理量的范围也最大（50～700 t/d），是国内外生活垃圾焚烧厂的主流炉型。因而，本节将对机械炉排焚烧炉进行深入的探讨。对各系统而言，其工艺流程也不尽相同，比如，有些垃圾焚烧厂的前处理系统中不设垃圾贮坑，而将垃圾直接送入进料斗。为此，对各系统工艺流程的讨论也仅限于普遍情况。

4.4.2 前处理系统

垃圾焚烧厂前处理系统也可称为垃圾接收储存系统，是整个垃圾焚烧厂的关键部分之一，直接影响焚烧炉的处理及整个系统的安全稳定运行。其一般的工艺流程如图 4-6 所示。

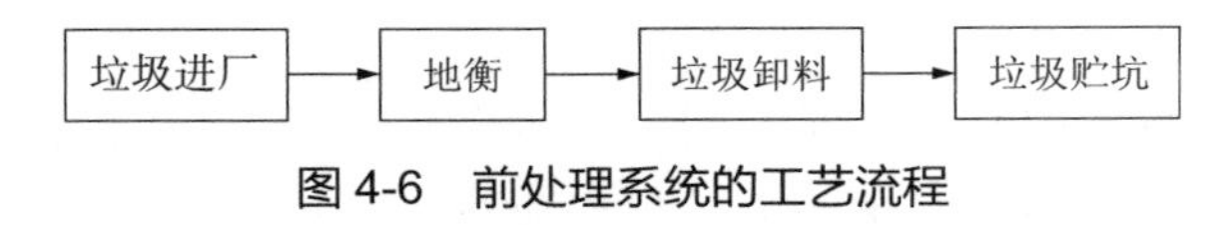

图 4-6 前处理系统的工艺流程

生活垃圾由垃圾运输车运入垃圾焚烧厂，经过地衡称重后进入垃圾卸料平台（也可称为倾卸平台），按控制系统指定的卸料门将垃圾倒入垃圾贮坑。

在此系统中，如果设有大件垃圾破碎机，可用吊车将大件垃圾抓入破碎机中进行处理，处理后的大件垃圾重新倒入垃圾贮坑。可通过分析垃圾成分的统计数据及大件垃圾所占的比例，决定垃圾焚烧厂是否需要设置大件垃圾破碎机。如果垃圾成分复杂，可通过分选除去垃圾中的金属、瓦砾和玻璃等不燃物，使入炉垃圾的可燃物质所占比例尽可能地大。如果垃圾的破碎、分选环节完成得好，就会使垃圾给料均匀、炉前进料热值波动小，减少炉渣的生成量，并在一定程度上抑制二噁英等污染物的生成。

称重系统中的关键设备是地衡，它由车辆的承载台、指示重量的称重装置、连接信号输送转换装置和称重结构打印装置等组成。承载台的尺寸由地衡最大称重决定。垃圾焚烧厂地衡一般最大称重为 15 ~ 20 t，近年来垃圾收集车呈大型化趋势，出现了称重大于 30 t 的地衡。

一般的大型垃圾焚烧厂都拥有多个卸料门，卸料门在无投入垃圾的情况下处于关闭状态，以避免垃圾贮坑中的臭气外溢。为了垃圾贮坑中的堆高相对均匀，应在垃圾卸料平台入口处和卸料门前设置自动指示灯，以便控制哪个卸料门的开启。在垃圾焚烧技术发达的国家，这些设施一般都采用自动化控制系统，实现了卸料平台无人操作，即当垃圾车到卸料门前时，传感器感知到有车辆到达，自动控制卸料门的开闭。

垃圾贮坑一般有地下或半地下式，需防渗、防水，底部必须设计成一侧具有一定的坡度，并设置可靠的渗滤液收集和排放系统。其容积设计以能贮存 3 ~ 5 d 的垃圾焚烧量为宜。贮存的目的是将原生垃圾在贮坑中进行脱水；吊车抓斗在贮坑中对垃圾进行搅拌，使垃圾组分均匀；在搅拌过程中也会脱去部分泥沙。这些措施都可改善燃烧状况，提高燃烧效率。在贮坑里停留的时间太短，脱水不充分，垃圾不易燃烧；时间太长，垃圾不再脱水，可燃挥发分溢出太多，也会造成垃圾不易燃烧和能量的耗散。

4.4.3 垃圾焚烧系统

垃圾焚烧系统是垃圾焚烧厂中最关键的部分，其中，垃圾焚烧炉是核心，4.5 节将对其进行详细介绍。垃圾焚烧炉提供了垃圾燃烧的场所和空间，它的结构和形式将直接影响垃圾的燃烧状况和燃烧效果。垃圾焚烧系统的一般工艺流程如图 4-7 所示。

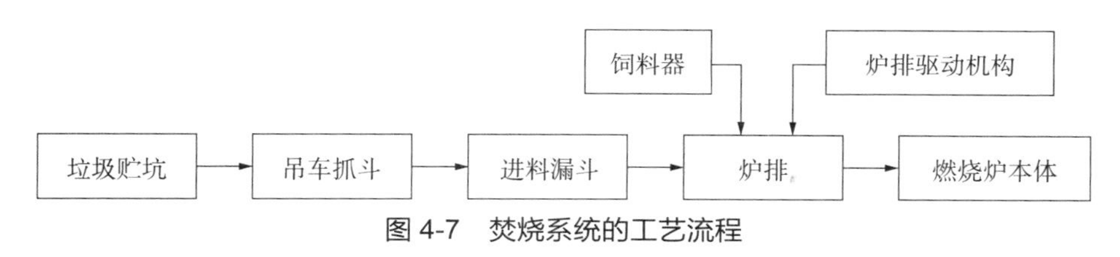

图 4-7 焚烧系统的工艺流程

吊车抓斗从垃圾贮坑中抓起垃圾，送入进料漏斗，漏斗中的垃圾沿进料滑槽落下，由饲料器将垃圾推入炉排预热段，机械炉排在驱动机构的作用下使垃圾依次通过燃烧段和燃尽段，燃烧后的炉渣落入炉渣贮坑。

为了保证单位时间进料量的稳定性，饲料器应具有测定进料量的功能，现行的饲料器一般采用改变推杆的行程来控制进料的体积，但由于垃圾在进料滑槽中的密度不均匀，造成进料的质量控制并不能达到预期的效果。目前，解决这个问题的有效方法之一是在滑槽中设置挡板，使挡板上的垃圾自由落下以提高垃圾密度的均匀性，同时还可以改进滑槽中垃圾的堵塞现象。

饲料器和炉排可采用机械或液压驱动方式，其中液压驱动方式因操作稳定、可靠性好等优点而应用较广。

4.4.4 助燃空气系统

助燃空气系统是垃圾焚烧厂中的一个十分重要的组成部分，其作用为：提供适量风量和风温来烘干垃圾，为垃圾着火准备条件；提供垃圾充分燃烧和燃尽的空气量；促使炉膛内烟气的充分扰动，使炉膛出口 CO 含量降低；提供炉墙冷却风，以防炉渣在炉墙上结焦；冷却炉排，避免炉排过热变形。

助燃空气系统的一般工艺流程如图 4-8 所示。

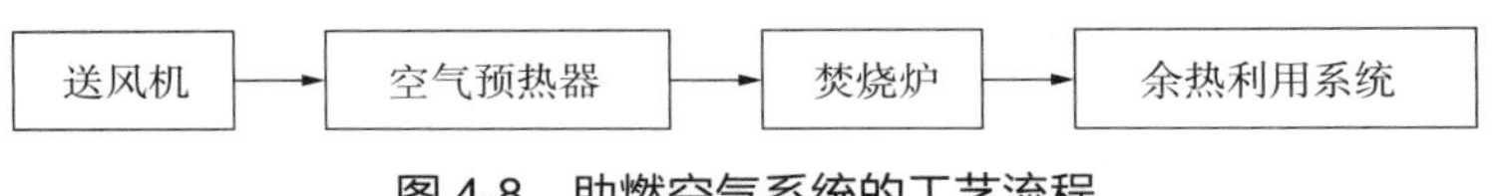

图 4-8 助燃空气系统的工艺流程

送风机包括一次送风机和二次送风机。通常情况下，一次送风机从垃圾贮坑上方抽取空气，通过空气预热器将其加热后，从炉排下方送入炉膛；二次助燃空气可从垃圾贮坑上方或厂房内抽取空气并经预热后，从侧壁送入垃圾焚烧炉。燃烧所产生的烟气及过量空气经过余热利用系统回收能量后进入烟气处理系统，最后通过烟囱排入大气。

由于垃圾在炉排上的燃烧是分阶段、分区进行的，所以沿炉排长度方向所需的空气量并不相同。在炉排干燥段，主要用于烘干垃圾中的水分，因此助燃空气量和空气温度根据垃圾中的含水量确定；在燃烧段，主要用于析出挥发物的燃烧和焦炭的燃烧，所以需要送入大量的空气；在最后的燃尽段，主要用于炉排冷却送风，所以需要的空气量不大。

在炉腔的气体成分中仍含有不少可燃气体，而且大量的燃烧气体产物从炉层中还带起许多未燃颗粒，由于炉排中间送风量大，因此这些未燃颗粒大部分集中在炉膛中部。由铺排炉的燃烧特性可知：炉膛中部空间处于缺氧状态，而炉膛的后部或前部氧气过剩，二次风的使用可有效解决这个问题。所谓二次风主要是将燃烧所需要的部分空气用某种方法从炉排上部送入炉腔中，用以搅拌炉内气体使之与氧气混合。二次风的作用如下：①加强炉内的氧同不完全燃烧产物充分混合，使化学不完全燃烧损失和炉膛过剩空气系数降低；②由于二次风在炉膛内易造成旋涡，可以延长悬浮的未燃颗粒及未燃气体在炉膛中的行程（即增加烟气在炉膛中的停留时间），使飞灰不完全燃烧损失降低；③炉膛中的颗粒充分燃烧后，其相对密度增大，再加上气体的旋涡分离作用，可降低飞灰量。

但要注意的是：采用二次风主要并不是为了补充空气，而是搅拌烟气，加强炉膛中气体的扰动。二次风可以是空气，也可以利用其他介质（如蒸汽等）。由于空气既能促进混合，又可以补充燃烧的空气需求，因此使用较普遍，但需要配备一台压力较高的风机。利用蒸汽作“二次风”主要是为了使炉膛内产生旋涡，从而使可燃气体与过剩氧混合，改变炉腔内气体的不均匀状况，达到完全燃烧，减少未完全燃烧损失。另外一种方式是采用蒸汽引射二次风，主要原理是高速度的蒸汽喷入炉腔时造成喷嘴附近的负压区，从而带动空气也以较高速度由空气管喷入炉膛。

4.4.5　余热利用系统

固体废物焚烧处理的目的之一是利用焚烧产生的热量，同时从垃圾焚烧炉中排出的高温烟气必须经过冷却后方能排放，降低烟气温度可采用喷水冷却或设置余热锅炉的方式，图 4-9 即为余热锅炉结构示意图。

余热利用是在垃圾焚烧炉的炉膛和烟道中布置换热面，以吸收垃圾焚烧所产生的热量，从而达到回收能量的目的。在未设置余热锅炉而采用喷水冷却方式的系统中，余热没有得到利用，喷水的目的仅仅在于降低排烟温度。一般来讲，将烟气余热用来加热助燃空气或加热水是最简单可行的方法。现行建设的大型垃圾焚烧厂都毫无例外地采用余热锅炉和汽轮发电设备。

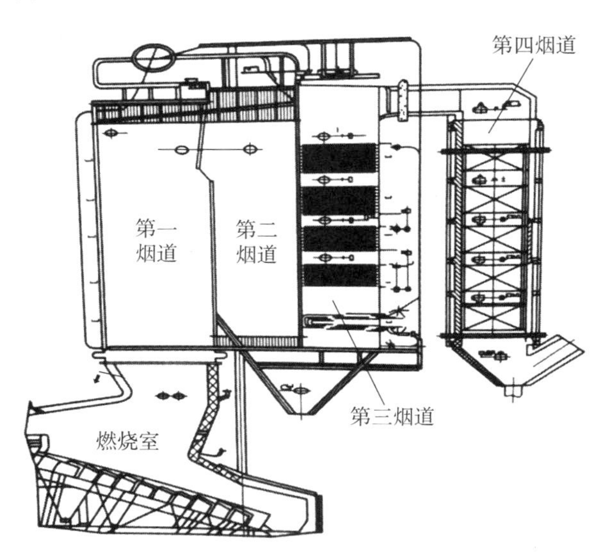

图 4-9　垃圾焚烧余热锅炉结构示意图

目前焚烧处理垃圾的热利用形式有直接热能利用（如热气体、蒸汽、热水）、余热发电及热电联产三大类型，其能量利用率如表 4-1 所示。

表 4-1 欧盟现有焚烧厂能量利用效率

类型	热效率 /%
仅发电	17 ~ 30
热电联产（CHP）	70 ~ 85
供热站（销售蒸汽或热水）	80 ~ 90
蒸汽销售给大型化工厂	90 ~ 100
热电联产和具有烟气冷凝的供热厂	85 ~ 95
热电联产和具有冷凝、热泵的供热厂	90 ~ 100

4.4.5.1 直接热能利用

典型的直接热能利用（图 4-10）是将垃圾焚烧产生的烟气余热转换为蒸汽、热水和热空气，向外界直接提供。这种形式热利用率高、设备投资省，尤其适用于小规模（处理量 <100 t/d）垃圾焚烧设备和垃圾热值较低的小型垃圾焚烧厂，热水和蒸汽除提供垃圾焚烧厂本身生活和生产需要外，还可对外提供蒸汽和水，供暖和制冷，供蔬菜、瓜果和鲜花暖棚用热。

但这种余热利用形式受垃圾焚烧厂自身需要热量和垃圾焚烧厂与居民之间距离的影响，在建厂规划期就需做好综合利用的规划，否则很难实现良好的供需关系。

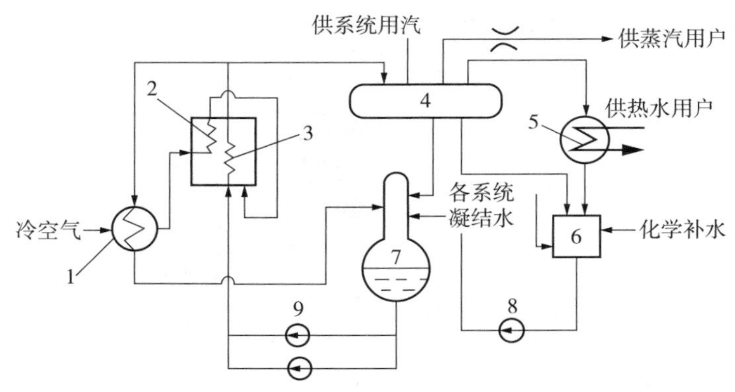

1—蒸汽式空气预热器；2—烟气式空气预热器；3—锅炉；4—分汽缸；5—换热器；6—冷凝水槽；7—除氧器；8—除氧泵；9—给水泵

图 4-10 直接热能利用系统

4.4.5.2　余热发电

随着垃圾量和垃圾热值的提高，直接热能利用受设备本身和热用户需求量的限制。为了充分利用余热，将其转化为电能是最有效的途径之一。将热能转换为高品位的电能，不仅能远距离传递，而且提供量基本不受用户需求量的限制，垃圾焚烧厂建设也可以相对集中向大规模、大型化方面发展，从而有利于提高整个设备利用率和降低相对吨垃圾的投资额。

垃圾焚烧炉和余热锅炉多数为一个组合体，余热锅炉的第一烟道是垃圾焚烧炉炉腔。在余热锅炉中，主要燃料是生活垃圾，转换能量的中间介质为水。垃圾焚烧产生的热量被工质吸收，未饱和水吸收烟气热量成为具一定压力和温度的过热蒸汽，过热蒸汽驱动汽轮发电机组，热能被转换为电能。目前世界上采用焚烧发电形式的生活垃圾焚烧厂无论是在数量上还是规模上都发展较快，而且随着垃圾热值的提高，将越来越被重视。图4-11为典型的垃圾焚烧发电系统。

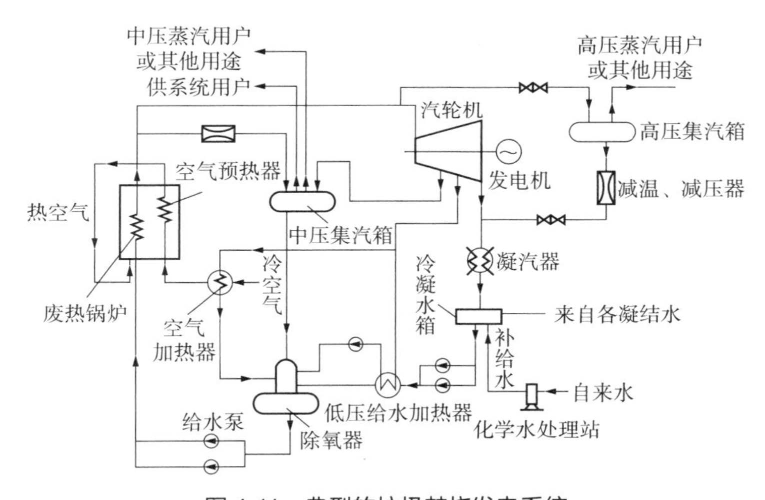

图4-11　典型的垃圾焚烧发电系统

4.4.5.3　热电联产

实践表明，在热能转变为电能的过程中，热能损失较大。如果采用热电联产，可大大提高热利用率，这主要是由于蒸汽发电过程中，汽轮机、发电机的效率占较大的份额（62%～67%），而直接供热，就相当于把热量全部供给热用户（当供热蒸汽不收回时）或只回收返回热电厂低温水的热量（当采用热交换供热时），所以采用直接供热的热利用效率高。可见，在垃圾焚烧厂中，供热比率越大，热利用率越高。图4-12为垃圾焚烧余热利用系统。

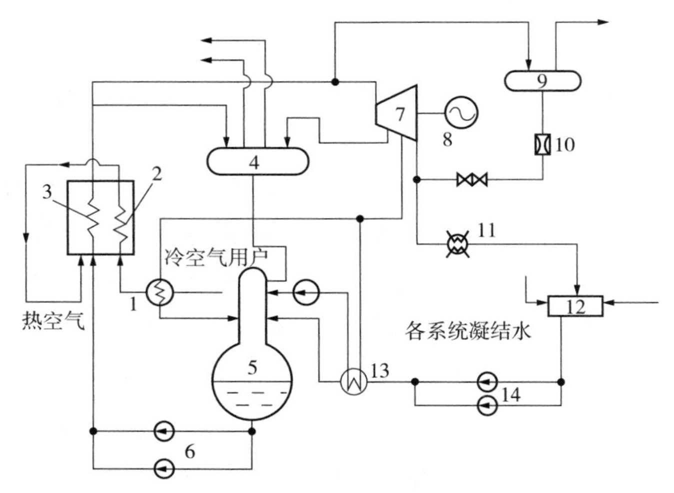

1—蒸汽式空气预热器；2—烟气式空气预热器；3—锅炉；4—中压集汽箱；5—除氧器；6—给水泵；7—汽轮机；8—发电机；9—高压集汽箱；10—减温减压装置；11—换热器；12—冷凝水槽；13—低压冷水加热器；14—除氧泵

图 4-12　垃圾焚烧余热利用系统

4.4.6　自动控制系统

垃圾焚烧厂内自动控制系统的正常运行是保证整个焚烧厂安全、稳定、高效运行的重要保证，同时自动控制系统可减轻操作人员的劳动强度，最大限度地发挥工厂性能。通过监视整个厂区各设备的运行，将各操作过程的信息迅速集中，并做出在线反馈，为工厂的运行提供最佳的运行管理信息。传统的燃烧自动控制系统如图 4-13 所示。

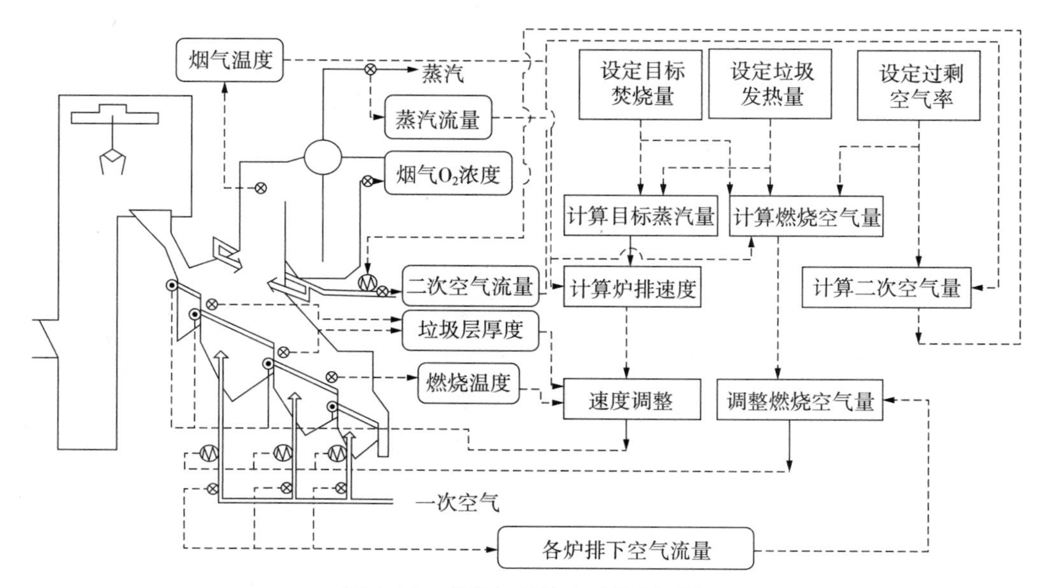

图 4-13　传统的焚烧自动控制系统

近年来，以微机为基础的集散型控制系统（distributed control system，DCS）以及可编程控制器（programmable loop controller，PLC）等技术的先进性及社会经济效益越来越得到人们的认可。在大型垃圾焚烧厂自控系统中，一般选用 DCS。DCS 的运作方式与人的大脑工作方式相仿，具体运作方式见图 4-14。

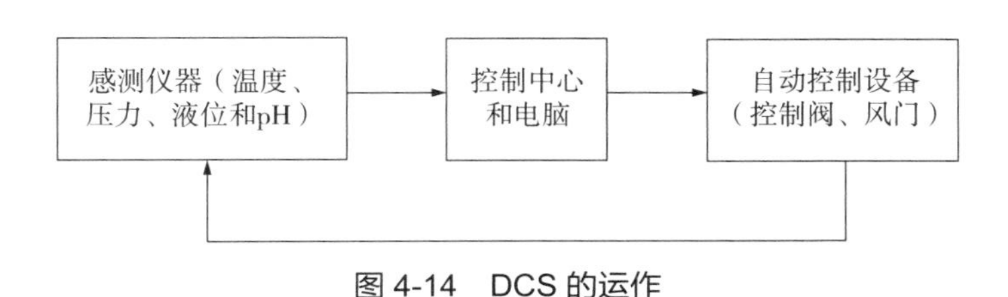

图 4-14　DCS 的运作

垃圾焚烧厂的典型自动控制对象包括称重及车辆管制自动控制、吊车的自动运行、炉渣吊车的自动控制、自动燃烧系统、焚烧炉的自动启动和停炉，以及实现多变量控制的模糊数学控制。

4.4.7　相关环保系统

4.4.7.1　烟气处理系统[6]

焚烧产生的烟气中含有大量的污染物质，如氯化氢、硫氧化物、氮氧化物、重金属和二噁英等。去除这些物质的方法及工艺流程较复杂，无法采用单一的装置将它们统一去除。因此，生活垃圾焚烧厂中所应用的烟气净化系统都是根据这些污染物的净化原理进行组合、优化构建而成的。焚烧厂典型的空气污染净化工艺可分为湿法、干法、半干法三类。

（1）湿法净化工艺

湿式净化工艺的原理是利用碱性溶液如 $Ca(OH)_2$、NaOH 等对焚烧气进行洗涤，通过酸碱中和反应将 HCl 和 SO_x 等酸性气体去除，湿法净化工艺具有同时净化颗粒物、酸性气态污染物和部分重金属的功能。

湿法净化工艺净化效率最高，可以满足严格的排放标准，其典型处理流程包括文氏洗气器或静电除尘器与湿式洗气塔的组合，以文氏洗气器或湿式电离洗涤器去除粉尘，填料吸收塔去除酸气。目前常用的有 2 种不同的湿法净化工艺流程，如图 4-15、图 4-16 所示。

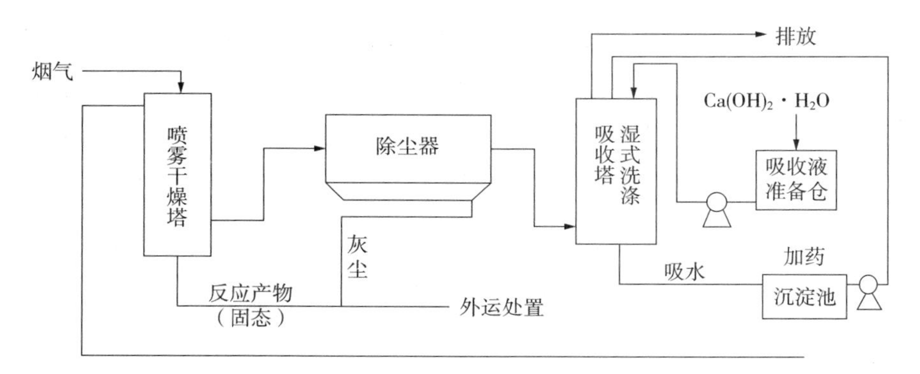

图 4-15 生活垃圾焚烧厂烟气湿法净化流程（1）

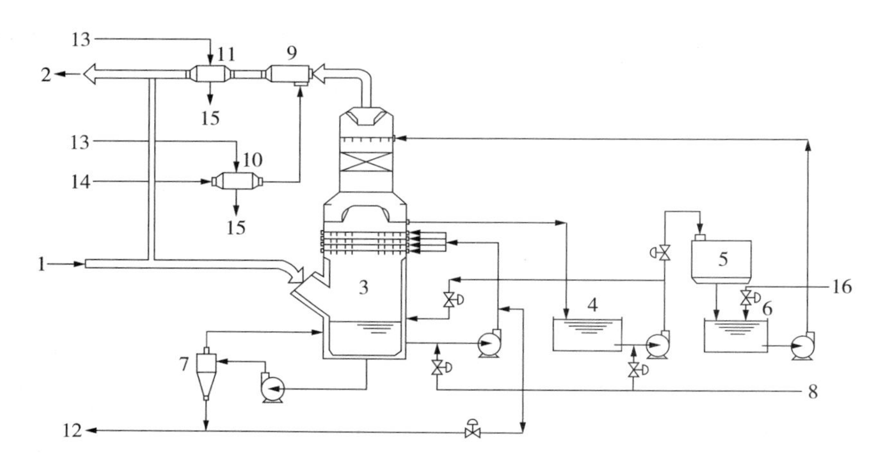

1—烟气；2—至烟囱排放；3—洗涤塔；4—缓冲水箱；5—冷却塔；6—冷却水箱；7—水力旋流器；8—NaOH；9—混合器；10—空气预热器；11—烟气加热器；12—至废水处理；13—蒸汽；14—空气；15—排放；16—冷却水

图 4-16 生活垃圾焚烧厂烟气湿法净化流程（2）

湿法净化工艺集除尘、气态污染物净化于一身，最大的优点是酸性气体的去除效率高，并且大大减少了工艺设备的占地面积，降低了设备投资，但存在废水处理问题。

（2）干法净化工艺

干法净化工艺是将干式吸收剂（石灰粉末）喷入炉内或烟道内，并使之与酸性气态污染物反应，然后进行气固分离。

干法净化工艺的组合形式一般分为干式管道喷射 + 除尘器和干法吸收反应器 + 除尘器两种。图 4-17 所示为生活垃圾焚烧厂烟气干法净化工艺流程。

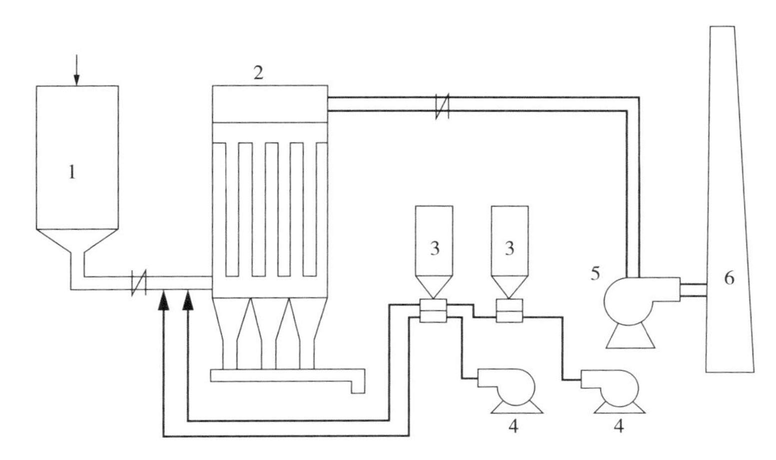

1—蒸发型降温塔；2—袋式除尘器；3—石灰贮仓；4—鼓风机；5—引风机；6—烟囱

图 4-17　生活垃圾焚烧厂烟气干法净化工艺流程

干法净化的优点为设备简单，维修容易，造价便宜，消石灰输送管线不易堵塞；缺点是由于固相与气相的接触时间有限且传质效果不佳，常需超量加药，药剂的消耗量大，整体的去除效率也较其他两种方法低，产生的反应物及未反应物量也较多，需要适当的最终处置。为了加强反应速率，实际碱性固体的用量为反应需求量的 3 ~ 4 倍，固体停留时间至少需 1 s 以上。

（3）半干法净化工艺

半干法净化工艺是介于湿法工艺和干法工艺之间的一种工艺，它具有净化效率高且无须对反应产物进行二次处理的优点。半干法净化核心工艺是一个喷雾干燥系统，利用高效雾化器将消石灰泥浆从塔底向上或从塔顶向下喷入干燥吸收塔中。尾气与喷入的泥浆可以同向流或逆向流的方式充分接触并产生中和作用。由于雾化效果佳（液滴的直径可低至 30μm 左右），气、液接触面大，不仅可以有效降低气体的温度，中和气体中的酸气，并且喷入的消石灰泥浆中的水分可在喷雾干燥塔内完全蒸发，不产生废水。工艺流程如图 4-18 所示。

半干法最大的特点是结合了干法与湿法的优点，构造简单、投资低、压差小、能源消耗少、液体使用量远低于湿法系统；较干法的去除效率高，也免除了湿法产生过多废水的问题；操作温度高于气体饱和温度，尾气不产生白雾状水蒸气团。但是喷嘴易堵塞，塔内壁容易被固体化学物质附着及堆积，设计和操作中需要很好地控制加水量。

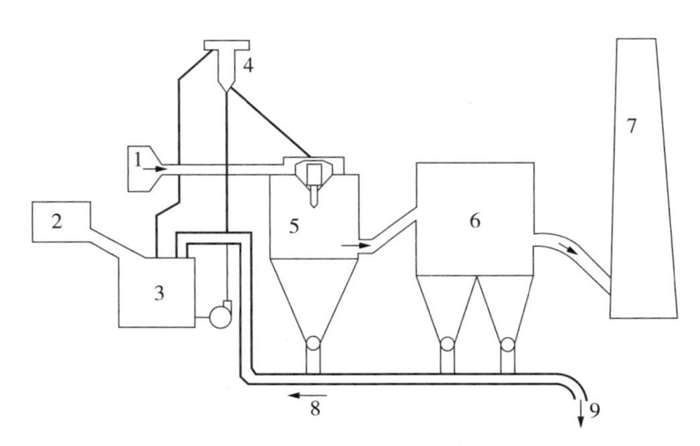

1—烟气；2—石灰熟化仓；3—石灰浆液制备箱；4—给料箱；5—喷雾干燥吸收塔；6—除尘器；7—烟囱；8—吸收剂循环使用；9—固态灰渣

图 4-18 生活垃圾焚烧厂烟气半干法净化工艺流程

4.4.7.2 废水处理系统

焚烧厂中废水主要来源于垃圾池内的垃圾渗滤液、洗车废水、垃圾卸料平台清洗水、生活污水、炉渣处理设备废水、锅炉排污水和烟气处理废水等，其中后三种废水为无机废水，各类废水的物化性质如表 4-2 所示。

表 4-2 焚烧厂生产废水和生活污水的物化性质

名称	主要物化性质
洗车废水	pH 5.1 ~ 8，BOD_5 100 ~ 1 200 mg/L，COD 50 ~ 1 300 mg/L，SS 95 ~ 1 000 mg/L，油分 10 ~ 60 mg/L
卸料场地冲洗废水	pH 6 ~ 8，BOD_5 ≤ 200 mg/L，COD ≤ 200 mg/L，SS ≤ 300 mg/L
除灰渣废水	pH 9 ~ 12，COD 150 ~ 300 mg/L，SS 300 ~ 1 100 mg/L，此外，还含有多种轻金属和重金属离子，其中 Cd 0.13 ~ 0.27 mg/L，Pb 3.8 ~ 15.6 mg/L，Zn 5.8 ~ 15.6 mg/L
灰储槽废水	pH 6 ~ 13，BOD_5 20 ~ 5 000 mg/L，COD 80 ~ 1 800 mg/L，SS 200 ~ 300 mg/L；盐浓度高，一般可达 0.5% ~ 3.5%；此外，还含有多种轻金属和重金属离子，其中 Cd 0.004 ~ 1 mg/L，Fe ≤ 100 mg/L，Mn ≤ 20 mg/L，Zn ≤ 60 mg/L，Hg ≤ 0.16 mg/L，Pb 0.1 ~ 30 mg/L
喷水废水	pH 1 ~ 3，BOD_5 23 ~ 500 mg/L，COD 100 ~ 550 mg/L，SS 54 ~ 7 800 mg/L
洗烟废水	采用氢氧化钠溶液洗烟后，其废水含盐量较高，可达到 1% ~ 20%，BOD_5 15 ~ 400 mg/L，COD_{Cr} 20 ~ 500 mg/L，此外还含有较多重金属，Cd 0.1 ~ 20 mg/L，Pb 1.5 ~ 200 mg/L，Fe ≤ 3 600 mg/L，Zn 30 ~ 1 050 mg/L，Hg 0.002 ~ 30 mg/L，其中汞的处理问题比较重要
锅炉废水	锅炉废水含有较多铁分，可达 100 mg/L，其余指标为 pH 10 ~ 11，BOD_5 30 mg/L，SS ≤ 50 mg/L
实验室废水	根据试验项目不同，所含有害物不同
职工生活污水	pH 呈中性，BOD_5 100 ~ 200 mg/L，COD_{Cr} 300 ~ 500 mg/L

对于上述有机废水和无机废水，其中有害成分的种类和含量各不相同，应采取不同的处理方法和处理流程分别进行处理。在废水处理过程中，一部分废水经过处理后排入城市污水管网，另一部分废水经过处理可以加以利用。

废水的处理方法很多，不同的垃圾焚烧厂可采用不同的废水处理工艺。图 4-19 是一种常用的废水处理工艺流程。

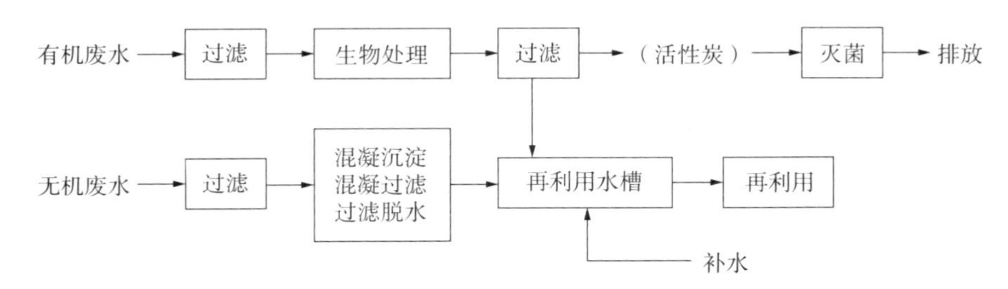

图 4-19　常用的废水处理工艺流程

对于灰渣冷却水和洗烟用水等重金属含量较高的废水，其废水处理流程应具有去除重金属的环节。对于这类废水，常采用的废水处理工艺如图 4-20 所示。

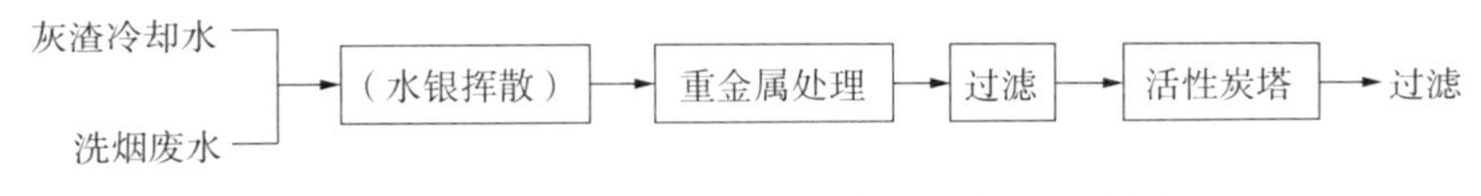

图 4-20　重金属含量较高的废水处理工艺流程

4.4.7.3　炉渣处理系统

一般而言，焚烧炉渣是由底灰及飞灰共同组成的。飞灰和底灰具有不同的特性，对它们的处理方法也不尽相同。底灰主要由熔渣、黑色金属及有色金属、陶瓷碎片、玻璃和其他一些不可燃物质及未燃有机物组成，其熔融块和灰分浸出液的重金属浓度非常低，远远低于固体废物浸出毒性鉴别标准，可按一般固体废物处理。而飞灰中含有重金属和二噁英等有害有毒成分，在我国被列入危险废物的范畴。

炉渣处理系统一般有如图 4-21 所示的几种工艺流程，关于炉渣的处理处置将在 4.6 节进行专门介绍。

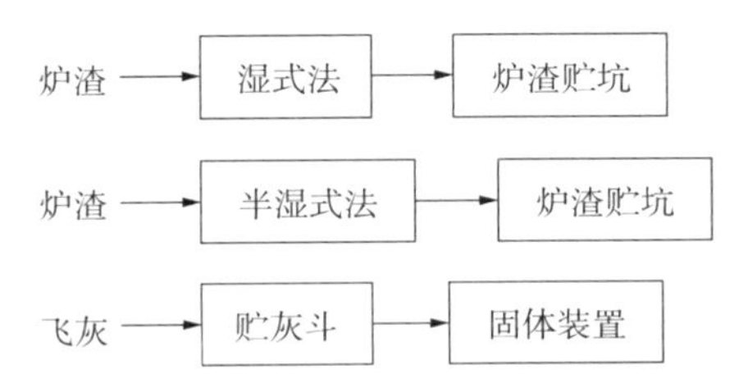

图 4-21　重金属含量较高的炉渣处理工艺流程

从垃圾焚烧炉出口排出的炉渣具有相当高的温度，必须进行降温。因此炉渣冷却设备是炉渣处理系统中的关键设备。一般进行连续排渣的机械式垃圾焚烧炉，其末端排出的炉渣呈高热状态（约 400℃），如果不采用熔融处理，就必须使用冷却设施将其完全灭火和降温，然后再用炉渣输送机将其送入炉渣贮坑中。

4.5 垃圾焚烧炉

焚烧系统的核心是焚烧设备，即焚烧炉。焚烧炉的结构形式与废物的种类、性质和燃烧形态等因素有关，不同的焚烧方式需采用相应的焚烧炉与之匹配。对于垃圾焚烧厂，目前所采用的焚烧炉主要有机械炉排、回转窑、流化床三种形式，这三种焚烧炉的优缺点和应用特征见表 4-3 和表 4-4。

表 4-3 三种典型垃圾焚烧炉的优缺点比较

类型	机械炉排焚烧炉	回转窑焚烧炉	流化床焚烧炉
优点	适用大容量，燃烧可靠、易运行管理，余热利用高，公害易处理	垃圾搅拌及干燥性佳，可适用中大容量，可高温安全燃烧，残灰颗粒小	适用中容量，燃烧温度较低，热传导和燃烧效率较佳，公害低
缺点	造价高，操作及维修费高，应连续运转操作，运转技术高	连接传送装置复杂，炉内耐火材料易损坏	操作运转技术高，需添加流动媒介，进料颗粒较小，单位处理量所需动力高，炉床材料冲蚀损坏大

表 4-4 三种典型垃圾焚烧炉的应用特征

比较项目	机械炉排焚烧炉	回转窑焚烧炉	流化床焚烧炉
国家地区	欧洲、美国、中国、日本	美国、中国、丹麦	中国、日本
处理容量	>200 t/d	>200 t/d	10 ~ 500 t/d
设计制造操作维修	已成熟	供应商有限	供应商有限
前处理设备	除巨大垃圾外不分类破碎	除巨大垃圾外不分类破碎	须分类破碎至 5 cm 以下

4.5.1 机械炉排焚烧炉

将废物置于炉排上进行焚烧的炉子称为炉排型焚烧炉，其分为固定炉排焚烧炉和活动炉排焚烧炉。小型焚烧炉一般采用固定炉排焚烧炉，大型焚烧炉基本都采用活动炉排焚烧炉。活动炉排焚烧炉可实现焚烧操作的连续化、自动化，是目前城市垃圾处理中使用最为广泛的焚烧炉形式。机械炉排焚烧炉的典型结构如图 4-22 所示。

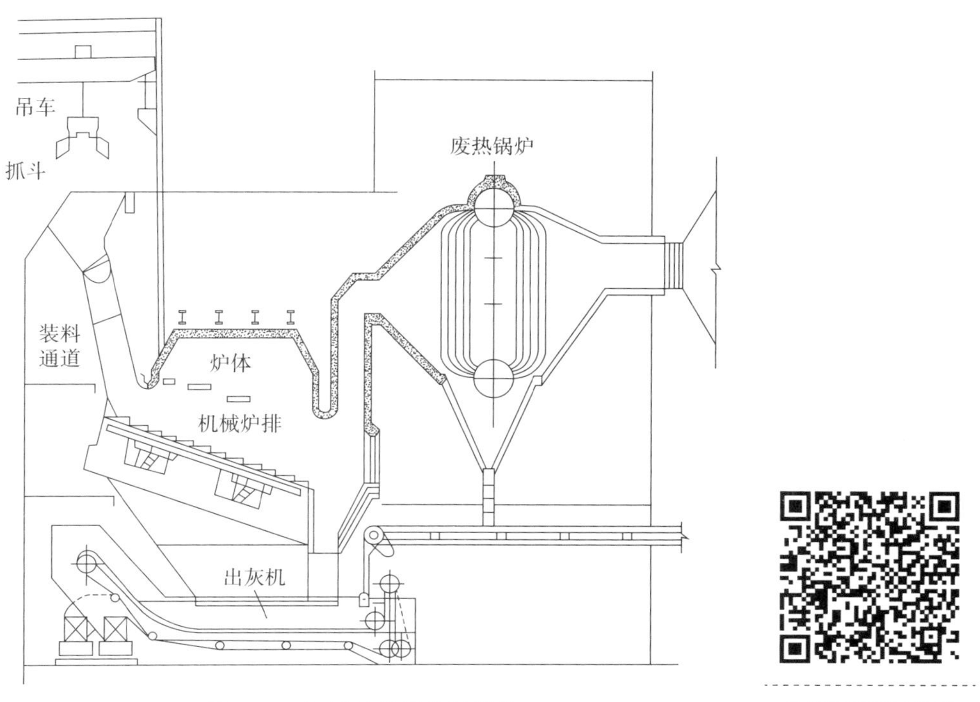

图 4-22 机械炉排焚烧炉结构

炉排型焚烧炉仿真

焚烧炉燃烧室内放置有一系列机械炉排，通常按其功能分为干燥段、燃烧段和燃尽段。在干燥段，实现垃圾的干燥、脱水和升温；在燃烧段，垃圾在炉排上被点燃，开始燃烧；在燃尽段，垃圾经过完全燃烧后变成炉渣。具体流程如下：

垃圾经由添料装置进入机械炉排焚烧炉后，在机械式炉排的往复运动下逐步被导入燃烧室内炉排上，垃圾在由炉排下方送入的助燃空气及炉排运动的机械力共同推动及翻滚下，在向前运动的过程中水分不断蒸发，通常垃圾在被送落到水平燃烧炉排时被完全干燥并开始点燃。燃烧炉排运动速度的选择原则是应保证垃圾在达到该炉排尾端时被完全燃尽成灰渣，随后灰渣进入灰斗。

产生的废气流上升而进入二次燃烧室内，与由炉排上方导入的助燃空气充分搅拌、混合及完全燃烧后，废气被导入燃烧室上方的废热回收锅炉进行热交换。机械炉排焚烧炉的一次燃烧室和二次燃烧室并无明显可分的界限，垃圾燃烧产生的废气流在二燃室的停留时间是指烟气从最后的空气喷口或燃烧器出口到换热面的停留时间。图 4-23 给出了典型的垂直流向型燃烧室设计尺寸、烟气上升经 3 个气道后完全离开燃烧室到达废热锅炉表面的烟气流向，以及烟气在三个气道中的温度、流速分布及停留时间。

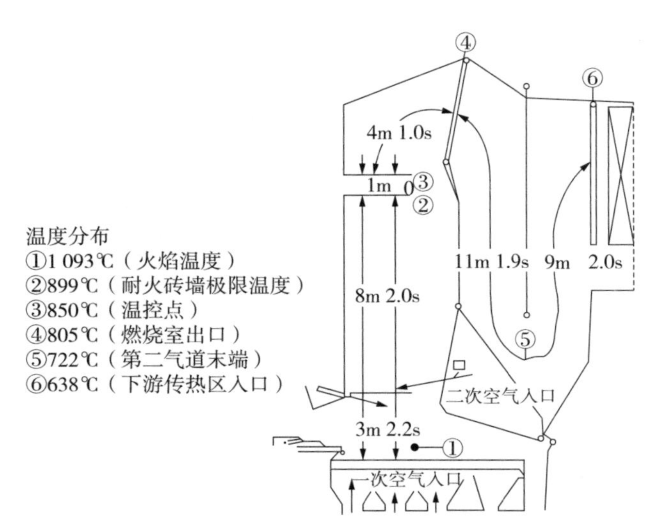

图 4-23 燃烧室尺寸、温度与废气停留时间示意

（1）燃烧室性能

焚烧炉的炉膛通常由两个燃烧室组成，如图 4-24 所示。一燃室主要完成固体物料的燃烧和挥发组分的火焰燃烧，二燃室主要对烟气中的未燃尽组分和悬浮颗粒进行燃烧。一燃室要保证炉膛内实现稳定和良好的燃烧环境，通常采用内衬耐火材料，以尽量减少散热损失。二燃室要保证二次空气与烟气的充分混合和烟气中未燃尽组分的完全燃烧，二燃烧室通常采用水冷壁以回收高温烟气的热量，因此，它还兼有燃烧和冷却的双重作用。

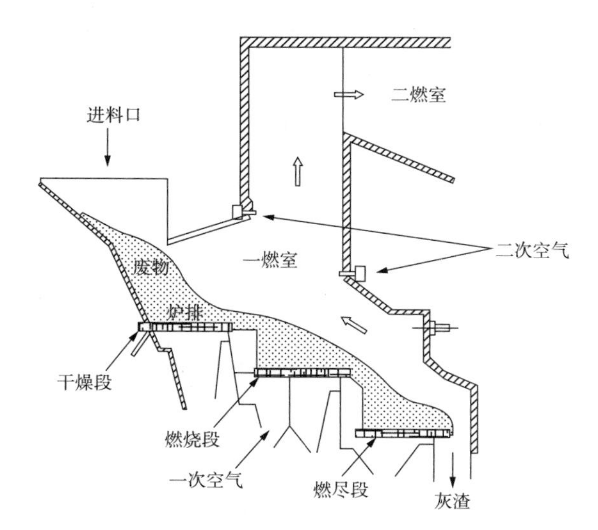

图 4-24 焚烧炉炉膛构造图

炉膛内废物的燃烧温度一般在 700～1 000℃，对一般废物，大多控制在 800～900℃。

低温燃烧时，有毒有害物质难以分解，还会产生剧毒物质二噁英；但温度过高时，容易导致设备腐蚀和炉膛灰渣结焦（1 100 ~ 1 200℃）。因此，需要把温度控制在合理的范围。

（2）炉排的性能和构造

炉排是活动炉排焚烧炉最核心的部分，其性能直接影响垃圾的焚烧处理效果。炉排的作用主要有：通过炉膛输送废物及灰渣；搅拌和混合物料；引导一次空气顺利通过燃烧层。根据对废物移送方式的不同，炉排可分为多种形式，常用的有以下几种。

往复式机械炉排［图 4-25（a）］：由固定炉排和可动炉排两部分组成，两者交替叠放在一起，常呈阶梯状布置。固定炉排始终固定不动，可动炉排则由机械推动做往复运动，使垃圾逐级向后运动。同时又将料层翻动、扒松，使由炉排底部透过的空气与物料充分接触。逆动式机械炉排［图 4-25（b）］是往复式炉排的一种改进性产品，它的可动和固定炉排沿废物移动方向向下倾斜，可动炉排沿与废物移动方向相反的方向做逆向往复运动，废物的移动方向与其相反，搅动和焚烧效果比其他方式要好。

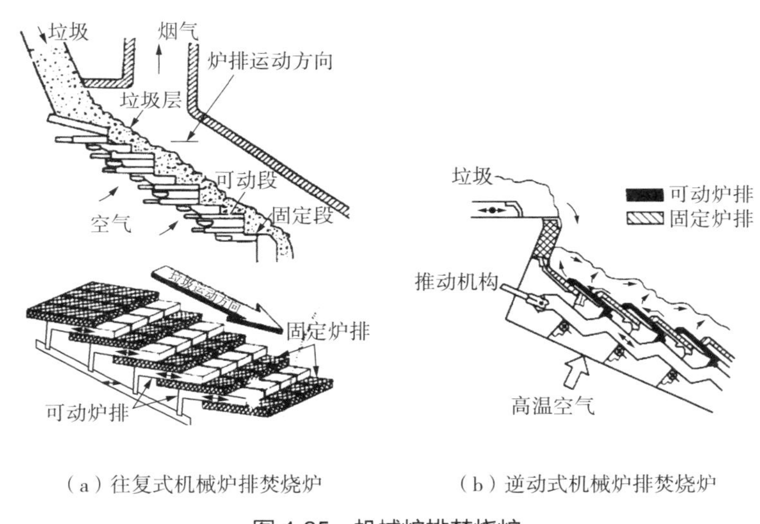

（a）往复式机械炉排焚烧炉　　（b）逆动式机械炉排焚烧炉

图 4-25　机械炉排焚烧炉

转动滚筒式机械炉排（图 4-26）：由多个滚筒式炉排沿废物移动方向依次呈阶梯状排列，废物通过滚筒的转动向前推进，同时得到搅拌和混合。随滚筒的缓慢转动，炉排的冷却效果较好，废物的移送速度容易控制。业内一般认为滚筒式机械炉排更适用于高热值、低含水率的欧洲生活垃圾，对于高含水率、低热值垃圾物料时，需进行工艺上的进一步改进。

（3）空气引导系统

炉排型焚烧炉的助燃空气通过两种方式供给，即火焰下空气（underfire air）和火焰上空气（overfire air），也称一次空气（primary air）和二次空气（second air）。一次空气由炉排下方吹入，为废物燃烧提供所需的氧气。由于废物含水量较大，城市垃圾的含水率通常在40%~60%，采用经预热的助燃空气不仅可以为废物干燥提供部分热量，而且有利于炉腔温度的提高。干燥垃圾的着火点为200℃左右，向经干燥段干燥的垃圾层通入200℃的助燃空气，干燥垃圾即可自燃着火。此外，一次空气还可防止炉排过热，通常助燃空气的预热温度应控制在250℃以下。二次空气从炉排上方吹入，使炉腔内气体产生扰动，达到良好的混合效果，同时为烟气中未燃尽可燃组分氧化分解提供所需的氧气。通常情况下，一次空气的供给量大于二次空气量。

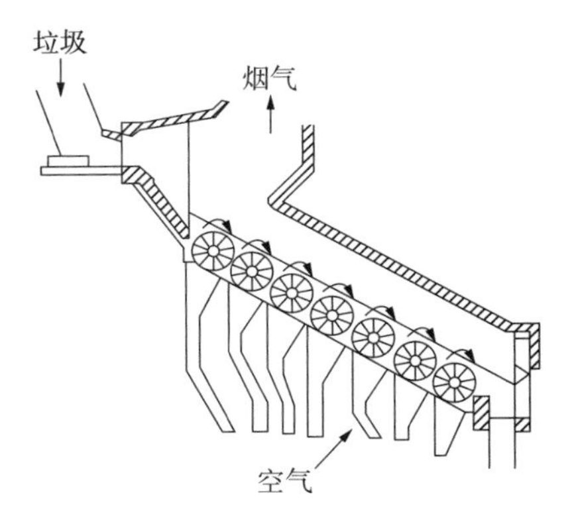

图4-26 转动滚筒式机械炉排

4.5.2 流化床焚烧炉

流化床焚烧炉的燃烧原理是借助砂介质的均匀传热与蓄热效果达到完全燃烧的目的。目前用于处理废物的流化床的形态有5种：气泡床、循环床、多重床、喷流床及压力床。前两种已经商业化，后三种尚在研发阶段，气泡床多用于城市垃圾及污泥，循环床多用于处理有害工业废物。本节主要介绍气泡式流化床，其结构如图4-27所示。

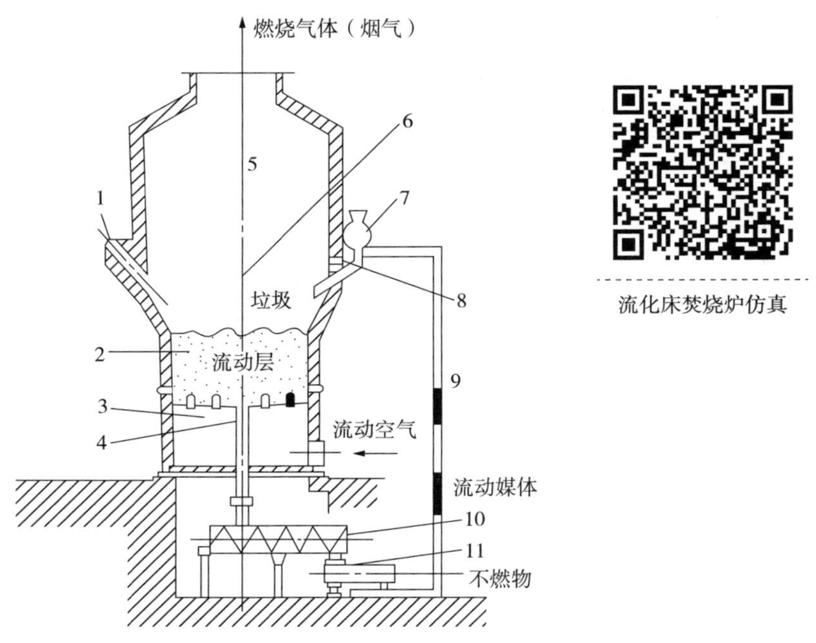

1—助燃器；2—流动媒体；3—散气板；4—不燃物排出管；5—二次燃烧室；6—流化床炉内；7—供料器；8—二次助燃空气喷射口；9—流动媒体（砂）循环装置；10—不燃物排出装置；11—振动分选

图4-27 气泡式流化床焚烧炉的结构

焚烧炉体内有一定粒径的石英砂，鼓风机从底部引风进层床，气流使料砂悬浮、流化。这时喷入液体燃料并点火预热炉膛和石英砂。加入适量的煤进行掺烧，慢慢使炉膛温度升至预设温度再加入垃圾燃烧，燃烧稳定后，逐步减少煤的掺入量，直到完全靠垃圾连续燃烧。焚烧所需风量分两级给入焚烧炉，一次风从流化床焚烧炉底部送入，使介质始终处于流动化状态；二次风从焚烧炉上部送入，使垃圾充分燃烧。气流流速控制着介质的流态化程度，气流流速过小，介质不成流态化，流速过大则导致介质被上升气流带出焚烧炉。因此，对于气泡式流化床焚烧炉，流速控制是非常重要的，一般气泡床的表象气体流速在 1 ~ 3 m/s。

流化床焚烧炉适于处理多种废物，如城市生活垃圾、有机污泥、有机废液、化工废物等。在流化床中，介质始终处于悬浮状态，气固间充分混合接触，传热传质效率高、燃烧速度快、效率高，对有害物质的破坏较彻底；炉内燃烧温度均匀，物料燃烧完全；燃烧温度可维持在较低的水平（750 ~ 850℃），因此氮氧化物产生量较少；炉体结构简单，炉体体积较小；炉内无移动部件，炉体的故障较少。它的缺点是流动的介质对炉内部的磨损较大；要求进料颗粒均匀，对颗粒大小也有一定的要求，故常常需要预处理；处理能力一般不大（常在 50 ~ 200 t/d）。因此，流化床焚烧炉在中小城镇较有发展前景，尤其对于热值相对偏低的垃圾焚烧，流化床焚烧炉不失为一种较佳的选择。

4.5.3　回转窑焚烧炉

回转窑焚烧炉一般适用于处理成分复杂、含有多种难燃烧的物质，或者含水率变化范围较大的垃圾。它主要由旋转窑和一个二燃室组成，如图 4-28 所示。

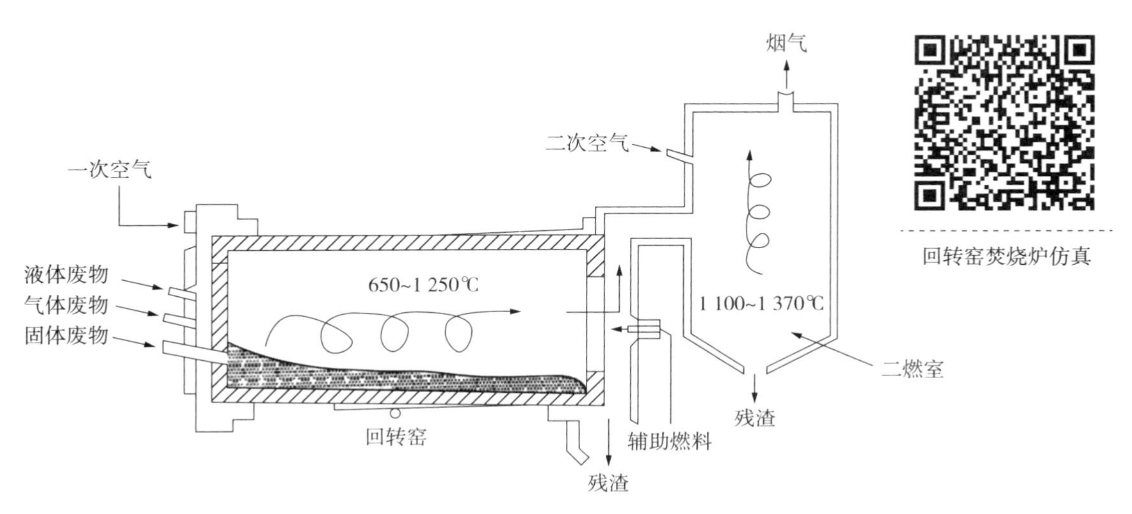

图 4-28　回转窑焚烧炉

回转窑焚烧炉采用二段式燃烧，第一段是略微倾斜、内置耐火砖的钢制空心筒（第一燃烧室），以定速旋转对垃圾进行搅拌和移送。垃圾一般从前端送入窑中进行焚烧，若采用多用途式设计，废液、废气及固体废物可以从前段、中段、后段同时配合助燃空气送入，甚至整桶装的废物（如污泥），也可整桶送入第一燃烧室内燃烧。旋转时，窑体须保持适当的倾斜度，使固体废物靠自重下滑和向前移动。当垃圾含水率过大时，可在筒体尾部增加一级炉排，使其燃尽。二燃室的作用是使挥发性的有机物和未燃尽的悬浮颗粒物完全燃烧。在设备中遗留下来的灰分主要为灰渣和其他不可燃烧的物质，如空罐和其他金属物质。通常将这些灰分冷却后排出系统。

回转窑焚烧炉的特点是：对物料的适应性强，除了重金属、水或无机化合物含量高的不可燃物外，各种不同物态（固体、液体、污泥等）及形状（颗粒、粉状、块状）的可燃性废物皆可送入回转窑中焚烧；通过调节回转窑的转速可调节废物停留时间，二燃室温度也可调节，因而能确保摧毁毒性物质成分，焚烧效果好；回转窑内无运动部件，运行可靠、不易损坏。但是其建造费用较高；通常需供给较高的过剩空气量，故系统热效率较低；烟气中悬浮微粒含量较高，废气净化难度较大。在我国，回转窑焚烧炉被广泛用于危险废物和医疗废物的焚烧处理。

4.5.4 热解气化焚烧炉

热解气化焚烧炉技术简称CAO（controlled air oxidation）技术，即空气氧化控制技术，它以控制空气燃烧理论为技术基础，是目前世界各国在垃圾焚烧领域相对先进的技术之一。热解气化焚烧炉的燃烧过程分为热解、气化和燃尽三个阶段。通常其运行操作的核心内容包括点火、升温、建立正常燃烧工况、调整送风、控制温度、负压、含氧量参数、保持燃烧工况、出渣、烟气处理。

热解气化焚烧炉（图4-29）一般均设有一燃室和二燃室，一燃室通过控制温度和过剩空气系数，使垃圾实现缺氧燃烧，主要是完成热解阶段。在此阶段，垃圾被干燥、加热、分解，水分和可分解组分被释放，不可分解的可燃部分在一燃室中燃烧，为一燃室提供热量。垃圾进料一般是间歇的。垃圾在一燃室内的搅动或推进，可依靠布置在炉床下面的推动机构完成，也可设计为旋转搅动机构。一燃室会产生较多的灰渣。一燃室中释放的可燃气体进入二燃室实现完全氧化燃烧。在沉降室的正上方通常设置旁路烟囱，可在下列紧急情况下使用：CAO焚烧炉一燃室、二燃室严重超温；喷水后仍无法降温；锅炉严重缺水；引风机故障跳闸。

热解气化焚烧炉的优点：①与机械炉排焚烧炉相比，在同样的处理能力下，占地面积较小，厂房高度较低；②设备结构较机械炉排焚烧炉简单，运动部件少，经久耐用，维修方便，造价较低；③一燃室可能产生的二噁英在二燃室的高温条件下得以分解，此

热解气化焚烧炉仿真

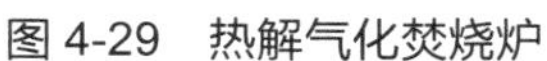

图 4-29 热解气化焚烧炉

种焚烧炉在满足环保对烟气排放的要求方面有一定的优势；④最终产物主要是完全无害化的灰渣，由于在主燃烧室中维持较低的燃烧温度与供氧量，因此灰渣中的玻璃与金属保持原状，不会在炉排上造成熔堵现象，并可作为有价物资回收；⑤燃烧方式是静态燃烧，没有空气或炉排块的搅动，因此尾气中含灰量比炉排炉低得多，可以延长锅炉使用寿命，简化烟气净化系统；⑥从理论上讲，静态焚烧可以适用各种垃圾，即采用 CAO 燃烧系统时，垃圾不用分选就可以充分地分解和燃烧。

热解气化焚烧炉的缺点：①该炉适用于热值高的垃圾。二燃室在垃圾发热量较低时要加辅助燃料，所以油燃料消耗量比炉排焚烧炉多。CAO 燃烧系统对水分超过 50% 的垃圾，在不投油助燃时不能稳定燃烧。我国城市垃圾成分十分复杂，热值较低、含水率高，而且地区差别大，例如，我国东部地区城市垃圾热值平均为 2 900～3 200 kJ/kg，中部地区为 1 800～2 600 kJ/kg，西部地区为 1 200～1 900 kJ/kg，因此在我国广泛应用垃圾热解气化焚烧炉技术还有一定困难。②燃烧过程是要求严格控制温度和供氧量的“模块化”过程，因此要求较高的自动化程度。

4.6 焚烧炉渣的处理处置

4.6.1 炉渣的特性

经过焚烧处理后的垃圾虽然能够达到稳定化、减量化、减容化的目的，但是从质量比来看，仍有10%～20%的灰渣以固体形式存在。一般将垃圾焚烧后的残余物分为两类，即底灰和飞灰，其中底灰一般被称为“炉渣”。炉渣一般包括炉排底灰、炉排间掉落灰和锅炉余灰，粒径在4～20 mm，去除其中的大块物质后，其外观与多空隙、浅灰色的细砂和砾石相似，主要由熔渣、黑色金属及有色金属、陶瓷碎片、玻璃和其他一些不可燃物质及未燃有机物组成。

炉渣属于CaO-SiO_2-Al_2O_3-Fe_2O_3体系，其SiO_2含量明显较高，为35.3%～42.3%。近年来进入焚烧的垃圾中厨余垃圾含量逐渐增高，致使焚烧后炉渣中的无机盐含量很高，高Cl含量可认为是城市生活垃圾焚烧炉渣的一个主要特征。生活垃圾中的重金属在炉渣和飞灰中的分布主要取决于重金属本身的性质。例如，易挥发性金属，如Cd和Hg，仅有20%左右留在炉渣；中等挥发性金属，如Zn和Pd，平均分布于炉渣和飞灰中，在炉渣中主要以残渣态和碳酸盐结合态形式存在，少量与铁锰氧化物结合在一起；难挥发金属，如Fe、Al、Cu、Cr、Ni等，90%左右都留在炉渣中，Ni、Ba、Cr在炉渣中主要以残渣态存在，非常稳定，Cu在炉渣中主要以残渣态和碳酸盐结合态形式存在，少量螯合或吸附在未燃尽的有机物上。重金属的存在形态几乎不随炉渣颗粒大小变化而变化。重金属的存在形式充分说明炉渣在正常自然条件下相对比较稳定，不会对人类和环境造成大的危害。此外，水平振荡浸出程序（HVEP）和毒性特性浸出程序（TCLP）浸出毒性实验表明：垃圾焚烧炉渣是没有浸出毒性的一般废物。根据《生活垃圾焚烧污染控制标准》（GB 18485—2014）中对垃圾焚烧灰渣的处置要求，焚烧炉渣按一般生活垃圾处理。

根据焚烧温度可将炉渣分为两种：一种是由1 000℃以下焚烧炉排出的残渣，称为普通的焚烧残渣；另一种是由1 500℃高温焚烧炉排出的熔融状态的残渣，称为烧结残渣。烧结残渣是密度很高的块粒状物质，玻璃化作用使其具有强度高、重金属浸出量少等特点，可用作建筑材料、混凝土骨料、筑路基材等，是资源化利用的主要对象。普通的焚烧残渣一般可以在回收铁、玻璃等物质之后作建筑材料。

4.6.2 炉渣的收集及分选

4.6.2.1 炉渣的收集

炉渣的输送系统包括漏斗或滑槽、排出装置、冷却装置、输送装置、灰渣贮坑及吊车与抓斗等设备。其一般工艺流程如图4-30所示。

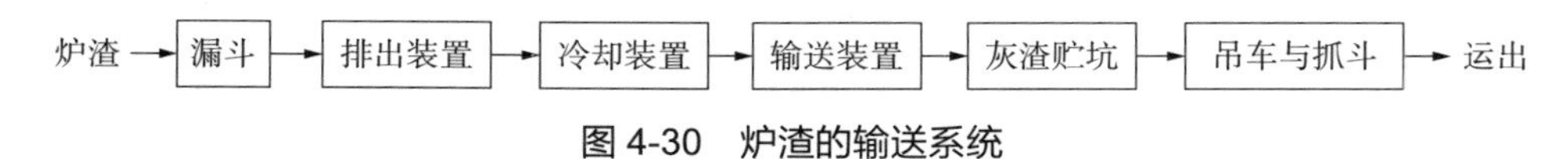

图4-30 炉渣的输送系统

灰渣漏斗或滑槽必须保证从炉排缝隙掉出的炉渣顺利落下，且需防止“架桥”现象的发生。炉渣冷却设备则主要使排出的炉渣充分冷却，同时还应具有遮断炉内烟气及火焰的功能，炉渣输送装置应具备充足的容量及不致使炉渣散落的构造。灰渣贮坑的容量应具备贮存 2 d 以上的灰渣量，且需位于灰渣卡车容易接近的位置，在其底部也应设置排水设施，吊车与抓斗应具备适当的容量及速度，以利贮坑内炉渣的移出，如图 4-31 所示。

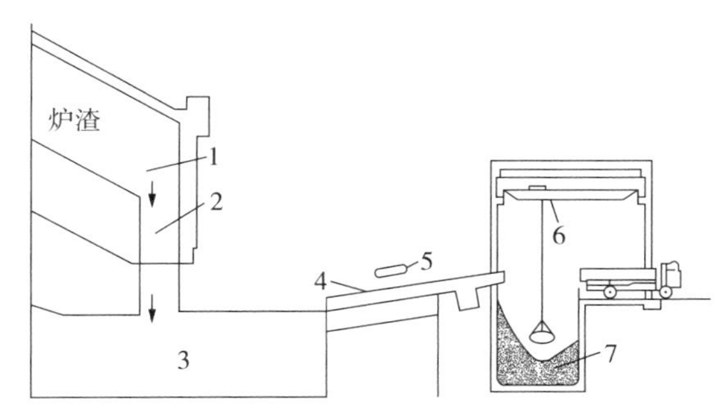

1—漏斗；2—下落管；3—出渣机；4—输送带；5—磁选机；6—吊车；7—灰渣贮坑

图 4-31　某垃圾焚烧厂的炉渣输送工艺流程

4.6.2.2　炉渣的分选

采用资源化处理技术处理炉渣是我国垃圾焚烧产业终端处置面临的重要选择。国际上垃圾焚烧炉渣再生处理技术很多，其中以回收炉渣中有价金属、再生利用炉渣集料为主的机械分选工艺在欧洲盛行，其主流处理方式包括湿法和干法，近年来国内也出现了类似工艺。

（1）湿法处理工艺

国内炉渣湿法处理的工艺基本相似，一般都是通过筛分、湿法破碎、分离细铁、分离有色金属等步骤实现对金属的提取及炉渣集料的制备。国内几家现行的垃圾焚烧炉渣湿法处理工艺流程如图 4-32 所示。

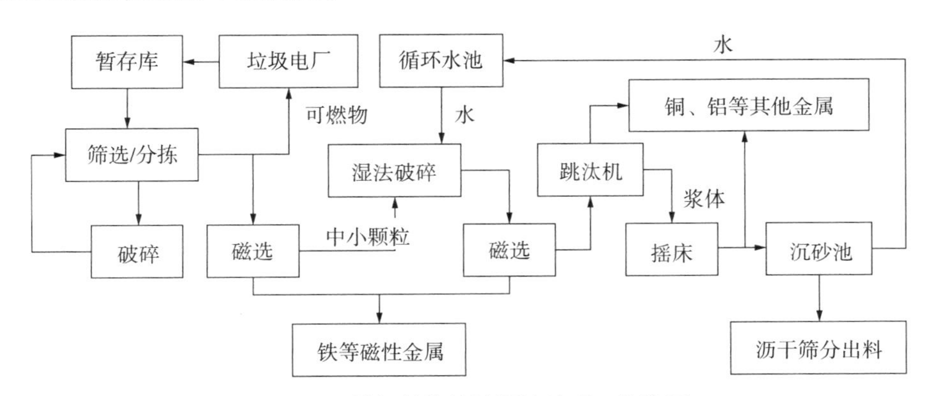

图 4-32　垃圾焚烧炉渣湿法处理工艺流程

炉渣从垃圾焚烧发电厂运至暂存库存放一段时间后，通过初步分拣将混杂其中的大块物料清除出来，未燃尽可燃物回炉焚烧，尾渣外送填埋场。在前端输送过程中，炉渣进入磁滚筒，铁等磁性金属制品被分离，剩余炉渣再进入湿式打砂机破碎，冲洗水从打砂机上方流入，打砂机可将炉渣中大块的烧结渣块、石块或混凝土块等坚硬的物质充分破碎至 1～20 mm，同时，在输送带上安装磁分选机吸取细铁等磁性金属。经两次磁选后的炉渣直接进入跳汰机，炉渣中的重介质颗粒物包括金属及其他重物质，得到充分沉降，流入跳汰机底部，再通过管路收集。剩余浆状炉渣排至摇床；经过摇床的高效分离可以将残留在炉渣中的金属类重介质进一步分离。至此，炉渣中的所有金属物质已基本被分离，剩余物沥干水分后进入高效振动筛，根据终端产品的需要筛选出不同粒径的炉渣集料。

目前国内与垃圾焚烧发电厂配套的炉渣处理及资源化设施几乎都是采用湿法处理工艺提取金属，得到的炉渣集料粒径一般小于 10 mm，相对来说缺乏级配特性。因此，大多应用于建筑材料，如制砖（实心标准砖、空心砖、多孔砖、铺路砖、码头砖和透水砖等）和水泥砌块等。

（2）干法处理工艺

炉渣干法处理通过“磁选＋筛选＋涡电流分选”的组合方式，将铁等磁性金属、铜和铝等非铁金属与不同粒径的炉渣集料分离。第一级筛选由磁滚筒和条形筛组成，移出较大的磁性金属制品，同时将尺寸大于 150 mm 的物料分离。大于 150 mm 的物料主要包括砖块、陶瓷、废布以及塑料等，通过风选将废布和塑料袋等轻飘性物质分离，运回焚烧厂焚烧，所剩大块物料进入循环破碎处理环节，直至满足下一步处理的尺寸需求。经过上述处理步骤的炉渣还需经过多级磁选和筛分，多级筛分可以将 0～2 mm、2～4 mm、4～8 mm、8～12 mm、12～24 mm 和 40～150 mm 等不同粒级的炉渣分离开来。为尽可能提取炉渣中的金属成分，上述每一个粒径范围对应的工艺流程中，都分别配有磁选和涡电流分选设备。垃圾焚烧炉渣干法处理工艺流程如图 4-33 所示。

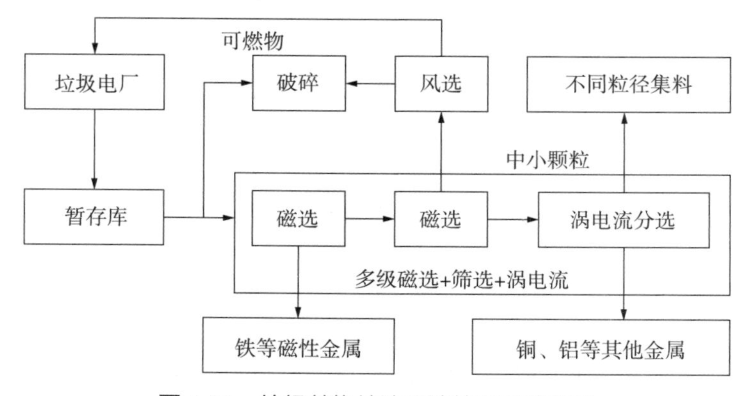

图 4-33 垃圾焚烧炉渣干法处理工艺流程

国内外炉渣干法处理工艺存在一定的差异。例如，德国公司的标准配置为大约10级磁选和涡电流分选，能将炉渣中的铁、铜、铝等金属提取出92%以上，但其设备投资与运行成本非常高，仅适合于金属含量在10%以上的生活垃圾焚烧炉渣。相比较而言，国内干法处理工艺一般只配置2～3级筛分和磁选，以及1级涡电流分选。如控制得当，生产的炉渣集料可以满足《生活垃圾焚烧炉渣集料》（GB/T 25032—2010）的要求。

4.6.3　炉渣的利用[8]

炉渣比较符合用作骨料和砾石的很多技术要求，并且其重金属浸出量和溶解盐含量小，有机毒物含量低，适合资源化再利用。目前国际上炉渣的资源化利用途径主要有：①回收黑色金属；②在回填工程中应用；③在道路路面工程中应用；④在建筑工程中应用。

4.6.3.1　回收黑色金属

利用磁选和筛分从底灰中提取黑色金属的技术在许多欧美国家的垃圾焚烧厂都得到了运用。黑色金属大约占底灰的15%，从垃圾衍生燃料（RDF）焚烧炉出来的底灰由于在燃烧前经过更多精细的处理，其黑色金属的含量要低一些，有些工厂还利用涡电流来分离有色金属。

4.6.3.2　在回填工程中应用

回填一般指采用回填材料或其他工地弃土对土质松软或地面凹陷的区域进行回填，以保证回填施工质量或回填地基稳固性的工程。原状炉渣或炉渣集料是一种多孔材料，具有一定的强度和级配，可作为路基填筑材料。炉渣化学成分和矿物组成表明其具有一定活性和水硬性，可以考虑将其用于处置软土路基。采用炉渣集料作为回填工程中的填埋覆盖材料，不仅可以合理处置大量炉渣集料，减少炉渣集料对土地的占用及环境的污染，而且可以保证炉渣集料回填工程具有良好的强度和稳定性能。目前炉渣集料可应用于路基回填、路基处置方面以及其他回填工程，如垃圾覆盖填埋土、沟槽回填、河滨回填和海岸围垦等方面。

4.6.3.3　在道路路面工程中应用

生活垃圾焚烧炉渣集料具有一定的强度和级配，且具有一定的胶凝特性。将炉渣集料替代天然集料用于道路工程，可以消耗大量炉渣集料，提高炉渣集料的利用价值，是缓解天然集料资源不足、实现炉渣集料资源化利用的技术途径之一。在炉渣集料利用率很高的比利时、丹麦、德国、荷兰等国，炉渣集料的主要用途是道路工程建设。其他国家（如法国、英国、美国、西班牙及瑞典）也制定了相关政策来推动炉渣集料在道路工程的应用。目前炉渣集料可替代天然集料应用在半刚性基层、沥青面层中。

4.6.3.4 在建筑工程中应用

（1）制备免烧砖

免烧砖又名非烧结黏土砖，是以一种或数种工业固体废物为主要原料，加入一定量的胶结材料，不经高温煅烧而制成的一种新型砌筑材料。可用于制备免烧砖的主要原材料多为工业固体废物如粉煤灰、煤渣、煤矸石、尾矿渣、化工渣、脱硫石膏或天然砂、海涂泥等。由于生活垃圾烧炉渣集料不仅在化学组成上有着与这些固体废物数量相当的 SiO_2、CaO、Al_2O_3，且具有一定的级配组成，用于免烧砖时既可发挥其胶凝作用，又可以发挥炉渣集料颗粒的骨架作用。

（2）生产生态水泥

生态水泥是以生态环境和水泥的合成语命名的，从广义上讲，生态水泥不是指水泥品种，而是对水泥“环保、安全”属性的评价，具体体现在原料采集、生产过程、施工过程、使用过程和废弃物处置五大环节。从狭义上讲，它是以各种固体废物及其焚烧物为主要原材料，经过煅烧、粉磨而形成的新型水硬性胶凝材料。

生活垃圾焚烧炉渣的主要氧化物 SiO_2、CaO、Al_2O_3 和 Fe_2O_3 含量之和在 70% 以上，具备了作为水泥原材料的潜在可行性。生态水泥的主要原材料为固体废物，来源广泛且增长速度快，成本大大降低。此外，生态水泥的煅烧温度较低，一般在 1 000 ~ 1 300℃，燃料用量和 CO_2 排放量也明显低于普通硅酸盐水泥，对于保护生态环境、实现可持续发展有着重要意义。生态水泥将在绿色土木建筑工程中发挥重要作用。

（3）在水泥混凝土中的应用

水泥混凝土是以水泥为胶凝材料，与砂、石等天然集料混合而成的具有一定强度的工程复合材料。将生活垃圾焚烧炉渣应用于水泥混凝土的制备，主要有两个方向：一个是将炉渣作为辅助胶凝材料，与粉煤灰等共同作为水泥掺合料，替代部分水泥发挥作用；另一个是将炉渣作为粗骨料或细骨料添加到混凝土中，替代部分天然集料。

（4）制造玻璃陶瓷材料

玻璃陶瓷材料实际上是玻璃在催化剂或晶核形成剂作用下结晶而成的多晶的新型硅酸盐材料，主晶相是构成玻璃陶瓷材料结构的主体。生活垃圾焚烧炉渣或飞灰中含有一定比例的 SiO_2、CaO、Al_2O_3 及 MgO 等氧化物，且含有少量的玻璃碎片，故可用于生产硅灰石类或透辉石类玻璃陶瓷材料。硅灰石类玻璃陶瓷材料具有较好的机械力学性能，强度大，硬度高，热膨胀系数小，耐磨耐腐蚀性强，适用于化学与机械工业中。透辉石类玻璃陶瓷材料化学稳定性和耐腐蚀性较好，机械强度高。

炉渣处理案例

思考题

1. 什么是焚烧？焚烧具有哪些特点？焚烧过程分为哪几个阶段？
2. 如何评价焚烧效果？影响焚烧效果的因素有哪些？
3. 如何利用焚烧后产生的余热？
4. 现代化生活垃圾焚烧厂的基本构成有哪些？并简述各组成系统的作用。
5. 常见的焚烧炉有哪几类？简述其优缺点。
6. 如何处理焚烧产生的炉渣？

参考文献

[1] 张弛，柴晓利，赵由才 . 固体废物焚烧技术（第 2 版）[M] . 北京：化学工业出版社，2016.
[2] 吴宏杰 . 生活垃圾分类与垃圾焚烧关系研究 [J] . 城市管理与科技，2014(4)：36-38.
[3] 聂永丰，岳东北 . 固体废物热力处理技术 [M] . 北京：化学工业出版社，2015.
[4] 蒋建国 . 固体废物处置与资源化 [M] . 北京：化学工业出版社，2007.
[5] 李秀金 . 固体废物处理与资源化 [M] . 北京：科学出版社，2011.
[6] 张小平 . 固体废物污染控制工程 [M] . 北京：化学工业出版社，2004.
[7] 徐晓军，管锡军，羊依金 . 固体废物污染控制原理与资源化技术 [M] . 北京：冶金工业出版社，2007.
[8] 过震文，李立寒，胡艳军，等 . 生活垃圾焚烧炉渣资源化理论与实践 [M] . 上海：上海科学技术出版社，2019.

第 5 章　生活垃圾卫生填埋处理

5.1　概述

卫生填埋是利用工程手段，采取有效技术措施，防止渗滤液及有害气体对水体和大气的污染，最大限度地压实减容，随时采用膜或土覆盖，使整个过程对公共卫生安全及环境均无危害的一种垃圾处理处置方法[1]。

与简易的土地堆填相比，卫生填埋场的最大特点是采取如底部防渗、沼气导排、渗滤液处理、严格覆盖、压实处理等一系列工程措施以防止垃圾中污染物质的迁移与扩散、降低垃圾降解产生的渗滤液污染、实现沼气的收集利用、增加土地利用效率；与焚烧和堆肥处理相比，卫生填埋是一种完全独立的处理方式，可以消纳一切形态的生活垃圾，而不需要任何形式的预处理，可作为其他垃圾处理技术的最终处置方式，处理技术相对完善，运营管理相对简便，处理成本相对较低[2]。

卫生填埋场填埋作业遵循安全、有序的原则，实行计划式作业，填埋作业工艺较为完善，首先根据库区规划制定每日的作业区域（即作业单元），垃圾运输车在作业单元指定的卸料点进行卸料，然后由推土机在作业面按照每层 0.3 ~ 0.6 m 的厚度均匀推铺，推铺层达到一定厚度时，使用重型压实设备进行反复碾压以增加垃圾密度、减小垃圾沉降、提高土地使用效率和延长填埋场使用年限。为防止蚊蝇滋生、垃圾飞扬和恶臭扩散，填埋作业结束后需及时进行覆盖操作。封场工程是当填埋场填埋作业至设计终场标高或不再受纳垃圾而停止使用时，为维护填埋场的安全稳定、利于生态恢复、土地利用和保护环境的目的而进行的一项操作，包括雨污分流、渗滤液处理、防渗、沼气收集处理、边坡稳定、植被种植、终场覆盖等工程[1]。

卫生填埋场的卫生填埋技术标准主要判断依据有以下六条：是否达到了国家标准规定的防渗要求；是否落实了卫生填埋作业工艺；污水是否处理和达标排放；填埋气体是否得到有效治理；蚊蝇是否得到有效控制；是否考虑终场利用[2]。

虽然垃圾的土地处置在我国已有较长的历史，但是我国的生活垃圾卫生填埋技术起步较晚。20 世纪 80 年代初期，我国还没有一座卫生填埋场，大量生活垃圾以自然衰减型垃圾填埋场为主，即简易的土地处置，生活垃圾在简易堆存处置过程中，蚊蝇滋生、疾病传播、臭气弥漫、渗滤液直接排放，引发了堆场周围的环境危机。随着我国经济和社会的发展，我国环境质量标准愈加严格，垃圾简易堆存带来的环境问题与我国环境质量发展的矛盾越来越突出，生活垃圾卫生填埋技术正是在此背景下，在垃圾简易堆存、填埋的基础上发展起来的一项注重环境保护和土地利用的垃圾无害化处置技术，到 20 世纪 90 年代中期，垃圾卫生填埋已发展成为较成熟的技术[2]。

5.2　渗滤液的产生和处置

近年来，各地垃圾填埋场数量不断增多，但其中存在许多不规范的建设，或者设计没有按照相关标准执行，导致渗滤液处理设备不能有效发挥作用，从而给水质带来严重的污染。特别是由于雨水冲刷等自然环境的影响，垃圾填埋场很容易渗透出渗滤液，而其中包含很多有害物质会严重危害地下、地表水系统，从而危害人们的生活。

5.2.1　渗滤液的产生及特征

5.2.1.1　渗滤液的定义及主要成分

渗滤液是指废物在填埋或堆放过程中因其有机物分解产生的水或废物中的游离水、降水、径流及地下水入渗而淋滤废物形成的成分复杂的高浓度有机废水[1]。

渗滤液作为一种水溶性的组分，其污染物组成按不同标准可分为不同形式。一般渗滤液可看作一种由垃圾产生的、包含以下四种污染物的水基溶液：

1）溶解性有机物，可表示为 COD_{Cr} 或 TOC，包括挥发性脂肪酸以及一些难降解有机物，如富里酸类和腐殖酸类化合物。

2）无机常量成分，如 Ca、Mg、Na、K、NH_4^+、Fe、Mn、Cl^-、SO_4^{2-}、HCO_3^- 等。

3）重金属，如 Cd、Cr、Cu、Pb、Ni、Zn、Hg 和类金属 As 等。

4）异型生物质的有机物（XOCs），主要来源于家庭和工业化学制品，但在渗滤液中的含量较低（一般每种物质浓度低于 1 mg/L），包括一系列芳香族碳氢化合物、苯类物质和氯代脂肪烃。同时渗滤液中可能还含有其他的一些微量物质，像 B、Se、Ba、Li、Co 等，一般总量很低，对自然界的作用也较小。当然作为一种复杂水体，特别是经过长期稳定化后的出水，渗滤液中微生物含量较多，成为渗滤液中另外一种不能忽略的物质[2]。

5.2.1.2　渗滤液的主要来源

渗滤液的产生来源主要包括：①进入填埋场的降水和地表径流；②渗入的地下水；③垃圾本身含有的水分；④垃圾降解后产生的水分。渗滤液产生的来源如图 5-1 所示[4]。

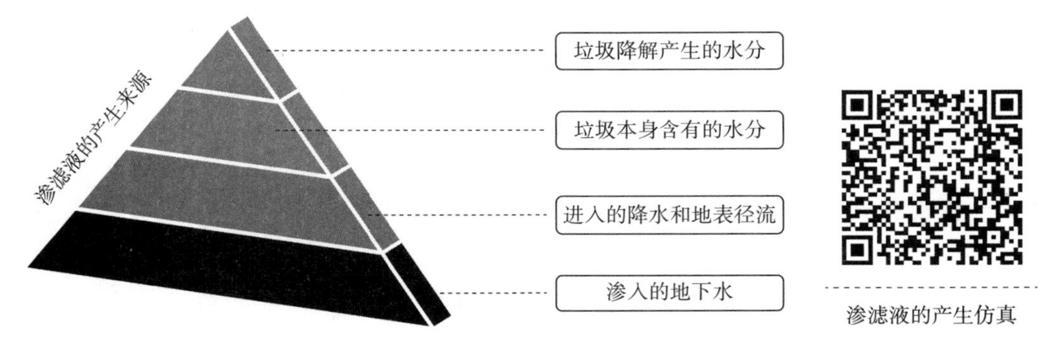

图 5-1 渗滤液的产生来源

5.2.1.3 渗滤液的水质特点

渗滤液的水质取决于废物组成、气候条件、水文地质、填埋时间及填埋方式等因素。

渗滤液具有以下基本特征：①有机污染物浓度高，特别是 5 年内的“年轻”填埋场的渗滤液；②氨氮含量较高，在“中老年”填埋场渗滤液中尤为突出；③磷含量普遍偏低，尤其是溶解性的磷酸盐含量更低；④金属离子含量较高，其含量与所填埋的废物组分及填埋时间密切相关；⑤溶解性固体含量较高，在填埋初期（0.5 ~ 2.5 年）呈上升趋势，直至达到峰值，然后随填埋时间增加逐年下降直至最终稳定；⑥色度高，以淡茶色、暗褐色或黑色为主，具有较浓的腐败臭味；⑦水质历时变化大，废物填埋初期，其渗滤液的 pH 较低，而 COD、BOD_5、TOC、SS、硬度、金属离子含量较高，而到填埋后期，上述组分的浓度则明显下降[4]。填埋气组成与含量见表 5-1。

表 5-1 我国典型填埋气的组成与含量

成分	含量 /%
甲烷	45~60
二氧化碳	40~60
氮气	2~5
氨气	0.1~1.0
氧气	0.1~1.0
硫酸盐、硫酸氢盐、硫醇	0~1.0
氢气	0~0.2
一氧化碳	0~0.2
微量气体	0.01~0.6
硫化氢	0~1.0

5.2.2　渗滤液的收集系统

5.2.2.1　渗滤液收集系统的构造

渗滤液收集系统的主要作用在于将填埋库区内产生的渗滤液收集起来，并通过调节池输送至渗滤液处理系统进行处理，避免渗滤液在填埋场内的长时间蓄积，同时向填埋堆体供给空气，以利于垃圾体的稳定化[2]。

渗滤液在填埋场衬里上的蓄积可能引起以下问题：①场内水位升高会使更多废物浸在水中，导致有害物质更强烈的浸出，从而增加渗滤液净化处理的难度。②场内壅水会使底部衬里之上的静水压力增加，增大水平防渗系统失效及渗滤液下渗污染土壤和地下水的风险。③场内废物含水过量，影响填埋场的稳定性。正因如此，美国在填埋场的有关规范中明确规定，填埋场衬里或场底以上渗滤液水位不得超过 30 cm。尽管我国目前尚未对填埋场内渗滤液水位做出明确规定，但在可能的情况下，应尽量控制其水位高度[4]。

5.2.2.2　渗滤液收集系统的构造

渗滤液收集系统通常包括导流层、收集沟、多孔收集管、集水池及提升系统、调节池和渗滤液水位监测井等。

（1）导流层

为了防止渗滤液在填埋库区场底积蓄，填埋场底应形成一系列坡度的阶地，填埋场底的轮廓边界必须能使重力水流始终流向垃圾主坝前的最低点。如果设计不合理，则可能出现低洼反坡、场底下沉或施工质量得不到有效控制和保证等现象，渗滤液将一直滞留在水平衬垫层的低洼处，并逐渐渗出，对周围环境产生影响。导流层的目的就是将全场的渗滤液顺利地导入收集沟内的渗滤液收集管内（包括主管和支管），以免渗滤液因一直滞留在水平衬层的低洼处并渗出而污染周围环境。

在导流层工程建设之前，需要对填埋库区范围内进行场底的清理。在导流层铺设的范围内将植被清除，并按照设计好的纵横坡度进行平整。渗滤液在垂直方向上进入导流层的最小底面坡降应不小于 2%，以利于渗滤液的排放和防止在水平衬垫层上的积蓄。在场底清基的时候因为对表面土地扰动而需要对场地进行机械或人工压实，特别是已经开挖了渗滤液收集沟的位置，通常要求压实度达到 85% 以上。如果在清基时遇到了淤泥区等不良地质情况，需要根据现场的实际情况（淤泥区深度、范围大小等）进行基础处理，土方量不大的情况下可直接采取换土的方式解决。导流层铺设在经过清理后的场基上，厚度不小于 300 mm，由粒径 40 ~ 60 mm 的卵石铺设而成，在卵石来源困难的地区，可考虑用碎石代替，但碎石因表面较粗糙，易使渗滤液中的细颗粒物沉积下来，长时间有可能堵塞碎石之间的空隙，对渗滤液的下渗有不利影响[2]。

（2）收集沟与多孔收集管

收集沟设置于导流层的最低标高处，并贯穿整个场底，断面通常采用等腰梯形或菱形，铺设于场底中轴线上的主沟，在主沟上依间距 30 ~ 50 m 设置支沟，支沟与主沟的夹角宜采用 15° 的倍数（通常采用 60°），以利于将来渗滤液收集管弯头的加工与安装，同时在设计时应当尽量把收集管道设置成直管段，中间不要出现反弯折点。收集沟中填充卵石或碎石，粒径按照上大下小形成反滤，一般上部卵石粒径采用 40 ~ 60 mm，下部采用 25 ~ 40 mm。

多孔收集管按照埋设位置分为主管和支管，分别埋设在收集主沟和支沟中，管道需要进行水力和静力作用测定或计算以确定管径和材质，其公称直径应不小于 100 mm，最小坡度应不小于 2%。选择材质时，考虑到垃圾渗滤液有可能对混凝土产生的侵蚀作用，通常采用高密度聚乙烯（HDPE）管，预先制孔，孔径通常为 15 ~ 20 mm，孔距为 50 ~ 100 mm，开孔率为 2% ~ 5%，为了使垃圾体内的渗滤液水头尽可能低，管道安装时要使开孔的管道部分朝下，但孔口不能靠近起拱线，否则会降低管身的纵向刚度和强度[2]。

（3）集水池及提升系统

渗滤液集水池位于垃圾主坝前的最低洼处，用砾石堆填以支承上覆废弃物、覆盖封场系统等荷载，全场的垃圾渗滤液汇集到此并通过提升系统越过垃圾主坝进入调节池。如果采取渗滤液收集主管直接穿过垃圾主坝的方式（适用于山谷型填埋场），则可以将集水池和提升系统省略。

山谷型填埋场可利用自然地形的坡降，采用渗滤液收集管直接穿过垃圾主坝的方式，穿坝管不开孔，采用与渗滤液收集管相同的管材，管径不小于渗滤液收集主管的管径。采取这种输送方式没有能耗，主坝前不会形成渗滤液的壅水，利于垃圾堆体的稳定化，便于填埋场的管理，但同时有个隐患，穿坝管与主坝上游面水平衬垫层接口处因沉降速度的不同易发生衬垫层的撕裂，对水平防渗产生破坏性影响。

平原型填埋场由于渗滤液无法依靠重力流从垃圾堆体内导出，通常使用集水池和提升系统。通常情况下，水平衬垫系统在垃圾主坝前某一区域下凹形成集水池，由于防渗膜的撕裂常常发生于集水池的斜坡及凹槽处，因而常常在集水池区域增加一层防渗膜。提升系统包括提升多孔管和提升泵，提升管依据安装形式可分为竖管和斜管。采用竖管形式时，由于垃圾堆体的固结沉降将给提升管外侧施加向下的压力（下拽力或负摩擦力），且该压力可以达到相当大的数值，对下部水平防渗膜是潜在的威胁，所以现在通常使用斜管提升的方式。斜管提升方案大大减小了负摩擦力的作用，而且竖管提升带来的许多操作问题也随之避免。斜管通常采用 HDPE 管，半圆开孔，典型尺寸是 DN800 mm，以利于将潜水泵从管道中放入集水池，在泵维修或发生故障时可以将泵拉上来。

集水池的尺寸根据其负责的填埋单元面积而定，一般采用 $L \times B \times H$=5 m × 5 m × 1.5 m，池坡 1 : 2。集水池内填充砾石的孔隙率为 30% ~ 40%。潜水泵通过提升斜管安放于贴近池底的部位，将渗滤液抽送入调节池，通过设计水泵的启、闭水位标高来控制泵的启、闭次序，提升管穿孔的过流能力必须大于水泵流量，同时水泵的启、闭液面高应能使水泵工作一个较长的周期（一般依据水泵性能决定），枯水运行或频繁的启闭都会损坏水泵[2]。

（4）调节池

降水是渗滤液的最主要来源，由于降水量的季节变化，渗滤液的产生量也随季节波动。为了保证渗滤液处理站有稳定的进水水质和进水流量，填埋场应设置渗滤液调节池，对渗滤液的水质和水量进行调节，还可起到对渗滤液进行初步处理的作用，从而保证渗滤液后续处理设施的稳定运行和减少暴雨期间渗滤液外泄污染环境的风险。调节池是渗滤液收集系统的最后一个环节。调节池常采用地下式或半地下式，其池底或池壁多用 HDPE 膜进行防渗，膜上采用预制混凝土板保护。

常用以下三种方法计算调节池容积：①按 20 年一遇连续 7 日最大降水量设计；②按多年平均逐月降水量以及渗滤液的产生量设计计算；③按历史最大日降水量设计。

（5）渗滤液水位监测井

渗滤液水位监测井用于检测填埋堆体内渗滤液的水位，以便在出现高水位时采取有效措施降低水位，将库区渗滤液水位控制在渗滤液导流层内[4]。

5.2.3　渗滤液产生量估算

渗滤液的产生量通常由以下五个相互作用的因素决定：①区域降水及气候状况；②场地地形地貌及水文地质条件；③填埋垃圾性质与组分；④填埋场构造；⑤操作条件。渗滤液产生量估算是比较困难的，而且往往不准确，从我国大量填埋场实践情况来看，渗滤液日产生量为日生活垃圾填埋量的 30% ~ 50%。

在填埋场的实际设计与施工中，可采用由降水量和地表径流量的关系式所推算的经验模型来简单计算渗滤液的产生量：

$$Q=CIA/1\,000$$

式中，Q——渗滤液产生量，m^3/d；

C——浸出系数（填埋区取 0.4 ~ 0.6，封场区取 0.2 ~ 0.4）

I——降水量，mm/d；

A——填埋面积，m^2。

［**例 5-1**］某填埋场总面积为 10.0 hm^2，分四个区进行填埋。目前已有三个区填埋完毕，其面积 A_2 为 7.5 hm^2，浸出系数 C_2 为 0.25。另有一个区正在进行填埋施工，填埋面

积 A_1 为 2.5hm^2，浸出系数 C_1 为 0.5。当地的平均降水量为 3.5 mm/d，最大月降水量的日换算值为 6.8 mm/d。求渗滤液产生量。

解：

渗滤液产生量为

$$Q=Q_1+Q_2=（C_1A_1+C_2A_2）I/1\ 000$$

平均渗滤液产生量为

$$Q_{平均}=（0.5\times2.5\times10\ 000+0.25\times7.5\times10\ 000）\times3.5/1\ 000$$
$$=109.4（m^3/d）$$

最大渗滤液产生量为

$$Q_{最大}=（0.5\times2.5\times10\ 000+0.25\times7.5\times10\ 000）\times6.8/1\ 000$$
$$=212.5（m^3/d）$$

5.2.4 渗滤液的处置方法

由于渗滤液的水量水质波动大、组分复杂和污染强度高，渗滤液处理一直是填埋场运行管理最突出的难题，也是制约卫生填埋场进一步推广应用的重要因素之一。要解决渗滤液的达标处理问题，既要保证在技术上可行，又要考虑经济方面的合理性和环境的承载能力。只有在技术、经济和环境均可行的基础上确定出的渗滤液处理方案，才是科学合理的。

归纳起来，国内外渗滤液处理的主要工艺方案有两种，即合并处理和单独处理[3]。某固体废物处理场渗滤液处理工艺流程如图 5-2 所示。

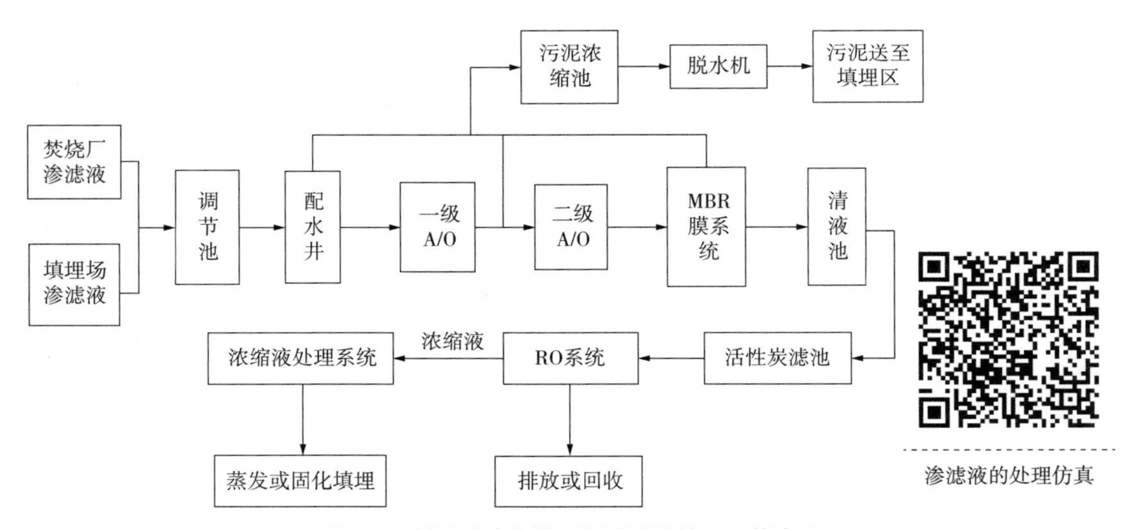

图 5-2 某固体废物处理场渗滤液处理工艺流程

5.2.4.1　合并处理

合并处理是指将渗滤液直接或预处理后引入填埋场就近的城市生活污水处理厂进行处理。该方案利用了污水处理厂对渗滤液的缓冲、稀释和调节营养等作用，可以减少填埋场投资和运行费用，最具经济性。但该方案的应用有一定的前提条件：其一，必须有城市生活污水处理厂，且距填埋场较近，否则，由于填埋场远离污水处理厂，渗滤液的输送将造成较大的经济负担；其二，由于渗滤液特有的水质及其变化特点，如果不加控制地采用此法，易造成对污水处理厂的冲击负荷，影响污水处理厂的正常运行。国内研究认为当加入渗滤液的体积不超过生活污水体积的 0.5% 是比较安全的，而国外研究表明视不同的渗滤液浓度该比例可以提高到 4% ~ 10%，最终的控制标准取决于处理系统的污泥负荷，只要加入渗滤液后污泥负荷不超过 10% 就是可以接受的。

一般情况下，由于污水管道的纳管标准远远低于渗滤液原水的污染物指标，因此渗滤液往往需要先在现场进行预处理，降低渗滤液中的 COD、BOD 和 SS 等，以避免对污水处理厂的冲击。现场预处理宜采用以生物处理为主的工艺，最好采用生物脱氮工艺[3]。

合并处理虽然可以略微提高渗滤液的可生化性，但由于渗滤液的加入而产生的新问题不容忽视，主要包括污染物质如重金属在生物污泥中的积累影响污泥在农业上的应用，以及大部分有毒有害难降解污染物质并没有得到有效去除而仅仅是稀释后重新转移到排放的水体中，进一步构成对环境的威胁[1]。

5.2.4.2　单独处理

渗滤液单独处理方案按工艺特点又可分为生物法、物化法和土地法等，利用一种或多种方法组合工艺（常以生物法为主），在填埋场区处理渗滤液，达标后直接排放。该方案的应用较广。

（1）土地法

土地法是人类最早采用的污水处理技术，其原理是利用土壤中的微生物降解作用使渗滤液中的有机物和氨氮发生转化，通过土壤中有机物和无机胶体的吸附、络合、颗粒的过滤、离子交换吸附和沉淀等作用去除渗滤液中悬浮固体和溶解成分，通过蒸发作用减少渗滤液的产生量。用于渗滤液处理的土地法主要有填埋场回灌处理系统和土壤植物处理（S-P）系统两种形式。

1）填埋场回灌处理系统。废物填埋场渗滤液的回灌处理主要利用填埋废物层类似于“生物滤床”的吸附、降解作用以及填埋场覆盖层的土壤净化作用、最终覆盖后填埋场地表植物的吸收作用和蒸发作用将渗滤液减质减量化。回灌法的主要优点是能减少渗滤液的处理量、降低其污染物浓度；加速填埋场的稳定化进程、缩短其维护监管期，并能产生明显的环境效益和较大的间接经济效益，尤其适用于干旱和半干旱地区。

2）土壤植物处理系统。近年来土壤植物处理系统发展迅速，其处理过程和机理有三个方面：①通过吸附、离子交换和沉淀等作用，土壤颗粒从渗滤液中将悬浮固体过滤掉，并将溶解性固体组分吸附在颗粒上；②土壤中微生物将渗滤液中的有机物转化和稳定，如转化为有机氮；③植物利用渗滤液中的各种营养物生长，以保持和增加土壤的渗入容量，并通过蒸腾作用减少渗滤液量[3]。

（2）生物法

生物法是废物渗滤液的主要处理方式。生物法包括好氧生物处理法、厌氧生物处理法、厌氧与好氧结合的方法和膜生物反应器法等。利用生物法处理渗滤液不能照搬生活污水处理中的生物法，渗滤液的以下特性要引起高度重视：①渗滤液水质和水量变化大；②曝气处理过程中会产生大量的泡沫；③由于渗滤液浓度高，生物处理过程需要较长的停留时间，由此引起的水温低的问题会对处理效果产生较大影响；④渗滤液输送过程中某些物质的沉积有可能造成管道堵塞；⑤渗滤液中磷的含量较低；⑥在“老”的填埋场中 BOD_5 较低而氨氮较高，所以通常的做法是先通过吹脱去除高浓度的氨氮，再利用生物法去除有机物；⑦氯代烃的存在可能对处理效果产生影响；⑧含盐量比较高，非常不利于反渗透处理。渗滤液的污染物中，COD 和氨氮、总氮是最难去除的[1]。

1）好氧生物处理法。好氧生物处理法包括活性污泥法、稳定塘法和生物转盘法等。好氧生物处理法可有效地降低 BOD、COD 和氨氮，还可去除铁、锰等金属，因而得到较多的应用，特别是活性污泥法。

活性污泥法对易降解有机物具有较高的去除率，对新鲜的渗滤液，保持泥龄为一般城市污水的 2 倍，负荷减半，可达到较好的去除效果。但是活性污泥法处理渗滤液的效果受温度影响较大，对“中老龄”渗滤液的去除效果不理想。低氧、好氧两段活性污泥法及 SBR 法等改进型活性污泥法因其能保持较高的运转负荷，而且停留时间短，处理效果好，比常规活性污泥法更有效。然而改进型活性污泥法的工程投资大，运行管理费用高，常成为其应用的限制因素。

与活性污泥法相比，稳定塘法降解速率低，停留时间长，占地面积大，但由于其工艺较简单，投资省，管理方便，且能够把好氧塘和厌氧塘相结合，同时发挥好氧微生物和厌氧微生物的优势，在土地允许的条件下，是最经济的渗滤液好氧生物处理方法，因而宜优先考虑[3]。

2）厌氧生物处理法。厌氧生物处理法包括上流式厌氧污泥床、厌氧淹没式生物滤池、混合反应器等。厌氧生物处理法的优点是投资及运行费用低，能耗少，产生污泥量少，一些复杂的有机物可在厌氧条件下被细菌胞外酶水解生成小分子可溶性有机物，再进一步降解。缺点主要是水力停留时间长，污染物的去除率相对较低，对温度的变化较敏感。但已有的研究表明厌氧系统产生的气体可以满足系统的能量要求，若能将该部分能量加以合理利用，可保证厌氧工艺稳定的处理效果。近 20 年来，厌氧技术有了较快的发展，不断开发出新的厌氧处理工艺，如厌氧接触法、分段厌氧消化及上流式厌氧污泥床，这些工艺克服了传统工艺有机负荷低等缺点，使其在处理高浓度（$BOD_5 \geqslant$ 2 000 mg/L）有机废水方面取得了良好的效果，是一种宜优选的生物预处理工艺。

3）厌氧与好氧结合的方法。在生物法处理渗滤液的工程中，由于渗滤液中的 COD 和 BOD 较高，单纯采用好氧法或单纯采用厌氧法处理渗滤液均较为少见，也很难使渗滤液处理后达标排放。实践表明，采用厌氧与好氧结合的方法既经济合理，处理效率又高。A/O、A^2/O 等具有脱氮功能的组合工艺效果较好。这些技术用于处理渗滤液与常规污水处理技术的不同主要体现在有机负荷、污泥浓度和停留时间等参数的选取以及处理工艺的运行效果上。此外，由于渗滤液中磷含量偏低，在生化处理时应投加一定量的磷盐，以保证 BOD_5：P=100：1[3]。

4）膜生物反应器。膜生物反应器（MBR）是一种将膜分离技术与传统生物处理工艺有机结合的污水处理与回用工艺。MBR 池内仍是一个曝气池，污水与活性污泥充分混合，活性污泥中的微生物以污水中的有机污染物为食料，在氧气的参与下，通过新陈代谢使其转化为自身的物质，或降解为小分子量的物质，甚至彻底分解为二氧化碳和水。与传统生物处理工艺不同的是，活性污泥与水的分离不再通过重力沉淀，而是在压力的驱动下，使水和部分小分子量物质透过膜，而大分子量物质和微生物几乎全部被膜截留在曝气池内，从而使污水得到较为彻底的净化。在传统分置式膜生物反应器的基础上，又发明出了运行能耗低、占地更为紧凑的一体式膜生物反应器[1]。

（3）物化法

物化法尽管也用来处理新鲜渗滤液，但更多的是用来处理老龄渗滤液，是渗滤液后处理中最常用的方法。与生物法相比，物化法不受水质和水量的影响，出水水质比较稳定，对渗滤液中较难生物降解的成分，有较好的处理效果。

物化法包括混凝沉淀法、活性炭吸附法、膜分离法和化学氧化法等。混凝沉淀法主要是用 Fe^{3+} 或 Al^{3+} 作混凝剂；粉末活性炭的处理效果优于粒状活性炭；膜分离法通常是运用反渗透技术；化学氧化法包括用诸如臭氧、高锰酸钾、氯气和过氧化氢等氧化剂、高温高压条件下的湿式氧化和催化氧化（例如，臭氧的氧化率在高 pH 和有紫外线辐射的条件下可以提高）[1]。

物化法是对生物法和土地法的必要而有益的补充，可以去除渗滤液中难以生化降解的污染物，使渗滤液达标排放。但是由于物化方法操作较复杂，运行费用较高，目前国内填埋场使用较少[3]。

5.3 填埋气的收集与利用

5.3.1 填埋气的产生及影响

5.3.1.1 填埋气的产生及特征

填埋气主要是微生物降解填埋废物中的有机物而产生的，其产生过程是一个复杂的生物、化学、物理的综合过程，其中以好氧或厌氧生物分解作用为主。填埋气体产生过程可分为五个阶段[4]。

（1）适应阶段（好氧分解阶段）

垃圾被置于填埋场后，其中的复杂有机组分很快便会被好氧微生物胞外酶分解成简单有机物（氧气来自填埋场自身的空气）。填埋后数十日内，土壤中的好氧微生物在有氧（可在填埋场中设通气设施）与适量水分的条件下，可将上述简单有机物分解成水和二氧化碳等稳定的无机物，同时产生能量，直到耗尽所有氧气。这一阶段由于微生物进行好氧呼吸，有机质被彻底氧化分解而释放热能，垃圾的温度可能升高 10～15℃[3]。该阶段的持续时间较短。

$$\underset{(\text{酶})}{E} + \underset{(\text{底物})}{S} \longleftrightarrow \underset{(\text{中间产物})}{ES} \longleftrightarrow \underset{(\text{酶})}{E} + \underset{(\text{最终产物})}{P}$$

（2）过渡阶段（好氧至厌氧的过渡阶段）

在该阶段，氧气逐渐殆尽，厌氧条件逐步形成。硝酸盐和硫酸盐作为电子受体被还原为氮气和硫化氢[4]。

（3）酸化阶段

此阶段，微生物将诸如多糖、脂肪、蛋白质等复杂有机物水解为单糖、氨基酸等基本结构单位，并进一步在产酸菌的作用下转化为挥发性脂肪酸和醇。该阶段由于有机酸和 CO_2 浓度的升高，以及有机酸溶解于渗滤液的缘故，所产生的渗滤液的 pH 通常会低于 5[4]。

（4）产甲烷阶段

产甲烷阶段发生于填埋 200～500 d 之后，在缺氧或是无氧环境条件下，产甲烷菌将中间生成物再分解成 CH_4、CO_2 和 H_2O 等最终产物。此阶段的主要特征是：有机酸和 H_2 被转化为 CH_4 和 CO_2；渗滤液 pH 上升（6.8～8.0），BOD_5、COD 及电导率下降；金属离子如 Fe^{2+}、Zn^{2+} 等浓度降低[4]。

（5）稳定化阶段

大部分可降解有机物在前四个阶段已被微生物分解，填埋场释放气体的速率明显下降，填埋场处于相对稳定阶段。此阶段几乎没有气体产生（产生的填埋气主要是 CH_4 和 CO_2，可能还会存在少量的 N_2 和 O_2），填埋物及渗滤液的性质稳定[4]。

$$CH_3COOH \longrightarrow CH_4 + CO_2$$

$$4H_2 + CO_2 \longrightarrow CH_4 + 2H_2$$

5.3.1.2　填埋气的特征

填埋气主要由 CO_2（40%～60%）、CH_4（45%～50%）、N_2（2%～5%）、O_2（0.1%～1%）、H_2S（0～1.0%）、NH_3（0～0.2%）、CO（0～0.2%）、H_2（0～0.2%）、微量化合物（0.01%～0.6%）等组成。填埋气的产量因垃圾成分、填埋区容积、填埋深度、填埋场密封程度、集气设施、垃圾体温度和大气温度等因素不同而异。一般来说，垃圾组分中的有机物含量越多、填埋区容积越大、填埋深度越深、填埋场密封程度越好、集气设施设计越合理，气体产量越高；当垃圾含水量略超过垃圾干基质量时，气体产量较高；垃圾体的温度在30℃以上时，产气量较大；大气温度可以影响垃圾体温度，从而影响产气量[1]。

填埋气体的特点为：温度为 43～49℃，相对密度为 1.02～1.06，为水蒸气所饱和，高位热值为 15 630～19 537 kJ/m^3[4]。

5.3.1.3　填埋气对环境的影响

如果不采用适当的方式进行填埋气收集，填埋气则会在填埋场中累积并透过覆土层和侧壁向场外释放，可能造成以下危害。

（1）爆炸和火灾

甲烷是一种无色、无味、相对密度较低的气体，在其向大气逸散过程中，容易在低洼处或建筑物内聚集。在有氧存在的条件下，甲烷的爆炸极限是 5%～15%，最强烈的爆炸发生在 9.5% 左右。

（2）对水环境的影响

在填埋场内部压力作用下填埋气透过垃圾层和土壤层进入地下水中，其中二氧化碳极易溶解于地下水，造成地下水 pH 下降，导致周围岩层中更多的盐类溶入地下水，从而使地下水的含盐量升高。

（3）对大气环境的影响

填埋气中的甲烷是一种温室气体，其对温室效应的贡献相当于相同质量的二氧化碳的 21 倍。而城市垃圾产生的甲烷排放量占全球甲烷排放量的 6%～18%，在控制全球性气候变暖的过程中是一个不容忽视的污染源。垃圾填埋场还会产生氨、硫化氢等恶臭气体和其他挥发性有害气体。

此外，填埋气中的一氯甲烷、四氯化碳、氯仿、二氯乙烯等微量气体会对人体的肾、肝、肺和中枢神经系统造成损害[3]。

5.3.2 填埋气的收集和导排

填埋气的收集和导排的作用是减少填埋气直接向大气的排放量和在地下的横向迁移，并回收利用甲烷气体。收集、导排方式一般分为主动导排和被动导排。

5.3.2.1 主动导排

主动导排是在填埋场内铺设一些竖直的导气井或水平的盲沟，用管道将这些导气井和盲沟连接至抽气设备，抽气设备形成负压，将填埋气抽出填埋场。主动导排系统主要由抽气井、气体收集管、冷凝水收集井和泵站、抽风机、气体处理站（回收或焚烧）和气体监测设备等组成。

（1）抽气井

可用竖井或水平沟将填埋气从填埋场中抽出，竖井应先在填埋场中打孔，水平暗沟则必须与填埋场的垃圾层一样成层布置。将部分有孔的管子放置在井或槽中，再用砾石回填而形成气体收集带。此外，在井口表面套管的顶部应装设气流控制阀，也可以装气流测量设备和气体取样口，以便更为准确地获取填埋气的产量和随季节变化及长期变化的信息，并做相应的调整。

典型的竖井使用直径为 1 m 的勺钻钻至填埋场底部以上 3 m 以内或钻至碰到渗滤液面，再取较高者。井内通常设置一根直径为 15 cm、上部 1/3 无孔而下部 2/3 有孔的预制 PVC 套管，孔口通常用细粒土和膨润土加以封闭，最后用直径为 2.55 cm 的砾石回填钻孔。竖井在填埋场范围内提供了透气排气空间和通道，同时将填埋场内渗滤液引至场底部排到渗滤液调节池及污水处理站，并且还能借助竖井检查场底 HDPE 膜泄漏情况[4]。

水平抽气沟一般由带孔管道或不同直径管道相互连接而成，沟宽 0.6 ~ 0.9 m，深 1.2 m；直径为 10 cm、15 cm、20 cm，长度为 1.2 m 和 1.8 m。沟壁一般要铺设无纺布，有时无纺布只放在沟顶。水平抽气沟常用于仍在填埋阶段的垃圾场，有多种建造方法。通常先在填埋场下层铺设一气体收集管道系统，然后在填埋 2 ~ 3 个废物单元层后再铺设一水平排气沟。做法是先在所填垃圾上开挖水平管沟，用砾石回填到一半高度后，放入穿孔开放式连接管道，再回填砾石并用垃圾填满。这种方法的优点是即使填埋场出现不均匀沉降，水平抽排沟仍能发挥功效。开凿水平沟时，如果预期到后期垃圾层的填埋，在设计沟位置时必须考虑填埋过程中如何保护水平沟和水平沟的实际最大承载力的影响。由于管道必然与道路发生交叉，因此安装时必须考虑动态载荷和静态载荷、埋藏深度、管道密封的需要和方法以及冷凝水的外排等[1]。

水平沟的水平和垂直方向间距随着填埋场设计、地形、覆盖层以及现场其他具体因素而变。水平间距范围是 30～120 m，垂直间距范围是 2.4～18 m 或每 1～2 层垃圾的高度。但水平收集方式也存在以下许多问题：工程量大、材料用量多、投资高，因为气体收集管需要布满垃圾填埋场各分层，管间距只有 40～50 m，很容易因垃圾不均匀沉陷而遭到破坏，如经受不住各种重型运输机械碾压和垂直静压，导气井或输气管节点很难适应场地的沉陷，在垃圾填埋加高过程难以避免吸进空气、漏出气体，填埋场内积水会影响气体的流动。

（2）气体收集管

抽气需要的真空压力和气流均通过预埋管网输送至抽气井，主要的气体收集管应设计成环状网络，这样可以调节气流的分配和降低整个系统的压差。预埋管要有一个坡度，其控制坡度应使冷凝水在重力作用下被收集，并尽量避免因不均匀沉降引起堵塞，坡度至少为 3%，对于短管可以为 6%～12%。管径应略大一些，通常为 100～450 mm，以减少因摩擦而造成的压力损失。管子埋在填有砂子的管沟内，管身用 PVC 或 HDPE 管，管壁不能有孔。管道的连接采用熔融焊接。沿管线不同位置应设置阀门，以便在系统维修和扩大时可以将不同部位隔开[1]。

在预埋管系统中，PVC 管的接缝和节点常因不能经受填埋废物的不均匀沉降而频繁发生破裂，因此，通常用软弯管连接。由于软管的管壁硬度大于压碎应力，因此预埋管时，采用软接头连接可以补偿某些可能发生的不均匀沉降。

（3）冷凝水收集井和泵站

从气流中控制和排除冷凝水对于气体收集系统的有效使用非常重要。如果填埋气中的冷凝水集中在气体收集系统的低洼处，则会切断抽气井中的真空，破坏系统正常运行。冷凝水分离器可以通过促进液体水滴的形成并从气流中分离出来，重新返回到填埋场或收集池中，每隔一段时间将冷凝液从收集池中抽出一次，处理后排入下水系统。冷凝水收集井每间隔 60～150 m 设置一个。冷凝水收集井应是气体收集系统的一部分。这些收集井可以使随气流移动的冷凝水从集气管中分离出来，以防止管子堵塞。大概每产生 1×10^4 m 气体可产生 70～800 L 冷凝水，这取决于系统的真空压力和废物含水量。当冷凝水已经聚集在水池或气体收集系统的低处时，它可以直接排入泵站的蓄水池中，然后将冷凝水抽入水箱或处理冷凝液的暗沟内。

（4）抽风机

抽风机应置于高度稍高于集气管末端的建筑物内，以促使冷凝水下滴。通常安装于填埋气体发电厂或燃气站内。抽风机使抽气系统形成真空并将填埋气体输送至废气发电厂或燃气站。抽风机的吸气量通常为 8.5～57 m^3/min，在井口产生的负压为 2.5～25 kPa。抽风机的大小、型号和压力等设计参数均取决于系统总负压的大小和需抽取气体的流量。抽风机容量应考虑到未来的需求，如将来填埋单元可能扩大或增加或与气体回收系统隔断。抽风机只能抽送低于爆炸极限的混合气体，为确保安全，必须安装阻火器，以防火星通过风机进入集气管道系统。

（5）气体监测设备

如果填埋气收集井群调配不当，填埋气就会迁离填埋场向周边土层扩散。由于填埋气易引起爆炸，因此沿填埋场周边的天然土层内均应埋设气体监测设备，以避免甲烷对周围居民产生危害。埋设监测设备的钻孔常用空心钻杆打至地下水位以下或填埋场底部以下 1.5 m 处，孔内放一根直径为 2.5 m 的 40 号或 80 号 PVC 套管用来取气样。钻孔用细小的碎石和任何一种密封材料（包括膨润土）回填，地面设置直径为 15 cm 并带有栓塞的钢套管套在 PVC 管上面，作为套管保护 PVC 管。每个抽气井中的压力和气体成分及场外气体探头都要一天监测两次，监测 2 ~ 3 d。调整期之后监测 7 d。在调整期内，要调节抽气井里的阀门，使最远的井中达到设计压力。任何严重的集气管泄漏、堵塞或抽气井内阀门的失灵及引风机的装配，都可以通过这一性能监测来检知[1]。

5.3.2.2 被动导排

被动导排是不借助抽气设备，而是依靠填埋气体自身的压力沿导排井和盲沟排出填埋场。该法适用于小型垃圾填埋场和垃圾填埋深度较小的填埋场。被动导排的优点是无抽气设备，无运行成本。被动导排的缺点是填埋气体靠自身压力排气，导致排气效率低，且排出的气体无法利用，也不利于火炬排放，只能直接排放，对大气环境污染较严重[4]。

5.3.3 填埋气产量估算

5.3.3.1 理论计算法

有机垃圾厌氧分解的一般反应可写为

$$\text{有机物质（固体）}+H_2O \longrightarrow \text{可生物降解有机物质}+CH_4+CO_2+\text{其他气体}$$

假如在填埋废物中除废塑料外的所有有机组分可用一般化的分子式（$C_aH_bO_cN_d$）来表示，并假设可生物降解有机废物完全转化为 CO_2 和 CH_4，则可用下式来计算气体产生总量[1]：

$$C_aH_bO_cN_d+[(4a-b-2c+3d)/4]\,H_2O \longrightarrow [(4a+b-2c-3d)/8]\,CH_4+[(4a-b+2c+3d)/8]\,CO_2+dNH_3$$

由该式可以看出：1 mol 的有机物会产生 1 mol 的填埋气，即在标况下，可产生 22.4 L 的填埋气体。该法的优点：若能确定填埋物中有机物的分子式即可求出 CH_4 和 CO_2 的产量。该法的计算前提是填埋物中的有机物全部被生化降解。但实际上，有机物中含有不可生化降解组分，另外，要确定填埋物中有机物的分子式几乎是不可能的，故该法只能计算出一个理论值，无法得到一个确切的值[4]。

5.3.3.2　COD 法

假如填埋气体产生过程中无能量损失，有机物全部分解生成 CH_4 和 CO_2，则根据能量守恒定理，有机物所含能量均转化为 CH_4 所含能量，即有机物所含能量等于 CH_4 所含能量。而物质所含能量与该物质完全燃烧所需氧气量（即 COD）成特定比例，因而 $COD_{有机物}=COD_{CH_4}$。

根据甲烷燃烧化学式：$CH_4+2O_2 = CO_2+2H_2O$，可导出：1 g COD 有机物可生成 0.25 g CH_4，即在标况下生成 0.35 L CH_4。由于 CH_4 在填埋气中的质量分数约为 1/2，故可近似认为：

$$1\ \text{kg COD 有机物}=0.7\text{m}^3\ \text{填埋气}$$

如此，若已知单位质量填埋物的 COD 及填埋物总量，即可估算出填埋场理论产气量：

$$V=W(1-\omega)\eta_{有机物}C_{COD}V_{COD}\beta_{有机物}(1-\varepsilon_{有机物})$$

式中，V——理论产气量，m^3；

W——废物质量，kg；

ω——废物的含水率（质量分数），%；

C_{COD}——单位质量废物的 COD，kg/kg，餐厨含量高的垃圾可取 1.2 kg/kg；

V_{COD}——单位 COD 相当的填埋场产气量，m^3/kg；

$\eta_{有机物}$——废物中的有机物含量（质量分数），%（干基）；

$\beta_{有机物}$——有机废物中可生物降解部分所占比例；

$\varepsilon_{有机物}$——填埋场内因随渗滤液等而损失的可溶性有机物所占比例[4]。

5.3.3.3　利用生物降解计算法（属于半经验模型）

该法是利用有机物的可生物降解特性，可较为准确地反映出单位质量垃圾的 CH_4 最高产量。

$$C_i=KP_i(1-M_i)V_iE_i$$

$$C=\sum C_i$$

式中，C_i——单位质量垃圾中某种成分所产生的 CH_4 体积，L/kg 湿垃圾；

K——经验常数，单位质量的挥发性固体物质标准状态下所产生的 CH_4 体积，其值为 526.5 L/kg 挥发性固体物质；

P_i——某种有机成分占单位质量垃圾的湿重，%；

M_i——某种有机成分的含水率，%；

V_i——某种有机成分的挥发性固体物含量，%，干态质量；

E_i——某种有机成分的挥发性固体物中的可生物降解物质的含量，%，可通过生化试验测定；

C——单位质量垃圾所产生的 CH_4 最高产量，L/kg 湿垃圾[4]。

该公式是在考虑有机物的生物降解性的前提下各垃圾组分的产气之和，但最终结果往往偏高[3]。

5.3.3.4 实测法

填埋垃圾中的有机物不可能全部进行生物分解，从而在填埋场里消失，而且分解后的有机物也不可能全部变成沼气。一般来说，填埋作业分期进行，所收集的沼气，是从新旧垃圾层所产生出来的混合气体，气体向水平方向扩散，再流向填埋场外，而且有相当一部分沼气还透过覆盖土，逸散到大气中去。因此，在投入使用的填埋场里，测定潜在的沼气发生量和气化率是非常困难的。由于在实际使用中的填埋场里存在着大量不可确定的因素，所以人们往往利用填埋模拟试验来求生活垃圾在厌气性填埋时的沼气发生量，从而推算出它今后在实际填埋时的可能发生量[1]。

上述填埋气产生量的估算方法在应用方面要充分考虑到填埋场的实际情况，并且产气量也是随时间而变化的，在估算时要实事求是地进行，根据各填埋场的具体情况具体估算[1]。

5.3.4 填埋气的净化技术

填埋气自由排放会对人体和环境造成严重的危害，根据“三化”原则，可以将其收集并进行相应的处理以便作为资源加以利用。填埋气体潜藏的能量是非常巨大的，它的热值和城市煤气热值接近，为 18 828～23 012 kJ/m^3，也就是说，1 m^3 填埋气体的能量相当于 0.45 L 柴油或者 0.6 L 汽油的能量。但是，在应用填埋气之前，必须对其进行净化预处理。因为填埋气成分相当复杂，在尽可能提升 CH_4 含量的同时，也要减少微量气体的含量，以避免产生危害。在填埋场中，由于实际填埋气体温度较高，填埋气体中水蒸气接近饱和，压强高于外界大气压强，所以应采用冷凝器、沉降器或者低温冷冻等方式进行脱水[5]，也可以通过分子筛吸附、低温冷冻、脱水剂二甘醇等进行脱水，使填埋气中水分含量小于后续操作条件的露点以下。在实际脱水过程中，低温冷冻比较常用。脱水后的填埋气的热值能提高 10% 左右[3]。填埋气中还含有少量 H_2S，对工程设备会有腐蚀作用。尤其含有硫酸盐污泥和石膏板的垃圾，其中的 H_2S 含量会大大增加。脱硫技术主要分为湿式吸收工艺和吸附工艺，如常用的碱液吸收法、催化吸收法和活性炭吸附法等。

CH_4、CO_2、N_2 和 O_2 是填埋气中四种最主要的组分，其中 CH_4 和 CO_2 共占了填埋气体积分数的 90% 以上，因此填埋气的提纯是 CH_4、CO_2、N_2 和 O_2 混合气体的分离过程，而关键则是 CH_4 和 CO_2 的分离。目前分离 CO_2 的主要方法有吸收分离、吸附分离和膜分离。

5.3.4.1　吸收分离

CH_4、CO_2、N_2 和 O_2 四种主要组分中，CO_2 是弱酸性气体，采用碱性溶液为吸收剂的吸收分离可以去除填埋气中的大部分 CO_2，但是 N_2 和 O_2 在溶液中的溶解度很小。CH_4 与 CO_2 吸收分离中，采用乙醇胺（MEA）或 *N*- 甲基二乙醇胺（MDEA）溶液作为 CO_2 的吸收剂，当气液比为 1∶3 时，CO_2 去除率大于 95%，CH_4 回收率为 90%~95%，产品气中 CH_4 含量大于 80%，CO_2 含量小于 5%。

5.3.4.2　吸附分离

根据吸附后吸附剂再生方法的不同，吸附分离可以分为变温吸附（temperature swing adsorption，TSA）和变压吸附（presure swing adsorption，PSA）。在变温吸附中，吸附剂通过加热实现再生，而变压吸附是通过降低压力来实现吸附剂的再生。由于变温吸附需要加热，因此能耗较多，而且完成一个循环的时间较长，一般适用于小规模的工业应用。变压吸附则因具有循环时间短、产量大等优点而在空气制氮、天然气净化等方面得到了广泛的应用。

5.3.4.3　膜分离

气体膜分离是利用特殊制造的膜与原料气接触，在膜的两侧压力差驱动下，气体分子透过膜的现象。由于不同的气体分子透过膜的速率不同，渗透速率快的气体在渗透侧富集，而渗透速率慢的气体则在原料侧富集。气体膜分离正是利用分子的渗透速率差使不同气体在膜两侧富集而实现分离。膜分离的主要特点是能耗低，装置规模可以根据处理量要求调整大小，设备简单，操作方便，运行可靠[3]。

5.3.5　填埋气的利用

对填埋气进行收集控制和资源化利用，已成为城市生活垃圾填埋处置的重要部分。目前填埋气的主要利用方式包括：直接燃烧产生蒸汽，用于生活或工业供热；通过内燃机燃烧发电；作为运输工具（如汽车）的动力燃料；经脱水净化处理后作为城市民用燃气；作为燃料电池燃料；用作 CO_2 和甲醇工业的原料。

5.3.5.1 发电

填埋气发电是比较成熟的能源回收方式，所发电力可以并入当地电网，不受当地用户条件的限制。由于填埋气中 CH_4 含量一般在 50% 以上，属中等热值燃气，只需经过脱水、脱硫等预处理便可送至锅炉或内燃机燃烧进行发电和供热。一般来说，垃圾填埋量在 100×10^4 t 以上、占地面积在 10 hm^2 以上、填埋高度在 10 m 以上的填埋场利用填埋气发电具有较好的投资回报率。

5.3.5.2 作为城市民用燃气

填埋气作为城市民用燃气已有应用，例如，美国伊利诺伊州填埋场的填埋气经过除湿、除 H_2S 并分离出 CO_2 后，并入民用燃气系统，其热值为 37.2 MJ/m^3。然而，填埋场沼气源于生活垃圾分解产生，未经纯化的沼气可能含有未识别的有害组分。特别是没有经过分类、分拣的垃圾，有毒有害物质进入填埋场后，易于进入填埋气，对人具有潜在危害。此外，填埋气需要净化至民用天然气质量意味着 CH_4 含量要从 50% 提纯至 98% 以上，相应的处理成本较高。因此，我国对于填埋气作为城市民用燃气比较慎重，目前暂不主张直接作为民用燃气使用。

5.3.5.3 作为汽车燃料

填埋气与天然气的微量组分含量相近，只是填埋气中含有大量的 CO_2，从填埋气净化技术的角度来看，通过对填埋气进行预处理后，可以保证填埋气组分达到天然气的品质。当处理后的填埋气达到《车用压缩天然气》（GB 18047—2000）标准后，就可以作为双燃料汽车的气体燃料。由于其生产成本低，相对于市场销售的燃油和压缩天然气（CNG）具有明显的竞争优势。此外，在国内已经推广车用 CNG 的城市，其加气系统的主流正在向子母站系统发展，这一点也为填埋气产品进入汽车燃料市场创造了条件。填埋气的预处理和利用工艺流程见图 5-3。

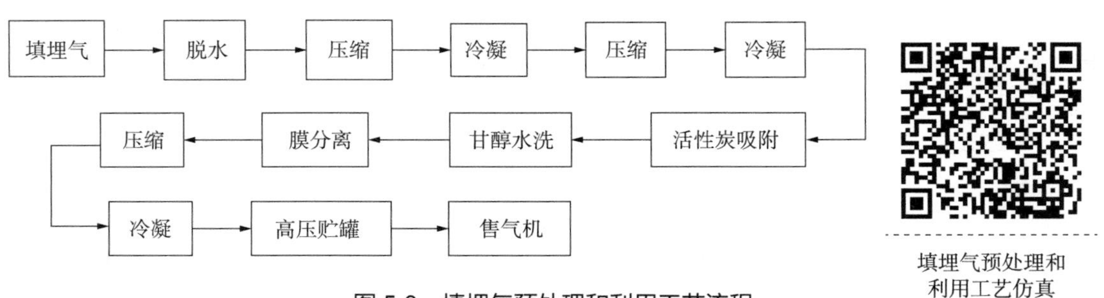

图 5-3 填埋气预处理和利用工艺流程

5.3.5.4　作为燃料电池燃料

燃料电池是一种将化学能直接转换为电能的发电装置，它所用的“燃料”并不燃烧，而是通过氧化还原反应直接产生电能。其优点主要是能量转换效率高、污染小、噪声低。燃料电池既可以独立单元发电，也可以串联或并联组成大型发电站，可以根据需要安装在指定地点。磷酸燃料电池发展较快，由于电解质是酸，所以电解质不会因 CO_2 气体引起变质，因而可以直接用天然气等矿物燃料改性得到 H_2，不需要经过提纯工序除去 CO_2。填埋气作为燃料电池燃料的预处理工艺流程如图 5-4 所示。

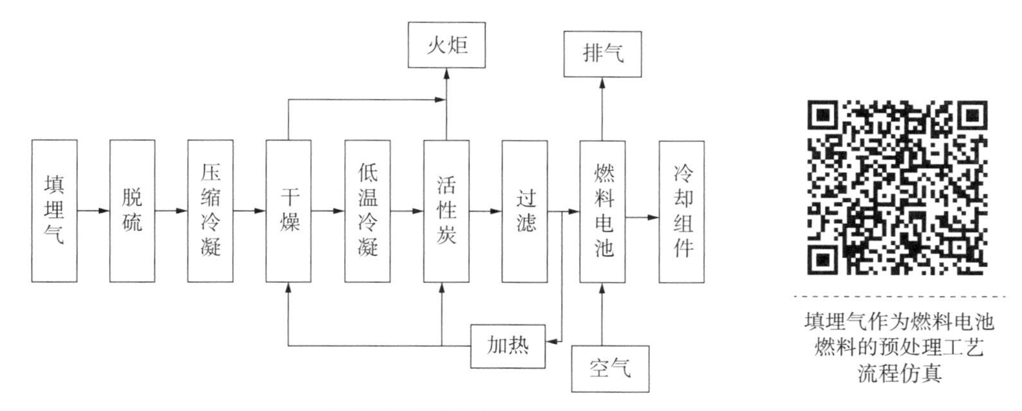

图 5-4　填埋气作为燃料电池燃料的预处理工艺流程

在填埋气资源化利用方式中，我国填埋气发电已经有了一定的商业化应用基础，而其他填埋气利用技术的研究则处于起步阶段[3]。

5.4　填埋场封场及其综合利用

5.4.1　填埋场封场的目的

当填埋场填埋作业至设计终场标高或不再收纳废物而停止使用时，必须按相关规定和规范进行封场和后期管理。封场是填埋场建设中一个非常重要的环节，主要起着以下作用：①封存填埋物，防止降水和地表水通过各种方式进入填埋堆体，造成渗滤液的剧增，从而增加处理渗滤液的难度和费用；②可有效避免填埋气直接释放到大气环境中，给周围的生态环境和人类健康造成危害；③避免固体废物进入四周的水、土壤、大气环境造成污染（如轻质垃圾等随风迁移至地表水），甚至直接与人接触造成伤害；④有效减少臭气的散发，在一定程度上抑制蚊蝇的滋生；⑤封场覆土上可种植植被，以便填埋区土地的再利用[4]。封场质量的高低对于填埋场能否处于良好的封闭状态、封场后的日常管理与维护能否安全进行、后续的终场规划能否顺利实施有至关重要的影响[1]。

5.4.2 填埋场封场的总体要求

封场工程设计应先对以下基础材料进行调研：①城市总体规划、区域环境规划、城市环境卫生专业规划、场区最终土地利用规划；②填埋场的设计、施工资料；③填埋场周围的环境，包括地质水文状况、噪声污染和公共设施、道路、建筑物等；④填埋物的总量、成分、特性等；⑤填埋场已实施的渗滤液和填埋气导排系统和自然形成的渗滤液收集情况、填埋场环境监测资料；⑥填埋场周围公众的反映、信息回馈；⑦填埋场堆体内部是否存在裂隙、沟坎、鼠害等[4]。

5.4.3 填埋场封场的结构层及功能

填埋场的终场覆盖应由五层组成，从上至下为表层、保护层、排水层、防渗层（包括底土层）和排气层。其中，排水层和排气层并不一定要有，应根据具体情况来确定。排水层只有当通过保护层入渗的水量（来自雨水、融化雪水、地表水、渗滤液回灌等）较多或者对防渗层的渗透压力较大时才是必要的，而排气层只有当填埋废物降解产生较大量的填埋气体时才需要。

5.4.3.1 表层

表层的设计取决于填埋场封场后的土地利用规划，通常要能生长植物。表层土壤层的厚度要保证植物根系不造成下部密封工程系统的破坏，此外，在冻结区表层土壤层的厚度必须保证防渗层位于霜冻带以下，表层的最小厚度不应小于 50 cm。在干旱区可以使用鹅卵石替代植被层，鹅卵石层的厚度为 10 ~ 30 cm。

5.4.3.2 保护层

保护层的功能是防止上部植物根系以及挖洞动物对下层的破坏，保护防渗层不受干燥、收缩、冻结、解冻等的破坏，防止排水层的堵塞，维持稳定等。其常用材料为天然土壤。

5.4.3.3 排水层

排水层的功能是排出通过保护层入渗进来的地表水等，降低入渗水对下部防渗层的水压力。该层并不是必须有的结构，只有当通过保护层入渗的水量（来自雨水、融化雪水、地表水和渗滤液回灌等）较多或者对防渗的渗透压力较大时才是必要的。排水层中还可以有排水管道系统等设施。其最小透水率为 10^{-2} cm/s，倾斜度一般大于等于 3%。

5.4.3.4　防渗层

防渗层是终场覆盖系统中最为重要的部分。其主要功能是防止入渗水进入填埋废物中，防止填埋气逃离填埋场。防渗材料有压实黏土、柔性膜、人工改性防渗材料和复合材料等。防渗层的渗透系数要求小于等于 10^{-7} cm/s，铺设坡度大于等于 2%。

5.4.3.5　排气层

排气层用于控制填埋气体，将其导入填埋气体收集设施进行处理或者利用。它并不是终场覆盖系统的必备结构，只有当填埋废物降解产生较大量的填埋气时才需要[1]。

5.4.4　填埋场封场的技术

对填埋场进行封场，就要针对不同的封场程序采取不同的封场技术。在封场覆盖结束后，如何采取恰当的工程技术对封场进行管理、维护又是另一个需要考虑的方面。

5.4.4.1　垃圾堆体的处理技术

垃圾在运输到填埋场以后，在进行填埋场封场以前，要保证封场之后垃圾堆体的安全稳定，就要采取技术对垃圾堆体进行整形方面的处理。

垃圾堆体的整形主要包括：①垃圾分层之间的密度考量，一般来说垃圾分层的压实密度应该大于 800 kg/m^3。②垃圾堆体的坡度可以分成两种：一种是堆体的顶面坡度，就是堆体最上边与地面所形成的坡度，这个坡度一般不小于 4.5%；另一种是当边坡度，垃圾堆体的当边坡度一般来说要大一些，至少要在 9% 以上。③在采用台阶式收坡的时候，台阶之间的边坡坡度最好不能大于 1∶3，台阶之间的高差最好不大于 5 cm，而台阶的宽度最好不小于 2 cm。

5.4.4.2　垃圾填埋气的收集、处理、排放技术

在对填埋气进行收集处理和排放中，可以设置填埋气集中收集处理系统，如在横向的封场覆盖层和纵向的防渗墙之间形成一个封闭的空间，在这个空间里通过导气层形成一个气体通道。这样，这些填埋气可以通过这个气体通道被集中收集，然后进行集中无害化处理，最后进行回收利用或直接排放。

5.4.4.3　垃圾渗滤液、填埋区中地表水的收集、处理技术

在对垃圾堆体进行整形等处理以后，处理不仅要考虑填埋气的收集排放问题，还要考虑填埋垃圾可能产生的渗滤液。这些液体的污染性极强，如果不能及时地对其进行安全处理，会对填埋场周边水土产生污染。

5.4.4.4 封场覆盖技术

封场覆盖技术是封场技术的核心，因为对填埋场进行封场，就是要采取覆盖技术，设置覆盖系统，防止或者减少渗滤液的渗入，控制恶臭气体的排放以及污染物、病菌等的扩散，也是为了提高垃圾堆体的稳定性，对垃圾堆体的覆盖层进行生态修复，提高垃圾填埋场的循环利用率等。在封场覆盖系统中，可以分为多个层次，主要有表层、保护层、排水层、防渗层以及排气层。

5.4.4.5 封场后的管理系统

后期的管理系统其实就是要加强对封场后的填埋场进行监督管理。例如，制定监督机制，利用信息技术安排相关负责人员对填埋场进行实时监控，一旦发现垃圾堆体出现裂缝、空洞等就要及时填充，一旦发现堆体不稳定或者覆盖层出现倾斜、坍塌之后，就要重新按照要求进行设置。随着技术的发展，对填埋气体收集处理以及渗滤液、地表水等收集处理排放的技术要进行不断研究更新，以期完善整个填埋场的封场技术，使得填埋场封场工作以及后续工作都能顺利展开[6]。

5.4.5 垃圾填埋场封场后的综合利用

依据对国内外现有废弃生活垃圾填埋场土地再利用典型案例的调查和《城市用地分类与规划建设用地标准》（GB 50137—2011）的相关规定，可将现有废弃生活垃圾填埋场土地再利用的主要模式归纳为农林用地、绿化用地、商业服务设施用地、工业用地（表 5-2）。

表 5-2 生活垃圾填埋场土地综合利用的主要模式、特点及适用范畴

土地综合利用模式	特点	适用范畴
农林用地	对垃圾填埋场稳定化程度要求较低，且前期投资较少，无法满足市民对户外休闲空间的需求	适于在城市远郊、周边人口稀少的废弃生活垃圾填埋场使用
绿化用地	主要有综合公园、专类公园两类。对场地安全性和稳定性要求较高、前期投入较大，社会效益、生态效益好，市民使用率高	适于交通可达性强、周边人口较密集的废弃生活垃圾填埋场使用
商业服务设施用地	以对构筑物数量需求较少的康体用地中的高尔夫球场为主。对场地安全性要求高、前期投入大、服务对象特定、后期环境监管难度大	适于资金充足、后期以营利为目的的废弃生活垃圾填埋场地块使用
工业用地	多改造为工矿企业的生产车间、库房及其附属用地。 要求填埋场封场年限长，对场地稳定化程度和安全性要求高、前期投入大，同时再利用后的场地需要远离居住区和城市中心区	适于位于城市工业园区或城市边缘地带的废弃生活垃圾填埋场使用

目前绿化用地模式是废弃生活垃圾填埋场土地再利用的主流模式。填埋场封场及其综合利用如图 5-5 所示。

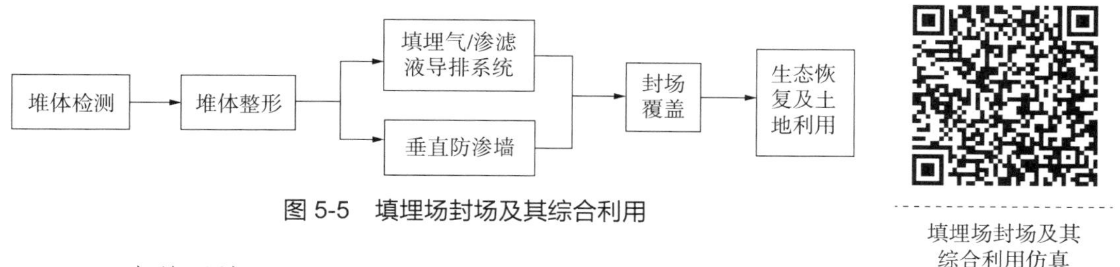

图 5-5　填埋场封场及其综合利用

填埋场封场及其综合利用仿真

5.4.5.1　农林用地

生活垃圾填埋场的农林类土地再利用模式是指对生活垃圾填埋场进行封场和相应的治理，在达到相关标准后，将其作为耕地、园地、林地、牧草地等农林类用地的模式。不同国家对废弃生活垃圾填埋场的农林类土地再利用模式有不同的要求，我国在《生活垃圾填埋场稳定化场地利用技术要求》（GBT 25179—2010）对该类土地再利用的模式的要求是：①封场年限≥3 年；②填埋物有机质含量<20%；③地表水水质满足 GB 3838 相关要求；④堆体中填埋气体不影响植物生长且 CH_4 浓度≤5%；⑤植被恢复属于初期阶段。该技术要求认为废弃生活填埋场农林类土地再利用模式属于低度利用。农林类模式对垃圾填埋场的稳定化程度要求较低、前期投资较少，但无法满足市民对户外休闲空间的需求，适宜于位于城市远郊且周边居民较少的废弃生活垃圾填埋场使用。

西班牙拉维琼农场由拉维琼填埋场封场后改建而成，其土地再利用模式是典型的农林类模式。该填埋场建于 1974 年，位于西班牙巴塞罗那加拉夫自然公园的一个石灰岩山丘内，主要负责处理巴塞罗那市的生活垃圾。该填埋场位于山谷的最低处，场底采用黏土作防渗层，并修建了引流系统用以导出垃圾渗滤液。拉维琼填埋场封场时，整个垃圾填埋场占地面积达到 85 hm^2，垃圾堆体深度最深达 80 m。拉维琼填埋场关闭时，政府对整个填埋场进行了封场工程，并对填埋场的地形进行了整理，使其形成适合种植作物的梯级地形，整个场地分为养殖梯田、树木种植区和作物种植区三部分。在封场且达到相应标准后，拉维琼垃圾填埋场将地块分为多个区域，并开始在其地块上按照规划进行牧草、树木和农作物的种植，整个场地上呈现出一幅生机勃勃的农业景象，使废弃的拉维琼生活垃圾填埋场再次焕发出生机。

5.4.5.2　绿化用地

生活垃圾填埋场的绿化用地模式是指将废弃生活垃圾填埋场经过封场和生态修复工程，达到相应稳定化程度后，将其改造为公园等绿地类用地。根据《城市用地分类与规划建设用地标准》（GB 50137—2011）和《城市绿地分类标准》（CJJ/T 85—2017）可将现有的国内外废弃生活垃圾填埋场的绿地类土地再利用案例细分为综合公园、专类公园类。

根据《生活垃圾填埋场稳定化场地利用技术要求》(GBT 25179—2010)，我国对此类土地再利用模式的要求是：①封场年限≥ 5 年；②填埋场有机质含量较低且<16%；③地表水水质满足 GB 3838 相关要求；④甲烷浓度 1% ~ 5%；⑤堆体沉降满足 10 ~ 30 cm/a；⑥植物恢复处于中期。该技术要求认为废弃生活填埋场绿地类土地再利用模式属于中度利用。绿地模式的特点是对场地安全性和稳定化程度的要求较高、前期投入较大，但市民使用率高、社会效益显著、环境效益好，适于交通可达性强、周边人口较密集的废弃生活垃圾填埋场使用。

绿化用地模式的相关案例国外的有：由美国纽约清泉垃圾填埋场改建而成的清泉公园；由美国伯克利垃圾填埋场改建而成的凯瑟·查维兹公园；由以色列赫利亚垃圾填埋场改建而成的以色列沙龙国家公园；由韩国兰芝垃圾填埋场改建而成的兰芝岛公园等。国内的有：由广州李坑垃圾填埋场改建而成李坑环保教育基地；由杭州天子岭垃圾填埋场填埋库区 1 区改建而成的杭州天子岭生态公园；由武汉金口垃圾填埋场改建而成的武汉园博园“荆山”景区；由香港西草湾垃圾填埋场改建而成的西草湾游乐场等。

5.4.5.3 商业服务设施用地

现有废弃生活垃圾填埋场的商业服务设施类土地再利用模式是指在生活垃圾填埋场完成封场且达到相应法规要求后，将地块改建为各类商业商务用地和娱乐康体用地。在这类废弃生活垃圾填埋场土地再利用模式中，对构筑物数量需求较少的康体用地中的高尔夫球场是土地再利用的主要模式。

废弃生活垃圾填埋场土地再利用的商业服务设施类模式主要以改建为构筑物较少的高尔夫球场为主。这类土地再利用模式会使政府对场内环境监管的难度增大，如 2014 年年年初，深圳玉龙坑高尔夫精英练球场就被曝出经营方违法扩大经营面积，擅自向园内运送大量渣土，造成园区环境被严重破坏，同时对垃圾堆体边坡的稳定性产生巨大的威胁。因此对经营者的自觉性和政府的长期监管都提出了更高的要求。

废弃生活垃圾填埋场土地再利用的商业服务设施类模式的特点是对填埋场安全性要求高、前期投资大、环境监管难度大、服务对象群特定、以营利为主要目的。

深圳玉龙坑精英高尔夫球场是我国废弃生活垃圾填埋场改建为商业服务设施用地的典型案例，其前身为深圳玉龙坑垃圾填埋场，位于深圳罗湖区清水河宝洁路玉龙新村北侧，占地 10 hm^2，是我国首个由垃圾填埋场改建而成的高尔夫球场。

1983 年，主要负责深圳市罗湖区和福田西区垃圾的深圳市玉龙坑垃圾填埋场开始投入使用。1997 年年底，该填埋场停止使用，堆积垃圾总量 300 万 t，填埋场占地 19 hm^2。2003 年 5 月，玉龙坑垃圾填埋场的终场覆盖工程正式开始实施，并于 2004 年 4 月完工。

终场覆盖工程结束后，玉龙坑垃圾填埋场接受了两期以植物恢复为主的生态修复工程。一期工程为封场后初期，在场内大面积种植抗污染性强、耐旱的草种，以防止场内的水土流失，并提升场内环境；二期工程为，从 2009 年起，在场内逐渐种植灌木和花卉，提升场内绿化景观。废弃玉龙坑垃圾填埋场稳定化后，深圳市政府对其实施了开发再利用，改建为玉龙坑精英高尔夫练球场。

5.4.5.4　工业用地

废弃生活垃圾填埋场的工业用地类土地再利用模式是指在填埋场封场并达到相关规定后，将其改造为工矿企业的生产车间、库房及其附属用地。根据《生活垃圾填埋场稳定化场地利用技术要求》(GB/T 25179—2010)，我国对此类土地再利用模式的要求是：①封场年限≥10 年；②填埋物有机质含量＜9%；③地表水水质满足 GB 3838 相关规定；④堆体中 CH_4 浓度＜1%；⑤堆体中 CO_2 浓度＜1.5%；⑥堆体沉降在 1～5 cm/a；⑦植被恢复属于恢复后期。该技术要求认为对废弃生活垃圾填埋场采取工业类土地再利用模式属于高度利用。

废弃生活垃圾填埋场的工业类土地再利用模式要求填埋场封场年限长，对场地稳定性和安全性要求高、前期投入大，同时再利用后的场地需要远离居住区和城市中心区，适于预算充足、填埋场达到高度稳定化、填埋场位于工业区或城市郊区的项目使用。

垃圾填埋场生态修复优势植物名录

我国浙江金华的武义垃圾填埋场占地面积为 4.8 hm^2，经封场改造后成功转变为现代化的工业厂区，现为浙江博来工具有限公司的所在地。

思考题

1. 简述填埋场的类型与基本构造。
2. 简述填埋场水平防渗系统的类型及其特点。
3. 简述填埋场终场防渗系统结构的组成及各层的特点。
4. 渗滤液水质特征主要受哪些因素影响?
5. 渗滤液产生的途径有哪些?
6. 处理渗滤液的基本方法有哪些？各自的特点是什么?
7. 一个人口为 100 000 人的城市，平均每人每天生产垃圾 0.9 kg，若采用卫生填埋法处置，覆土与垃圾之比取 1∶5，填埋后垃圾压实密度取 700 kg/m^3，试求：

（1）填埋体的体积。

（2）填埋场总容量（假定填埋场运营 30 年）。

（3）填埋场总容量一定（填埋面积及高度不变），要扩大垃圾的填埋量，可采取哪些措施？

8. 某填埋场总面积为 5.0 hm^2，分 3 个区进行填埋。目前已有 2 个区填埋完毕，其面积为 3.0 hm^2，浸出系数为 0.2，另有 1 个区正在进行填埋施工，填埋面积为 2.0 hm^2，浸出系数为 0.6。当地的年平均降水量为 3.3 mm，最大月降水量的日换算值为 6.5 mm。求污水处理设施的处理能力。

9. 一填埋场中污染物的 COD 为 10 000 mg/L，该污染物的迁移速度为 3×10^{-2} cm/s，降解速率常数为 6.4×10^{-4} s^{-1}。试求当污染物的浓度降到 1 000 mg/L 时，地质层介质的厚度应为多少？污染物通过该介质层所需的时间为多少？

参考文献

[1] 赵由才，牛冬杰，柴晓利，等 . 固体废物处理与资源化［M］. 北京：化学工业出版社，2012.
[2] 赵由才 . 生活垃圾处理与资源化［M］. 北京：化学工业出版社，2002.
[3] 宁平 . 固体废物处理与处置［M］. 北京：高等教育出版社，2010.
[4] 宇鹏，赵树青，黄魁 . 固体废物处理与处置［M］. 北京：北京大学出版社，2016.
[5] 白圆 . 固体废物处理实训［M］. 北京：中国建筑工业出版社，2016.
[6] 刘雪锋 . 城市生活垃圾填埋场封场技术［J］. 中国资源综合利用，2017，35（5）：96-99.

第 6 章　餐厨垃圾资源化利用

6.1　概述

根据世界银行 2018 年出版的 *WHAT A WATSE 2.0* 等资料显示，在全球范围内，餐厨垃圾的比例可以达到 44%。但是由于不同国家饮食结构和消费观念差距较大，不同国家之间餐厨垃圾的比例相差较大。在中国，餐厨垃圾的比例可以高达 60% 以上。而根据联合国环境规划署 2017 年出版的 *ASIA Waste Management Outlook*，2014 年，日本城市固体废物中，餐厨垃圾约占 36%；2013 年，韩国首尔市产生的垃圾中，食物垃圾约占 35.9%。由此可见，与亚洲其他国家相比，在中国，对餐厨垃圾进行妥善的处理尤为重要。

随着经济的增长，居民消费水平的提高，人们在餐饮方面的消费与日俱增（图 6-1），带来了餐厨垃圾的迅速增长。据统计，2015 年全国主要城市餐厨垃圾产生量达 6 000 多万 t，上海、北京、重庆、广州等餐饮业发达城市的问题尤为严重，餐厨垃圾日产生量达到 2 000 t 以上。2016 年，全国餐厨垃圾产生量约在 9 700 万 t。

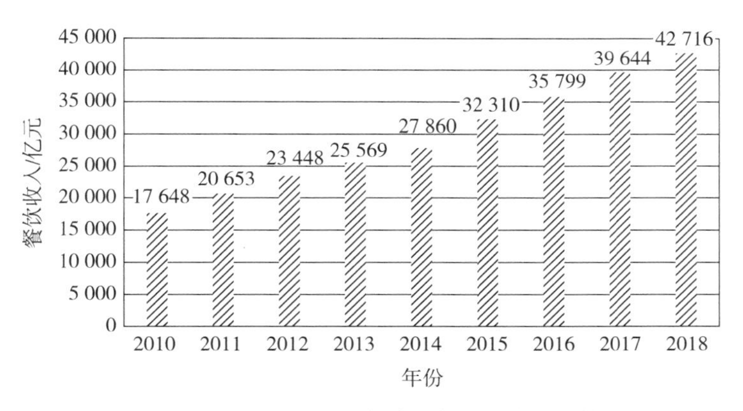

图 6-1　2010—2018 年中国餐饮业收入规模

6.1.1　定义

餐厨垃圾俗称泔脚、泔水，也叫潲水，又称馊水，是餐饮垃圾的统称。与其他垃圾相比，餐厨垃圾含有丰富的营养元素和有机质，主要成分为米饭、面食、肉骨、蔬菜和油脂等。其化学组成为蛋白质、脂肪、碳水化合物、挥发性脂肪酸、无机盐、微量无素和水分等，具有很大的回收利用价值。

6.1.2 影响因素

餐厨垃圾的产生是一个受多种因素干扰的复杂过程，主要影响因素如下[1]：

（1）人口数量及性别比例的影响

一般来说，聚居的人口越多，城市的规模越大，产生的餐厨垃圾越大。研究发现，随着我国城市化不断地推进，城市规模扩大，城市人口迅速增加，离开农村去城市打工的人数也在不断地增加。目前，我国城市数量大约 800 个，小城镇约 2 万个，城市人口约 7 亿。不断增加的人口数量也导致餐厨垃圾的产生量迅速地增加。特别是在大中型城市，我国城市餐厨垃圾产生量的 60% 集中在 100 多座人口在 100 万以上的大中型城市，2017 年北京、上海、广州、深圳的餐厨垃圾产生量均超过 3 kg/（人·d）(图 6-2)。除此之外，人口性别比例也会对餐厨垃圾产量有一定的影响。男女饮食习惯存在不同之处，因此对产生的餐厨垃圾的贡献程度也就不尽相同。总之，餐厨垃圾的产生量随人口的增长成正比的关系增加。

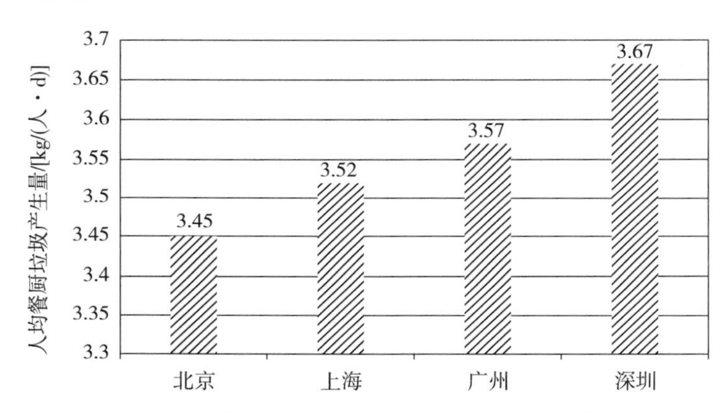

图 6-2　2017 年北京、上海、广州、深圳人均餐厨垃圾产生量

（2）经济发展水平及城市居民人均消费支出的影响

经济发展水平在一定程度上决定了城市居民的生活水平，而生活水平提高会使人均日产生餐厨垃圾量增加并使餐厨垃圾中有机物平均含量相应增加。

一个地区的经济越发达，人均收入越高，消费水平就会越高，导致日均餐厨垃圾产生量也就越高。E20 研究院的《餐厨垃圾处理市场分析报告（2016）》指出，近年来我国经济快速发展，餐厨垃圾以每年 10% 的增速持续增长。按照城镇人口餐厨垃圾产生量为 0.15 kg/（人·d）计算，我国 2011 年的餐厨垃圾产生量为 3 782 万 t，2015 年增至 4 222 万 t，到 2020 年将增至 4 873 万 t[2]。

（3）食品人均消费支出额影响

食品消费支出包括主食、副食、其他食品、在外饮食和食品加工费支出。食品人均消费支出增长可能是居民在饭店就餐次数增加所致，因此，餐厨垃圾产量也与食品人均消费支出存在一定关系。

通过对贵阳、西宁、青岛和嘉兴4个城市餐厨垃圾产生影响因素的研究可以得出餐厨垃圾总量：贵阳 > 西宁 > 青岛 > 嘉兴；但从人均产量来看，则为西宁 > 贵阳 > 嘉兴 > 青岛。贵阳辖区人口最多，每天产生的餐厨垃圾总量也最多，西宁辖区人口数少于青岛，但餐厨垃圾产量远高于青岛。嘉兴和青岛的经济发展水平较高，但是其餐厨垃圾产量低于经济发展水平相对落后的西宁和贵阳。这表明餐厨垃圾产量不只与人口数量、经济发展水平有关，还受人口性别比例、城市居民人均消费支出、食品人均消费支出等因素的影响。

总之，餐厨垃圾的产生受到多方面因素的影响。通过对北京、上海等一线城市的研究，对各因素的重要性进行排序，可以得出人口数量及性别的影响 > 食品人均消费支出额的影响 > 经济发展水平及城市居民人均消费支出的影响。但值得一提的是对于不同水平的城市，餐厨垃圾的产生量和组成会随城市的改变和性质而发生相应的变化。相关的主管部门应结合实际情况，因地制宜地对当地餐厨垃圾的管理和处置做出指导性地工作。

6.1.3　餐厨垃圾组成特征

餐厨垃圾主要含有淀粉、蛋白质、纤维素、无机盐和脂类等，具有高含水率、高有机质含量、高油脂、高盐分、营养丰富、毒害物质少，但极易腐烂变质散发恶臭等特征。此外，餐厨垃圾还具有一定危害性。因为其有机质含量高、产生量大、产地分散、极易腐败发酸发臭、滋生有害生物，若收集转运过程中发生泄漏则会污染空气、土壤及水源，严重干扰人们的正常生活。同时，餐厨垃圾又具有资源性，因为其含有丰富的有机营养成分，经过合理处置后是制作动物饲料、有机肥料和生物能源的重要来源。

餐厨垃圾的主要组成特征如下：

（1）高含水率

餐厨垃圾的含水率通常高达75%～85%（质量分数），不易压实，其收集、运输和处理都有很大难度，容易发生滴漏，污染路面，收贮成本高。而且由于餐厨垃圾的热值在2 100 kJ/kg左右，不能满足垃圾焚烧发电的热值要求，如果与其他垃圾一起焚烧会导致燃烧不充分而产生二噁英等物质；而填埋则会产生大量沼气及渗滤液，渗滤液可通过地表径流和渗透等作用污染地表水和地下水，对环境造成二次污染。

（2）高有机质含量

餐厨垃圾干物质中有机物含量高，淀粉、脂肪、蛋白质等高达80%～93%，使得餐厨垃圾易腐烂发臭，滋生各类细菌和病原菌，危害人体健康，但同时又可以作为饲料以及厌氧发酵的原料。

（3）高油脂

餐厨垃圾内油脂含量丰富，为1%～5%，可以进行回收再加工炼制生物柴油等，同时也易形成“泔水油”流入餐桌。

（4）高盐分

含盐量为 1% ~ 3%，浓度在 6.0 ~ 12.0 g/L，影响餐厨垃圾的处理过程，尤其会对厌氧发酵处理过程的微生物有抑制作用，也会对肥料资源化利用过程产生不利影响[3]。

（5）营养丰富

除了粗蛋白和粗纤维等有机物含量高，餐厨垃圾还含丰富的氮、磷、钾、钙以及各种微量元素，具有营养素齐全、再利用价值高等特点。餐厨垃圾中的糖类含量较高，而泔脚则以蛋白质、淀粉和动物脂肪类等为主要成分，且含盐量、油脂量高。

（6）毒害物质少

餐厨垃圾主要来自饭店、家庭、企事业单位食堂等，不含有工业废物，毒害物质少，可作为理想的肥料及饲料原料。

（7）极易腐烂变质

餐厨垃圾中有机物含量高，主要为淀粉类、食物纤维类、动物脂肪类等。又因其含水率高，易散发恶臭和滋生病菌，包括沙门氏菌、金黄色葡萄球菌、肝炎病毒等多种致病微生物，造成多种疾病的传播，对环境卫生造成恶劣影响。

（8）危害性大

随着经济的发展，人们的物质生活日益提高，外出就餐也大幅度增加，城市人口也越来越多，这就导致城市餐厨垃圾产生量大。由于餐厨垃圾极易腐烂变质，易传播疾病，如果处理不及时，餐厨垃圾发出的恶臭会严重影响居民的生活环境，同时有些餐厨垃圾会变质，滋生细菌等极易对人的身心健康造成影响。另外，如果餐厨垃圾处置不当，会对大气、水等造成污染，严重影响人们的生活。

6.1.4 餐厨垃圾资源化现状

餐厨垃圾富含氮、磷、钾、钙各种微量元素及有机质，作为饲料、肥料及沼气能源的开发利用潜力大。研究者对收集到的餐厨垃圾内容物进行分析发现，每吨餐厨垃圾中，其含油水组分 60%，固态渣滓 40%。固态渣滓中，果皮、食物残留物、动物骨头等有机质约 75%，塑料及金属物等惰性物质约 25%。目前我国主要存在三类餐厨垃圾回收模式：用作猪饲料、资源化处理以及利用废弃油脂生产生物柴油。国内外餐厨垃圾资源化处理工艺主要是：将餐厨垃圾中的油脂成分用于提炼生物柴油；水分经过污水处理，中水达标排放或回用；固态渣滓中的有机物成分可以利用微生物发酵产生沼气，沼渣通过再处理成为高蛋白饲料或生物肥料，实现餐厨垃圾的“零排放”。由此可见，餐厨垃圾可再制造成生物柴油、沼气和动物饲料及生物肥料等资源，具有很高的回收价值。

随着社会经济的发展和人们生活水平的提高，餐厨垃圾日益成为社会关注的焦点。

目前餐厨垃圾的主要处理方式为填埋和破碎直排等，处理过程中产生的CH_4、CO_2、CO严重影响着环境，而且浪费了餐厨垃圾中的可回收利用资源。基于餐厨垃圾的特点，为了实现其可回收资源的有效利用，国内外餐厨垃圾处理技术已由卫生填埋和破碎直排等简单的无害化处置技术逐步向资源化方向发展，目前主要的资源化利用技术有好氧堆肥、饲料化、厌氧消化等。餐厨垃圾的处理是世界各个国家都普遍关注和亟待解决的问题。不同的国家和地区因不同的生活方式和国情特点，对餐厨垃圾的处理具有一定的差异性。

日本对餐厨垃圾的资源化利用早在2000年就很普及了，建立了成熟的回收利用模式，而且配套了较健全的法律法规，主要工艺是将其转变为有机肥料和土壤改良剂。德国已建立一套先进的餐厨垃圾处理体系，形成了一条从收集到资源化利用的完整的循环产业链条，主要工艺有堆肥和厌氧处理，其次是焚烧，最后为卫生填埋。韩国的餐厨垃圾处理除了堆肥化，还发展了厌氧消化-生物气回收、生物反应器浆状物好氧处理等技术。我国从2010年才陆续出台了针对餐厨垃圾的指导性政策文件，明确提出以无害化集中处置和资源化综合利用为主的管理模式，现处理技术主要为厌氧发酵[4]。

6.1.4.1　国外资源化现状

（1）韩国餐厨垃圾处理现状

在韩国，餐厨垃圾占城市垃圾的比例在30%左右。由于垃圾回收利用率的提高，特别是实施分类收集之后，餐厨垃圾的产生量和所占城市垃圾的比重都有所下降。2000年城市生活垃圾量约为1 700万t，其中餐厨垃圾占25%[5]。韩国实施垃圾专用袋制度，家庭将一般垃圾和餐厨垃圾分开包装放在门外，由垃圾车和餐厨垃圾车分别收取。餐厨垃圾回收率由1988年的21.7%提高到2004年的81.3%。韩国把餐厨垃圾列为可燃垃圾，焚烧的垃圾中餐厨垃圾占30%~50%。但由于餐厨垃圾的燃烧导致二噁英增加、能源浪费等一系列问题，韩国政府做出了限制餐厨垃圾焚烧处理的决策。同时由于餐厨垃圾填埋而引起的渗滤液和气味等问题，韩国于2005年起所有填埋场不再接受餐厨垃圾。

韩国餐厨垃圾的主要处理方式以堆肥为主，但在堆肥处理方面也存在很多问题。首先是餐厨垃圾中的杂质太多，有机物无法彻底分解，影响堆肥的品质；其次，韩国的餐厨垃圾含盐量达到1%~3%，过高的盐分也影响堆肥效果；最后气味问题也难解决。韩国堆肥所采取的主要技术有生化沼气厌氧消化和两步厌氧消化[6]。

（2）美国餐厨垃圾处理现状

据美国国家环保局（EPA）统计，2000—2010年美国年平均餐厨垃圾的产生量高达3 000万t，约占生活垃圾总量的13.2%，而回收率仅为2.5%，远低于城市垃圾回收利用率的平均值30.1%，而且近几年没有升高的趋势[7]。美国对餐厨垃圾产生量较大的单位设置餐厨垃圾粉碎机和油脂分离装置，分离出来的垃圾排入下水道，油脂则送往相关加工厂（如制皂厂）加以利用。对于餐厨垃圾产生量较小的单位如居民厨房，则被混入有机垃圾中统一处理或通过安装餐厨垃圾处理机，将垃圾粉碎后排入下水道。

未来的处理趋势是采用堆肥工艺制成肥料或加工成动物饲料进行资源化回收利用。美国各个州关于餐厨垃圾的处理政策和方式都略有不同，很多州针对当地的具体情况，建立了自己的餐厨垃圾处理回收体系。

（3）欧洲餐厨垃圾处理现状

欧洲每年产生的餐厨垃圾量在 5 000 万 t 左右，相对来说，欧洲各国特别是像德国、法国、英国还有北欧地区的较发达国家等对餐厨垃圾的管理和处理都有相对较为完善的系统和体制。例如，德国是一个非常重视生态平衡的国家，目前绝大多数垃圾填埋厂已被关闭，很多大企业正在实现餐厨垃圾变废为宝的目标；丹麦政府从 1987 年开始进行填埋税的征收，费率逐年提升，其目的就是鼓励垃圾回收，特别是对餐厨垃圾等可利用的有机垃圾；荷兰在 1996 年开始就禁止了有机生物垃圾的填埋处理，其餐厨垃圾主要是以好氧处理为主。受法律规定及欧洲能源政策影响，欧洲主要采用厌氧消化和好氧堆肥的方式来处理餐厨垃圾。

（4）日本

据统计，日本每年餐厨垃圾总量为 2 000 万 t，占生活垃圾的 40%，其中食品加工业产生 340 万 t，食品销售渠道和酒店产生 600 万 t，家庭产生 1 000 万 t，产生于食品加工行业的垃圾由于收集集中，其回收率达到 48%。由于日本餐厨垃圾的倾倒运输费用很高，每吨为 250 ~ 600 美元，因此大力推广餐厨垃圾处理机的应用[5]。一些著名的电器公司（如松下、三洋、日立、东芝）都把餐厨垃圾处理机作为一项很有潜力的产品，投入一定的人力和资金进行研制和推广。据统计，日本制造家庭餐厨废物处理机的企业已达 250 家。为了减少餐厨垃圾对环境的污染，充分利用其资源，日本 2000 年颁布了《餐厨废物再生法》。该法律规定餐厨加工业、饮食业和流通企业有义务减少餐厨废物的排出量和把其中的一部分转换成饲料或肥料，并且就再生利用对象的饲料和肥料制定质量标准。

6.1.4.2 国内资源化现状

2009 年实施的《循环经济促进法》为餐厨垃圾等循环经济产业提供了资金支持，第一批 33 个试点城市（区）获得中央财政循环经济发展专项资金 6.3 亿元的支持。此外，《固体废物污染环境防治法》和《餐饮企业经营规范》对餐厨垃圾的产生与分类进行了说明，《畜牧法》《食品安全法》《农产品质量安全法》也对餐厨垃圾的处理进行了规定。在国家政策的影响下，各地方也陆续制定了餐厨垃圾资源化相关政策，截至 2016 年 9 月底，100 个试点城市（区）中有 68 个已出台实施了餐厨垃圾管理办法。这些法规初步形成了体系，推动了我国餐厨垃圾资源化利用系统的建设。

据统计，截至 2016 年，我国餐厨垃圾已经超过 9 700 万 t，现有处理设备严重不足，而根据《"十三五"全国城镇生活垃圾无害化处理设施建设规划》，"十三五"期间我国将新增餐厨处理能力 3.44 万 t/d，对应投资额为 183.5 亿元。尽管餐厨垃圾拥有巨大的市场，国家和地方政府也出台了一系列政策扶持行业发展，但餐厨垃圾处理项目实施进度仍然缓慢，低于市场预期。截至 2015 年年末，全国已投运、在建、筹建的餐厨垃圾处理项目（50 t/d 以上）约有 118 座，总设计处理能力约 2.15 万 t/d，并且筹建中的 40 座处理设施（处理能力 0.66 万 t/d）大部分仅处于完成立项阶段。剔除这部分，我国餐厨垃圾实际处理能力不超过 1.4 万 t/d，日处理率仅为 5.5%，要完成"十三五"新增目标压力较大。

近几年，随着餐厨垃圾的处理问题得到重视，中央政府陆续出台管理办法以杜绝餐厨垃圾违法处理现象，引导企业和餐饮单位减量化、无害化、资源化处理垃圾。当前，餐厨垃圾处理技术主要包括制动物饲料、厌氧消化、好氧堆肥、焚烧、填埋、蚯蚓养殖等。目前国内主要采用的技术有好氧堆肥和厌氧发酵，另外，利用蚯蚓、黑水虻等进行生物转化的资源化技术也得到应用。

6.1.5 堆肥工艺发展现状

目前国内外运用较多的堆肥技术是高温好氧生物发酵技术。该工艺采用高温嗜热微生物进行发酵，温度高、发酵速度快，对餐厨垃圾等有机垃圾具有较好的处理效果。国内诸多餐厨垃圾处理厂均采用好氧式堆肥处理，上海浦东新区有机垃圾综合处理厂生产好氧堆肥，处理量达 100 t/d。台湾阜利生物科技公司与合肥市合作，将来自台湾的专利技术转化为生产力，采用微生物高温好氧发酵技术处理工艺，餐厨垃圾变成液态或固态有机肥。2009 年 5 月建立的北京市高安屯餐厨垃圾资源化处理厂，是目前我国最大的餐厨垃圾处理厂，日处理能力为 400 t，餐厨垃圾被倒入发酵罐，再喷上益生菌，餐厨垃圾经生物高温十几个小时好氧发酵，变成了肉松状、无异味的生物有机肥，然后制成腐殖酸肥料，运往郊区草莓生产基地，供不应求。

6.2 餐厨垃圾好氧堆肥

对堆肥技术进行科学研究始于 20 世纪 20 年代，而高温好氧堆肥技术是从 20 世纪 30 年代开始采用的。根据工艺流程和运行状况，高温好氧堆肥处理技术可分为静态好氧堆肥处理技术、动态好氧堆肥处理技术和间歇式动态好氧堆肥处理技术 3 种。

进入 20 世纪 90 年代以来，动态厌氧堆肥处理技术在一部分国家优先得到了应用。早在 20 世纪 70—80 年代许多发达国家建设了大批机械化程度较高的垃圾堆肥厂，不少国家还制定了垃圾堆肥厂的技术标准，并依据相关技术标准生产了多种用途的堆肥系列产品以适应不同作物、不同土壤和不同用肥途径（如庭院苗圃、园林绿化、农业种植等）的需求。同时也在提高垃圾堆肥产品质量，扩大垃圾堆肥产品销售和使用范围等方面做了大量工作，有效地推动了垃圾堆肥技术的推广应用。20 世纪 80 年代后，发达国家的生活垃圾堆肥技术应用陷入低谷，不少国家的许多规模较大且机械化程度较高的生活垃圾堆肥厂相继倒闭。但在这种形势下，一些国家仍在坚持不懈地改进垃圾堆肥技术，提高垃圾堆肥产品质量。

6.2.1 概述

（1）堆肥及堆肥化的概念

堆肥是利用各种有机废物为主要原料，在微生物分解作用下，不但生成大量可被植物吸收利用的有效态氮、磷、钾化合物，还经堆制腐解而生成了高分子有机物——腐殖质，它是构成土壤肥力的重要活性物质。餐厨垃圾由于有机物含量高、营养丰富、碳氮比比较低，非常适用于作堆肥原料。堆肥化是在微生物作用下通过高温发酵使有机物矿质化、腐殖化和无害化而变成腐熟肥料的过程[8]。

（2）堆肥化的分类

堆肥化按照需氧程度，可以分为好氧堆肥和厌氧堆肥；按照温度，可以分为中温堆肥和高温堆肥；按照技术，可以分为露天堆肥和机械密封堆肥。目前习惯按照需氧程度来区分，且堆肥化大多指好氧堆肥，这是因为好氧堆肥具有温度高、基质分解比较彻底、堆置周期短、异味小、可以大规模采用机械处理等优点。厌氧堆肥是利用厌氧微生物完成分解反应，具有空气与堆肥相隔绝、温度低、工艺比较简单、产品中氮保存量比较多的特点，但堆置周期太长、异味浓烈、产品中含有分解不充分的杂质。

（3）堆肥的作用

堆肥是人工腐殖质，在施用堆肥后，可以增加土壤中稳定的腐殖质，形成土壤的团粒结构。其用途很广，既能够用于水土流失控制、土壤改良等，也可以用作绿地、果园、农场、畜牧场、菜园等的种植肥料。堆肥的作用主要有以下几点：

1）使土质松软、多孔隙、易耕作，增加保水性、透气性及渗水性，改善土壤的物理性状。

2）增加有机质，促进吸附阳离子，保住养分，提高土壤的保肥能力。肥料中的氮、磷、钾等营养成分均是以阳离子形态存在的，由于腐殖质带有负电荷，所以有吸附阳离子的作用。

3）腐殖质中某种成分具有螯合作用，能够抑制不利于作物生长的活性铝与磷酸结合。另外，对作物有害的铜、铝、镉等重金属也可以和腐殖质反应来降低其危害程度，利于植物生长。

4）堆肥是缓效性肥料，不对农作物产生危害。

5）腐殖质的有机物具有调节植物生长的作用，可以促进根系的伸长和增长。

6）将富含微生物的堆肥施于土壤中，可增加其中的微生物数量，改善作物根系微生物条件。微生物分泌的各种有效成分能直接或间接地被植物吸收而起到有益作用，因此堆肥是昼夜均有效的肥料。

6.2.2　好氧堆肥原理

好氧堆肥是在有氧条件下，通过微生物的作用进行的。在堆肥过程中，有机废物中的可溶性有机物透过细胞壁和细胞膜被微生物直接吸收；而不溶的固体和胶体有机物先附着于微生物体外，被微生物分泌的胞外酶分解成可溶性物质后，进入细胞内。微生物通过自身的生命代谢活动（分解代谢和合成代谢），把一部分被吸收的有机物质氧化成简单的无机物，并释放出生物生长、活动所需要的能量；把另一部分有机物转化合成新的细胞物质，使微生物繁殖，产生更多的能量（图6-3）。

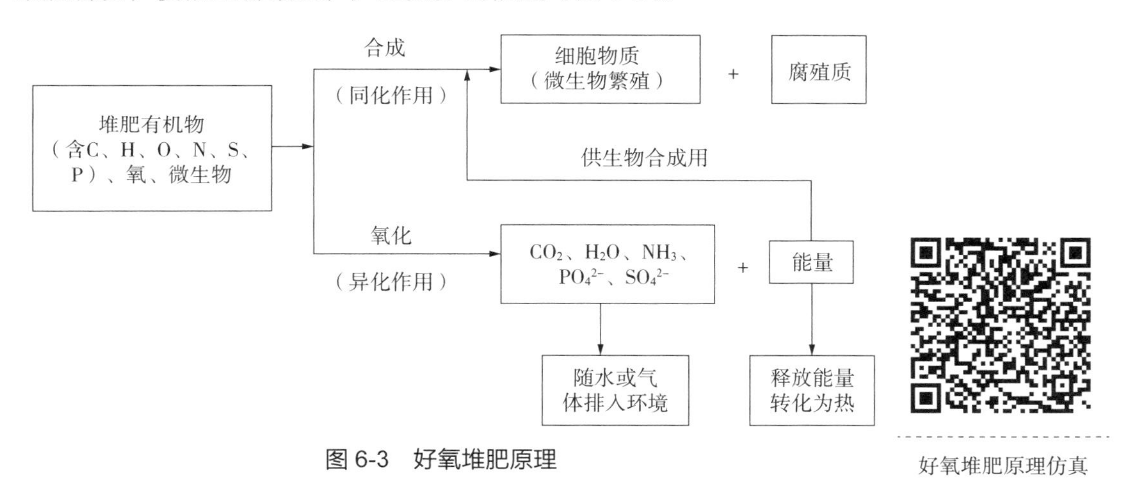

图6-3　好氧堆肥原理

好氧堆肥原理仿真

好氧过程主要分为以下三个阶段：

（1）中温阶段

中温阶段也称作产热阶段。堆层温度基本为15～45℃，嗜温菌活跃，可溶性糖类、淀粉等消耗迅速，温度不断升高。该阶段以细菌、真菌、放线菌为主。

堆肥初期，堆层基本呈中温，嗜温性微生物较为活跃，并利用堆肥中可溶性有机物质（单糖、脂肪和碳水化合物）旺盛繁殖。它们在转换和利用化学能的过程中，有一部分变成热能，由于堆料有良好的保温作用，温度不断上升。本阶段历时较短，糖、淀粉等基质不可能全部降解，微生物的繁殖才刚刚开始，数量不多，主发酵在下一阶段进行。

（2）高温阶段

当堆温升至45℃以上时即进入高温阶段，在这一阶段当中，嗜温微生物受到抑制甚至死亡，嗜热微生物取而代之。堆肥中残留的和新形成的可溶性有机物继续被氧化分解，堆肥中复杂的有机物（如半纤维素、纤维素和蛋白质）也开始被强烈分解。在本阶段各种嗜热性微生物的最适宜温度也不尽相同，在升温的过程中，嗜热微生物的类群和种群相互接替成为优势菌群。通常在50℃左右最为活跃的是嗜热性真菌和放线菌；当温度升至60℃时，真菌则几乎完全停止活动，仅为嗜热性放线菌和细菌的活动；当温度上升到70℃以上时，大多数嗜热性微生物已经不再适应，从而大批进入死亡和休眠状态。现代化堆肥生产的最佳温度一般为55℃，这是由于大多数微生物在45～80℃范围内最活跃，最易分解有机物，其中的病原菌和寄生虫大多数可被杀死。

同细菌的生长繁殖规律一样，微生物在高温阶段生长过程可以细分为三个时期，分别为对数生长期、减速生长期和内源呼吸期。在高温阶段微生物活性经历了三个时期的变化之后，堆积层内开始发生与有机物分解相对应的另外一个过程，即腐殖质的形成，堆肥物质逐渐进入稳定化状态。

（3）降温阶段

在内源呼吸期后期，堆肥原料中只剩下部分较难分解的有机物和新形成的腐殖质。这时微生物的活性下降，发热量减少，堆体温度降低，嗜温微生物又重新占优势，残余较难分解的有机物进一步分解，腐殖质不断增多且稳定化，此时堆肥即进入腐熟阶段。降温后，需氧量大大减少，含水量也降低，堆肥物孔隙增大，氧扩散能力增强，此时只需自然通风即可。

6.2.3 影响因素

好氧堆肥是物理、化学和生物作用综合的结果，所以选择最佳条件促使微生物降解尤为重要。通过合理调控以下几种影响因素[8-11]，可以达到促进堆肥化进程、加快堆肥熟化和提高堆肥效率的目的。

（1）含水率

堆肥原料水分多少直接影响了堆料性质和堆肥过程中物理及生物学性质，进而决定了好氧堆肥反应速度快慢、堆肥腐熟程度和堆肥产品质量，甚至关系到好氧堆肥工艺过程的成败。水分的主要作用有两个：一是溶解有机物，参与微生物的新陈代谢；二是调节堆肥温度，温度过高时通过水分的蒸发，带走一部分热量。在堆肥期间，如果水分含量低于10%～15%，细菌的代谢作用会普遍停止；含水量太高，会使堆体内自由空间少，通气性差，形成微生物发酵的厌氧状态，产生臭味，减慢降解速度，延长堆腐时间。

（2）温度

温度是影响微生物活性的最显著因子，是堆肥系统中微生物代谢活动产热累积与散热平衡的反映，对堆肥反应速率起着决定性作用（表6-1）。微生物活性的最适范围为35～50℃，49～55℃时微生物的多样性相似，当温度大于60℃时，微生物多样性显著减少。工程上要求堆温应控制在微生物适宜活性范围的上限：55～60℃。堆肥初期，堆体温度一般与环境温度一致，堆体基本上呈中温，嗜温菌较为活跃，大量繁殖。经中温菌作用，堆体温度逐渐升高，可达到50～60℃，嗜温菌受到抑制，甚至死亡，而嗜热菌的繁殖进入激发状态。嗜热菌的大量繁殖和堆体温度的显著提高，使得堆体在高温期保持3 d以上，可杀灭堆料中的致病微生物、寄生虫（卵）和杂草种子，实现堆肥无害化。当堆体温度上升到65～70℃时，放线菌等有益菌将被杀死，进入孢子形成阶段，孢子呈不活动状态，分解速度相应放慢。过低的温度也将大大延长堆肥周期，影响堆肥质量，无害化效果差。因此好氧高温堆肥理想温度范围的确定就显得极为重要，一般认为高温堆肥的最佳温度在55～60℃[9]。

表6-1　堆肥温度与微生物生长关系

温度/℃	温度对微生物生长的影响	
	嗜温菌	嗜热菌
常温～38	激发态	不适用
38～45	抑制状态	可开始生长
45～55	毁灭态	激发态
55～60	不适用（菌群萎退）	抑制状态（轻微）
60～70	—	抑制状态（明显）
>70	—	毁灭期

（3）通风供氧

通风供氧是堆肥成功的关键因素之一。堆肥需氧的多少与堆肥材料中有机物含量息息相关，堆肥材料中有机碳越多，其好氧率越大。堆肥过程中合适的氧浓度为18%，最低为8%，氧浓度一旦低于8%，就成为好氧堆肥中微生物生命活动的限制因素，容易使堆肥厌氧而产生恶臭。

（4）pH

pH是显著影响有机固体废物好氧堆肥进程的另一个重要参数。适宜细菌生长的pH范围为6.0～7.5，适宜放线菌生长的pH范围为5.5～8.0。国外学者研究pH对微生物活性的影响时发现，对堆体中大部分微生物来说最适生长pH范围为6.5～7.5。我国一些学者认为好氧堆肥最适宜pH是中性或弱酸性（6～9）。好氧堆肥进程中pH是动态变化的：起始阶段，由于微生物将有机固体废物分解为大量小分子的挥发性脂肪酸（VFAs）和

CO_2，pH 通常较低；随着反应的进行，温度升高，VFAs 被微生物吸收利用，CO_2 挥发，蛋白质分解产生 NH_3，pH 逐渐升高。值得注意的是，pH 也会影响堆肥中氮的存在形式，进而影响堆肥产品最终的氮素损失。

（5）C/N 比和 C/P 比

碳是微生物的主要能量来源，并且一小部分碳素参与微生物细胞的组成。细菌干细胞质量的 50% 以上是蛋白质，氮作为蛋白质组成的主要元素对微生物种群的增长影响巨大。一般用 C/N 比表征这两种主要营养元素在堆肥中的平衡关系。当氮素受限制（C/N 比较高）时，微生物种群会长时间保持在较少的状态，并且需要更长的时间降解可生化的碳；当氮素过量（C/N 比较低）时，氮素供应超过了微生物的需求，结果往往以 NH_3 的形式从系统中挥发而流失[10]。在国内堆肥的研究和应用中一般认为初始阶段物料合适的 C/N 比为（25～35）：1。磷是磷酸和细胞核的重要组成元素，也是生物能 ATP 的重要组成成分，一般要求堆肥料的 C/P 比在（75～150）：1 为宜。

（6）有机物含量

堆肥反应需要一个合适的有机物含量范围，在高温好氧堆肥中，适合堆肥的有机物含量范围为 20%～80%。当有机物含量低于 20% 时，堆肥过程产生的热量不足以提高堆层的温度而达到堆肥的无害化，也不利于堆体中微生物的生长繁殖，无法提高堆体中微生物的活性，最后导致堆肥工艺失败。当堆体有机物含量高于 80% 时，由于高含量的有机物在堆肥过程中对氧气需求较大，而实际供氧很难达到所需要求，从而也不能使好氧堆肥顺利进行。

（7）其他因素

好氧堆肥过程还受到原料理化性质的影响，如含盐率、堆肥物料粒度和油脂含量等。要对堆肥原料进行粉碎预处理，使其具有适宜的粒径，可以有效调节堆体通气、透水性能，防止底物粒径过小形成局部厌氧环境，也可避免底物粒径过大造成降解过程中堆体坍塌，影响升温。一般认为适合餐厨垃圾好氧堆肥的粒径大小为 5～10 mm，秸秆等调理剂适宜破碎为 10～50 mm。

由于饮食习惯的不同，以餐厨垃圾为原料进行好氧堆肥时，我国与国外的处理技术和效果表现出很大差异。我国的餐厨垃圾具有高盐、高油的特点，盐类和油脂类物质很难被微生物利用分解，并且会抑制微生物的活性，减缓腐熟。

6.2.4 堆肥工艺[12,13]

现代化的堆肥生产一般采用好氧堆肥工艺。尽管好氧堆肥多种多样，但通常其基本工序均由前处理、主发酵（一次发酵）、后发酵（二次发酵）、后处理、脱臭及贮存等组成（图 6-4）。

好氧堆肥一般流程仿真

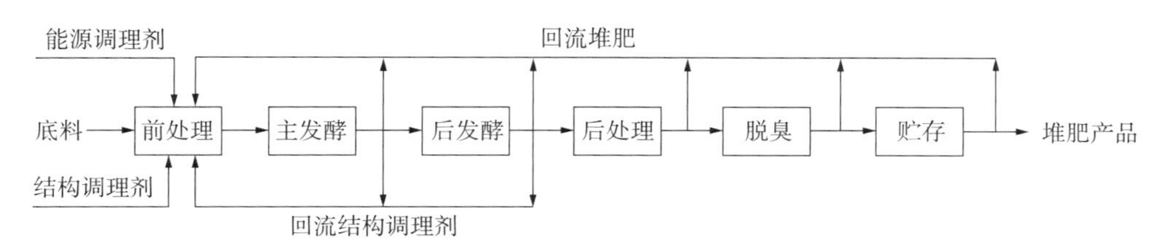

图 6-4　好氧堆肥一般流程

堆肥底料一般是污泥、生活垃圾、餐厨垃圾、农林废物和庭院废物等。一般要在堆肥底料中加入调理剂，调理剂可分为两种类型：①结构调理剂，是一种加入堆肥底料的物料，主要目的是减少底料容重，增加底料空隙，从而有利于通风；②能源调理剂，是加入堆肥底料的一种有机物，用于增加可生化降解有机物的含量，从而增加混合物的能量。

6.2.4.1　前处理

餐厨垃圾用于堆肥，由于其中组分复杂、形式多样，往往含有粗大垃圾和不能堆肥的物质，堆肥产品的质量不能得到应有的保证。因此，在堆肥之前，必须对其进行一定程度的前处理。前处理往往包括破碎、分选、筛分等工序，通过破碎、分选和筛分可达到以下目的：

①去除粗大垃圾和不能堆肥的物质，提高物料的有机物含量。

②调整物料粒度。通常适宜堆肥的粒径范围是 12 ~ 60 mm，其最佳粒径随垃圾物理特性变化而变化。同时，还应从经济方面考虑，因为破碎得越细小，动力消耗就越大，垃圾处理费用就越多。

③调整堆肥原料的含水率，通常使用人粪尿作为低湿度物料的水分调理剂。

④调节 C/N 比，堆肥物料适宜的 C/N 比不仅可以提高堆肥场的生产效率，而且可以保证获得高效的堆肥，通常使用堆肥成品、稻草、木屑等作为高湿度、低含碳量物料的调理剂。

⑤调节微生物含量，当以餐厨垃圾为堆肥原料时，有时尚需添加一些菌种和酶制剂。

6.2.4.2　主发酵

主发酵可在露天或发酵装置内进行，通过翻堆或强制通风进行供氧。在微生物的作用下，物料开始发酵，首先易分解物质被分解产生二氧化碳和水，放出热量使堆温上升，同时微生物利用有机物的营养成分合成新细胞进行繁殖。

发酵初期物质的分解作用是靠嗜温菌进行的，随着堆肥温度上升，最适宜温度为 45 ~ 65℃的嗜热菌取代了嗜温菌。堆肥从中温进入高温阶段。此时应采取温度控制手段，以免温度过高，同时应确保供氧充足。经过一段时间后，大部分有机物被降解，各种病原菌被杀死，堆温开始下降。通常将温度升高到开始降低的阶段，称为主发酵期，以生活垃圾和家禽粪尿为主的好氧堆肥，主发酵期为 4 ~ 12 d。

6.2.4.3 后发酵

主发酵产生的堆肥半成品被送至后发酵工序，将主发酵工序尚未分解的易分解和较难分解的有机物进一步分解，使之转化成为比较稳定的有机物（如腐殖质等），得到完全腐熟的堆肥制品。通常，把物料堆积到高 1 ~ 2 m，通过自然通风和间歇性翻堆，进行敞开式后发酵，但需防止雨水流入。在这一阶段的分解过程中，反应速率降低，耗氧量下降，所需时间较长，通常为 20 ~ 30 d。

6.2.4.4 后处理

经过后发酵的物料，几乎所有的有机物都已降解和减量。但还需经过一道分选工序以去除预分选工序没有去除的杂物，并根据需要，如生产精制堆肥等，进行再破碎过程。除分选、破碎外，后处理工序还可包括压实造粒、打包装袋等，可根据实际情况进行必要的选择。

6.2.4.5 脱臭

在堆肥过程中，由于堆肥物料局部或某段时间内的厌氧发酵会导致臭气产生，污染工作环境。因此，必须进行堆肥排气的脱臭处理。常见产生臭气的物质有氨、硫化氢、甲基硫醇、胺类等。除臭的方法主要有化学除臭、生物除臭和活性炭吸附除臭等。

6.2.4.6 贮存

堆肥施用与农田有一定的季节性，一般为春秋两季，因此需要适当的库存容量以便将夏冬两季生产的堆肥产品贮存起来。若是建造库房存放时，其容量以能容纳 6 个月的堆肥生产量为宜。贮存方式可直接堆存在二次发酵仓内或袋装存放，要求具备干燥通风的室内环境。

6.2.5 堆肥设备[14]

按照发酵装置的类型有立式堆肥发酵塔、卧式堆肥发酵滚筒、螺旋搅拌式发酵仓、筒仓式堆肥发酵仓和箱式堆肥发酵池等。

（1）立式堆肥发酵塔

立式堆肥发酵塔通常由 5 ~ 8 层组成，内外层均由水泥或钢板组成，因此，立式堆肥发酵塔又叫作立式多层发酵塔。经分选后的可堆肥物料由塔顶进入塔内，在塔内可堆肥物料通过不同形式的搅拌翻动，逐层由塔顶向塔底移动最后由最低层出料。一般经过

5～8 d的好氧发酵，堆肥物料即从塔顶移动到塔底而完成一次发酵，塔内温度分布从上层至下层逐渐升高。通常以风机强制通风对塔内进行供氧，通过安装塔身一侧不同高度的通风口将空气定量地通入塔内以满足微生物对氧的需求。立式堆肥发酵塔通常为密闭结构，堆肥时产生的臭气能较好地进行收集处理，条件比较好。此外，此堆肥设备具有处理量大、占地面积小的优点，但一次性投资较高。

立式多层发酵塔发酵流程仿真

立式多层发酵塔的种类包括立式多层圆筒式、立式多层板闭合门式、立式多层桨叶刮板式、立式多层移动床。图6-5为立式多层发酵塔及发酵系统流程。

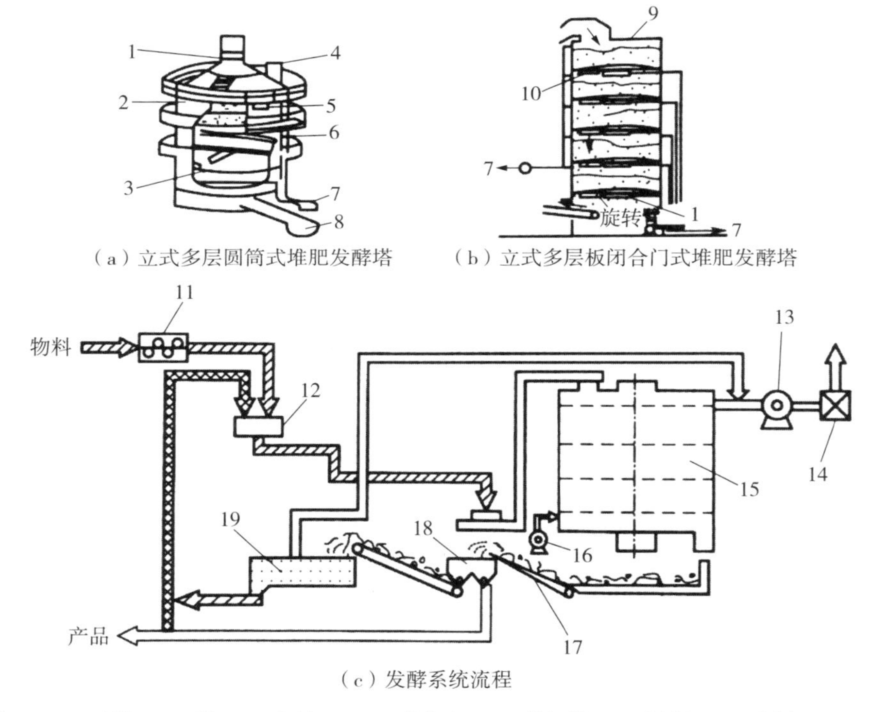

1—驱动装置；2—池体；3—犁；4—进料口；5—观察窗；6—进气管；7—风机；8—进料口；9—发酵小池；10—下料门；11—脱水机；12—混合机；13—抽风机；14—脱臭装置；15—发酵仓；16—热风风机；17—旋转臂；18—分配器；19—干燥器

图6-5　立式多层发酵塔及发酵系统流程

（2）卧式堆肥发酵滚筒

卧式堆肥发酵滚筒形式多样，其中典型形式为达诺（Dano）式滚筒。主体设备是一个长20～35 m，直径为2～3.5 m的卧式滚筒。在该发酵装置中废物靠与筒体内表面的摩擦沿旋转方向提升，同时借助自重落下。通过如此反复升落，废物被均匀地翻动并且与供入的空气接触，并借微生物的作用进行发酵。此外，由于筒体斜置，当沿旋转方向提升的废物靠自重下落时，逐渐向筒体出口一端移动，这样，滚筒可自动稳定地供应、传送和排出堆肥物。

如果发酵全过程都在此装置中完成，停留时间应为 2 ~ 5 d。当以该装置作全程发酵时，发酵过程中堆肥物的平均温度为 50 ~ 60℃，最高温度可达 70 ~ 80℃；当以该装置作一次发酵时，则平均温度为 35 ~ 45℃，最高温度可达 60℃。

图 6-6 为 Dano 卧式滚筒垃圾堆肥系统流程。加入料斗的垃圾经过皮带输送机送到磁选机除去铁类物质，由给料机供给低速旋转的发酵仓，在发酵仓进行发酵，连续数日后成为堆肥物排出仓外，随后经振动筛筛分，筛上产物经溜槽排出进行焚烧或填埋。筛下产物经去除玻璃后即成为堆肥产品。

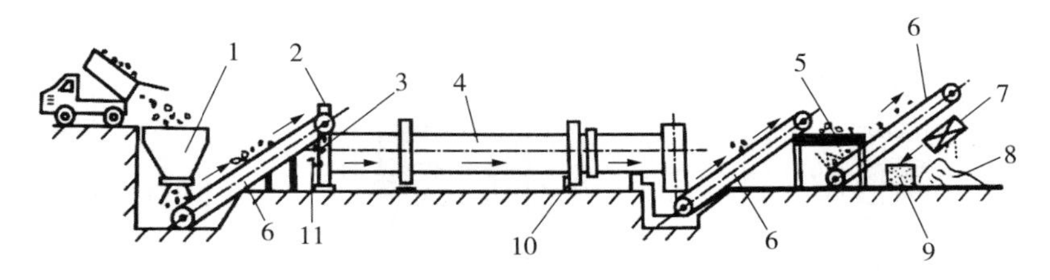

1—加料斗；2—磁选机；3—给料机；4—Dano 卧式滚筒；5—振动筛；
6—皮带运输机；7—玻璃分选机；8—堆肥；9—玻璃片；10—驱动装置；11—铁屑

图 6-6 Dano 卧式滚筒堆肥系统流程

卧式滚筒堆肥系统流程仿真

（3）螺旋搅拌式发酵仓

螺旋搅拌式发酵仓的示意图如图 6-7 所示，是动态式筒式发酵仓的代表之一。

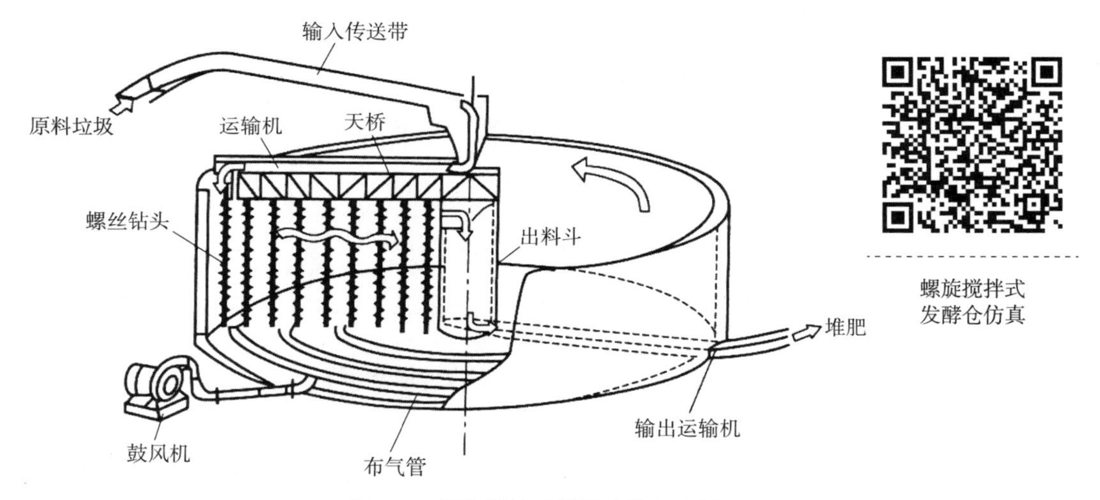

螺旋搅拌式发酵仓仿真

图 6-7 螺旋搅拌式发酵仓的示意图

经预处理工序分选破碎的废物被运输机送到仓中心上方，靠设在发酵仓上部与天桥一起旋转的传送带向仓壁内侧均匀地加料，用吊装在天桥下部的多个螺丝钻头来旋转搅拌，原料边混合边掺入到正在发酵的物料层内。由于这种混合掺入，原料温度迅速升到

45℃而快速发酵，即使原料的水分高到 70% 左右，其水分也能向正在发酵物料中传递而使发酵正常进行。此外，即使原料的臭味很强烈，因为被大量正在发酵物料淹没，不至于散发恶臭。

螺丝钻头自下而上提升物料进行“自转”的同时，还随天桥一起在仓内“公转”，使物料在被翻搅的同时，由仓壁内侧缓慢地向仓中央的出料斗移动。由于翻堆是在发酵物料层中进行的，可减少发酵热的损失。物料的移动速度及在仓内停留时间可用公转速度大小来调节。空气由设在仓底的几圈环状布气管供给。发酵仓内，发酵进行的程序在半径方向上有所不同。因此，由于靠近仓壁附近的物料水分蒸发量及氧消耗量较多，该处布气管应供给较多的空气，靠近仓中心处布气管则可供给较少的空气，也就是说，该系统根据发酵进行的深度，合理而经济地布气供气。仓内温度通常为 60 ~ 70℃，一次发酵的停留时间为 5d。

（4）筒仓式堆肥发酵仓

筒仓式堆肥发酵仓为单层圆筒状，发酵仓深度一般为 4 ~ 5 m。装置大多采用钢筋混凝土筑成。发酵仓内供氧均采用高压离心风机强制供气，以维持仓内堆肥好氧发酵。空气一般由仓底进入发酵仓，堆肥原料由仓顶进入。经过 6 ~ 12 d 的好氧发酵，得到初步腐熟的堆肥由仓底通过出料机出料。根据堆肥在发酵仓内的运动形式，筒仓式发酵仓可分为静态和动态两种。

（5）箱式堆肥发酵池

箱式堆肥发酵池种类很多，应用也十分普遍，主要有矩形固定式犁形翻倒发酵池和斗翻倒式发酵池。

1）矩形固定式犁形翻倒发酵池设置犁形翻倒搅拌装置（图 6-8），作用是进行机械犁掘废物，可定期搅动和移动物料多次。同时它能保持池内通气，使物料均匀发散，并兼有运输功能，可将物料从进料端送至出料端，物料在池内停留 5 ~ 10 d。空气通过池底布气板进行强制通风。发酵池也采用输送式搅拌装置，这样能够提高物料的堆积高度。

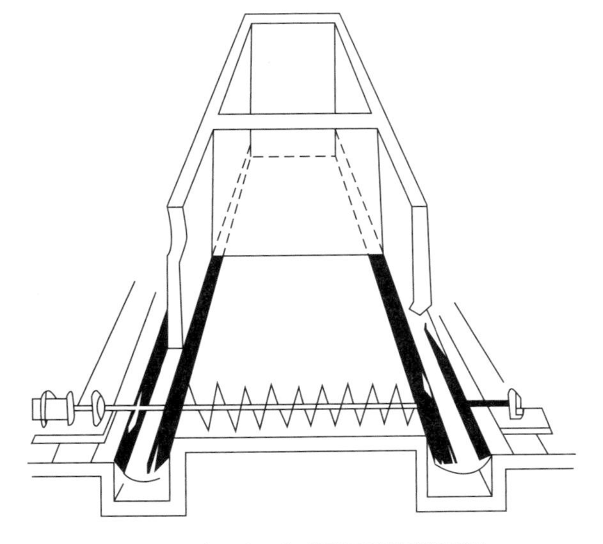
图 6-8　矩形固定式犁形翻倒发酵池

2）斗翻倒式发酵池呈水平固定，池内装备翻倒机对废物进行搅拌使废物湿度均匀并与空气接触，促进了易堆肥物迅速分解，阻止臭气的产生。停留时间为 7 ~

10 d，翻倒废物频率以一天一次为标准，以物料性状改变翻倒次数。

装置运行过程为：发酵池装有一台搅拌机及一架安置于车式输送机上的翻倒车，翻倒废物时，翻倒车在发酵池上运行，当完成翻倒操作后，翻倒车返回到活动车上；当池内物料被翻倒完毕，搅拌机由绳索牵引或机械活塞式倾斜装置提升，再次翻倒时，可放下搅拌机开始搅拌；堆肥经搅拌机搅拌，被位于发酵池末端的车式输送机传送，最后由安置在活动车上的刮出输送机刮出池外。

发酵过程的几个特定阶段由一台压缩机控制，所需空气从发酵池底部吹入。

6.2.6 堆肥腐熟度的评价

堆肥产品质量的好坏关键在于堆肥过程控制参数的优化。而堆肥腐熟度是堆肥过程控制的重要指标。腐熟度是堆肥中的有机质经过矿化、腐殖化过程最后达到稳定的程度，是评价污泥堆肥成熟程度的参数[15]。堆肥的腐熟程度影响堆肥产品的使用，所有未经处理的有机废物、未腐熟的堆肥都会提高土壤中微生物的活性，在一段时间内造成潜在的氧缺乏和间接毒性，也会产生臭味。同时堆肥的腐熟度是堆肥厂的设计、运行及堆肥过程控制的重要依据，关系到堆肥厂的建造成本及运行效率。所以对腐熟度进行评价尤为重要。主要通过以下四种方法进行评价[16-20]。

6.2.6.1 外观评分法

堆肥腐熟度的物理评价指标即通过堆肥的表观特征来确定是否腐熟。通常情况下，腐熟堆肥的表观特征为：堆肥后期温度自然降低不再吸引蚊蝇、不会有令人讨厌的臭味、堆肥表面由于真菌的生长有白色和灰白色菌丝附着以及堆肥产品呈现疏松的团粒结构。此外，高品质的堆肥应该是深褐色，肉眼看上去均匀，并发出令人愉快的泥浆气味，这种方法只能从感官上进行初步判断，难以进行定量分析。

外观评分法综合考虑物理评价指标中各表观特征，结合堆肥操作条件，通过观察堆肥物理性状及堆积情况，对堆肥腐熟度进行评分，从而实现量化判别的方法。

6.2.6.2 化学分析法[16-20]

（1）C/N 比

碳源是微生物利用的能源，氮源是微生物的营养物质。堆肥过程中，碳源被消耗，转化成二氧化碳和腐殖质，而氮以氨气的形式散失，或变为硝酸盐和亚硝酸盐，或由生物体同化吸收，因此碳和氮的变化是堆肥的基本特征之一。C/N 比是最常用于评价腐熟度的参数，理论上 C/N 比在腐熟的堆肥产品中为（10～20）：1。Golueke 也指出腐熟的堆肥 C/N 比小于 20，但许多堆肥原料的 C/N 比较低，如污泥、农用废弃物等，此时 C/N 比就不适于作腐熟度参数了。

（2）COD 和 BOD_5

堆肥过程中反映有机质变化的参数有 COD、BOD_5 和挥发性固体。国内对垃圾堆肥的实验结果显示，COD 的变化主要发生在热降解阶段，在随后的阶段趋于平稳。国外研究人员对动物的排泄物进行堆肥研究，提出当堆料的 COD 小于 700 mg/g 干堆肥时达到腐熟。BOD_5 虽然不代表堆肥中的全部有机物，但代表了堆肥中的可生化降解部分。Mathur 等认为腐熟的堆肥产品中，BOD_5 值应小于 5 mg/g 干堆肥。

（3）pH

许多研究者提出，pH 可以作为评价堆肥腐熟程度的一个指标。因为堆肥原料或发酵初期，pH 为弱酸到中性，一般为 6.5 ~ 7.5，腐熟的堆肥一般呈弱碱性，pH 在 8 ~ 9，但是 pH 也受堆肥原料和条件的影响，只能作为堆肥腐熟的一个必要条件，而不是充分条件。

（4）阳离子交换容量（CEC）

CEC 值一般随腐殖化过程的进行而逐渐增加。国外研究者通过试验得出了 CEC 随时间变化的规律。Jimenez 等用城市垃圾和污泥作原料进行堆肥试验，认为 CEC 值高于 60 cmol/kg。有机质（以灰分计）含量且 C/N（水相）比小于 6 时，可认为堆肥已腐熟。Garcia 等提出用 CEC/TOC（总有机碳）作腐熟度标准，认为 CEC/TOC 在 3.5 ~ 4 时堆肥即达到腐熟。

（5）腐殖化参数

堆肥过程中微生物对有机物质的降解伴随着腐殖化作用，有关学者提出了很多和腐殖化有关的参数，用于评价堆肥腐熟度。Roletto 研究木质纤维素类堆肥发现，当腐殖化参数的最小值 HA/FA（腐殖酸与富里酸含量的比值）=1.00，HR2（腐殖化率）=7.00，HI（腐殖质化参数）=3.50，腐殖质含量大于 3% 时，可以认为堆肥达到腐熟。Adani 研究了木质素腐殖质，结果表明随堆肥时间的延长，木质素腐殖质逐渐增加。

6.2.6.3 波谱分析法

为了从物质结构的角度认识堆肥过程和腐熟度问题，研究者们还采用了波谱分析法。迄今为止，较多使用的是碳十三核磁共振法和红外光谱法，它们可以辨别化合物的特征官能团。核磁共振法可提供有机分子骨架的信息，能更敏感地反映碳核所处化学环境的细微差别，为测定复杂有机物提供帮助，有了碳谱的化学位移及其他必要的分析数据，基本上可以确定有机物的结构。二者配合使用能够研究堆肥过程中可降解成分的降解速率、病源菌在堆肥产品中再生长的可能性以及植物病虫害的生物控制等。

6.2.6.4 生物学指标

（1）呼吸作用

堆肥应是富含腐殖质的稳定产品，但稳定并不意味着物质发生了矿化而不再生物降解。就像自然界中的腐殖质一样，腐熟堆肥中含有的微生物处于休眠状态，此时，腐殖化物质的生化降解速率及二氧化碳产生和氧气消耗都较慢。如果堆肥中仍存在大量的易降解性物质，其二氧化碳和氧气的产生、消耗就会较高。因此，对于好氧堆肥来说，微生物耗氧速率变化反映了堆肥过程中微生物活性的变化。

（2）生物分析法

反映微生物活性变化的参数有酶活性、ATP和微生物量等采用污泥和煤灰进行堆肥试验，发现酶的活性随时间下降，β-糖酶、磷酸酶和尿素酶活性之间具有较好的相关关系，但嗜热细菌与酶活性间没有必然的相关关系。ATP与微生物活性密切相关，随堆肥时间变化明显。在Bulgos等进行的污泥堆肥试验中，ATP的变化在堆肥初期1～3周最为显著，腐熟后的ATP稳定在1～2 μg/g。ATP的测定比较复杂，需要的设备和投资很高。同时，原料如果含有ATP抑制成分，对ATP的结果也有影响。Insam等在研究粪便堆肥试验中，发现经过翻堆的比未翻堆的微生物量下降更快，堆体不同区域及不同堆肥阶段，微生物群落的特征显著不同，表明其腐熟过程有差别，为此Insam等提出生物分析可作为评价堆肥腐熟度的合适方法。

（3）发芽试验

未腐熟的堆肥含有植物毒性物质，对植物的生长产生抑制作用。因此可用堆肥和土壤混合物中植物的生长状况来评价堆肥腐熟度。考虑到堆肥腐熟度的实用意义，植物生长试验应是评价堆肥腐熟度的最终和最具说服力的方法。国外研究人员提出用水堇种子发芽率（germination index，GI）生物学试验来评价堆肥毒性作用，即用堆肥的水浸提液培养水堇种子。当GI大于50%时，堆肥达到腐熟。Abdul等用蒸馏水在30℃提取堆肥1 h后，滤膜过滤，取适量浸提液在27℃、黑暗条件下培养水堇种子24 h，测定发芽长度和计算发芽指数，发现堆肥后期GI直线上升，堆肥结束时达86%，与耗氧速率成反比，堆肥结束后活性污泥耗氧速率很低。

6.3 餐厨垃圾厌氧发酵

6.3.1 概述

厌氧发酵又叫沼气发酵[21,22]。餐厨垃圾的厌氧发酵是在密闭厌氧的条件下，利用厌氧微生物将餐厨垃圾有机部分降解，其中一部分碳元素物质转换为甲烷和二氧化碳。采用厌氧发酵工艺对其进行处理，不仅能减轻餐厨垃圾对环境的危害，还可产生可供利用的能源，是餐厨垃圾处理的理想方法。与其他技术相比，餐厨厌氧发酵技术优势明显，该技术不受供氧限制，机械能损失少；可以产生具有利用价值的甲烷，发酵后的沼液、沼渣也可以利用；反应在密闭容器中进行，不易产生臭气等污染物，对环境影响较小。

餐厨垃圾的厌氧发酵由传统而简单的沼气池发展起来，经过多年的改进和摸索，目前发展成为两大主流技术：一个是高自动化程度的集成化餐厨垃圾处理技术；另一个是餐厨垃圾厌氧发酵制氢高新技术。

6.3.2 原理

厌氧发酵是一个复杂的生物化学过程。有研究表明，厌氧发酵主要依赖四大主要类群细菌：水解发酵细菌群、产氢产乙酸细菌群、产甲烷细菌群和同型产乙酸细菌群，在它们的共同作用下联合完成厌氧发酵过程。

厌氧发酵的过程可以分为以下三个阶段[14,23,24]：

（1）液化阶段

大分子物质或不溶性物质在兼性细菌产生的水解酶作用下分解成低分子可溶性有机物。该阶段细菌释放到废水中的胞外酶催化有机物增溶及发生缩小体积的反应[25]。厌氧菌根据所分解的对象可以分为纤维素分解菌、脂肪分解菌和蛋白质分解菌。它们分别把多糖水解成单糖、蛋白质转化成肽和氨基酸、脂肪转化成甘油和脂肪酸。然后这些小分子有机物被发酵细菌摄入到细胞内，经过一系列生化反应转化成不同代谢产物，如有机酸、醛、酮、醇、二氧化碳、硫化氢、氢气等，最后被排出体外。发酵细菌种群不同、代谢途径不同，会导致代谢产物也不尽相同。这些代谢产物中，只有二氧化碳、氢气、乙酸等简单物质可以直接被产甲烷细菌吸收，转化为甲烷。

（2）产酸阶段

第一阶段产生的可溶性小分子有机物为产酸细菌提供了碳源和能源，产酸细菌生成短链的挥发酸，如乙酸，而产氢细菌利用挥发酸生成氢气，生成的氢气从废水中逸出，这将导致有机物内能下降，废水的COD值下降。在此阶段，同型产乙酸细菌群同时还将一部分无机二氧化碳、氢气转化为产甲烷细菌群的另外一种基质——乙酸。该阶段反应速率快，当厌氧反应器中污泥的平均停留时间小于产甲烷细菌生长的时间时，说明大部分可溶性小分子有机物已经转化为挥发酸，同时该阶段还是整个厌氧消化过程的速率限制性阶段。

（3）产甲烷阶段

甲烷菌将醋酸转化为甲烷和二氧化碳或者利用氢气把二氧化碳还原成甲烷，或者利用其他细菌产生的甲酸形成甲烷。在这一过程中不同的物质经过不同的代谢过程，因而有不同的代谢速度[25]。其可能的反应方程式如下：

$$CH_3COOH \longrightarrow CH_4+CO_2$$

$$CO_2+4H_2 \longrightarrow CH_4+2H_2O$$

$$CH_3OH+H_2 \longrightarrow CH_4+2H_2O$$

$$HCOOH+3H_2 \longrightarrow CH_4+2H_2O$$

以上三个阶段并非简单的连续关系，而是一个复杂的平衡体系，存在互生、共生的关系。

6.3.3 影响因素

影响厌氧发酵的因素有许多，主要有以下几种[14,26,27]。

（1）厌氧环境

厌氧发酵是厌氧菌分解餐厨垃圾的过程，然而厌氧菌的生存要求无氧环境，微量氧也会对各个阶段的厌氧菌产生不良反应，从而影响厌氧发酵的效率，所以需创造良好的无氧环境。

（2）温度

温度是影响产气率的一个非常重要的因素，温度的高低决定着微生物的生长状况。产甲烷菌有中温型和高温型两类菌种，产甲烷的最佳温度范围分别为 30～35℃和 50～65℃。高温菌对有机物的降解效率高于中温菌，在高温条件下有利于缩短发酵周期，提高产气速率，也在一定程度上影响了整个系统的产气率，高温消化更有利于对纤维素的分解与对病毒、病菌的灭活作用，对寄生虫卵的杀灭率可达 99%，大肠菌指数可达 10～100。但并不是在任何条件下高温均对微生物产生有利的影响。发酵过程中发酵温度的变化幅度也对发酵有很大影响。反应温度突然下降或升高 5℃以上都会严重抑制产甲烷菌的活性而抑制沼气的生产，但温度恢复后又可正常进行发酵产气。

（3）pH

厌氧发酵菌可以在 pH 为 5～10 时发酵，但是产甲烷菌对 pH 的要求很严格，pH 应为 7.0 左右，所以厌氧发酵菌最适宜的 pH 范围是 6.5～8.0。发酵料液的 pH 过高或过低都会影响微生物的活性而抑制发酵，在发酵过程中，发酵料液的 pH 一般是由微生物自身调节：在发酵初期，由于产酸菌的活动生成大量有机酸使发酵料液的 pH 下降；之后产甲烷菌可以快速转化有机酸而使发酵料液的 pH 逐渐上升；产甲烷菌氨化作用生成的 NH_4HCO_3 能中和部分有机酸，同时使发酵料液的 pH 上升。

（4）添加剂和有毒物质

少量的矿物质（如钠、钾、钙、镁、氨、硫）可以促进厌氧菌的增长，硫酸锌、磷矿粉、碳酸钙、炉灰等均能不同程度地促进厌氧发酵菌的生长，增加酶的活性，尤其是镁、锌、锰等二价金属离子常常是酶活性中心的组成成分。但浓度过高的矿物质以及重金属和洗涤剂对厌氧菌来说都是有毒的，会抑制消化罐内厌氧菌的正常增长。因此必须防止有毒物质在反应罐中的蓄积。

（5）C/N 比

在发酵过程中，有机碳源是甲烷的来源，而氮则是微生物的营养物质。沼气生产适宜的碳氮比是（20 ~ 30）: 1。原料碳氮比超出这个范围发酵就会受到抑制。对于碳氮比不适宜的发酵原料，可以通过添加化学物质（如尿素等）或者利用不同碳氮比的发酵原料混合发酵来改变进料的碳氮比。

（6）搅拌

搅拌的目的是使新鲜的物料与细菌混合、消泡，避免造成消化罐内温度不均匀。但是过于频繁的搅拌会破坏菌群的正常繁殖，因此搅拌频率要视反应罐内混合物含量而定。另外餐厨垃圾在消化罐内的停留时间根据发酵温度有所不同，例如在中温时搅拌时间为 10 ~ 40 d，然而垃圾成分和温度的波动对停留时间都有影响，还需要在实践中进行不断地摸索。

6.3.4　工艺[28,29]

根据发酵温度的不同可分为常温发酵、中温发酵和高温发酵；根据投料运转方式可分为连续发酵和序批式发酵；根据发酵物料中固体含量的多少可分为湿式发酵和干式厌氧发酵；根据反应是否在同一反应器进行分为单相发酵和两相厌氧发酵。

（1）根据发酵温度划分

温度主要是通过影响对厌氧微生物细胞内某些酶的活性而影响微生物的生长速率和微生物对基质的代谢速率，从而影响厌氧生物处理工艺中污泥的产量、有机物的去除速率、反应器所能达到的处理负荷、有机物在生化反应中的流向、某些中间产物的形成、各种物质在水中的溶解度及沼气的产量和成分等。

常温发酵一般是物料不经过外界加热直接在自然温度下进行消化处理，发酵温度会随着季节、气候、昼夜变化有所波动。常温发酵工艺简单、造价低廉，但是处理效果和产气量不稳定。

中温发酵温度在 30 ~ 40℃，中温发酵加热量少，发酵容器散热较少，反应和性能较为稳定，可靠性高，如果物料有较好的预处理，会提高反应速度和气体发生量；受毒性抑制物阻害作用较小，受抑制后恢复快，会有浮渣、泡沫、沉砂淤积等问题，对浮渣、泡沫、沉砂的处理是工艺难点。尽管如此，其诸多优点使其得到广泛的应用并有很多的成功案例。

高温发酵温度在50～60℃，需要外界持续提供较多的热量，高温厌氧消化工艺代谢速率、有机质去除率和致病细菌的杀灭率均比中温厌氧消化工艺要高，但是高温发酵受毒性抑制物阻害作用大，受抑制后很难恢复正常，可靠性低；高温厌氧产气率比中温厌氧稍有提高，提高的是杂质气体的量，但沼气中有效成分甲烷的含量并没有提高，限制了高温厌氧的应用；高温发酵罐体及管路需要耐高温、耐腐蚀性能好的材料，运行复杂，技术含量高。

（2）根据投料运转方式划分

连续发酵是从投加物料启动起，经过一段时间发酵稳定后，每天连续定量地向发酵罐内添加新物料和排出沼渣沼液。序批式发酵就是一次性投加物料发酵，发酵过程中不添加新物料，当发酵结束以后，排出残余物再重新投加新物料发酵，一般进料固体浓度在15%～40%。

研究表明，对于处理高木质素和纤维素的物料，若在动力学速率低、存在水解限制时，序批式反应器比全混式连续反应器处理效率高，且序批式发酵水解程度更高，甲烷产量更大，投资比连续式进料系统减少约40%。序批式虽然进料处理系统占地面积比连续进料处理系统大，但设计简单、易于控制、对粗大的杂质适应能力强、投资少，因而适合于在发展中国家推广应用。

（3）根据发酵物料中固体含量划分

湿式发酵是以含固率为10%～15%的固体有机废物为原料的沼气发酵工艺。干式发酵是以含固率为20%～30%的固体有机废物为原料，在没有或几乎没有自由流动的条件下进行的沼气发酵工艺，是一种新的废物循环利用方法。

湿式发酵系统与废水处理中的污泥厌氧稳定化处理技术相似，但在实际设计中有很多问题需要考虑，特别是对城市生活垃圾，分选去除粗糙的硬垃圾，及将垃圾调成充分连续的浆状的预处理过程等。为达到既去除杂质，又保证有机垃圾正常处理，需要采用过滤、粉碎、筛分等复杂的处理。

这些预处理过程会导致15%～25%的挥发性固体损失。浆状垃圾不能保持均匀的连续性，因为在消化过程中重物质沉降，轻物质形成浮渣层，在反应器中形成两种明显不同密度的物质层，重物质在反应器底部聚集可能破坏搅拌器，必须通过特殊设计的水力旋流分离器或者粉碎机去除。

而干式发酵系统的难点在于：生物反应在高固含率条件下进行，输送、搅拌、反应启动条件苛刻，在运行中存在着很高的不稳定性。但是在法国、德国已经证明对于机械分选的城市生活有机垃圾的发酵采用干式系统是可靠的。且与湿式发酵相比，干式发酵有明显的优势：干式发酵总干物质（TS）通常在15%以上，含水量较少，使得有机质浓度较高，从而提高了容积产气率，后处理容易，几乎没有废水的排放，且发酵后的剩余物中只有沼渣，可直接作为有机肥利用；产生的沼气中含硫量低，无须脱硫，可直接利用；运行费用低，过程稳定，干式发酵工艺不会存在如湿法发酵中出现的浮渣、沉淀等问题。

干式发酵技术受到了国内外广大研究者的关注，其在处理城市生活垃圾和农林残余物等方面得到了广泛的重视，也使得干式发酵技术成为厌氧发酵研究的热点。

（4）根据反应是否在同一反应容器划分

根据反应是否在同一反应容器，厌氧消化工艺可以分为单相发酵工艺和两相厌氧发酵工艺。单相厌氧发酵工艺是传统的厌氧发酵工艺，整个消化过程都在同一反应器中完成。在两相发酵工艺中，产酸和产甲烷两个阶段分别在不同的反应器中完成，即产酸反应器和产甲烷反应器。产酸反应器主要用于：水解和液化有机物为有机酸；缓冲和稀释负荷冲击与有害物质，截留难降解物质。产甲烷反应器主要用于：保持严格的厌氧条件和 pH 值，促进产甲烷细菌的生长；消化前一个反应器的产物，把它们转化成甲烷含量较高的沼气。两相厌氧发酵工艺的本质是实现生物相的分离，使微生物在各自最佳生长条件下发酵。

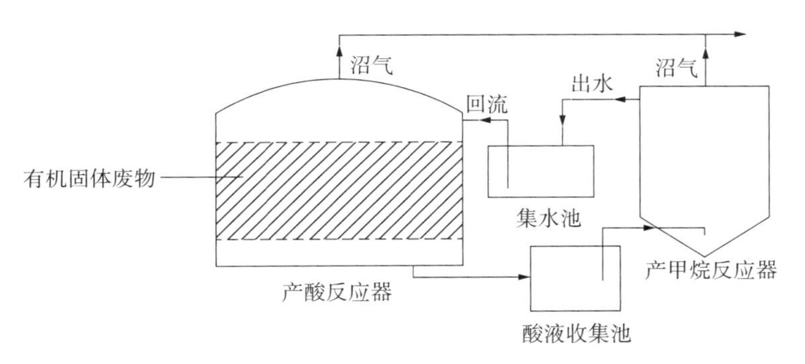

图 6-9 两相发酵工艺示意图

两相发酵工艺仿真

相对于两相发酵工艺，单相发酵工艺投资少，操作简单方便，因而当前约 70% 的发酵工艺采用的是单相发酵工艺。但是，两相发酵工艺处理城市生活垃圾有很多的优点，比如，可以单独控制两个不同反应器的条件，以使产酸菌和产甲烷菌在各自最适宜的环境条件下生长，也可以单独控制它们的有机负荷率（OLR）、水力停留时间（HRT）等参数，提高微生物数量和活性，从而缩减 HRT，提高系统的处理效率。

两相发酵工艺目前的研究多集中在如何将高效厌氧反应器和两相发酵工艺有机的结合，两相发酵工艺的反应器可以采用任何一种厌氧生物反应器，如厌氧接触反应器、厌氧生物滤器、UASB、EGSB、UBI、ABR 或其他厌氧生物反应器，产酸相和产甲烷相所采用的反应器形式可以相同，也可以不相同。

目前，实现相分离的途径可以归纳为化学法、物理法和动力学控制法。最简便、最有效也是应用最普遍的方法是动力学控制法，该方法是利用产酸菌和产甲烷菌在生长速率上的差异，控制两个反应器的有机负荷率、水力停留时间等参数，实现相的有效分离。但必须说明的是：两相的彻底分离是很难实现的。只是在产酸相，产酸菌成为优势菌种，而在产甲烷相，产甲烷菌成为优势菌种。

6.3.5 设备

我国餐厨垃圾起步较晚，厌氧发酵技术不成熟。同时由于我国餐厨垃圾的特点，国外的处理技术并不能完全适用，需要根据我国餐厨垃圾的特点研发新的设备。一般来说，餐厨垃圾厌氧发酵工艺设备主要包括关键设备、一般设备和附属设备。其中，关键设备主要包括破碎除杂系统、油水分离系统、除砂匀浆系统和厌氧发酵系统；一般设备主要包括接料池、破袋分选系统、固液分离系统和脱水系统；附属设备主要包括生物柴油制备设备、沼气净化提纯设备、沼气发电设备及沼渣造肥设备[30]。本节主要对关键设备中的厌氧发酵系统进行介绍。目前应用和研究较多的是上流式厌氧污泥床（UASB）、完全混合厌氧消化工艺（CSTR）、膨胀颗粒污泥床反应器（EGSB）以及内循环厌氧反应器（IC）[31-36]。

（1）上流式厌氧污泥床

上流式厌氧污泥床（upflow anaerobic sludge bed/blanket，UASB）是一种处理污水的厌氧生物方法（图 6-10），目前也应用于餐厨垃圾的处理。主要的工作原理是：UASB 反应器可分为两个区域，即反应区和气、液、固三相分离区。在反应区下部，是由沉淀性能良好的污泥（颗粒污泥或絮状污泥），形成厌氧污泥床。当废水由反应器底部进入反应器后，由于水的向上流动和产生的大量气体上升形成了良好的自然搅拌作用，并使一部分污泥在反应区的污泥床上方形成相对稀薄的污泥悬浮层。悬浮液进入分离区后，气体首先进入集气室被分离，含有悬浮液的废水进入分离区的沉降室，由于气体已被分离，在沉降室扰动很小，污泥在此沉降，由斜面返回反应区。有机污水自下而上经三相分离器从上部溢流排出。

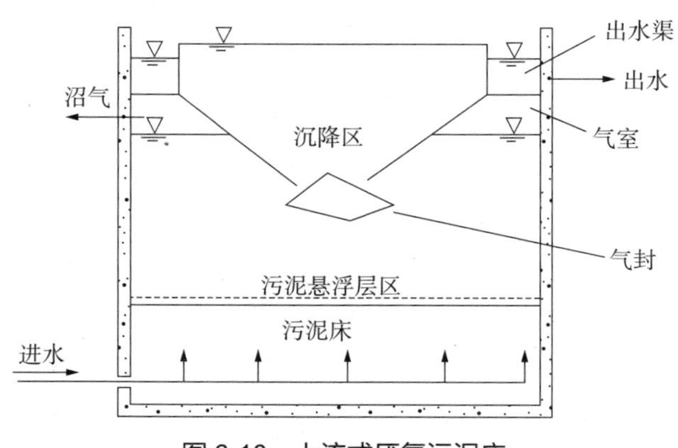

图 6-10 上流式厌氧污泥床

此工艺的优点是：设备简单，运行方便，不需要机械搅拌装置和填料，同时也不需要设置沉淀池和污泥回流装置；有较高的负荷和较高的固体停留时间；颗粒污泥的形成，使微生物天然固定化，改善微生物的环境条件，增强工艺的稳定性；出水悬浮固体含量较低。缺点是：进水只能含有低浓度的悬浮固体，悬浮状污泥在高负荷运行下流失严重。

（2）完全混合厌氧消化工艺

完全混合厌氧消化工艺（continuous stirred tank reactor，CSTR）是一种使发酵原料和微生物处于完全混合状态的厌氧处理技术，由于 CSTR 结构简单、成本较低，目前 CSTR 在餐厨垃圾的处理领域已经得到一定应用（图 6-11）。其工作原理是：混合料先经过预处理再由进料泵提升至反应器，厌氧微生物对有机物进行消化，同时产生沼气。当反应器的混合料达到设计液位时，为保证反应器内的微生物能够不断利用新鲜的有机物，在每天进入新料的同时要排出旧料，进而保证了稳定的产气量。旧料通过溢流口排出，产生的沼气通过气管进入贮气柜储藏，以备进一步使用。CSTR 利用的是单相厌氧发酵原理，单相工艺发酵罐具有结构简单、操作方便、经济成本较低等特点，因此单相工艺在全球范围内被广泛应用，其中在欧洲 95% 的工业厌氧发酵装量均采用单相工艺，但是水力停留时间和固体停留时间要求较长。

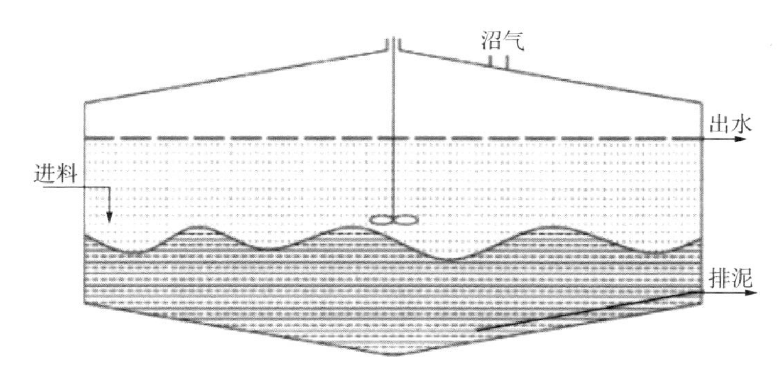

图 6-11　完全混合厌氧消化工艺

（3）膨胀颗粒污泥床反应器

膨胀颗粒污泥床反应器（expanded granular sludge bed，EGSB）是在 UASB 反应器的基础上发展起来的第三代厌氧反应器（图 6-12）。它由布水区、反应区、分离区和循环区四部分组成。EGSB 反应器运行时，进水与回流水混合一起进入布水区，通过布水系统均匀地分配到反应器底部，产生较高的上升流速，一般为 3 ~ 7 m/h，使废水与颗粒污泥充分接触，在反应区有机物被降解，产生沼气能源。混合的气、液、固三相在分离区内通过三相分离器进行混合液脱气与固液分离，部分沉降性能较好的污泥自然回落到污泥床层上，出水夹带部分沉降性较差的污泥洗出反应器，沼气继续向上流动进入集气室后排出反应器，一部分出水经循环回流至反应器底部与废水混合，有稀释进水与回收碱度的作用。

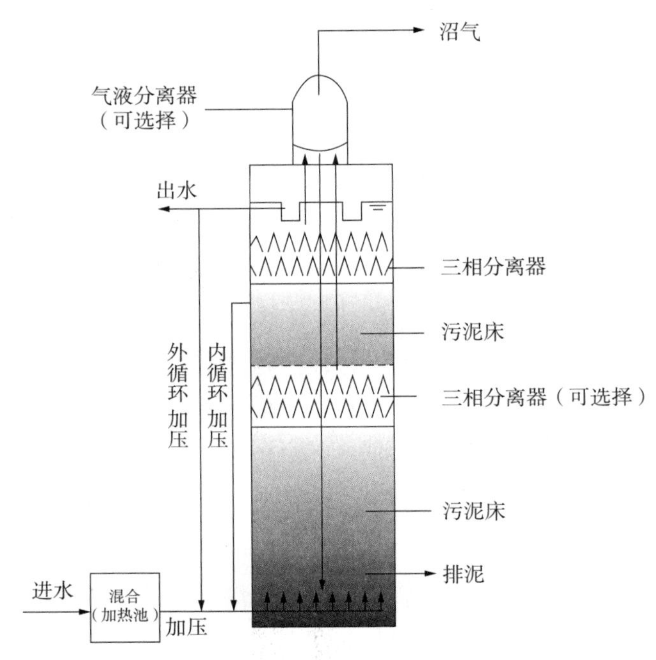

图 6-12 膨胀颗粒污泥床反应器

该反应器的优点是：高径比大，上升流速和有机负荷高；较高的液体上升流速和气体搅动，使泥水的混合更充分；抗冲击负荷能力强，运行稳定性好。内循环的形成使得反应器污泥膨胀床的实际水量远大于进水量，循环回流水稀释了进水，大大提高了反应器的抗冲击负荷能力和缓冲 pH 变化能力。缺点是：反应器内没有形成颗粒状的絮状污泥，易被出水带出反应器；对悬浮固体和胶体物质的去除效果差。

（4）内循环厌氧反应器

厌氧反应器的发展经历了三个阶段，当前的研究热点主要集中在以内循环厌氧反应器（IC）为代表的第三代反应器（图 6-13）上。IC 厌氧反应器由于引入了分级处理与内循环技术，具有有机负荷高、停留时间短、耐冲击负荷强、出水稳定、适用范围广等特点。

根据宿程远等所做的试验，该反应器的工作原理是：反应器气液分离室中加入一隔板，可将一级沼气上升管和二级上升管带上的液体进行分离，而气体可集中收集。这样可使一级沼气上升管所带上的密度较大的污泥由于重力作用沿中心下降管回流到反应器底部，从而减少污泥流失，并与进水充分混合。而二级气提管由于含有浓度较低的颗粒物，可经过气液分离室沉淀后经过水封后出水。反应气体随着集气管进入集气装置。

IC 反应器的主要优点是：容积负荷高，存在内循环，传质效果好；悬浮固体不会在反应器内大量积累，污泥可以保持较高活性；基建省地，投资少，节省成本；抗冲击负

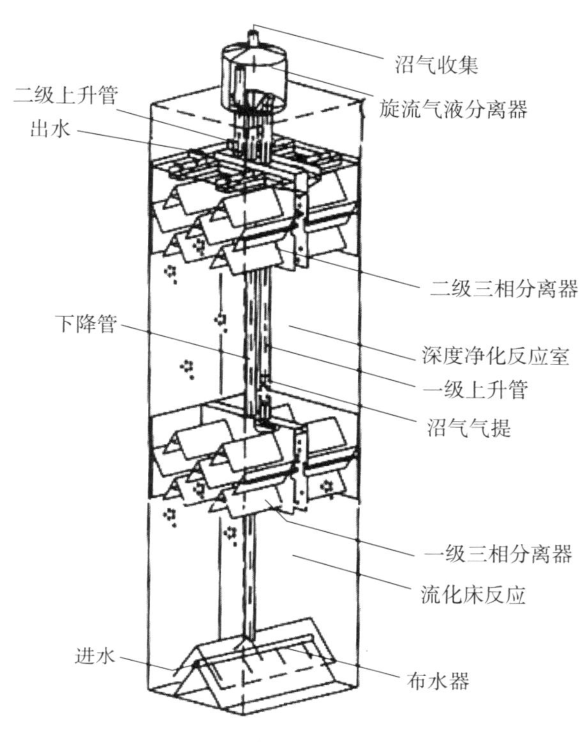

图 6-13 内循环厌氧反应器

荷能力高，抗低温能力强；内部自动循环，不需要施加外力；去除率高，出水稳定性好等。缺点是：在污水可生化性不是太好的情况下，由于水力停留时间比较短去除率远没有 UASB 高，增加了耗氧的负担。另外，气体内循环，特别是对进水水质不太稳定的处理厂，导致 IC 出水水量极不稳定，出水水质也相对不稳定，有时可能还会出现短暂不出水现象，对后序处理工艺是有影响的。

6.3.6 工艺发展现状[37,38]及沼气利用趋势

1881 年摩热斯发明了自动清洁器，法国建立了世界上第一个处理废水的消化罐。1986 年，英国一座小城建成了一座处理生活污水污泥的厌氧消化水池，所产生的沼气可供一条街道的照明。随后，德国、美国和丹麦相继建成了大型沼气发酵装置，工厂化生产沼气。

在德国，沼气主要用来发电。沼气工程普遍采用“沼气发电、余热升温、中温发酵、免贮气柜、自动控制、加氧脱硫、沼液施肥”的模式。这种模式的各个环节相互依存，相互促进，形成德国沼气模式的特点。德国的 Pastitz 沼气工程是欧洲现代先进废弃物处理技术的示范工程，该工程由 ECB 和 Enviro 提供技术。该技术工程将畜粪及城市生活垃圾、污水混合处理，产出绿色的电能、热能和可安全回田的优质肥料。

美国厌氧发酵技术更多地应用于城市生活污水厂的污泥处置。北卡罗来纳州建有一个日处理能力达到 3 ~ 6 t 的有机垃圾和猪粪便等固体废物的高温厌氧发酵工厂。发酵后的物料经过固液分离，干泥作为有机肥料，清液循环流入发酵池。

在丹麦，厌氧发酵工厂朝着大型化、集中化方向建造。而英国建立起甲烷的自动化工厂，其利用人和动物的各种有机废物，通过微生物厌氧发酵产生的甲烷，据估计可以代替整个英国 25% 的煤气消耗量。

在我国，由于采用的核心处理技术不同，餐厨垃圾处理形成了“四大模式”：“北京模式”主要以厌氧消化技术为中心，“西宁模式”以饲料化技术为主，“上海模式”则采用动态好氧消化，而“宁波模式”则生产菌体蛋白、饲料添加剂和工业油脂。近几年计算机及互联网技术在沼气工程中的应用，通过安装探头、电脑软件等设备，实现了沼气工程的在线监测和自动化控制技术，运行效果良好。我国自 2010 年以来启动了城市餐厨废弃物资源化利用和无害化处理试点工作。截至 2016 年，已建和在建的处理厂 90% 采用的都是厌氧发酵技术。但是该技术路线不仅单一，而且投资成本高、运行管理要求严格。据调查，全国已建的餐厨垃圾处理厂能正常运行的不超过 10 个。

2016 年 10 月，国家能源局发布了《生物质能发展“十三五”规划》，提出“十三五”期间，要因地制宜发展沼气发电。结合城镇垃圾填埋场布局，建设垃圾填埋气发电项目；积极推动酿酒、皮革等工业有机废水和城市生活污水处理沼气设施热电联产；结合农村规模化沼气工程建设，新建或改造沼气发电项目。积极推动沼气发电无障碍接入城乡配电网和并网运行。到 2020 年，沼气发电装机容量达到 50 万 kW。并在投资估算中提出，到 2020 年，生物质能产业新增投资约 1 960 亿元。其中，生物质发电新增投资约 400 亿元，生物天然气新增投资约 1 200 亿元，生物质成型燃料供热产业新增投资约 180 亿元，生物液体燃料新增投资约 180 亿元。由此来看沼气业发展前景广阔。

沼气作为一门新兴的能源被各个国家看重，但是由于我国起步晚，沼气发电技术相对落后、沼气发电市场不规范、没有相应较为完善的行业标准，同时商业化开发和利用也受到影响。随着国家的重视程度不断增加和国内许多学者也加大了对这一行业的研究，未来沼气发电行业会有极大的发展。

根据有关部门预测，到 2020 年年底，我国天然气汽车保有量将达到 1 000 万辆，而汽车加气站的数量也会以每年 20% 的速度增加。建设沼气提纯项目，产品气可以送到燃气管网或者加气站供车使用。项目产生的清洁能源可以减少社会发展对化石燃料的依赖，同时可以对节能减排做出贡献。

餐厨垃圾厌氧发酵案例
——李坑垃圾综合处理厂

6.4　餐厨垃圾综合利用新技术

6.4.1　制备生物柴油[39-42]

进入 21 世纪以来，能源危机和环境污染已经成为全人类面临的重大问题。石油供需矛盾日益突出，研究出新的可替代能源成为当务之急。尤其对于我国而言，随着经济的快速发展，石油的需求量急剧增加，供不应求。据相关报道，到 2020 年我国石油需求量将达到 4.1 亿～5.5 亿 t，对外依存度将达到 60%。这种情况已经严重危及国家的能源安全。因此，加快石化燃料替代燃料的开发刻不容缓，其中生物柴油因其优越的环保性能受到各国的重视。

生物柴油是可再生的油脂资源（如动植物油、微生物油脂以及餐饮油脂等）经过酯化或者酯交换工艺制得的主要成分为长链脂肪酸的液体燃料，素有“绿色柴油”之称，其性能与普通柴油非常相似，是优质的石化燃料替代品。而废弃油脂是我国目前生物柴油生产的主要原料，包括餐饮废油、地沟油、煎炸废油等。但是废弃油脂资源总量供应有限，只是生物柴油产业发展的有限资源，同时杜绝废油油脂重回餐桌又是开发生物柴油资源的基本前提。

6.4.1.1　生物柴油的理化特性

生物柴油的主要理化特性与 0# 柴油的对比如表 6-2 表示。

表 6-2　生物柴油与 0# 柴油的主要理化特性对比

理化指标	0# 柴油	生物柴油
密度（20℃）/（g/cm³）	0.83	0.877 9
运动黏度（40℃）/（mm²/s）	2.7	4.38
凝点 /℃	0	−1
90% 馏出温度 /℃	352	344
十六烷值	61	46
热值 /（MJ/L）	38.6	32
闪点 /℃	60	132
氧含量 /℃	0	10
硫含量 /℃	0.2	＜0.001

从表中不难看出，生物柴油具有以下几种优点：

①优良的环保特性。与石化柴油相比较，生物柴油中几乎不含硫，柴油机在使用时硫化物的排放极低；尾气中颗粒物含量约为石化柴油的 20%，CO 的排放量约为石化柴油

的10%。

②较好的润滑性能。生物柴油黏度大于石化柴油，可以降低喷油泵、发动机缸体和连杆的磨损率，延长使用寿命。

③氧含量高，十六烷值低，燃烧性能优于石化柴油。

④较好的安全性能。生物柴油闪点远高于石化柴油，运输、储存相对比较安全。

⑤可降解性能好，不会污染环境、危害人体健康。

6.4.1.2 生物柴油制备方法

生物柴油的制备方法主要有两种，即物理法和化学法。物理法包括直接使用法、混合法和微乳液法；化学法包括高温热裂解法和酯交换法。目前生产生物柴油的最普遍的方法是酯交换法，即油脂在催化剂的作用下与短链醇作用形成长链脂肪酸单酯。酯交换法包括酸或碱催化法、生物酶法、工程微藻法和超临界法。

（1）酸或碱催化法

油脂在酸或碱生物催化条件下与低碳醇进行酯化和酯交换反应，反应后除去下层粗甘油，粗甘油经回收后具有较高的附加值；上层经洗涤、干燥后得到生物柴油。其优点是反应速度快、时间短、转化率高、成本较低等。缺点是工艺复杂、醇必须过量、后续工艺应有醇回收装置以及洗涤装置。除此之外，油脂中的不饱和脂肪酸在高温下易变质，甚至出现凝胶、产物色泽变深等现象。

非均相固体催化剂可以重复使用，反应条件温和，容易实现自动化连续生产，对设备腐蚀小，对环境污染小，是生物柴油生产新工艺的研发热点。

（2）生物酶法

油脂和低碳醇（主要是甲醇和乙醇）通过脂肪酶进行酯化反应。用于催化的脂肪酶主要是酵母脂肪酶。此法的主要优点是条件温和、醇用量小、对原料品质要求低、副产物甘油易分离、能耗低以及无污染排放等。缺点是脂肪酶价格昂贵，成本较高。

（3）工程微藻法

先通过基因工程技术构建微藻生产油脂，再进行酯交换。工程微藻法的优点是微藻生产能力高，节省农业资源。因此，发展富含油脂的工程微藻是发展生物柴油的一大趋势。

（4）超临界法

超临界甲醇可以在没有催化剂的情况下和油脂反应生成脂肪酸甲酯，但需要相当高的温度和压力条件。超临界反应是超临界流体参与的化学反应，超临界流体既可以作为反应介质，又可以参加反应。在超临界状态下，甲醇和油脂成为均相，反应速率大，反应时间短。另外，由于反应中不使用催化剂，因此反应后续分离工艺简单，不排放废碱或者酸液，不污染环境，生产成本降低。

6.4.1.3　酯交换制造生物柴油的工艺流程

废油脂制造生物柴油的工艺流程及甘油回收流程和废水处理流程分别见图 6-14 和图 6-15。

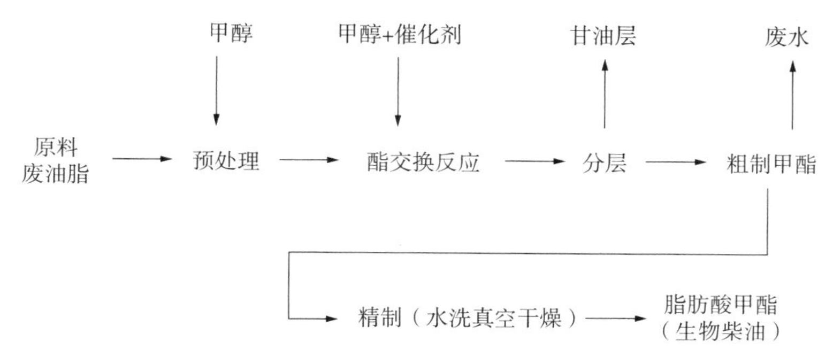

图 6-14　废油脂制造生物柴油的工艺流程

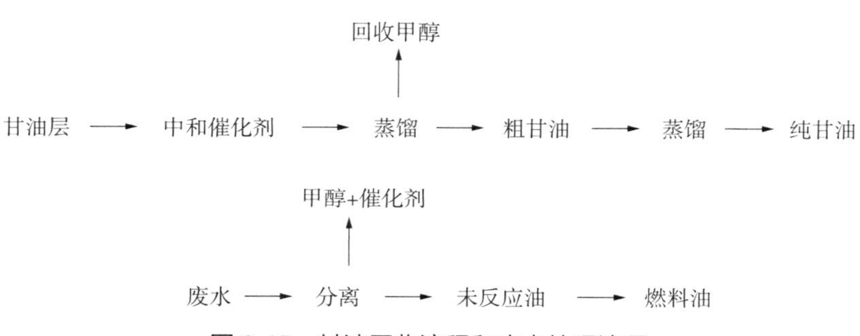

图 6-15　甘油回收流程和废水处理流程

（1）预处理

在油脂进行酯交换时，要严格控制油脂中的杂质、水分和酸值。而餐饮业废油脂是含有杂质的高酸值油脂，含有游离脂肪酸、聚合物、分解物等，对酯交换制甲酯十分不利，必须进行预处理。对餐饮业废油脂进行预处理可考虑的方法有物理精炼和甲醇预酯化。

1）物理精炼。

首先将油脂水化或磷酸处理，除去其中的磷脂、胶质等物质。再将油脂预热、脱水、脱气进入脱酸塔，维持残压，通入过量蒸汽，在蒸汽温度下，游离酸与蒸汽共同蒸出，经冷凝析出，除去游离脂肪酸以外的净损失，油脂中的游离酸可降到极低量，色素也能被分解，使颜色变浅。

设备材料需用不锈钢，脱酸塔需要真空及中压过热蒸汽加热。由于真空脱酸是在高温下进行的，微量的氧也能使油脂氧化，因此油要先脱气，设备要求严密。

2）甲醇预酯化。

首先将油脂水化脱胶，用离心机除去磷脂和胶等水化时形成的絮状物，然后将油脂

脱水。原料油脂加入过量甲醇，在酸性催化剂存在下，进行预甲酯化，使游离酸转变成甲酯。酯化反应式为

$$RCOOH+CH_3OH \longrightarrow RCOOCH_3+H_2O$$

蒸出甲醇水，经分馏后，即可得到无游离酸的甲酯。回收的甲酯可返回使用。为了避免催化剂的污染，酯化后需要中和、水洗等后处理步骤。用原触媒中压预酯化，一般酯化条件为压力 3 MPa、温度 250～260℃，酯化后，游离酸浓度可降低到 0.3%。这时油脂即可送到酯交换工序。

甲醇预酯化与酯交换可以安排在一个系统。预酯化可采用导热油加热，甲醇 - 水从预酯化塔顶排出，送至甲醇回收蒸馏塔。塔底残液经分层后可以回收甘油。预酯化塔底出料，经换热及冷却后，进入交酯塔。从塔底出料经热交换进入甘油分层器，上层为甲酯，下层为甘油。

（2）废油脂酯交换工艺

利用废油脂制造生物柴油，可以采用通常的脂肪酸甲酯的生产方法，即预酯化—二步酯交换—酯蒸馏技术路线。经预处理的油脂与甲醇一起，加入少量 NaOH 作催化剂，在 60℃常压下进行酯交换反应，即能生成甲酯。由于化学平衡的关系，在一步法中油脂到甲酯的转化率仅达 96%。为超脱这种化学平衡，采用二步反应，即通过一个特殊设计的分离器连续地除去初反应中生成的甘油，使酯交换反应继续进行，就能获得高达 99%以上的转化率。另外，由于碱催化剂的作用生成了肥皂，色素和其他杂质混合在少量的肥皂中，产生一深棕色的分离层，在分离操作时将其从酯层分离掉。通过这种精制作用就能以高转化率获得浅色的甲酯。

这里面最重要的一步反应是酯交换，反应过程如图 6-16 所示：

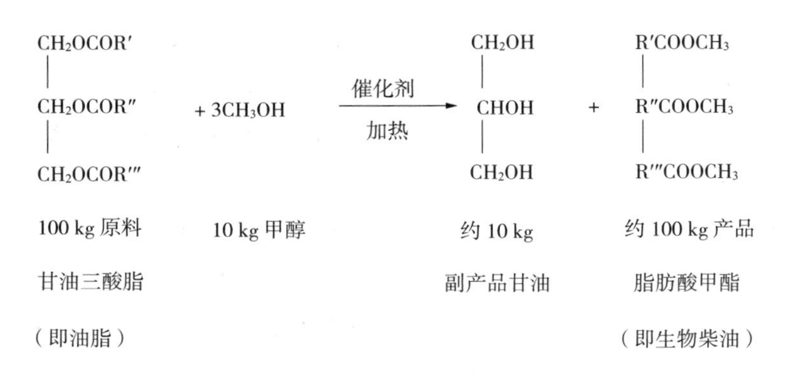

注：R′，R″，R‴代表各种烷基。

图 6-16 油脂酯交换反应过程

6.4.2 饲料化[43-45]

从营养角度来看，餐厨垃圾富含蛋白质、脂肪及各种微量元素，蛋白质和能量水平大致介于玉米和豆粕之间，是一种高能高蛋白优质饲料原料。通过选取清华大学 3 个食堂的 16 个样品对比（表 6-3、表 6-4）可以发现，餐厨垃圾的营养价值完全可以作为生产饲料的原料。由表 6-5 可以看出，餐厨垃圾有很好的微生物消化利用性质。可见，餐厨垃圾具有良好的“饲料化先天特性”。

表 6-3 餐厨垃圾（干物质）各营养成分 单位：%

项目	平均值	标准差	范围
粗蛋白质	20.73	2.81	16.58 ~ 27.85
粗脂肪	28.82	5.58	19.58 ~ 41.78
粗纤维	3.53	0.52	2.61 ~ 4.64
钙	0.81	0.56	0.28 ~ 2.17

表 6-4 几种饲料原料常规营养成分 单位：%

项目	玉米	大麦麸	米糠	带可溶物的玉米干酒糟（DDGS）
粗蛋白	8.8	12.8	13.0	27.0
粗脂肪	4.5	4.7	14.0	8.0
粗纤维	2.2	11.2	7.5	8.5
钙	0.02	—	0.10	—

表 6-5 餐厨垃圾粗蛋白质和粗脂肪的消化率 单位：%

项目	平均值	标准差
粗蛋白质消化率	89.63	7.83
粗脂肪消化率	88.26	2.88

当前，饲料行业一般以蛋白质含量作为饲料的定价依据。我国蛋白饲料多年来一直供不应求。近年来，国内饲料工业处于快速发展期，但国产蛋白原料供应更是远不能满足国内需求，国际蛋白饲料迅速涌入我国。目前，餐厨垃圾饲料化主要有两种方式：脱水制饲料和生化制蛋白饲料。

脱水制饲料的方法有常规高温脱水、发酵脱水和油炸脱水。目前，主要问题是饲料中的动物蛋白被同种动物食用后可能引起潜在的、不确定性的疾病的风险，即同源污染。此外，饲料含盐量大于 1.8% 时，对于成年畜禽的生长会有一定影响，而这种饲料的盐分一般是该值的 2 倍以上。可见，由脱水制饲料得到的饲料产品质量没有保障，安全性不易控制，存在一定的安全隐患。

生化制蛋白饲料是以餐厨垃圾为原料，经微生物固体发酵处理，生产菌体蛋白饲料。其处理工艺大致是：先预处理（脱水、除杂、粉碎、除盐等），然后加入益生菌发酵处理、调制烘干，最终得到蛋白饲料；液体物质通过油水分离，最终得到工业油脂和废水，废水经处理排入污水管网，油脂用于化工原料。

关于微生物菌种，在实际应用中，菌种的制备一般在科研院所进行。目前国内外采用的菌种多为芽孢菌、乳酸菌、酵母菌、丝状菌等，用于分解餐厨垃圾中的复杂组分，杀灭或者抑制有害菌，降解毒素，改善物料外观和气味，提高蛋白粉产品安全性等。

通过高温、干燥或发酵等工艺，将餐厨垃圾消除病菌后制成饲料原料，可以最大限度地保留原有的营养物质，资源化属性明显，并且这种方法在日本得到大力推行。但是问题同样存在，先不提这种高能耗的方法是否经济，同源性污染的风险就足以对餐厨垃圾饲料化利用的合法性提出严峻挑战，已经有大量证据显示，成分复杂的餐厨垃圾直接用作饲料的确存在同源性污染的风险，特别是使用餐厨饲料化产品喂养反刍类动物。而通过食物链方法，将餐厨垃圾转化为其他生物种类的营养物质，不仅成本经济，而且有效杜绝了同源性污染的问题，在这种思路引导下，先后发展出利用蚯蚓、蝇类、黑水虻、黄粉虫等处置餐厨垃圾的技术路线，其中黑水虻的生物学特性表现得尤为突出，不仅能够取食新鲜的餐厨垃圾，而且食谱宽、取食量大、发育周期适中、容易饲养、幼虫营养价值全面、生态安全性高、抗逆性强、对油盐不敏感等，使其成为餐厨垃圾处置领域唯一具备产业化前景的生物种类。

黑水虻生物处理餐厨垃圾

6.5 餐厨垃圾资源化案例

我国对于餐厨垃圾资源化处理正处于起步阶段，而国外餐厨垃圾资源化处理已经法制化和企业化。本节将以国内徐州市大彭垃圾处理厂（餐厨）为例，分析介绍目前我国餐厨垃圾资源化利用现状，为餐厨垃圾资源化的进一步发展提供理论依据。

6.5.1 项目概况

本项目建设地点位于徐州市铜山区大彭镇，占地面积29 405 m^2，服务范围为徐州市主城区，即鼓楼区、云龙区、泉山区、贾汪区、铜山区。处理规模为200 t/d（一期）、166 t/d（二期预留），地沟油处理规模为30 t/d。主要建设内容有餐厨垃圾预处理间、厌氧消化系统、沼气净化及资源化利用系统、污水处理系统、生物柴油制取系统及配套辅助设施等。

6.5.2　工艺流程

根据现有的技术条件和技术水平，结合项目自身特点，本项目餐厨垃圾处理一期采用“预处理＋厌氧消化＋沼气净化自用”的工艺，地沟油采取“预处理＋两步酯化法制生物柴油”工艺，主要工艺见图6-17，物料平衡见图6-18。

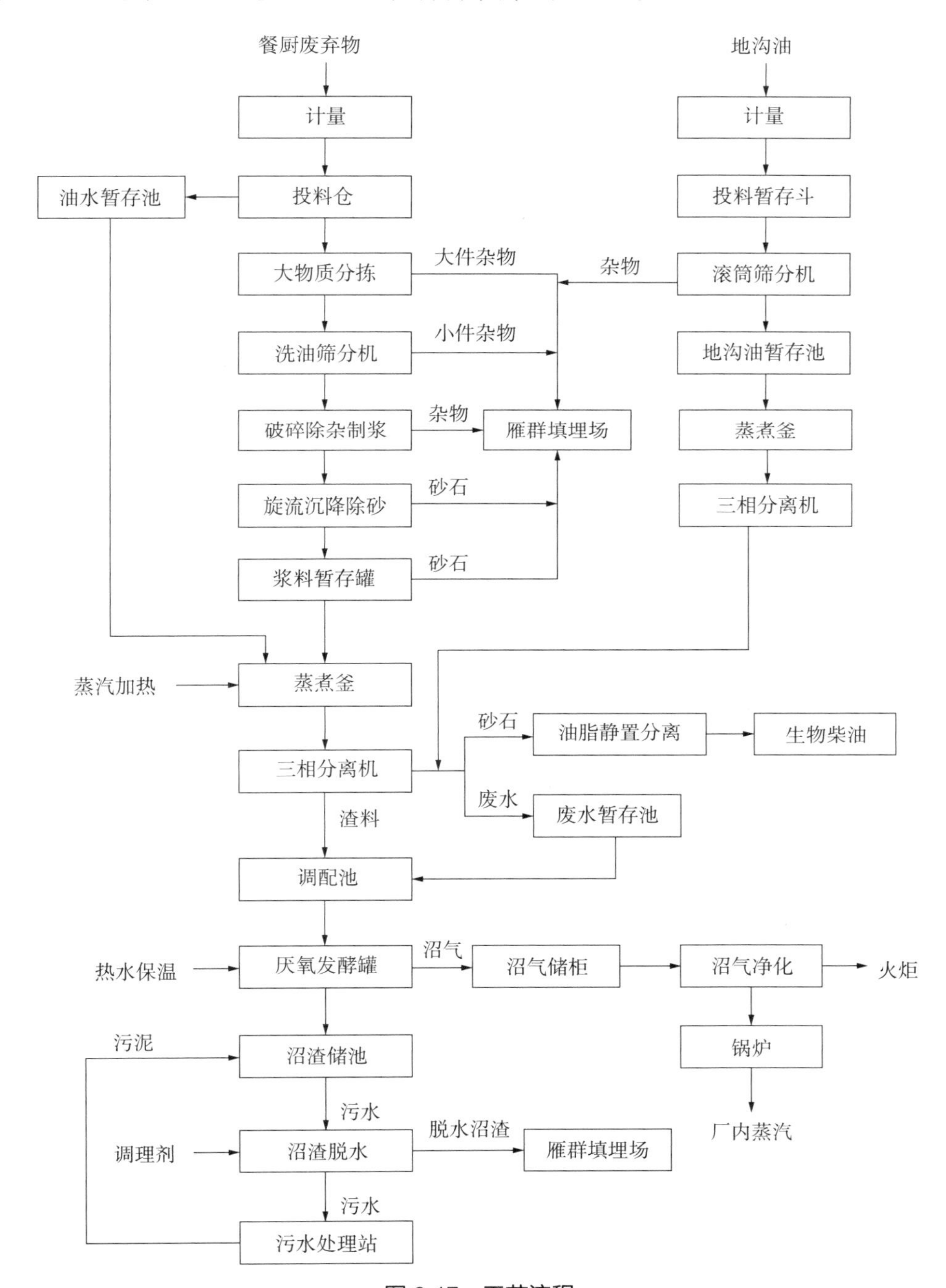

图6-17　工艺流程

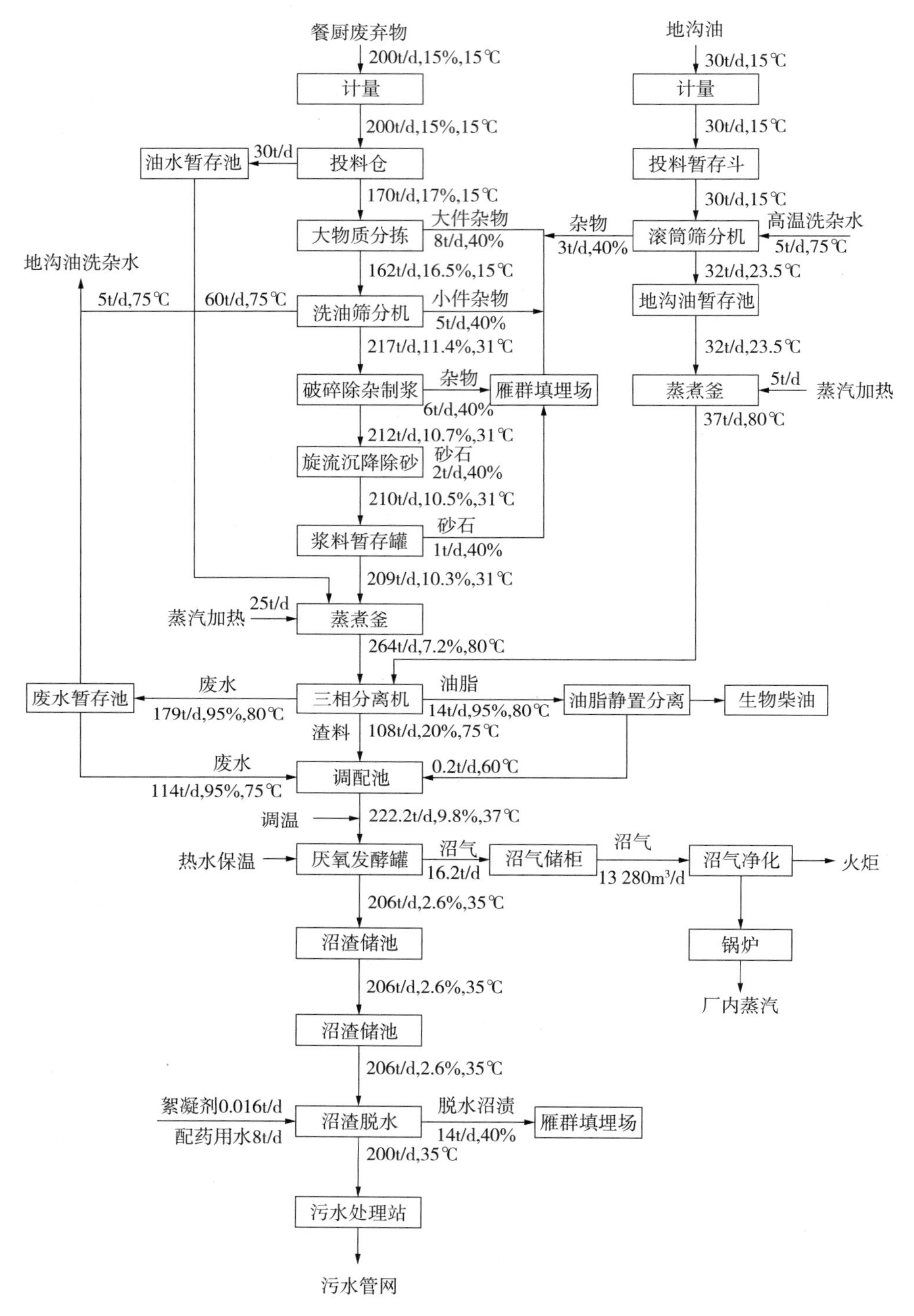
餐厨废弃物
200t/d,15%,15℃
计量
200t/d,15%,15℃
油水暂存池
30t/d
投料仓
170t/d,17%,15℃
大物质分拣
大件杂物
8t/d,40%
162t/d,16.5%,15℃
地沟油洗杂水
5t/d,75℃
60t/d,75℃
洗油筛分机
小件杂物
5t/d,40%
217t/d,11.4%,31℃
破碎除杂制浆
杂物
6t/d,40%
雁群填埋场
212t/d,10.7%,31℃
旋流沉降除砂
砂石
2t/d,40%
210t/d,10.5%,31℃
浆料暂存罐
砂石
1t/d,40%
209t/d,10.3%,31℃
蒸汽加热
25t/d
蒸煮釜
264t/d,7.2%,80℃
地沟油
30t/d,15℃
计量
30t/d,15℃
投料暂存斗
30t/d,15℃
杂物
3t/d,40%
滚筒筛分机
高温洗杂水
5t/d,75℃
32t/d,23.5℃
地沟油暂存池
32t/d,23.5℃
蒸煮釜
5t/d
蒸汽加热
37t/d,80℃
废水暂存池
废水
179t/d,95%,80℃
三相分离机
油脂
14t/d,95%,80℃
油脂静置分离
生物柴油
渣料
108t/d,20%,75℃
废水
114t/d,95%,75℃
调配池
0.2t/d,60℃
调温
222.2t/d,9.8%,37℃
热水保温
厌氧发酵罐
沼气
16.2t/d
沼气储柜
沼气
13 280m³/d
沼气净化
火炬
锅炉
厂内蒸汽
206t/d,2.6%,35℃
沼渣储池
206t/d,2.6%,35℃
沼渣储池
206t/d,2.6%,35℃
絮凝剂0.016t/d
配药用水8t/d
沼渣脱水
脱水沼渍
14t/d,40%
雁群填埋场
200t/d,35℃
污水处理站
污水管网

图 6-18 物料平衡图

（1）预处理系统

采用“大物质分拣 + 破碎除杂 + 旋流除砂”相结合的预处理技术工艺，为国内先进的餐厨垃圾处理工艺技术路线。本系统控制采用先进的 PLC 自动化控制技术，对各处理设备的运行、物流参数、温度等进行检测和监控，并实时对系统中各设备状态进行监视。可提高系统的自动化程度，使整套系统的运行更加经济合理。

通过预处理后，杂质去除率大于 95%，粗油脂提取率大于 85%，废油脂中含水率小于 5%，废水含油率小于 0.2%。

（2）厌氧发酵系统

采用 CSTR 厌氧发酵工艺，其为完全混合厌氧发酵工艺。经过除渣的有机料液排入缓冲池经由厌氧进料泵提升入厌氧发酵反应器，本项目设计采用中温 CSTR 厌氧发酵罐，发酵罐的停留时间为 25 d，经过 CSTR 厌氧反应器充分发酵后产生的沼液通过重力自流进入沼渣贮池，再通过泵提升至脱水机房进行脱水。

1）CSTR 厌氧发酵的特点：

①完全混合式厌氧反应器，无传统的三相分离器，结构简单。

②反应器内物料浓度高，耐物料浓度冲击负荷能力强。

③进料设计简单，进料后物料经过搅拌器混合物料，无须特殊设计进料补水装置。

④搅拌器可保障有效物料在反应器内均匀分布，避免分层，与微生物充分接触，从而保证有效物料反应完全，同时保证产气量。

⑤在厌氧罐液面位置设置一个高速旋转的破碎装置，将浮在顶部的浮渣泡沫进行破碎、去除。

⑥特殊设计的顶装式搅拌器，水封设计，无机械密封，在保证气密性的同时避免了机械密封易损坏、更换困难的缺点。

⑦高效节能的搅拌技术，能耗小于 5W/m^3 反应器容积。

⑧底部设计多点自动排渣装置，避免无机沉渣在厌氧反应器内富集累积。

⑨ CSTR 罐体采用焊接成型技术，施工周期短，质量好。本项目设计的厌氧罐维护、清理时间为每五年一次；罐体内浆料保证能正常流动，防止局部结块，设有专门的沉砂排放、收集装置，该装置能满足使用要求，确保罐体进出物料通畅，不堵塞进出料口；罐体设有一键式关闭装置，能保证断电或发生泄漏时马上关闭出料口。

⑩设计的两座厌氧罐进料管道互相连通，能满足两个厌氧罐同时或单独进料。同时设置水力冲洗系统对管道进行疏通。所有的物料进出及蒸汽管道设有反冲洗系统并配有专用、便捷、高效的冲洗设施。所有管道做保温处理，防止冬季结冰堵塞。

2）主要工艺参数。

厌氧发酵系统主要工艺参数见表 6-6。

表 6-6 主要工艺参数

日进水流量	222.2 m^3/d
设计厌氧温度	35℃（中温厌氧）
设计厌氧生物降解率	70% ~ 80%
容积负荷	2.5 ~ 3.0 kgVSS/（m^3·d）
水力停留时间（HRT）	25 d
厌氧反应器有效容积（按水力停留时间计算）	23 500 m^3（远期增加 1 座满足 366 t 餐厨垃圾处理）
厌氧反应器总容积（按水力停留时间计算）	23 750 m^3（远期增加 1 座满足 366 t 餐厨垃圾处理）
甲烷产率	66.4 m^3/t
沼气中甲烷的含量	55% ~ 60%
沼气产量	13 280 m^3/d

（3）沼渣脱水系统

采用高压隔膜脱水处理工艺，脱水设备采用高压隔膜压滤机。沼渣及污泥脱水工艺流程如图 6-19 所示。

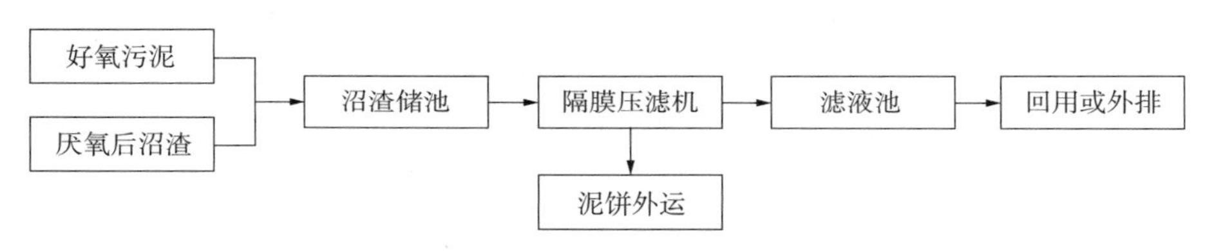

图 6-19 沼渣工艺流程

（4）沼气进化系统

工艺流程分为两个阶段。

1）来自厌氧发酵罐的沼气通过管道输送进入沼气净化系统，首先经过粗过滤器除去固体杂质和部分水分后，进入双膜沼气储气柜（1 500 m^3），储气柜主要起缓冲及暂存作用；随后进入沼气增压风机（罗茨风机），沼气被增压至 14.0 kPa 后进入脱硫系统，脱硫采用湿法脱硫与干法脱硫相结合的方式，利用含有络合铁催化剂的碱液和 Fe_2O_3 将沼气中的 H_2S 脱至 13 μL/L 以下，其中设置湿法脱硫系统 1 套、干式脱硫塔设置 2 台，既可串联又可并联交替运行；脱硫后沼气再经过精密过滤器进一步去除过滤器内的杂质，供锅炉房蒸汽锅炉和导热油炉燃烧使用。

2）当后续系统因故障或不能及时向下游沼气用户供气时，富余的沼气经罗茨风机送至火炬燃烧。

系统工艺流程及物料平衡如图 6-20 所示。

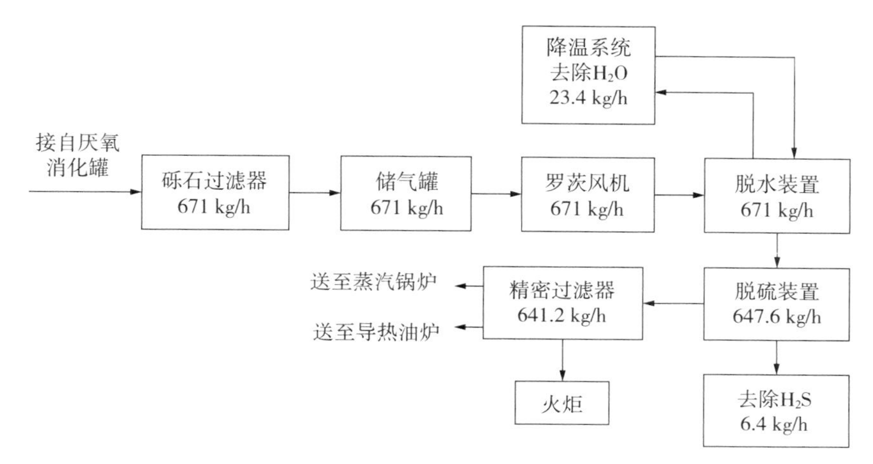

图 6-20　沼气净化工艺流程及物料平衡

（5）生物柴油制取系统

1）生物柴油制取工艺。

本提取系统主要分为 5 个操作单元：①预处理单元，经过水洗、干燥后除去大部分杂质和水分；②酸催化反应单元；③碱催化反应单元；④油脂蒸馏单元；⑤甲醇蒸馏回收单元。

厌氧消化罐分离出来的原料油首先进入预处理单元，经过水洗分层、真空干燥，得到含水率≤ 0.5% 的毛油，经过预处理的毛油，泵入生物柴油车间脂肪酸罐，通过两阶段转酯方式来处理，在前处理阶段，先以浓硫酸作催化剂将游离脂肪酸转换成脂肪酸甲酯，然后再于第二阶段中，采用甲醇钠作催化剂与三酸甘油酯完成转酯化反应。反应生成的粗甲酯经过中和水洗后，静置分层，并进行蒸馏、冷凝、提纯后得到产品生物柴油。

工艺流程如图 6-21 所示。

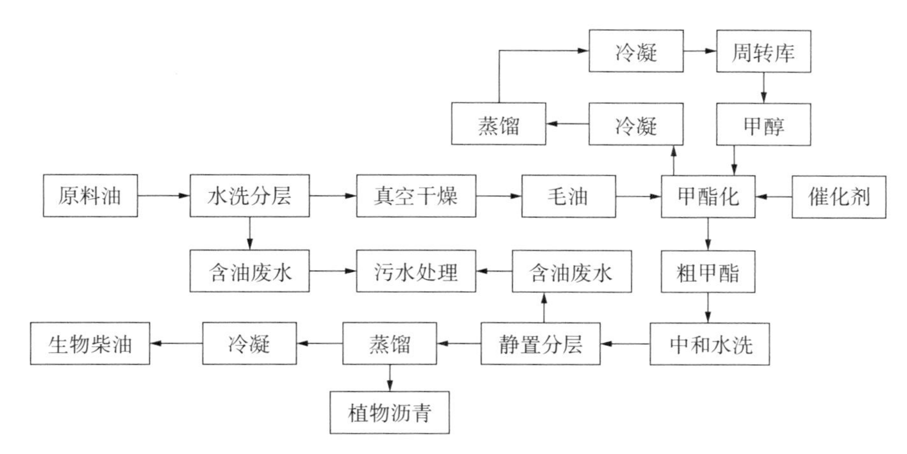

图 6-21　生物柴油制取工艺流程

2）工艺特点

①脱胶工序段生产效果。原料油中的胶质一般以磷脂的形式存在，混入油中会使油色变深暗、浑浊，同时磷脂遇热会焦化发苦，吸收水分促使油脂酸败，影响油品的质量和利用。本工序段利用其所含亲水基，加入一定量热水，使胶体水溶性脂质吸水膨胀、凝聚，进而产生沉降从油中进行分离。在操作中，应根据进料实际情况，清洗至油品清亮，确保胶质去除充分，以免影响后续操作。

②预酯化反应段参数控制。为使后期酯交换反应不受游离脂肪酸影响，须在反应前采用预酯化工艺除酸。本系统预酯化反应段使用浓硫酸作催化剂，促使游离脂肪酸与甲醇反应，生成脂肪酸甲酯和水。现场技术操作人员在反应前先检测毛油酸价，并根据酸价参考化学方程式计算得出各项控制参数。对工作人员要求较高，需认真按参数要求控制反应进度，务求反应完全，以免对后续工艺段产生不良影响。

③甲醇用量控制。在酯交换工艺段，发生的酯交换反应为可逆反应，为提高反应转化率，增加产品出产率，在实际投加甲醇时应过量，但过量甲醇的投加，又会使反应副产物甘油的分离更加困难，还会提高甲醇回收费用。现场操作人员应根据现场实际情况及理论参数计算结果严格控制甲醇用量，以使反应充分，得到最好的反应效果。

④反应过程中皂化反应的控制。水和游离脂肪酸在碱性环境下，会发生皂化反应等副反应，减少产品产率，影响产品品质。在生产过程中，酯交换反应之前，应对反应物进行酸价及水分检测，避免残留脂肪酸及水分进入后期酯交换工艺段，影响反应结果。

⑤各工艺段温度控制。本工艺在反应物的除水、产品甲酯的提纯、甲醇的回收等多工序段涉及蒸馏工艺，在蒸馏过程中，应注意控制反应温度，使反应充分的同时，避免液体暴沸溅出等情况的发生。同时，在反应物发生酯交换等化学反应时，根据工艺要求严格控制反应温度，以使产品产率最大化。

⑥反应时间的控制。酯交换反应是可逆反应，时间短，反应将来不及达到平衡，造成转化率下降，产品收率降低；时间长虽然反应能充分达到平衡，但反而增大产品皂化的可能性，也会导致产品收率降低。因此，在酯交换工艺段，需按工艺要求严格控制反应时间，以便得到最好的反应效果。

（6）污水处理系统

餐厨垃圾废水主要产生于餐厨垃圾处理工艺排水，其特点是污染物浓度高、成分复杂，属高浓度有机废水，氨氮含量高。根据此特点，本项目采用气浮 +MBR+AOP 污水处理工艺，其工艺流程如图 6-22 所示。

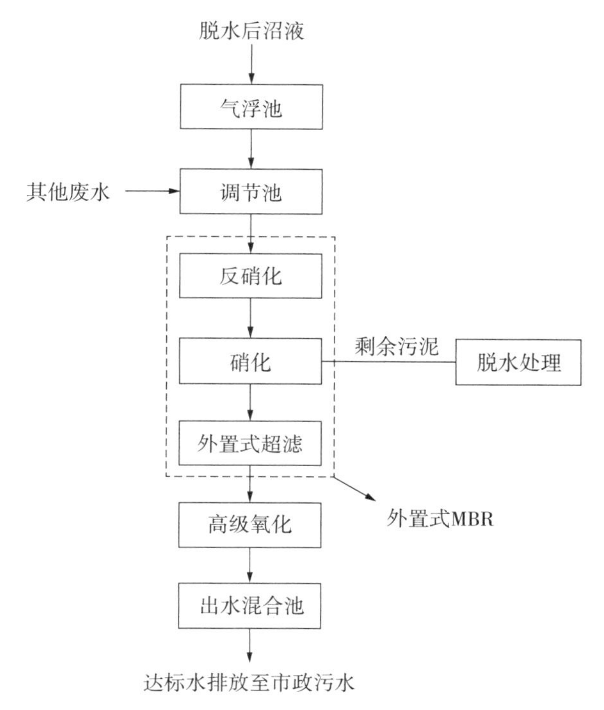

图 6-22　气浮 +MBR+AOP 工艺流程

经脱水得到的沼液进入气浮池预处理后与其他污水在调节池混合均质，经过生化进水泵提升，经袋式过滤器过滤后进入膜生化反应器（MBR），去除可生化有机物以及进行生物脱氮。

经过外置式 MBR 处理，超滤出水的 BOD、氨氮、重金属、悬浮物等已经达到排放标准，并且出水也没有悬浮物。但是难生化降解的有机物形成的 COD 和色度仍然较高，因此设计采用高级氧化对超滤出水进行深度处理，去除难生化降解的有机物。

6.5.3　环境效益、经济效益

该项目预计可产生生物柴油 4 066 t/a，甘油（工业级）415.8 t/a，植物沥青 323.4 t/a。该项目的建设形成了合理的餐厨垃圾资源化利用和无害化处理的产业链，提高了餐厨垃圾区域覆盖率、资源化利用率和无害化处理水平，促进了餐厨垃圾处理的产业化发展。

重庆市黑石子餐厨垃圾处理厂扩建工程

思考题

1. 简述餐厨垃圾好氧堆肥的基本原理。好氧过程由哪几个阶段组成？

2. 影响垃圾好氧堆肥的主要因素有哪些?

3. 简述好氧堆肥的基本工艺过程。

4. 如何评价堆肥的腐熟程度?

5. 餐厨垃圾厌氧发酵的基本原理是什么?影响厌氧发酵的因素有哪些?

6. 查阅相关文献，围绕餐厨垃圾综合利用的新技术写一遍综述。

参考文献

[1] 王攀，任连海，连筱．城市餐厨垃圾产生现状调查及影响因素分析［J］．环境科学与技术，2013，36：182-185.

[2] 邓俊．餐厨垃圾无害化处理与资源化利用现状及发展趋势［J］．环境工程技术学报，2019（5）.

[3] 邴君妍，罗恩华，金宜英，等．中国餐厨垃圾资源化利用系统建设现状研究［J］．环境科学与管理，2018，43（4）：39-43.

[4] 柯壹红，王晓洁，等．餐厨垃圾资源化技术现状及研究进展［J］．环境科学，2018（8）：5-9.

[5] 王星，王德汉，张玉帅，等．国内外餐厨垃圾的生物处理及资源化技术进展［J］．环境卫生工程，2005，13（2）：25-29.

[6] 吴修文，魏奎，沙莎，等．国内外餐厨垃圾处理现状及发展趋势［J］．农业装备与车辆工程，2011，12：49-52.

[7] 许晓杰，冯向鹏，李冀闽，等．国内外餐厨垃圾处理现状及技术［J］．环境卫生工程，2014，33（3）：31-33.

[8] 李国学，李玉春，李彦富．固体废物堆肥化及堆肥添加剂研究进展［J］．农业环境科学学报，2003，22（2）：252-256.

[9] 康军．城市污泥好氧堆肥技术的研究现状及展望［J］．科技创新导报，2013，21：125-126.

[10] 周继豪，沈小东，张平，等．基于好氧堆肥的有机固体废物资源化研究进展［J］．化学与生物工程，2017，34（2）：13-17.

[11] 刘盛萍．生物垃圾快速好氧堆肥的研究［D］．合肥：合肥工业大学，2006.

[12] 李秀金．固体废物处理与资源化［M］．北京：科学出版社，2011.

[13] 许晓杰，冯向鹏，等．餐厨垃圾资源化处理技术［M］．北京：化学工业出版社，2015.

[14] 唐雪娇，沈伯雄．固体废物处理与处置［M］．北京：化学工业出版社，2018.

[15] 李国学，孟凡乔，姜华，等．添加钝化剂对污泥堆肥处理中重金属（Cu，Zn，Mn）形态影响［J］．中国农业大学学报，2000，5（1）：105-111.

[16] 顾卫兵，乔启成，杨春和，等．有机固体废弃物堆肥腐熟度的简易评价方法［J］．江苏农业科学，2008，6：258-259.

[17] 许效天，杨跃伟，孟俊峰．城市污水污泥堆肥控制因素和腐熟度评价［J］．环境科学与管理，2008，33（10）：191-194.

[18] 李承强，魏源送，樊耀波．堆肥腐熟度的研究进展［J］．环境科学进展，1999，7（6）：2-8.

[19] 李艳霞，王敏健，王菊思．有机固体废弃物堆肥的腐熟度参数及指标［J］．环境科学，1999，2：98-102.

[20] 刘卫星，顾金刚，姜瑞波，等．有机固体废弃物堆肥的腐熟度评价指标［J］．土壤肥料，2005，3：

3-6.
[21]伍建军，梁灿钦，林锦权.餐厨垃圾处理技术现状与发展[J].东莞理工学院院报，2012，19(3)：69-71.
[22]张韩，李晖，韦萍.餐厨垃圾处理技术分析[J].环境工程，2012，30：258-261.
[23]刘会有，王俊辉，赵定国.厌氧消化处理餐厨垃圾的工艺研究[J].能源技术，2005，26(4)：150-154.
[24]刘军，刘涛，戴俊，等.厌氧消化处理餐厨垃圾工艺[J].中国资源综合利用，2011，29(90)：54-57.
[25]边炳鑫，赵由才，乔艳云.农业固体废物的处理与综合利用[M].北京：化学工业出版社，2017.
[26]岑承志，陈砺，严宗诚，等.沼气发酵技术发展及应用现状[J].广东化工，2009，36(3)：78-79.
[27]王延昌，袁巧霞，谢景欢，等.餐厨垃圾厌氧发酵特性的研究[J].环境工程学报，2009，3(9)：1678-1681.
[28]魏泉源，吴树彪，阎中，等.城市餐厨垃圾处理与资源化[M].北京：化学工业出版社，2019.
[29]宁平.固体废物处理与处置[M].北京：高等教育出版社，2007.
[30]郝春霞，陈灏，赵玉柱.餐厨垃圾厌氧发酵处理工艺及关键设备[J].环境工程，2016，34：691-695.
[31]刘春爽，赵东风，国亚东.基于UASB反应器的厨余厌氧发酵产氢研究[J].可再生能源，2012，30(1)：84-87.
[32]柏丽梅，石玉明，孙兴滨.厌氧膨胀颗粒床(EGSB)反应器在有机废水治理中的研究进展[J].环境科学与管理，2009，34(1)：93-97.
[33]向心怡，陈小光，戴若彬，等.厌氧膨胀颗粒污泥床反应器的国内研究与应用现状[J].化工进展，2016，35(1)：18-24.
[34]宿程远，梁秋平，黄智，等.内循环厌氧反应器处理餐厨垃圾的启动试验研究[J].环境工程，2014(12)：92-95.
[35]陈冠益.餐厨垃圾废物资源综合利用[M].北京：化学工业出版社，2018.
[36]褚文玮，强萌萌.厌氧发酵CSTR反应器在餐厨垃圾处理方面的应用研究[J].天津化工，2018，32(6)：16-18.
[37]张晓宏，刘德江，等.我国餐厨垃圾厌氧处理技术的现状及发展前景[J].环境与可持续发展，2016(2)：105-107.
[38]孙孝政，夏吉庆，田晓峰，等.厌氧发酵技术工厂化生产沼气的现状及展望[J].东北农业大学学报，2005，36(1)：109-112.
[39]滕虎，牟英，杨天奎，等.生物柴油研究进展[J].生物工程学报，2010，26(7)：892-902.
[40]王常文，崔方方，宋宇.生物柴油的研究现状及发展前景[J].中国油脂，2014，39(5)：44-47.
[41]忻耀年.生物柴油的发展现状和应用前景[J].中国油脂，2005，30(3)：44-47.
[42]彭荫来，杨帆.利用餐饮业废油脂制造生物柴油[J].城市环境与城市生态，2001，14(4)：54-56.
[43]严武英，顾卫兵，邱建兴，等.餐厨垃圾的饲料化处理及其效益分析[J].粮食与饲料工业，2012，9：39-42.
[44]滕星，张永锋，温嘉伟，等.黑水虻生物特性及其人工养殖的影响因素研究进展[J].吉林农业大学学报，2019，41(2)：134-141.
[45]安新城.黑水虻生物处置餐厨废弃物的技术可行性分析[J].环境与可持续发展，2016，3：92-94.

第 7 章　其他垃圾资源化技术

7.1　畜禽粪便的综合利用

7.1.1　畜禽养殖业发展

我国畜牧业生产自菜篮子工程实施以来发生了质的变化，畜禽养殖规模和产值均发生巨大变化，肉类产量以每年 10% 以上递增，奶类和禽蛋递增率也在 10% 以上。1986 年我国的禽蛋产量首次超过美国，1991 年肉类产量首次超过美国，以后连续几年保持世界第一；全国畜牧业总产值从 2010 年的 20 825.7 亿元增长到 2017 年的 30 285.04 亿元，年复合增长率达 5.50%。畜牧业占农林牧渔业总产值比重维持在 30%，已经成为其支柱产业。畜牧业的快速发展对农村经济的发展做出了重大贡献[1]。

根据国家统计局统计，2014 年我国大牲畜 12 022.9 万头。其中，牛的数量达到了 10 578 万头；肉猪出栏 73 510.4 万头，年底存栏 46 582.7 万头；羊年底存栏 30 314.9 万只。2009 年我国蛋禽养殖量达到 30.23 亿只，肉禽养殖达到 579.09 亿只，合计 609.32 亿只。据预测，2020 年我国畜禽粪便排放总量将达到 42.44 亿 t，其中集约化养殖的贡献最大。

7.1.2　畜禽养殖方式的演变

畜禽养殖业的发展，特别是集约化养殖的高速发展，使畜禽养殖方式发生如下变化：由过去的分散经营、饲养头数少、主要分布在农区转变为现在的集中经营、饲养头数多、分布在城市郊区或新城区[2]。畜禽养殖特点的演变加上务农劳力的转移以及肥料施用由以有机肥为主转变为以化肥为主，导致畜禽养殖场畜禽粪便由宝变为废弃物，特别是畜禽粪便由于含水量大、恶臭，给处理、运输、施用带来很大的麻烦，成为我国农业和农村环境的污染源。

7.1.3　集约化畜禽粪便的污染状况

畜禽养殖过程中产生的污染物主要包括固体废物（垫料、粪便、尸体，以粪便为主）、液体污染物（冲洗水、尿液）、气体污染物（温室气体、恶臭气体）。畜禽养殖废弃物具有成分复杂、污染负荷大、难处理等特点，如果不能及时有效地进行无害化处理，会对环境造成严重的污染，主要体现在大气、水、土壤、病源传播等方面。

7.1.3.1　大气污染

奶牛、猪、鸡饲料中 70% 左右的含氮物质被排泄出来。大量的畜禽粪便如果没有及时处理而随意露天堆放，在高温下，发酵和分解会产生氨、甲基硫醇、二甲硫和硫化氢等恶臭物质，排放到大气中会使臭味成倍增加。产生的甲基硫醇、二甲基二硫醚、甲硫醚、二甲胺及多种低级脂肪酸等有毒有害气体，污染空气，造成空气中含氧量相对下降，使动物及人群的免疫力下降，呼吸道疾病频发[3]。

7.1.3.2　水体污染

粪便和冲洗粪便废水中含有氮、磷及粪渣等有害物质，可以通过地表径流污染地表水，也可以通过土壤渗入地下污染地下水。水中过多的氮、磷会使水体富营养化，引起藻类疯长，争夺阳光、空气和氧气，最终将使水体变黑发臭，导致鱼类及水生物死亡，并影响沿岸的生态环境。上海市 90% 以上的畜牧场周围河水夏季发黑发臭，鱼类濒临灭绝。畜禽粪便过量施用，残留土壤中的 N、P 等物质渗入地下水，将导致地下水中 NO_2、N、NO_3 浓度的升高，若长期或大量饮用，可能诱发癌症[3]。

7.1.3.3　土壤污染

畜禽粪便中含有大量的钠盐和钾盐，如果直接用于农田，过量的 Na 和 K 通过“反聚作用”而造成某些土壤的微孔减少，使土壤的通透性降低，破坏土壤结构，而且过量的 N、P 将会通过土壤渗入地下，污染地下水。另外，畜禽粪便中大量的病原微生物和寄生虫虫卵，也将通过污染水源及粉尘等方式危害养殖场及周围人群[3]。

7.1.3.4　对周边农村环境的影响

畜禽粪便内含有许多病原微生物，粪便的直接排放会使得病原微生物四处传播，在一定程度上会加速畜禽传染病的发生和蔓延，使集约化养殖小区疾病防控的难度增加，既给养殖业的安全带来隐患，又给周边人民群众的生活带来诸多问题，甚至对人民群众的健康造成严重威胁。据世界卫生组织（WHO）、联合国粮食及农业组织（FAO）等国际组织有关资料报道，猪粪便中携带有大量病原微生物或寄生虫，如大肠杆菌、沙门氏菌、葡萄球菌、吸虫及蛔虫等。目前，由生猪传染的人畜共患传染病约 25 种，主要传播载体就是生猪排泄物，而且进入土壤的病原体生存时间较长[1]。表 7-1 为畜禽养殖所产生的主要污染物。

表 7-1 畜禽养殖产生的主要污染物

污染	主要污染物	危害
水体污染	N、P、有机物	造成河流湖泊水质下降、水体富营养化、地下水污染
土壤污染	有机质、N、P、K、金属元素等	适量可以提高有机质含量，改善土壤，过量会影响农作物生长，饲料、添加剂等含有的金属元素会污染土壤
大气污染	氨、硫化氢、甲烷、臭气	形成酸雨、温室气体效应、臭味影响周边居民人身健康
传播病源	微生物、寄生虫	细菌真菌、寄生虫卵、蚊蝇等传播疾病

7.1.4 畜禽粪便的处理[2]

目前畜禽粪便的处理主要包括干燥处理、除臭处理及综合处理几个方面，现分述如下。

7.1.4.1 干燥处理

畜禽粪便的干燥处理技术主要有日光自然干燥、高温快速干燥、烘干膨化干燥及机械脱水干燥等。

（1）日光自然干燥

在自然或棚膜条件下，利用日光能进行中、小规模畜禽粪便干燥处理，经粉碎、过筛，除去杂物后，放置在干燥地方，可供饲用和肥用。该方法具有投资小、易操作、成本低等优点，但处理规模较小，土地占用量大，受气候影响大，如阴雨天难以晒干脱水，干燥时易产生臭味，氨挥发严重，干燥时间较长，肥效较低，可能产生病原微生物与杂草种子的危害等问题，不能作为集约化畜禽养殖场的主要处理技术。但如改用塑料大棚自然干燥法，处理经过发酵脱水的畜禽粪便，则具有阴雨天也能晒干脱水且干燥时间较短等优点，适宜我国采用。

（2）高温快速干燥

高温快速干燥是目前我国处理畜禽粪便较为广泛采用的方法之一。它采用煤、重油或电产生的能量进行人工干燥，干燥需用干燥机。我国用干燥机大多为回转式滚筒，原来鸡粪中含水量为 70%～75%，经过滚筒干燥，在短时间内（数十秒钟）受到 500～550℃或更高温的作用，鸡粪中的水分可降低到 18% 以下。其优点是不受天气条件影响，能大批量生产，干燥快速，可同时达到去臭、灭菌、除杂草等效果，但其存在一次性投资较大，煤、电等能耗较大，处理干燥时产生的恶臭气体耗水量大，特别是处理产物再遇水时易产生更为强烈的恶臭，以及处理温度较高带来肥效较差、烧苗等缺点，加上处理产物成本较高、销路难等，导致该项技术的推广应用受到限制。

（3）烘干膨化干燥

利用热效应和喷放机械效应两个方面的作用，使畜禽粪既除臭又能彻底杀菌、灭虫卵，达到卫生防疫和商品肥料、饲料的要求。经原农业部和北京市几年来的研制，北京市平谷峪口鸡场已成功地研制了日处理鸡粪 3 t、5 t、10 t 的自动烘干膨化机。该方法的缺点仍是一次性投资较大，烘干膨化时耗能较多，特别是夏季保持鸡粪新鲜较困难，大批量处理时仍有臭气产生，需处理臭气和处理产物成本较高等，从而导致该项技术的应用受到限制。

（4）机械脱水干燥

采用压榨机械或离心机械进行畜禽粪便的脱水，由于成本较高，仅能脱水而不能除臭，故效益偏低。

7.1.4.2　除臭法[2]

畜禽粪便的除臭主要包括物理除臭和化学除臭。

（1）吸收法

吸收法是使混合气体中的一种或多种可溶成分溶解于液体之中，依据不同对象而采用不同方法：①液体洗涤。对于耗能烘干法臭气的处理，常用的除臭方法是添加化学氧化剂，如 $KMnO_4$、NaOCl、$Ca(OH)_2$、NaOH 等，该法能使 H_2S、NH_3 和其他有机物有效地被水气吸收并除去，存在的问题是需进行水的二次处理。②凝结。堆肥排出臭气的去除方法是当饱和水蒸气与较冷的表面接触时，温度下降而产生凝结现象，这样可溶的臭气成分就能够凝结于水中，并从气体中除去。

（2）吸附法

吸附法是将流动状物质（气体或液体）与粒子状物质接触，这类粒状物质可从流动状物质中分离或贮存一种或多种不溶物质。活性炭、泥炭是使用最广的除臭剂，熟化堆肥和土壤也有较强的吸附力，近年来国外采用折叠式膜（flexible membrane）、悬浮式生物垫（floating biomat）等产品，用于覆盖氧化池与堆肥，减少好氧氧化池与堆肥过程中散发的臭气，用生物膜（bio film）吸收与处理养殖场排放的气体。

（3）氧化法

有机成分的氧化结果是生成 CO_2 和 H_2O 或是部分氧化的化合物。无机物的氧化则不太稳定，如 H_2S 可以氧化成 S 或 SO_4^{2-}。热的、化学的和生物的处理过程都可以被氧化法利用。

①加热氧化。如果提供足够的时间、温度、气体扰动紊流和氧气，那么氧化臭气物质中的有机或无机成分是很容易做到的，要彻底地破坏臭气，操作温度需达到 650 ~ 850℃，气体滞留时间 0.3 ~ 0.5 s，此法能耗大，应用受到限制。

②化学氧化。如向臭气中直接加入氧化气体（如 O_3），但成本高，无法大规模运用。

③生物氧化。在特定的密封塔内利用生物氧化难闻气流中的臭气物质。为了保证微生物的生长，密封塔的基质中需有足够的水分，也可将排出的气体通入需氧动态污泥系统、熟化堆肥和土壤中。臭气的减少可以通过一系列的方法，但是生物氧化却是非常重要的。生物氧化对于除去堆肥中所产生的臭气起着重要的作用，是好氧发酵除臭能否成功的关键。

（4）掩蔽剂

在排出气流中可以加入芳香气味以掩蔽或与臭气结合。这种产物通常是不稳定的，并且其气味可能较原有臭味还难闻，目前已很少应用。

（5）高空扩散

将排出的气体送入高空，利用大气自然稀释臭味。适宜用于人烟稀少的地区。

上述方法如吸附、凝结和生物氧化等在去除低浓度臭味时效果较好，但对高浓度的恶臭气体除臭效果不理想。而畜禽粪便处理厂产生的臭味浓度高，因而有必要在畜禽粪便降解转化（好氧发酵）过程中减少 NH_3 等致臭物质的产生。

（6）生物技术法

该方法是近年来研究较多、应用较广，且最具前景的一种畜禽粪便处理方法，可分为发酵法和沼气法。发酵法比干燥法具有省燃料、成本低、发酵产物生物活性强、肥效高、易于推广的特点，同时可达到去臭、灭菌的目的，但发酵法时间较长。发酵可分为厌氧池、好氧池与堆肥等三种方法。养殖场沼气工程是以废弃物厌氧发酵为手段、以能源生产为目标，最终实现沼气、沼液、沼渣综合利用的生态环保工程，是一种有效的利用方式。缺点是 NH_3 挥发损失多，处理池体积大，而且只能就地处理与利用。

7.1.5 畜禽粪便资源化循环利用的原则与模式

7.1.5.1 畜禽粪便资源化循环利用的原则

减量化、再利用、资源化是循环经济最重要的3个原则。当前，可持续发展战略成为社会发展的主流，以资源利用最大化和污染排放最小化为主线，逐渐将清洁生产、资源综合利用、生态设计和可持续消费等融为一体的循环经济战略是实现可持续发展的重要手段。传统经济是一种由“资源—产品—污染排放”所构成的物质单向流动的经济，而循环经济倡导的是一种与环境和谐发展的经济发展模式。它要求把经济活动按照自然生态系统的模式，组织成一个“资源—产品—再生资源”的物质反复循环流动的过程，使整个经济系统以及生产和消费的过程基本不产生或者只产生很少的废弃物，以从根本上消解长期以来环境与发展之间的尖锐冲突。

循环经济为解决畜禽粪便污染环境问题提供了理论依据。畜禽粪便在资源化利用链条中与生态环境系统之间的循环流动，是一种深层次的循环，这种系统与系统之间的物质循环，实际上体现了畜禽粪便在循环经济过程中的减量化、再利用、无害化。这种方式能够减少对自然资源的索取，可以更有效地利用畜禽粪便，将其转化为可以继续利用的资源，形成“资源—产品—再生资源—再生产品”的物质流动闭合回路，最终顺畅地进入生态环境系统中，降低畜禽粪便对生态环境的影响，为生态环境减轻负担，并且提供自我恢复的空间。

7.1.5.2 畜禽粪便资源化循环利用的模式

畜禽粪便中含有大量的有机物及丰富的氮、磷、钾等营养物质，是农业可持续发展的宝贵资源。数千年来，农民一直将它作为提高土壤肥力的主要来源。过去采用填土、垫圈的方法或堆肥方式将畜禽粪便制成农家肥。如今，伴随着集约化养殖场的发展，人们开展了对畜禽粪便肥料化技术的研究[3]。目前，畜禽粪便的肥料化再利用模式主要有直接施用、用于栽培食用菌和堆腐后施用。

1）直接施用。主要是将畜禽粪便直接或者简单堆沤后施于农田。直接施用的方法不需要很大的投资，操作简便，易于被农民接受和利用。但由于畜禽粪便中水分含量高，直接利用常常会受限制。

2）用于栽培食用菌。畜禽粪便用于栽培食用菌也是一种资源化利用的方式。畜禽粪便含有丰富的有机质和大量矿质营养元素以及微量元素，添加含碳量丰富的作物秸秆来调节碳氮比，配以适当的无机肥料、石膏等，堆制后作为培养基栽培食用菌，能够提高出菇率，产生经济效益。菇渣可以用于生产饲料、有机肥或沼气的原料，也可以用于饲喂蚯蚓、蝇蛆等，制作优质动物蛋白。可以延长生产链条，提高畜禽粪便的利用率，又能够增加产值，达到物质多级利用[1]。

3）堆腐后施用。畜禽粪便的堆腐后施用是目前最为常用的肥料化方法[4]，是在人为控制条件下进行的，在一定的湿度、温度、C/N比和通风条件下，利用自然界广泛分布的细菌、放线菌、真菌等微生物的发酵作用，人为地促进可生物降解的有机物向稳定的腐殖质生化转化的微生物学过程。根据堆肥化过程中氧气的供应情况，可以把其分为厌氧堆肥和好氧堆肥。厌氧堆肥是在通气条件差、氧气不足的条件下由厌氧微生物发酵堆肥；好氧堆肥是在通气条件好、氧气充足的条件下借助好氧微生物的生命活动降解有机质。通常好氧堆肥堆体温度高，一般在50～70℃，其可以最大限度地杀灭病原菌、虫卵及杂草种子，同时将有机质快速地降解为稳定的腐殖质，转化为有机肥。目前，多采用高温好氧堆肥。

堆肥发酵的过程一般分为4个阶段，分别为中温堆肥（即升温阶段）、高温阶段、降温阶段和腐熟阶段。由于不同阶段微生物种群数量、新陈代谢速度不同，堆体温度差异也相对较明显[4]。

7.1.5.3 饲料化再利用模式

畜禽粪便中含有未消化的粗蛋白、粗纤维、粗脂肪和矿物质等，经过适当处理杀死病原菌后，能提高蛋白质的消化率和代谢能，改善适口性，可作为饲料来利用。目前，畜禽粪便的饲料化主要利用模式有直接喂养、青贮、干燥法和热喷法等[5]。

1）用鸡粪混合垫草直接饲喂奶牛的方式已被许多西方国家所采用，在饲料中混入上述粪草饲喂奶牛，其结果与饲喂豆饼饲料的效果相同。此方法简便易行，效果也较好，但要做好卫生防疫工作，避免疫病的发生和传播[5]。

2）粪便中碳水化合物的含量低，不宜单独青贮，常和一些禾本科青饲料一起青贮。青贮的饲料具有酸香味，可以提高其适口性，同时可杀死粪便中病原微生物、寄生虫等。此法在血吸虫病流行区尤为适用[3]。

3）干燥法分为自然干燥和机械干燥，自然干燥法是将新鲜畜禽粪便单独或掺入一定比例的糠麸拌匀后，摊在水泥地面或塑料布上，随时翻动使其自然风干，然后粉碎、掺到其他饲料中饲喂，此法成本较低，操作简便，但受天气影响大，且易造成环境污染。机械干燥法是采用相关设备进行干燥，可达到去臭、灭菌、除杂草等目的。此外，近年来处理动物粪便的新型微波设备研究已有较大的进展，该设备主要采取微波技术使动物粪便通过加热器受到强大的超高频电磁波辐射处理，通过干燥、灭菌、杀虫和除臭，将动物粪便转化成再生饲料，该方法目前应用较为广泛[5]。

4）热喷法是将畜禽粪便经过热蒸与喷放处理，改变其组成的结构和部分化学成分，并经消毒、除臭后，使畜禽粪便成为更有价值的饲料。热喷技术具有投资少、能耗低、操作简便等优点，具有广阔的发展及应用前景[5]。

7.1.5.4 能源化再利用模式[5]

能源化再利用也是畜禽粪便资源化利用的重要模式，主要有直接燃烧、乙醇化利用、沼气化利用、发电利用。

1）直接燃烧。在我国北方草原地区较为常用，牧民们收集晾干的牛粪作燃料直接燃烧，用来取暖或者烧饭，这是粪便直接作能源的最简单方法。但这种能源利用方式不够充分，且易造成空气污染。

2）乙醇化利用。主要利用畜禽粪便中丰富的纤维素资源，通过一定的处理（如碱预处理等），将畜禽粪便中的木质纤维素进行预处理，然后转化为糖，进一步发酵成酒精，可作为乙醇化的原料。畜禽粪便的乙醇化利用可替代粮食生产酒精，进而创造巨大的经济效益。

3）沼气化利用。在我国应用较为广泛，即利用受控制的厌氧细菌的分解作用，将粪便中的有机物转化成简单的有机酸，然后再将简单的有机酸转化为甲烷和二氧化碳。沼气燃烧或发电工程中，沼渣和沼液可以作为肥料或饲料。畜禽粪便的沼气化利用可在多方面代替煤、石油、天然气等不可再生资源，既节约资源又保护环境，具有广泛的应用前景。但是，提高沼气出产率及合理利用沼渣和沼液是制约其发展的关键问题。

4）发电利用。主要是将畜禽粪便以无污染方式焚烧，然后发电利用，焚烧过程中产生的灰分还可以作为优质肥料。这一利用模式既可创造经济效益，减少环境污染，又节约了煤炭、天然气等不可再生资源，但目前在我国应用并不广泛。

7.1.5.5　热解技术[6,7]

热解技术主要是对畜禽粪便在缺氧或无氧条件下进行热降解，最终可以生成木炭、生物油等。畜禽粪便的低温慢速热裂解，可制取活性炭产品。畜禽粪便的中温快速裂解产物以生物油为主。Lima 等[8]研究指出，鸡粪在以水蒸气为催化剂、700℃条件下进行炭化，活性炭获得率为 23%～37%。Schnitzer 等[9,10]研究指出，鸡粪热解产生的生物油的质谱和红外分析显示一级冷凝生物油富含脂族化合物，二级冷凝生物油富含杂环化合物，二级冷凝生物油比一级冷凝生物油具有更高的碳含量和热值及较低的氮含量。畜禽粪便的高温闪速热裂解是在高温、高压状态下使反应物达到超临界状态液化得到高热值的生物油。

制备生物质炭的畜禽粪便原料和制备条件（如温度、升温速率和时间）对生物质炭的性质有比较大的影响。

（1）制备畜禽粪便炭的原料

畜禽粪便中含有丰富的农作物所必需的 N、P、K 等养分，因而其制备的生物质炭养分含量高于木屑制备的生物质炭。这些生物质炭浓缩了非挥发的矿物质，如 P、K 等，因而畜禽粪便炭可以作为替代肥料使用。

（2）温度

高温（700℃）条件下制备的生物质炭比低温（400℃）下制备的生物质炭有更高的孔隙度，吸附能力也较强。Shinogi[11]考察了温度（250～800℃）对奶牛粪便炭化的影响，包括对炭化物产量、表面积、总碳、总氮等的影响，随着热解温度的增加，表面积、总碳和灰分含量增加，pH 升高，炭化物产量减少，但温度对产品的密度没有影响。

（3）合适的热解参数

为了得到较多的生物质炭，慢速和中速裂解过程更为合适。Spokas[12]总结了制备生物质炭的最佳条件：①木质素、灰分和氮含量高的生物质为基质；②合适的裂解温度（350～700℃）；③较长的炭化停留时间（数分钟到数小时）；④较低的升温速率（1～100℃/s）。

生物质炭应用广泛，可用于土壤改良、土壤中温室气体的减排以及修复重金属污染的土壤。

7.1.5.6 粪便的其他再利用模式

利用蚯蚓的生命活动来处理易腐有机废弃物是一项古老而又年轻的生物技术，经过发酵有机废物，通过蚯蚓的消化系统，在蛋白酶、脂肪分解酶、纤维酶、淀粉酶的作用下，能迅速分解、转化，成为自身或其他易于利用的营养物质，即利用蚯蚓处理有机废物，既可产生优良的动物蛋白，又可产生肥沃的复合有机肥。这项工艺简便、费用低廉、不与动植物争食、争场地，能获得优质有机肥料和高级蛋白饲料，对环境不产生二次污染[4]。

蚯蚓堆肥处理主要通过养殖蚯蚓、消耗粪便、萃取排泄物中的营养元素，而生产出高蛋白蚓体副产品，供应动物生产，促使生物吸收的营养元素与高蛋白蚓体重新进入养殖系统循环利用（图 7-1）；同时，通过蚯蚓和微生物的作用，把大量的畜禽粪便转化成无臭、无害、具有生物活性的高品质有机肥，使氮、磷等养分重新循环到农地生态系统中，实现废弃物资源化，发展“禽—粪—畜”和“禽—粪—种植”循环经济模式。

图 7-1　蚯蚓堆肥

养殖蚯蚓的鲜体蛋白含量为 8%～12%，干体蛋白含量为 50%～70%，该含量接近于鱼粉，且蚯蚓的脂肪含量高于鱼粉，必需氨基酸含量接近鱼粉，维生素 A、维生素 B、一些微量元素含量远远高于鱼粉，有较高的经济价值，可作为动物性蛋白饲料、人类营养保健食品和医药保健品[5]。

①蚯蚓在渔、牧综合经营中的应用。主要有鱼—畜—蚓—鱼、鱼—禽—蚓—鱼综合经营等类型，都是各地较为普遍的做法。在池边或池塘附近建猪舍、牛房或鸭棚、鸡棚，饲养猪、牛、鸭（鹅、鸡）等。利用畜禽的废弃物养殖蚯蚓，构建高效生态链，使养鱼和畜、禽饲养协调发展，降低生产成本，并减少了对环境的负面影响。在鱼、畜、禽结

合中，有的还采取畜、禽粪尿的循环再利用，如将鸡粪作猪的饲料，再用猪粪养蚯蚓，以节约精饲料。

②蚯蚓在渔、牧、农综合经营中应用。以蚯蚓为核心将渔、农、牧的形式结合起来，以进一步加强水、陆相互作用和废弃物的循环利用。主要有鱼、畜（猪、牛、羊等一种或数种）、草（或菜）、蚓，鱼、畜、禽（鸭、鸡或鹅）、草（或菜）、蚓，鱼、桑、蚕综合经营等类型。前两种类型在各地较为普遍，都是以草或菜喂鱼和畜、禽，畜、禽粪用来养殖蚯蚓，蚯蚓用于养殖或进行更多层次的综合利用，如牛—菇—蚓—鸭—鱼类型，利用乳牛粪种蘑菇，牛尿养鱼，蘑菇采收后的土用来培养蚯蚓，蚯蚓养鸭，鸭粪再养鱼。鱼、桑、蚕类型因要求的条件较高，故分布不及前两种普遍，过去主要集中在珠江三角洲和太湖流域，目前分布区域有所扩展。图 7-2 为蚯蚓的良性循环作用流程图。

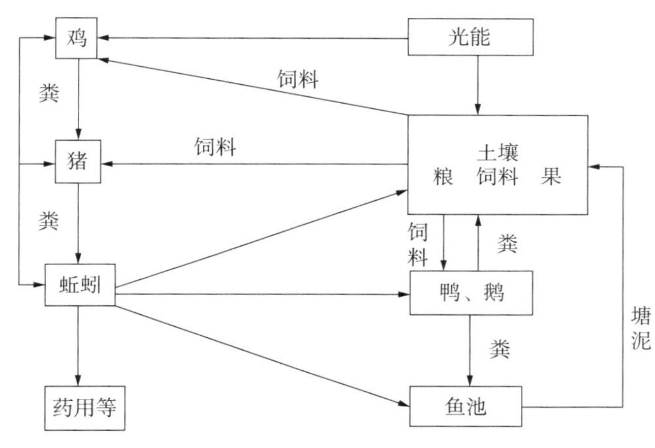

图 7-2　蚯蚓的良性循环作用

7.1.6　生态循环养殖模式实例[4]

规模化猪场的粪污分为固形物（猪粪）和污水（猪尿液和生产、生活污水等），对于固形物和污水分别采用不同的处理方法和循环利用模式，本节采用的粪污处理及循环利用模式见图 7-3。

（1）固体废物处理工艺流程

通过干清粪工艺或水泡粪工艺收集的猪粪，一方面，将猪粪经过微生物的发酵，除臭和完全腐熟后，通过有机肥专用烘干机进行干燥，根据植物的营养需要加工成含水量 30% 以下的专用生物有机肥。另一方面，将猪粪经过发酵处理后养殖蚯蚓，通过蚯蚓对营养物质的分解和重金属的吸收，减少猪粪中重金属的含量。然后，收集蚯蚓粪，将蚯蚓粪进行干燥，根据植物的营养需要制成牧草和雷竹的专用生物有机肥；收集的蚯蚓进行干燥处理制成蚯蚓粉，可以作为猪的蛋白质补充饲料，添加到猪的饲料中，实行循环利用。也可利用猪粪饲养蝇、蛆，收集蝇、蛆作为猪的蛋白质补充饲料。

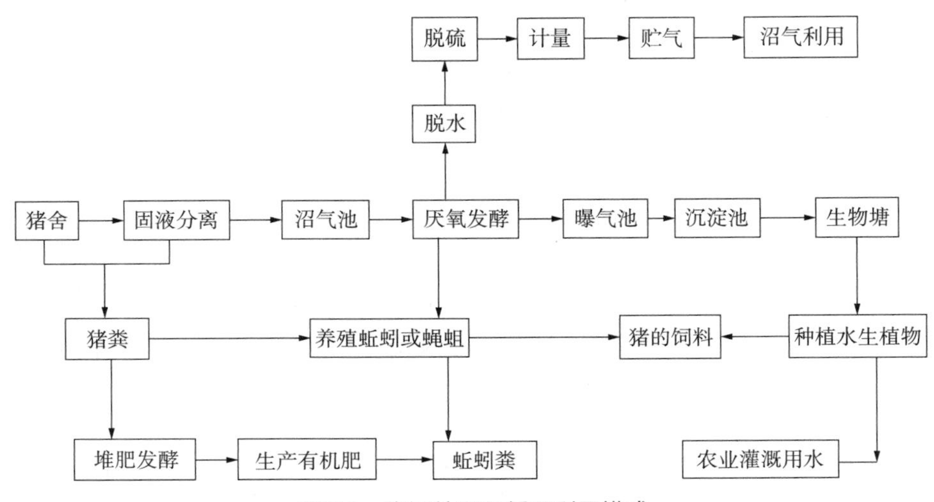

图 7-3 粪污处理及循环利用模式

（2）污水处理工艺流程

经水泡粪工艺清除的猪粪水通过沟管由场区自流进入污水处理站，废水先经过格栅，去除废水中的稻草和大的悬浮物体，经沉砂井沉砂，去除废水中的泥沙。猪粪水通过固液分离机，分离的固体按固体废物处理工艺流程进行处理和循环利用。分离的污水进入酸化池进行水解酸化，将复杂的有机物转化为简单的有机物，酸化后的污水进入厌氧发酵池（沼气池）进行发酵，产生的沼气经过脱水、脱硫后作为清洁高效能源利用，不允许向外排放而形成二次污染。

生态循环养殖仿真

沼液和沼渣经固液分离机进行分离，分离的沼渣因其中含较高的重金属，可用来养殖蚯蚓，吸收其中的重金属。蚯蚓在其生活过程中，摄取土壤中大量有机质并将其分解转化为氨基酸、聚酚等较简单的化合物，在肠细胞分泌的酚氧化酶及微生物分泌酶的作用下，形成腐殖质。腐殖质中主要活性部分为腐殖酸（11.7% ~ 25.8%），腐殖酸是很强的吸附剂，能够吸附可溶态重金属，降低重金属生物有效性。此外，腐殖酸所具有的羟基、羧基、羰基、氨基等多种官能团，能够与土壤中重金属发生络合反应，从而降低重金属活性。收集的蚯蚓类重金属含量若不超标，可用来生产生物有机肥，蚯蚓干燥后用作猪的蛋白质补充饲料；分离的沼液经过曝气池、沉淀池，进入生物塘，种植水生植物如水浮莲、水葫芦和水生蔬菜等，对其中的营养物质进行再吸收，经水生植物处理后的水可以作为农业灌溉用水，用于草地、林地和农田等的灌溉。

7.2　秸秆的综合利用

7.2.1　秸秆的开发利用状况、问题与前景

7.2.1.1　开发利用状况

秸秆是指农作物经加工取出籽实后的剩余物的泛称。农作物的种类很多，诸如稻谷、小麦、玉米、豆类、薯类、油料作物、棉花和甘蔗等。稻谷在取出稻米后的稻草、稻壳，玉米在取出玉米颗粒后的玉米芯、玉米秆等都称为秸秆[13]。据联合国环境规划署（UNEP）报道，世界上种植的各种谷物，每年可提供秸秆 17 亿 t，其中大部分未加工利用。我国的各类农作物秸秆资源十分丰富。据报道，我国各类农作物的秸秆年总产量达 7 亿多 t，其中稻草 2.3 亿 t、玉米秆 2.2 亿 t，豆类和秋杂粮作物秸秆 1.0 亿 t，花生和薯类藤蔓、甜菜叶等 1.0 亿 t[14]。一般情况下，作物秸秆中碳占绝大部分，主要粮食作物水稻、小麦、玉米等秸秆的含碳量约占 40% 以上，其次为 K、Si、N、Ca、Mg、P、S 等元素。秸秆中的有机成分以纤维素、半纤维素为主，其次为木质素、蛋白质、氨基酸、树脂、单宁等（表 7-2 和表 7-3）。秸秆的热值约为标准煤的 50%。由于秸秆是泛称，因此，秸秆所含的能量与农作物的种类、生长的气候条件等各种具体因素有密切的关系。

表 7-2　几种作物秸秆中的元素成分　　单位：%

种类	N	P	K	Ca	Mg	Mn	Si
水稻	0.60	0.09	1.00	0.14	0.12	0.02	7.99
小麦	0.50	0.03	0.73	0.14	0.02	0.003	3.95
大豆	1.93	0.03	1.55	0.84	0.07	—	—
油菜	0.52	0.03	0.65	0.42	0.05	0.004	0.18

表 7-3　几种作物秸秆中的有机成分　　单位：%

种类	灰分	纤维素	脂肪	蛋白质	木质素
水稻	17.8	35.0	3.82	3.28	7.95
冬小麦	4.3	34.3	0.67	3.00	21.2
燕麦	4.8	35.4	2.02	4.70	20.4
玉米	6.2	30.6	0.77	3.50	14.8

7.2.1.2　开发利用问题

受消费观念和生活方式的影响，农村传统的处理秸秆的方法使相当部分的秸秆资源

没有得到合理开发利用。

由于处置方法的不当，农作物秸秆还会对社会生活和生产的许多方面产生负面作用。例如，秸秆焚烧下的高温使得土壤中有益虫体（如蚯蚓）与微生物无法存活，严重影响土壤耕层生态环境的良性循环。20 世纪 90 年代以来，我国部分粮食主产区出现了较为严重的焚烧秸秆污染。虽然各地区秸秆焚烧的严重程度不同，但每到夏秋收获之际，浓烟滚滚，不仅带来了环境污染，也对高速公路、铁路的交通安全及民航航班的起降安全等构成极大威胁。1997 年在四川省双流机场、河北省石家庄机场附近，大量秸秆随地燃烧造成集中污染，大气能见度大大降低，致使上述两个机场飞机停飞，严重影响了航空运输。

目前，造成我国产生大量秸秆以及焚烧问题的原因是多方面的。首先，由于我国人口增加、土地面积减少以及农业科技的迅速发展，促使农村种植方法发生了重大变化，由过去的单一种植形式向复式种植形式迅速转变。在自然条件较好的平原地区，也基本消除了一年一季低产种植法。高产出带来了大量的副产品——秸秆。虽然易腐烂的小麦秸秆可用于还田，但玉米类的不易腐烂而产量又大的秸秆的确给农民带来了收集、运输和存放的困难。其次，商品能源对秸秆能源的替代也是造成大量秸秆过剩的原因之一。近年来，由于农村生活水平提高，富裕地区农民不再将秸秆当作主要燃料进行炊事和取暖，而改用商品能源，如天然气、电磁炉、暖气、空调等。

农作物秸秆是一种重要的生物资源，不恰当的处置不仅造成资源浪费，也是对环境的极大破坏。因此，如何做好农作物秸秆的就地转化工作已成为亟待解决的农业问题。当前，各国已将农作物秸秆处理列为发展生态农业和农村可再生资源利用的重要战略之一，采用适宜的技术有效开发利用农作物秸秆资源对可持续农业及农村经济的发展必将产生深远的意义。

目前，我国农作物秸秆综合利用率接近国家规划目标，但能源化的发电利用率相对较低。生态环境部与农业农村部联合下发的《农业农村污染治理攻坚战行动计划》要求，加快解决农业农村突出环境问题，打好农业农村污染治理攻坚战，加强秸秆废弃物资源化利用，到 2020 年，全国秸秆综合利用率达到 85% 以上。而根据农业农村部数据，目前我国农作物秸秆综合利用率接近 82%，其中肥料化利用占 47.2%，饲料化占 17.99%，而进行秸秆发电的能源化利用仅占 11.79%（图 7-4）。

7.2.1.3 秸秆的开发利用前景

秸秆焚烧会产生大量烟、雾等有害气体污染环境，采用技术手段将秸秆转变为清洁能源，在未来有望应用于更多领域。

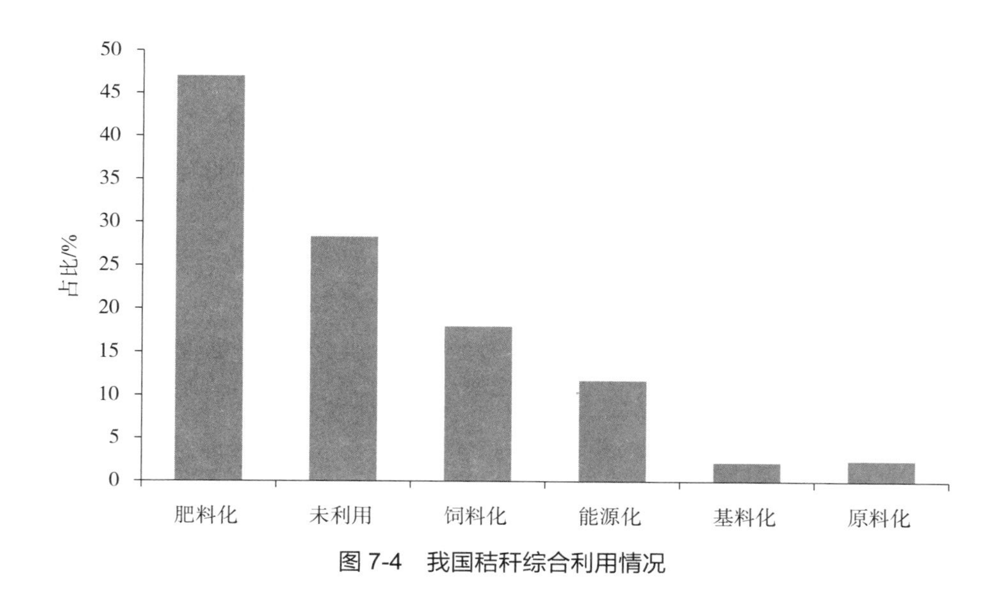

图7-4　我国秸秆综合利用情况

1）在应用趋势方面，我国秸秆资源综合利用的趋势体现在秸秆新能源开发利用量增加、秸秆饲用量增加、秸秆工业加工利用量增加、秸秆食用菌养殖利用量增加，而秸秆废弃和焚烧量减少、秸秆直接燃烧量减少。另外，秸秆过腹还田、秸秆沼肥还田和秸秆过腹沼肥还田逐步替代秸秆直接还田。预计到2020年，全国秸秆综合利用率达85%以上。

2）在产品趋势方面，秸秆综合利用行业产品仍将围绕“五化”展开，即秸秆肥料化、秸秆饲料化、秸秆能源化、秸秆原料化以及秸秆基料化。

3）在技术趋势方面，提高土壤肥力的微生物学、酶学、动物学、化学计量学机制，以开发适宜的秸秆直接还田配套的农艺技术，充分发挥秸秆直接还田提高土壤肥力的作用，同时避免次生危害的发生，进而达到充分提高作物产量的目的；进一步发展秸秆粉碎还田机、深松机、大功率拖拉机等机械，保证秸秆直接还田的顺利、高效实施，加强秸秆利用的配套机械装置的开发和改进，尤其要重视秸秆捡拾和打捆机械的研发；加强秸秆利用新技术、新方法的研发，通过各种加“环”组“链”技术，将秸秆利用措施有机组合起来，形成多层次、多途径的综合利用方式，实现秸秆资源化利用的产业化和高效化目标。

4）在竞争趋势方面，目前秸秆处理企业可分为两大类：一类是专业化的秸秆垃圾处理企业，这类企业往往成立年限不长，规模较小，往往地处农作物种植大省；另一类是由环保类企业延伸出秸秆垃圾处理业务。但无论是一类还是二类企业，就秸秆垃圾处理业务而言，竞争力均一般，行业内尚未有绝对领先优势的企业。随着我国秸秆综合利用市场技术及产品的日益成熟，未来，秸秆综合利用领域参与企业将越来越多，竞争强度也越来越大。

7.2.2 秸秆综合利用的方法

表 7-4 为我国秸秆处理行业产品发展趋势分析情况，本书将选取几个主要方面进行介绍。

表 7-4 我国秸秆处理行业产品发展趋势分析情况

产品方向	主要内容
肥料化	秸秆肥料化措施主要包括秸秆直接还田和加工商品有机化
饲料化	秸秆饲料化多用于牛等反刍动物饲料，缺乏用于单胃动物的饲料化研究，未来，将考虑家畜的消化生理特性及生长发育阶段对营养的需求，选择适宜饲料化的秸秆种类，对不同秸秆种类进行优化组合，开发适用于不同家畜及其不同生理阶段的微生物发酵饲料
基料化	我国已能够利用小麦、水稻、玉米等多种作物秸秆生产双孢蘑菇、平菇、鸡腿菇、杏鲍菇等多种食用菌，未来，秸秆基料化将重点围绕培养基优化来进行，主要包括配方优化与工艺优化
能源化	能源化的主要方式包括沼气化、热解气化、焚烧发电、制成固化和液化燃料等
原料化	秸秆工业原料化方式包括造纸、制作工艺品、生产一次性餐具、人造丝、人造棉、糠醛、饴糖、醋酸纤维素、木糖醇等

7.2.2.1 秸秆肥料化[15]

秸秆“五化”

秸秆中含有 C、N、P、K 以及各种微量元素。秸秆作为肥料还田后可使作物吸收的大部分营养元素归还给土壤，增加土壤有机质，对维持土壤养分平衡起着积极作用，同时，还可改善土壤团粒结构和理化性状，增加作物产量，节约化肥用量，促进农业可持续发展。秸秆覆盖还对干旱地区的节水农业有特殊意义。秸秆肥料利用除可采用直接还田、堆沤还田和过腹还田 3 种形式外，还可采用特殊工艺和科学配比，将秸秆经粉碎 / 酶化、配料、混料等工序后堆肥，制成秸秆复合肥，其成本与尿素相接近，施用后对于优化农田生态环境、增加作物产量作用明显。具体堆肥方式有催腐剂堆肥技术、速腐剂堆肥技术和酵素菌堆肥技术。

（1）直接还田

作物秸秆直接还田是把一定量的秸秆直接耕翻入土，即在收获果穗的同时将秸秆切短，然后均匀撒铺在农田里，秸秆被翻埋腐化以便提高土壤有机质含量，提供植物生长所需要的营养元素并影响土壤养分循环以及微生物活力，秸秆直接还田既快捷又省工。不同的秸秆还田方式对微生物活性的影响也存在差异，因此，对于作物秸秆腐解速率、土壤养分积累和秸秆有机物质释放的效果也有所不同。

秸秆粉碎还田机集粉碎灭茬与旋耕作业功能于一体，可以改善土壤的团粒结构和理化性能，加速秸秆在土壤中腐解吸收速率，提高土壤肥力。此外，秸秆粉碎还田还能促进农作物吸收钾元素并缓解土壤有机碳负平衡现象，增强土壤的固碳功能。秸秆覆盖栽培方法有两种：一是人工覆盖还田，即在作物生长的一定时期将秸秆覆盖于行间；二是留茬套种残茬覆盖。针对作物秸秆全量整秆还田，尤其在冬季秸秆全量覆盖还田可起到抗旱、保墒与保温效果，有利于加快秸秆的矿化分解速度，降低土壤碳氮比，减弱微生物间竞争氮素所产生的不利影响，抑制田间杂草的生长率。将作物秸秆覆盖地表后既可以显著减少降水对土壤地表的冲击，也能减少土壤水分向大气蒸发的速率，使得土壤蓄水保墒能力提高。

（2）间接还田

常用的秸秆间接还田技术包括快速腐熟还田、堆沤还田、过腹还田、茹渣还田和秸秆制成有机复合肥等方式，秸秆间接还田具有培肥、蓄水、调温以及减少环境污染等作用。

1）快速腐熟还田技术特点是利用相关技术进行菌种的培养和生产，经过机械翻抛、高温堆腐和生物发酵等处理过程，再将作物秸秆转化为优质有机肥，该技术有自动化程度高、加工周期短、产量肥效高以及好氧发酵环境无污染等优点。

2）秸秆堆沤还田也称高温堆肥，是利用夏季高温将作物秸秆堆积，采用厌氧发酵原理，将其制成堆肥沤肥，然后当腐熟后再施入土壤的方式，是缓解我国农村当前有机肥源短缺的重要途径之一。秸秆堆沤时释放养分，降解有害有机酸，有效杀灭杂草种子、寄生虫卵等，但是该方式也存在氮素易流失，费时费工，受环境影响大等问题。

3）过腹还田是一种效益较高的秸秆利用方式，对于维持和提高土壤中N、K元素水平具有重要作用。过腹还田是指作物秸秆在经过饲喂畜禽、过腹排粪后，再将畜粪畜尿施入土壤中的方式，既可提高生态效益，又实现了秸秆资源循环利用[15]。

4）堆肥法。酵素菌是由能够产生多种酶的好（兼）气性细菌、酵母菌和霉菌组成的有益微生物群体。利用酵素菌产生的水解酶的作用，在短时间内，以把作物秸秆等有机质材料进行糖化和氨化分解，产生低分子的糖、醇、酸，这些物质是土壤中有益微生物生长繁殖的良好培养基，可以促进堆肥中放线菌的大量繁殖，从而改善土壤的微生态环境，创造农作物生长发育所需要的良好环境。利用酵素菌把大田作物秸秆堆沤成优质有机肥后，可施用于大棚蔬菜、果树等经济价值较高的作物[16]。

7.2.2.2　秸秆饲料化

秸秆富含纤维素、木质素、半纤维素等非淀粉类大分子物质。作为粗饲料营养价值极低，必须对其进行加工处理。处理方法有物理法、化学法和微生物发酵法。经过物理法和化学法处理的秸秆，其适口性和营养价值都大大改善，但仍不能为单胃动物所利用。

秸秆只有经过微生物发酵，通过微生物代谢产生的特殊酶的降解作用，将其纤维素、木质素、半纤维素等大分子物质分解为低分子的单糖或低聚糖，才能提高营养价值，提高利用率、采食率、采食速度，增强口感性，增加采食量。

物理法主要包括压块制粒法、挤压膨化法和粉碎软化法等，秸秆颗粒饲料加工是将晒干后的作物秸秆粉碎，并同时加入其他添加剂搅拌均匀，经研磨、挤压等工序制成约为原始体积 5% 的物料颗粒，通过改变作物秸秆尺寸和硬度，提高其消化利用率；化学法制备饲料包括秸秆氨化处理、秸秆碱化处理以及氧化剂处理等方法，可以提高牲畜采食率和消化率，但同时也存在操作过程中易造成化学物添加过量，使用面窄以及推广费用较高等缺点；微生物发酵法包括秸秆青贮饲料和秸秆微贮饲料，通过微生物代谢产生的酶降解作用，可以提高作物秸秆的营养价值，但如果处理不善则容易导致秸秆物料的腐烂变质。在具体生产实践中，上述方法通常结合一起使用[17]。

（1）秸秆青贮技术[16]

青贮秸秆青绿多汁、适口性好、营养较丰富、容易消化，是牲畜的好饲料。目前常用的青贮方法有窖贮、塔贮和袋贮 3 种。

青贮窖有地下式和半地下式 2 种，前者适于地下水位较低、土质较差的地区。青贮塔是用钢筋、水泥和砖砌成的永久性建筑物，一次性投资大，但可长期使用，占地少，而且青贮过程中养分损失少，适于大型牧场。青贮塑料袋适于原料集中度不高，但能陆续供应的情况下使用。

（2）秸秆氨化处理技术

秸秆氨化处理方法使用含氮的化学物质（如尿素、氨水等）处理作物秸秆，但通过氨化等化学处理法生产成本较高，并可能对环境造成污染。

目前，我国广泛采用的秸秆氨化方法有堆垛法、窖（池）法、塑料袋氨化法和氨化炉法 4 种，每种方法又可以用不同的氨源（如液氨、尿素、碳铵和氨水）进行氨化。堆垛法就是将秸秆堆成垛，用塑料薄膜密封，注入氨化剂进行氨化处理。窖（池）法就是将秸秆装入窖（池）内，用塑料薄膜盖严，注入氨化剂进行氨化处理。塑料袋氨化法适用于液氨处理，其操作方法与堆垛法基本相同，但充氨后，口袋嘴要扎紧。对于小规模农户，堆垛法和窖（池）法即可满足需要，而针对具有一定饲养规模的大型养殖场，可使用氨化炉法进行秸秆氨化处理。

秸秆氨化处理技术是目前最经济、简便而且实用的秸秆处理方法。秸秆氨化处理后，消化率可提高约 20%，氨化小麦秸和氨化玉米秸的消化率已接近或超过羊草的消化率。氨化后的麦秸、稻草和玉米秸的粗蛋白含量分别提高了 10%、24% 和 20%。氨化秸秆适口性好，动物进食速度快、采食量增加。据测定，牛对氨化秸秆的采食量比普通秸秆增加了 20%。

（3）秸秆饲料工厂化生产技术

为了解决秸秆饲料现场调制体积大、不便于运输和流通的缺点，国内外的科技人员进行了工厂化生产秸秆饲料的尝试。

英国国际饲料有限公司研制了一种名为“维顿”的秸秆颗粒饲料。据介绍，“维顿”颗粒饲料与未处理的作物秸秆相比，体积仅为原来的11%，营养价值是原来的150%。试管消化率：玉米秸秆颗粒饲料达64%，大麦秸颗粒饲料达70%，比优质苜蓿草的营养价值还要高。用这种颗粒饲料饲喂牛羊，损失比干草低20%，并能减少灰尘。英国国际饲料有限公司目前拥有6家年产25 000 t秸秆饲料的工厂。

在国内，呼和浩特牧业机械研究所研制了93JH-40型秸秆化学处理机，首先通过机械搓擦和撞击作用，将秸杆纤维物质纵向分解，接着通过同步化学处理剂的作用，使木质素溶解，纤维素、半纤维素水解或降解，从而提高秸秆的消化率。据介绍，秸秆经该机处理后，含氮量增加1.4倍，营养价值为0.45（饲料单位）/kg。处理稻草的干物质和粗纤维消化率达到70.5%和64.4%，分别比未处理稻草高12.5%和31.6%，与原料稻草相比，动物采食量可提高48%，产奶量提高20.7%，日增重提高100%，达到0.8 kg/d。

7.2.2.3 秸秆能源化

农作物秸秆能源转化的主要方式是秸秆气化。秸秆气化是将秸秆在缺氧的状态下加热，秸秆首先被干燥，随温度升高，挥发物质逐步析出，并在高温下发生裂解，热解后的气体和余碳在氧化区与氧化介质（如空气、氧、水蒸气等）发生燃烧反应。燃烧生成的热量用于维持干燥、热解和下部还原区的吸热反应，燃烧后生成的气体，经过还原区与碳发生反应，生成CO、H_2、CH_4、C_nH_{2n}等气体成分，这种混合可燃气体即为秸秆气。秸秆气化的目标是建立农村生活集中供气系统。集中供气就是利用大型秸秆气化设备，集中村庄的秸秆原料，采用集中制气、供气的方法，相当于工厂化制气，然后通过管道将秸秆气输送到各家各户使用。采用秸秆气化技术，不仅可提高能源利用效率和减少CO_2等有害气体排放，而且其生产燃气或电力可替代石化燃料的消耗，使能源的配置更为合理。

除秸秆气化以外，秸秆还可以用来加工压块燃料和制取煤气。秸秆的基本组织是纤维素、中纤维素和木质素，在适当温度（通常为200～300℃）下会软化，此时施加一定压力使其紧密粘连，冷却固化成型后即可以得到棒状或颗粒状新型燃料。

（1）秸秆直接燃烧

我国农村人口较多，作物秸秆有较高的热能价值，其能源化用量占农村生活用能的30%～35%。作物秸秆作为传统的能量转化方式，直接燃烧具有成本低廉、经济方便等特点，可被附近的中小型企业、学校、政府以及乡镇居民用于冬季供暖。但作物秸秆直接燃烧的效率较低，只有 12%～15% 的利用率[16]。

（2）秸秆气化集中供气

农作物秸秆纤维中的碳元素占多数，秸秆气化是一种生物质热解气化技术，其目的是建造农村生活用能集中供气系统。作物秸秆经适当粉碎后，在气化装置内缺氧燃烧，随着温度升高，可挥发物质逐步析出，再经过气化炉热解、氧化和还原反应后转变成 CO、H_2 以及 CH_4 等无尘无烟的可燃气体，可燃气体经过降温、冷却、除尘和除焦油等净化浓缩工艺处理后，借助输送管道供给各家各户使用。这种方式可实现作物秸秆的生态循环和高效利用，优化农村能源结构配置，具有十分广阔的推广应用前景[16]。

（3）秸秆液化燃烧

作物秸秆液化燃烧方式主要包括燃料乙醇和生物柴油，可有效缓解目前面临的粮食危机、环境危机以及能源危机。因作物秸秆的含碳量较高，其能源密度达 14.0～17.6 MJ/kg，故长期以来在农村生活能源结构中占有十分重要的地位。针对作物秸秆原料结构，通过采用酸水解和酶水解相结合的工艺处理技术，对秸秆中的木质素进行破坏去除，然后逐步发酵产生乙醇，可使作物秸秆物料的转化率达 18% 以上，对于减少化石等燃料的消耗以及减轻碳排放起到积极作用[17]。

（4）秸秆压块成型及炭化

国际能源机构研究表明，用专门的压块机将农作物秸秆压制成块粒状或棒状固体燃料，2 t 秸秆能源化利用热值可替代 1 t 标准煤的热值，该利用方式具有来源广、制作工艺简单以及清洁卫生等优点。作物秸秆的基本成分是纤维素、半纤维素和木质素，通常在 200～300℃温度下会软化，将其充分粉碎后，再添加适量的黏结剂与水混合，施加一定的压力使其固化成型，冷却后即得到颗粒状或棒状"秸秆炭"，进一步利用炭化炉也可将其加工成为"生物煤"。结合乡村环境整治和节能减排措施，积极推广作物秸秆生物热解气化、固化成型及炭化和直燃发电等技术，推进秸秆生物质能利用。这不仅为秸秆能源化利用开辟了商业化和产业化道路，同时也为调整我国在一次能源消费中长期以煤炭为主的不合理能源消费结构，减少煤炭消耗和减轻环境污染提供了一条有效途径[17]。

7.2.2.4 秸秆原料化

随着科学技术的发展，秸秆的工业利用得到了长足的发展，经济效益和环境效益显著。秸秆作为建材、轻工和纺织原料发挥了巨大的优势。

我国是一个木材缺乏的国家，人均占有森林面积与欧洲（0.24 hm^2）和北美（0.9 hm^2）相比仅有 0.1 hm^2。过去，我国一直用黏土砖作为建筑的主要材料，耗用能源和土地非常多，在我国能源、土地都十分紧张的情况下，对墙体材料进行改革势在必行。随着森林禁伐和黏土实心砖在框架结构建筑填充中禁止使用等政策、规定的全面执行，预计我国建材的用量将迅速增长。秸秆是高效、长远的轻工、纺织和建材原料，既可以部分代替砖、木等材料，还可有效保护耕地和森林资源。秸秆墙板的保温性、装饰性和耐久性均属上乘，许多发达国家已把秸秆板当作木板和瓷砖的替代品广泛应用于建筑行业。例如，作物秸秆纤维与树脂混合物结合可生产低密度人造板材，粉碎后的作物秸秆按照一定比例加入黏合剂、阻燃剂等配料，进行机械搅拌、挤压成型以及恒温固化等工艺处理，也可用于生产一次性成型装饰家具，该类制造品具有强度高、耐腐蚀、不开裂及价格低廉等优点，深受广大消费者的青睐。利用稻（麦）秸秆制作的人造板机械加工性能良好，其最大的特点是不会释放有害气体，是一种绿色环保型人造板材，经特殊工艺处理后，还具有防水和防震等性能，因此可以替代木材、石膏以及玻璃钢等建筑工业材料。

作物秸秆在编织行业用途最广、最为常见的就是利用稻草编织草帘、草垫、草席等工艺品。此外，玉米秸、豆荚皮、谷类秕壳、麦秸等经过加工后所制取的淀粉，经过特殊方法处理后还可以生产人造棉和人造丝，制造糠醛、饴糖、酿醋酿酒和木糖醇等。用农作物秸秆和黏合剂作为原料，经配料混合、发泡、浇铸、烘烤定型以及干燥等处理工艺后，可制成具有减震缓冲功能的包装材料，在低应力条件下，相比聚苯乙烯泡沫塑料具有更好的缓冲性能，体积小、质量轻、压缩强度高，具有一定柔韧性，而且在自然条件下可短期内降解，降解后又可作为肥料还田，减少环境污染。西安建筑科技大学应用麦秸秆、稻草等多种天然植物纤维素材料为主要原料，配以多种安全无毒物质开发出完全可以降解的缓冲包装材料。这种材料具有体积小、重量轻、压缩强度高的特点，同时又有一定的柔韧性，制造成本与发泡塑料相当，大大低于纸制品和木质制品。在自然环境中，一个月左右即可全部降解成有机肥。西北农业大学用玉米秸秆热压工艺成型生产出瓦楞纸芯，已投入小批量生产。此类产品比纸制品成本低，完全可以替代纸制品[16-18]。

7.2.2.5　秸秆基料化

目前国内利用熟料麦秸作为培养基，生产食用菌技术已经成熟。秸秆基料化利用包括食用菌基料、花木育苗基料以及草坪基料等，国内目前主要以食用菌基料为主。作物秸秆用作食用菌基料是一项与食品业相关的技术，而食用菌具有较高的药用和营养价值。秸秆中含有丰富的 C、N 以及矿物质等营养成分，通过机械装置粉碎后按照一定比例与其他配料搅拌均匀，再植入对应菌种，可用作培养食用菌的基料。此项技术可以就地取材，投资少、见效快，并且基本不受季节和自然条件限制，大量利用废弃秸秆还能获得较高的效益，既保护林木资源，又能提高食用菌产量及品质，因此很适合作多种食用菌的培养料。例如，用作物秸秆可培育草菇、平菇、香菇、双孢菇、金针菇、鸡腿菇、猴头菇、黑白木耳以及灵芝等多种食用菌类。另外，生产食用菌后剩余的基料仍富含部分营养，既可作为畜牧饲料实现过腹还田，也可作为优质有机肥直接还田，此外，还可利用在农、林、渔业等其他方面，秸秆基料化利用是延长农业产业链和发展生态农业的重要步骤。鼓励作物秸秆生产食用菌基料龙头企业和种植大户，利用生化处理技术，生产育苗基质及栽培基质，满足集约化无土栽培和土壤改良需求，稳定农业生态平衡。

7.2.2.6 热解技术[19]

国内近年来对非木质类生物质的热解研究倾向于各种农作物的秸秆，对小麦秸秆、玉米秸秆、稻草、棉花秸秆的研究最为多见。于斐雪等[20]对四种农作物秸秆的热解产物得率进行了研究，其结果表明：当热解的温度都相同时，棉花秸秆的热解炭得率最低，而玉米秆、稻草、麦草的热解炭得率相近，但稻草略大一些。冉景煜等[21]利用热重法研究了四种典型农作物生物质的热解动力学特性后发现：由于参与实验的四种生物质的高挥发分和低固定碳，其热解比较彻底，综合热解特性指数依次为：稻壳 < 玉米秆 < 稻草 < 玉米芯。

秸秆等生物质的热解过程需要大量的热能。周新华等[22]对玉米秸秆热解规律的研究表明：玉米秸秆的等温失重过程由脱水、保持、剧烈失重和缓慢失重四个阶段组成；李永玲等[23]在对秸秆热解的研究中也将热解失重过程分为脱水、玻璃化转变、热解主要阶段和缓慢分解过程四个阶段；而段佳等[24]在研究上海地区的晚稻稻秆后，提出秸秆的整体热解可分为生物质化学组分热解分区、活化热解区和消极热解区；浮爱青等[25]在对小麦和玉米秸秆的热解研究中同样将热解分为三个阶段；无独有偶，史长东等[26]对玉米等秸秆进行热解实验研究时也将热解过程分为三个阶段。由此可见，多数研究结果表明：秸秆的热解失重过程可分为三个阶段：干燥预热阶段、挥发分析出阶段以及炭化阶段。如图 7-5 所示，第一阶段一般发生在室温至 130℃，生物质内部结构重新排列，水分大量流失；第二个阶段发生在 130～450℃，质量大幅度下降，纤维素、半纤维素、木质素等固体物质吸收大量热量而分解，挥发分析出；第三个阶段主要发生在 450℃之后，生物炭慢慢形成，产生富炭残留物。

7.2.3 秸秆利用与农菌牧循环模式的实践[27]

南丹县利用油菜、红高粱秸秆发展食用菌

长期以来，南丹县农民种植的作物收割后，其秸秆通常以焚烧的方式处理，造成大量可利用资源的浪费，同时以焚烧的方式处理，既不利于生态保护，也存在火灾隐患的

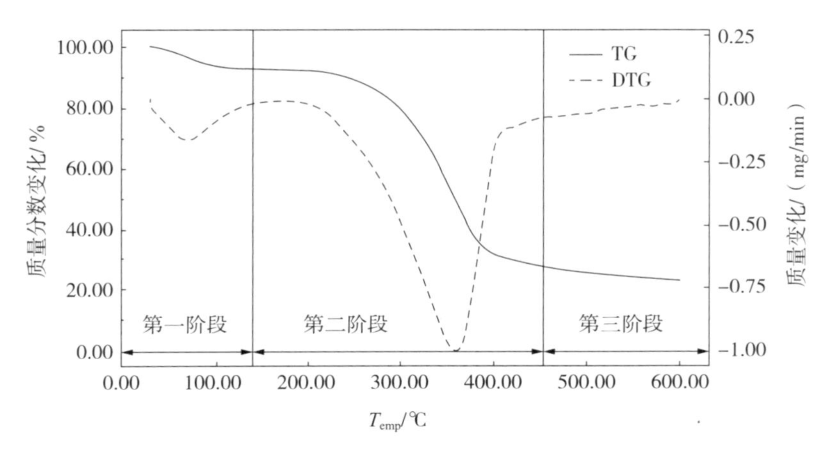

注：TG—动态热重法（thermogravimetry）；DTG—微分热重法（derivative thermogravimetry）。

图 7-5　热解分区示意图

问题。据统计，南丹县油菜常年种植面积达 1 300 多 hm^2，产生油菜秸秆 0.5 万 t；2008 年红高粱种植面积达 2 000 多 hm^2，产生高粱秸秆 0.75 万 t。为充分利用秸秆资源，增加农民收入，南丹县通过多年试验摸索，提出了以油菜、高粱秸秆为原料，经科学处理，形成“油菜、红高粱秸秆—食用菌—肥料”的循环利用新模式，解决了作物副产物未得到充分利用而造成浪费以及不利生态保护等问题。油菜、高粱秸秆通过循环利用创收后，提高了农民种植油菜、红高粱的积极性，对保障当地农民增收，保护石山地区生态农业的可持续发展具有十分重要的意义。而且以油菜、高粱秸秆作为栽培食用菌原料后，其下脚料可代替稻草作为免耕马铃薯栽培的覆盖物，马铃薯收获后的覆盖物可直接作为有机肥料还田，也可将下脚料与现有的农家肥一起堆沤，作为油菜、红高粱等农业生产用肥肥源。

食用菌的生长，除需要充足的水分和养分外，还需要有适合的环境条件才能生长发育成子实体。不同的食用菌品种的各生育期，对温度、湿度、光照条件的要求也不同。南丹县 4—10 月的气温均适宜食用菌的栽培，加之南丹县油菜和红高粱是在 5 月中旬和 7 月收获，此时都有原料来源，也为油菜、红高粱秸秆循环利用提供了优越的气候条件。而我国各地每年夏秋两季气温较高，在这两个季节都难正常栽培食用菌，目前各地食用菌栽培主要集中在 10 月至次年的 4 月。南丹地处云贵高原南缘余脉，其立体气候特征明显，昼夜温差大，年温差小；干湿分明，雨热同季；日照充足，霜期较短。年平均气温 17℃，年平均降水量 1 497.9 mm，空气湿度在 75% 以上，冬无严寒夏无酷暑，四季如春，特别是夏天，气候凉爽湿润，南丹夏季凉爽的气候条件，对发展食用菌生产具有独特的气候优势。

通过开展“油菜、红高粱—食用菌（凤尾菇）—肥料”的循环模式，一是可有效地解决大量废弃秸秆由于焚烧而造成环境污染和火灾隐患问题；二是采菌后的菌筒可作为优质有机肥料还田，变废为宝；三是进一步延长大油菜、红高粱种植业的产业链，增加其经济效益，提高农民种植油菜和红高粱的积极性，扩大种植规模，弥补丹泉酒业酿酒原料的不足，加速发展优化农业产业结构；四是增加南丹县财政税源，走农业可持续发展之路；五是可以解决长期以来南丹县食用菌生产的栽培料从外地调入、生产成本较高的问题。同时，南丹县溶洞资源丰富，洞内具有一定的恒温、湿度和散射光等特点，适宜发展食用菌生产，若在溶洞内利用生物秸秆开展食用菌栽培，把发展食用菌生产和目前南丹县现有的溶洞旅游观光业结合起来，逐步发展成为集旅游、休闲、采摘、娱乐为一体的高标准农业产业化示范园，对南丹县旅游和食用菌产业发展都将具有促进和推动作用。

7.3 城市污泥的综合利用

7.3.1 污泥的来源

污泥是一类按相态分类的废弃物，它由固体和液体的混合物组成，且所含的固体和液体依然保持各自的相态特征。污泥的来源有以下几个方面：城市污水处理厂产生的污泥；城市给水厂产生的污泥；城市排水沟产生的污泥；城市水体疏浚淤泥；城市建筑工地泥浆。

其中，城市污水处理厂分为工业废水处理厂和生活污水处理厂。由于工业废水本身的性质多变，相应的处理工艺变化很大，因此，工业废水处理产生的污泥来源多变，污泥的成分和性质也有很大差别，而城市生活污水处理厂的污泥来源相对稳定。

7.3.2 污泥的分类[28]

城市污水处理厂污泥可按不同的分类方法分类：

（1）按污水的来源分

按污水的来源分为生活污水污泥和工业废水污泥。

生活污水污泥中有机物含量一般相对较高，重金属等污染物的浓度相对较低。而工业废水污泥的特性受工业性质的影响较大，其中含有的有机物及各种污染物成分变化也较大。

（2）按污水处理厂污泥的不同来源分

1）栅渣。污水中可用筛网或格栅截留的悬浮物质、纤维物质、动植物残片、木屑、果壳、纸张、毛发等物质被称为栅渣。

2）沉砂池沉渣。沉渣是废水中含有的泥沙等，它们以无机物质为主，但颗粒表面多黏附着有机物质，平均相对密度约为2，容易沉淀，可用沉砂池沉淀去除。

3）浮渣。浮渣是不能被格栅清除而漂浮于初次沉淀池表面的物质，其相对密度小于1，如动植物油与矿物油、蜡、表面活性剂泡沫、果壳、细小食物残渣和塑料制品等。二次沉淀池表面也会有浮渣，它们主要来源于池底局部沉淀物或排泥不当，池底积泥时间过长，厌氧消化后随气体（CO_2、CH_4等）上浮至池面形成。

4）初沉污泥。初次沉淀池中沉淀的物质称为初沉污泥。初沉污泥是依靠重力沉降作用沉淀的物质，以有机物为主（占总干重的60%~90%），易腐烂发臭，极不稳定，呈灰黑色，胶体结构，亲水性，相对密度约为1.02，需经稳定化处理。

5）剩余活性污泥。污水经活性污泥法处理后，沉淀在二次沉淀池中的物质称为活性污泥，其中排放的部分称为剩余活性污泥。剩余活性污泥以有机物为主（占60%~70%），相对密度为1.004~1.008，不易脱水。

6）腐殖污泥。污水经生物膜法处理后，沉淀在二次沉淀池中的物质称为腐殖污泥。腐殖污泥主要含有衰老的生物膜与残渣，有机成分占60%左右（占干固体重量），相对密度约为1.025，呈褐色絮状，不稳定，易腐化。

7）化学污泥。用化学沉淀法处理污水后产生的沉淀物称为化学污泥或化学沉渣。如用混凝沉淀法去除污水中的磷，投加硫化物去除污水中的重金属离子，投加石灰中和酸性污水产生的沉渣以及酸、碱污水中和处理产生的沉渣均称为化学污泥或化学沉渣。

（3）按污泥处理的不同阶段分

1）生污泥或新鲜污泥：未经任何处理的污泥。

2）浓缩污泥：经浓缩处理后的污泥。

3）消化污泥：经厌氧消化或好氧消化稳定的污泥。厌氧消化可使45%~50%的有机物被分解成CO_2、CH_4和H_2O。好氧消化是利用微生物的内源呼吸而使自身氧化分解为CO_2和H_2O。消化污泥易脱水。

4）脱水污泥：经脱水处理后的污泥。

5）干化污泥：干化后的污泥。

7.3.3 污泥的性质

7.3.3.1 污泥的基本物理性质

（1）污水处理厂不同工艺环节产生的污泥有不同的性质，如表7-5所示。

表 7-5 污水处理厂不同工艺环节产生的污泥[30]

污泥（包括固体）	特性
栅渣	含水率一般为 80%，容重约为 0.96 t/m³
无机固体颗粒	无机固体颗粒的密度较大，沉降速度较快。在这些固体颗粒中也可能含有有机物，特别是油脂，其数量的多少取决于沉砂池的设计和运行情况。无机固体颗粒的含水率一般为 60%，容量约为 1.5 t/m³
浮渣	浮渣中的成分较复杂，一般可能含有油脂、植物和矿物油、动物脂肪、菜叶、毛发、纸和纺织品、橡胶避孕用品、烟头等。浮渣的容量一般为 0.95 t/m³ 左右
初沉污泥	由初次沉淀池排出的污泥通常为灰色糊状物，多数情况下有难闻的臭味，如果沉淀池运行良好，则初沉污泥很容易消化。初沉污泥的含水率一般为 92%～98%，典型值为 95%。污泥固体密度为 1.4 t/m³，污泥容量为 1.02 t/m³
化学沉淀污泥	由化学沉淀排出的污泥一般颜色较深，如果污泥中含有大量的铁，也可能呈红色，化学沉淀污泥的臭味比普通的初沉污泥要轻
活性污泥	活性污泥为褐色的絮状物。如果颜色较深，表明污泥可能近于腐化；如果颜色较淡，表明污泥可能曝气不足。在设施运行良好的条件下，活性污泥没有特别的气味，活性污泥很容易消化，活性污泥的含水率一般为 99%～99.5%，污泥固体密度为 1.35～1.45 t/m³，污泥容重为 1.005 t/m³
生物滤池污泥	生物滤池污泥带有褐色，新鲜的污泥没有令人讨厌的气味，能够迅速消化，含水率为 97%～99%，典型值为 98.5%。污泥固体密度为 1.45 t/m³，污泥容重为 1.025 t/m³
好氧消化污泥	好氧消化污泥为褐色至深褐色，外观为絮状，好氧消化污泥常有陈腐的气味，消化的污泥易于脱水，污泥含水率：当为剩余活性污泥时为 97.5%～99.25%，典型值为 98.75%；当为初沉污泥时为 93%～97.5%，典型值为 96.5%；当为初沉污泥和剩余活性污泥的混合污泥时为 96%～98.5%，典型值为 97.5%
厌氧消化污泥	厌氧消化污泥为深褐色至黑色，并含有大量的气体。当消化良好时，其气味较轻。污泥含水率：当为初沉污泥时为 90%～95%，典型值为 93%；当为初沉污泥和剩余活性污泥的混合污泥时为 93%～97.5%，典型值为 96.5%

（2）污泥含水（固）率

单位质量的污泥中所含水分的质量分数称含水率；而相应的固体物质在污泥中所含的质量分数称为含固率。污泥的含水率一般都很大，相对密度接近于 1，而固体的含量很低。表 7-6 为污泥含水率与其相态的关系。

表 7-6 污泥含水率与其相态的关系[30]

单位：%

含水率	污泥状态	含水率	污泥状态
90 以上	几乎为液体	60～70	几乎为固体
80～90	粥状物	50～60	黏土状
70～80	柔软状	30～40	可离散状

1）污泥的含水率：

$$P_w = \frac{w}{w+s} \times 100 \tag{7-1}$$

式中，P_w——污泥含水率，%；

w——污泥中水分质量，g；

s——污泥中总固体质量，g。

2）污泥的含固率：

$$P_s = \frac{s}{w+s} \times 100 = 100 - P_w \tag{7-2}$$

式中，P_s——污泥含固率，%；

w——污泥中水分质量，g；

s——污泥中总固体质量，g。

由式（7-2）可得出

$$w = \frac{s(100 - P_s)}{P_s} \tag{7-3}$$

（3）污泥密度与体积

污泥是一种混合物，固体物质包括有机物和无机物。一般有机物的密度为 1.0 g/cm^3，而无机物的密度为 2.5 g/cm^3。含水率为 90% 的污泥中，如果 1/3 的固体是无机物，2/3 是有机物，则污泥中固体的密度折算为 1.5 g/cm^3，而污泥的密度为 1.02 g/cm^3。

污泥的体积是污泥中水的体积与固体的体积之和，即

$$V = \frac{w}{\rho_w} + \frac{s}{\rho_s} \tag{7-4}$$

式中，V——污泥体积，cm^3；

w——污泥中的水分质量，g；

s——污泥中总固体质量，g；

ρ_w——污泥中水的密度，g/cm^3；

ρ_s——污泥中固体的密度，g/cm^3。

将式（7-3）代入式（7-4）可得

$$V = s\left(\frac{1}{P_s \rho_w} - \frac{1}{\rho_w} + \frac{1}{\rho_s}\right) \tag{7-5}$$

由式（7-5）可算出 100 g 含水率为 90% 的污泥的体积是 96.7 cm^3。

污泥的体积、质量和含水率存在下面的比例关系：

$$\frac{V_1}{V_2} = \frac{W_1}{W_2} = \frac{100 - P_{w2}}{100 - P_{w1}} \tag{7-6}$$

由式（7-6）可得出污泥含水率与体积变化的关系（表 7-7）。当污泥含水率由 98% 降到 96% 时，或 96% 降到 92% 时，污泥体积都能减少一半。由表 7-7 中的数据可知，污泥含水率极高，降低污泥的含水率对减容的作用很大。

表 7-7 污泥含水率与体积变化的关系

含水率 /%	98	96	92	84	68
体积 /m^3	100	50	25	12.5	6.25

注：污泥固体物质含量为 2 kg。

（4）污泥的脱水性能

污泥比阻可用来衡量污泥脱水的难易程度，它反映了水分通过污泥颗粒形成泥饼层时所受到阻力的大小。污泥比阻为单位过滤面积上，过滤单位质量的干固体所受到的阻力，其单位为 m/kg。一般来说，初沉污泥比阻为（20～60）$\times 10^{12}$ m/kg，活性污泥比阻为（100～300）$\times 10^{12}$ m/kg，厌氧消化污泥比阻为（40～80）$\times 10^{12}$ m/kg。比阻小于 1×10^{11} m/kg 的污泥易于脱水，大于 1×10^{13} m/kg 的污泥难以脱水。在机械脱水前应进行污泥的调理，以降低比阻。

（5）污泥的臭气

污泥本身有气味，而且常常发出臭味，也会散发出有害气体。污泥散发出的臭气直接影响大众的身心健康，因而也是污泥处理中公众关注的问题之一。已经被认定为恶臭污染物的有脂肪酸（如醋酸）、氨和胺（氨的有机衍生物）、苯环上带有氮原子的芳香族有机物（如吲哚和臭粪素）、硫化氢、有机硫化物（硫醇）以及其他有机化合物。

微生物分解污水中有机物质形成新的有机化合物并释放出二氧化碳、水、硫化氢、氨、甲烷和相当数量的中间产物。这些有机化合物中的相当一部分都是严重的臭味污染物，并沉积在污泥中。污泥中臭气的化学成分非常复杂，臭味污染物很难分离，其原因是它们的浓度低、分子结构复杂、在空气中的保留时间短、来源和存在条件多变等。臭味污染物主要分为两类：一是含硫有机化合物包括硫醇（通式为 C_xH_ySOH）、有机硫（C_xH_yS）和硫化氢（H_2S）等；二是含氮有机化合物，包括各种复杂的胺（C_xH_yNH）、氨（NH_3）和其他含 N 和 NH_2 原子团的有机物。大多数臭气污染物（除胺和氨以外）的臭味阈值浓度都非常低。

（6）污泥的燃料热值

干污泥中含有大量的有机物质，因此污泥含有热能，具有燃料价值。由于污泥的含水率因生产与处理状态不同有较大的差异，故其热值一般均以干基或干燥无灰基形式给出。污泥经过厌氧消化产生的沼气（甲烷）是优质燃料。

7.3.3.2　污泥的化学性质

（1）污泥的基本理化特性

城市污水处理厂污泥的基本理化成分如表7-8所示。从表中可见，城市污水处理厂污泥以挥发性有机物为主，有一定的反应活性，理化特性随处理状况的变化而变化。

表7-8　城市污水处理厂污泥的基本理化成分[30]

项目	初沉污泥	剩余活性污泥	厌氧消化污泥
pH	5.0～6.5	6.5～7.5	6.5～7.5
干固体总量/%	3～8	0.5～1.0	5.0～10.0
挥发性固体总量（干重）/%	60～90	60～80	30～60
固体颗粒密度/（g/cm^3）	1.3～1.5	1.2～1.4	1.3～1.6
容重	1.02～1.03	1.0～1.005	1.03～1.04
BOD_5/VS	0.5～1.1	—	—
COD/VS	1.2～1.6	2.0～3.0	—
碱度（以$CaCO_3$计）/（mg/L）	500～1 500	200～500	2 500～3 500

（2）污泥中的植物营养成分

污泥中含有丰富的植物养分，如植物生长需要的大量营养元素（碳、氧、氢、氮、磷、钾、钙、镁和硫）和微量营养元素（氯、铁、锰、硼、锌、铜和钼）。

（3）污泥中的有机物

污泥中的有机物含量较大，大部分有机物能被微生物逐渐降解，但有些有机物对人和环境危害很大。

（4）污泥中的污染物质

污泥中的污染物质主要有重金属和有机污染物。目前重金属的研究分析比较全面，报道较多；而对有机污染物的研究还不多，报道较少。

7.3.3.3　污泥微生物学特性

污泥中存在多种微生物群体及各种寄生虫卵。微生物群体在污泥的处理和实际利用中起到双重作用，既有益于污泥的分解作用，也可以导致人和动物患病。

7.3.4　我国污泥处理处置的现状

随着我国社会经济和城市化的发展，城市污水处理厂的处理规模、处理程度在不断扩大提高。到20世纪90年代末，全国建成污水处理厂300多座，污水处理能力约

$1.3\times10^7\ m^3/d$。截至2019年6月底，全国设市城市累计建成城市污水处理厂5 000多座（不含乡镇污水处理厂和工业），污水处理能力达2.1亿m^3/d。污泥的产生量将会急剧快速地增长，污水处理中的污泥处理和处置技术在我国还刚起步，与先进国家相比差距很大。在我国现有的污水处理设施中，有污泥稳定处理设施的还不到25%，处理工艺和配套设备完善的不到10%。在为数不多的污泥消化池中能够正常运行的很少，有些根本就没有运行。建筑工地上的污泥能有效处理的就更少了。污泥中一般含水率约80%，富含有机质等营养成分，还含有一定量的重金属和病毒、病原体、寄生虫卵等有害物质。多数污水处理厂及施工单位只是将污泥送往垃圾场填埋或直接暴露在旷野中，造成二次污染[31]。

传统的污泥最终处理、处置方法包括卫生填埋、焚烧、土地利用和投海。

填埋需要大面积的场地，处理费用高昂；污泥中含有的营养物质使大量病原菌繁衍，导致污泥霉变，污染环境，其降解、无害化的过程会释放出甲烷气体，若收集不当，既污染大气，又可能成为安全隐患。填埋过程中产生的有害浸出液，可能会通过雨水夹带和渗漏作用污染地下水环境，并污染土壤，使土地毒化、酸化、碱化。污泥卫生填埋并不能最终避免环境污染，只是延缓污染产生的时间。

污泥焚烧成本和运行费用昂贵，在一些不发达地区无法得到广泛的应用，此外，焚烧过程会产生烟气、噪声、振动、热和辐射污染及大量的有害物质，容易造成二次污染。

污泥被投进海洋，其中的污染物不可避免地会对海洋环境造成污染，对海洋生态系统和人类食物链造成影响，并随生物的迁移活动和海水的流动产生无国界的污染，引起全球环境问题。污泥中有毒有害物质在土地利用过程中对环境造成的危害也逐渐显现，譬如未经处理的污泥直接施用于土壤，造成土壤板结，植物死亡，重金属在食物链上的积累。

综上所述，传统污泥处置技术不仅没有有效利用可再用资源，弥补污水处理成本，反而造成了次生环境危害。随着污泥传统处理方法弊端的逐渐显露及近年来对环境标准要求的提高，一些污泥资源化利用途径的探讨也就被提上日程。污泥资源化利用一方面能够通过适当资源化处理获得附加经济效益，以减少污水处理厂处理总运行开支，另一方面此过程的直接环境效益是避免了污泥二次污染，是未来污泥处理的主流发展方向。因此，积极进行污泥资源化研究是解决我国城市污水污泥处理处置问题的有效途径[32]。

7.3.5 污泥的资源化技术

根据污泥资源化产品使用目的、场合和污泥有效利用的组分及形式的差异，污泥资源化处理在技术上表现多样化。按照所获产品种类不同，可将污泥资源化技术分成堆肥利用技术、建材化技术、能源化技术、材料化技术、污泥蛋白质利用技术[32]。

7.3.5.1　堆肥利用技术

污泥中含有大量的有机质、氮、磷、钾等植物需要的养分，能够起到农家肥的作用，并且能够改良土壤的结构。堆肥是利用污泥中的微生物进行发酵的过程。在污泥中加入一定比例的膨松剂和调理剂（如秸秆、稻草、木屑或生活垃圾等），利用微生物群落在潮湿环境下对多种有机物进行氧化分解并转化为稳定性较高的类腐殖质。污泥经堆肥化后，病原菌、寄生虫卵等几乎全部被杀死，重金属有效态的含量也会降低，营养成分有所增加，污泥的稳定性和可利用性大大增加。堆肥化过程有好氧堆肥和厌氧堆肥 2 种，目前污泥堆肥化基本上采用的是好氧堆肥。污泥堆肥除可施用于农田、园林绿化、草坪、废弃地等外，还可用作林木、花卉育苗基质，能降低育苗成本，有较好的经济效益、环境效益和社会效益。还有人采用“污泥—风干脱水—高温脱水灭菌—化学脱水—投配无机肥—破碎筛选—造粒—烘干—冷却筛选—成品”工艺流程研发生产的污泥—化肥复合肥通过了有关部门鉴定，具有显著优越性[32]。

7.3.5.2　农业利用

（1）制造有机复合肥

利用污泥制造有机复合肥的过程是将污泥经 800 ~ 1 000℃高温烘干，杀灭病菌、虫卵，保存有机成分不受破坏且除去有害菌（进行无害化处理），接入有益菌培养，消除污泥的臭味，增加污泥中的营养元素，再添加氮、磷、钾有效成分，增加污泥中的养分含量，经造粒、低温烘干等工艺将污泥制成具有生物活性、全营养、无公害的有机复合肥。利用污泥开发制造有机复合肥在经济上是可行的，具有显著的经济效益。据《中国建设报》报道，通过施加污泥制成的有机复合肥料对玉米、小麦进行大田试验，施肥后的玉米，穗粒数增长 11.5%，千粒重增长 11.6%，亩产增长 20.75%；小麦穗粒数增长 22.32%，千粒重增长 4.3%，亩产增长 44.2%。施用污泥肥后，玉米、小麦中对人类有害的各项重金属符合国家粮食卫生标准，其在籽粒中的含量也均符合国家粮食卫生标准。试验表明：污泥处理后作为肥料使用是安全的[31]。

（2）制造动物饲料

污泥中含有大量有价值的物质，粗蛋白占 28.7% ~ 40.9%、灰分占 26.4% ~ 46.0%、纤维素占 26.6% ~ 44.0%、脂肪酸占 0 ~ 3.7%，其中 70% 的粗蛋白以氨基酸形式存在，包括蛋氨酸、胱氨酸、苏氨酸等。污泥蛋白中含有几乎所有家畜饲料所需的氨基酸，且各种氨基酸之间相对平衡，因此，可以作为饲料蛋白加以利用。有学者利用净化的污泥或活污泥加工成含蛋白质的饲料用来喂鱼，可提高鱼的产量[31]。

7.3.5.3 建材化技术

（1）污泥制砖

污泥砖在焙烧过程中病原菌可全部被杀灭，重金属（As、Cd、Cr、Cu、Pb 等）被固结，实现无害化。污泥制砖的前提是其成分与传统制砖原料黏土具有相似性，研究表明：生活污泥燃烧产物和黏土的化学成分基本接近，在适当调整以及混入适量添加剂后，完全可以制备建筑用砖。西方国家常采用污泥焚烧灰制砖，我国则倾向采用干化污泥制砖，充分利用污泥中有机质的发热量，降低烧砖能耗。

（2）制水泥

水泥生产中利用的废物主要是高炉水渣和粉煤灰，副产品为石膏、炉渣烟尘等。日本曾研究出以城市垃圾焚烧物和城市污水处理产生的脱水污泥为原料制造水泥的技术。这种水泥的原材料中约 60% 为废料，水泥的烧成温度为 1 000 ~ 1 200℃，因而燃料耗用量和 CO_2 的排放量也较低。有利于城市垃圾的减量化、无害化和资源化，因此该水泥又被称为“环境水泥”[31]。

（3）制轻质陶粒

污泥制轻质陶粒的方法按原料不同分为两种：一是用生污泥或厌氧发酵污泥的焚烧灰制粒后烧结。此种方法需单独建焚烧炉，而且污泥中的有机成分得不到充分利用。二是直接用脱水污泥制陶粒的新技术[31]。

（4）替代沥青细骨料

沥青混合物中必须加入细骨料才能增强沥青的黏度、稳定性和耐久性等。日本 1997 年开始探讨应用污泥灰的可行性，经实验分析，加入了污泥灰的沥青混合物其各方面性能与传统材料制成的混合物相同。平均每年节约成本 1 000 万日元，减少 9 t CO_2 排放[33]。

（5）其他建材[28]

污泥根据处理的方法不同可制成各种不同用途的建筑材料（表 7-9），污泥熔融材料可以做路基、路面、混凝土骨料及下水道的衬垫。但以往的技术均以污泥焚烧灰作原料，投资大、成本高、污泥的热值得不到充分利用。近年来，科研人员开发了直接用污泥制备熔融材料的技术，大大降低了投资和运行成本。微晶玻璃类似人造大理石，其外观、强度、耐热性均比熔融材料优良，可以作为建筑内外装饰材料。其原材料目前常用的是污泥焚烧灰、沉砂池的沉砂和废混凝土。

表 7-9 污泥再生资源化的方法及建材途径

再生资源化方法	形状等	主要用途
烧成处理	粒状	骨料、排水沟材料
高度稳定处理	粒状、块状	碎石、砂的替代用品

续表

再生资源化方法	形状等	主要用途
熔融处理	粒状、块状	碎石、石材的替代用品
高度脱水处理	脱水饼	填土、回填材料
稳定处理	改良土	填土、回填材料
干燥处理	土 - 粉体	填土材料

7.3.5.4　能源化技术[34]

污泥中由于含有大量有机质，污泥的热值高达 12.56 MJ/kg，略低于煤饼。污泥作为替代 / 辅助能源的关键是污泥引燃，具体方法是：在污泥中掺入煤粉、重油作为引燃剂。这包括两个独立的基本过程：①将混合厌氧消化污泥（含水率 80%）加入轻溶剂油，蒸发脱油制成含水率为 2.6%、含油率为 0.15% 的燃料；②将未消化的混合污泥经机械脱水后加入重油，蒸发脱油制成含水率为 5%、含油率为 10% 的燃料。研究还表明，污泥中的有机质在低温无氧受热（250 ~ 300℃）条件下可发生部分热裂解，转化为燃烧特性优越的油、炭和可燃气，转化率可达 70% ~ 80%。

7.3.5.5　材料化技术

（1）污泥改性制吸附剂[33]

由于生化污泥中有较多的炭，在一定的高温下，以生化污泥为原料，通过化学法改性活化处理可制得含炭吸附剂，含炭吸附剂处理有机废水，COD 去除率可达 80% 左右，是一种性能良好的有机废水处理吸附凝聚剂。

（2）活性污泥作黏结剂

我国有数千家小型合成氨厂，其中绝大多数采用黏结性较强的白泥或石灰作气化型煤黏结剂，这类型煤被称为白泥型煤或石灰炭化型煤。白泥型煤生产工艺简单，但气化反应性差。石灰炭化型煤气化反应好，但成型工艺复杂，成本高。为此，寻找一种黏结性高、成本低、型煤气化性好的黏结剂一直是一个重要性课题。活性污泥本身具有一定热值，又有一定的黏结性，以它作黏结剂，可改善高温下型煤的内部孔结构，提高型煤的气化反应性，提高炭转化率。同时，污泥的热值也得到了利用[33]。

7.3.5.6　污泥热解

污泥的热解过程分为三个阶段：第一阶段为自由水和结合水析出；第二个阶段为污泥中主要挥发分析出，这与工业分析结果吻合；第三阶段为污泥中残留的有机物和盐类分解，此阶段持续时间最长，说明污泥中有一部分物质极难分解，大部分物质是重金属络合物，这正是污泥焚烧处理过程中遇到的难题，不妥当处理会造成环境的二次污染[35]。

7.4 废塑料的综合利用

7.4.1 废塑料的成分、分类以及危害

塑料一般指以天然或合成的高分子化合物为基本成分，可在一定条件下塑化成型，而产品最终形状能保持不变的固体材料；也指树脂与配合剂的复合体或制品。

7.4.1.1 成分

塑料的成分有聚乙烯（PE）、聚氯乙烯（PVC）、聚苯乙烯（PS）、酚醛（PF）、脲醛（UF）、环氧（EP）、聚酯（PR）、聚氨酯（PU）、聚甲基丙烯酸甲酯（PUMA）、有机硅（Si）。

7.4.1.2 分类

1）按使用特性分类：分为通用塑料、工程塑料、特种塑料。

2）按理化特性分类：分为热固性塑料、热塑性塑料。

3）按加工方法分类：分为膜压、层压、注射、挤出、吹塑、浇铸塑料、反应注射塑料。

7.4.1.3 危害

由于塑料很难自然降解，它所造成的环境污染也日趋严重。据报道，全世界每年向海洋和江河倾倒的塑料垃圾，破坏了海洋生物的生存环境，造成海洋生物大量死亡。另外，大量塑料垃圾分散于土壤中，影响土壤的透气性，不利于作物生长。废塑料的处理成为全球性的环境问题。常规的填埋法虽然投资少，容易处理，但它存在占用大量土地资源，影响土地通透性和渗水性，破坏土质、影响植物生长等缺点。焚烧法虽然有减量化效果，又能回收部分能源，但焚烧易产生轻质烃类、氮化物、硫化物以及其他的一些有毒物质，排放的废气可通过降雨进入农作物及食物链中，威胁人体健康。因此，只通过末端治理治标不治本，要想真正解决我国废塑料的污染问题，还需要按照清洁生产的思路，采取废物减量化和资源化等措施才能实现[36]。

7.4.2 废塑料的主要处理方法

目前废旧塑料的处理方法有很多，但以填埋、焚烧和再生造粒等为主[37]。

7.4.2.1　填埋处理

废旧塑料因其大分子结构，废弃后不易分解腐烂，并且质量轻、体积大，暴露在空气中可随风飞动或在水中漂浮。因此，人们常利用丘陵凹地或自然凹陷坑池建设填埋场，对其进行卫生填埋。卫生填埋法具有建设投资少、运行费用低等特点。

但填埋处理存在着严重的缺点：①塑料废弃物由于密度小、体积大，因此占用空间面积较大，增加了土地资源压力；②塑料废弃物难以降解，填埋后将成为永久垃圾，严重妨碍水的渗透和地下水流通；③塑料中的添加剂如增塑剂或色料溶出还会造成二次污染。

7.4.2.2　焚烧处理

将废旧塑料进行焚烧的处理方法具有处理数量大、成本低、效率高和能回收热能等优点，与直接填埋相比，焚烧处理对废旧塑料进行了有效的利用，已经变废为宝。但焚烧处理同样存在诸多的缺点：①随着塑料品种、焚烧条件的变化，废旧塑料在焚烧过程中会产生多环芳香烃化合物、一氧化碳等有害物质；②在废旧塑料中还含有镉、铅等重金属化合物，在焚烧过程中，这些重金属化合物会随烟尘、焚烧残渣一起排放，同样污染环境。

7.4.2.3　热解技术[38]

塑料是以石油为原料生产的石油化学产品，因此采用塑料热解技术将废塑料还原为石油制品能有效地回收资源。塑料是一种富含氢和碳的物质，如聚乙烯塑料主要由碳、氢元素构成。一些塑料可能包含其他的元素，例如，聚对苯二甲酸乙二醇酯，聚氯乙烯包含大量氯元素，尼龙含有氧和氮。碳元素的相对含量越高，塑料的热值就越高。通常燃料油的热值大约为 48 kJ/kg。废塑料占城市固体废物的比例很大，其主要成分为聚乙烯、聚丙烯、聚苯乙烯、聚氯乙烯、聚对苯二甲酸乙二醇酯，它们的热值分别为 46 kJ/kg、45 kJ/kg、41 kJ/kg、22 kJ/kg、19 kJ/kg。因此，废塑料含有接近于原料油的高热值。通过热解法可以使废旧塑料制品的高分子键在热能作用下发生断裂，得到低分子量的化合物，即可以产出高热值的燃料。通过改变温度、压力和催化剂等条件，塑料热解还可以产生一些有价值的化学品。这些化学品和燃料可以用来弥补处理废物的费用，从而实现塑料回收利用的商业化发展。

（1）塑料热解的反应机理

通过对塑料热解反应机理的认识，不仅可以对塑料的耐热性能以及塑料热解的反应过程有深层的理解，而且能够为开发高效的废塑料回收技术提供理论依据。

通常认为塑料热解的机理可以用自由基理论解释。塑料热降解的反应过程分为：①热引发反应；②链断裂反应；③链终止反应。其中，热引发反应可分为随机断裂反应和链条末端断裂反应两种。随后发生链断裂反应，在此过程中有单体产生。链终止反应为自由基之间的结合反应和歧化反应。热解的反应过程如下：

①热引发反应：

$$\sim R—(R)_n—R\sim \xrightarrow{\triangle} \sim R—(R)_n—R\cdot \tag{7-7}$$

②链断裂反应：

$$\sim R—(R)_n—R\cdot \longrightarrow \sim R—(R)_n—R\cdot +R \tag{7-8}$$

③链终止反应

$$R\cdot +R\cdot \longrightarrow R—R \tag{7-9}$$

$$R\cdot +RO\cdot \longrightarrow ROR \tag{7-10}$$

$$R\cdot +ROO\cdot \longrightarrow ROOR \tag{7-11}$$

$$RO\cdot +RO\cdot \longrightarrow ROOR \tag{7-12}$$

$$RO\cdot +ROO\cdot \longrightarrow ROR+O_2 \tag{7-13}$$

$$ROO\cdot +ROO\cdot \longrightarrow ROOR+O_2 \tag{7-14}$$

（2）热引发反应过程机理

随机断裂反应和链条末端断裂反应是热引发反应过程中两种不同的反应，前者可导致塑料分子的分子量减少，后者为塑料分子 C—C 键的末端断裂，这种反应可产生挥发性的产物。

链条末端断裂反应模式：末端断裂反应又称为解聚反应。当塑料分子的末端键含有自由基、阳离子、阴离子时，此位置的键的强度相对弱于邻近基团，易发生末端断裂降解反应。在这种模式中，热解反应从塑料分子链的末端开始，此过程中会有单体释放。反应过程中塑料的分子量会缓慢减少，同时释放出大量的单体物质。取代位置的乙烯基聚合物大部分都通过这种反应模式得以降解。例如，聚甲基丙烯酸甲酯、一甲基聚苯乙烯、聚丙烯、聚四氟乙烯、一甲基聚丙烯腈在热解条件下都会大量地转化为相应的单体物质。末端断裂模式如下：

$$M_n\cdot \longrightarrow M_{n-1}\cdot +M \tag{7-15}$$

$$M_{n-1}\cdot \longrightarrow M_{n-2}\cdot +M \tag{7-16}$$

随机断裂反应模式：随机断裂反应可发生在聚合物链的任意位置。随机断裂反应模式中，塑料降解为小分子量的碎片，但断裂过程中一般没有单体物质的释放，如聚酯发生水解反应导致分子的断裂。对于随机断裂反应，聚合物链无须包含活性部位。通常乙烯基聚合物（如聚苯乙烯、聚丙烯腈等）可以通过随机断裂反应模式进行降解反应。这些聚合物的单体产率较低，热解产生的分子碎片比单体大。聚乙烯也会在氢原子进行分子内传递时发生随机断裂生成两个小分子。随机断裂反应模式为

$$M_n \longrightarrow M_x+M_y \quad (7\text{-}17)$$

7.4.2.4　再生颗粒

将废旧塑料回收后制造再生塑料颗粒，是废旧塑料回收技术的一大进步。运用专用造粒设备可将废旧聚乙烯、聚丙烯等塑料通过破碎—清洗—加热塑化—挤压成型工艺，加工生产出市场畅销的再生颗粒。与简单填埋和焚烧处理相比，再生塑料颗粒可以作为塑料工业的原料投入再利用，实现了真正意义上的资源循环利用。

7.4.3　废塑料的再生利用

废塑料的再生利用可分为简单再生利用和改性再生利用两大类。简单再生利用是指将回收的废塑料制品经过分类、清洗、破碎、造粒后直接加工成型。改性再生利用是根据不同废塑料的特性加入不同的改性剂，使其转化成高附加值的有用材料。废塑料经过改性后，机械性能得到改善或提高，可用于制作档次较高的塑料制品[36]。

7.4.3.1　简单再生利用

废塑料的简单再生利用主要用于回收塑料生产及加工过程中产生的边角料、下脚料等，也用于回收那些易清洗的一次性废弃品。该方法国内已经比较成熟，如利用废农膜压制花盆、盘、垃圾桶；利用废 PP 生产编织袋、打包带、捆扎绳、仪表盘、保险杆；利用废聚氯乙烯生产管材等。由于简单再生利用的制品性能欠佳，一般只能用于档次较低的塑料制品[36]。

7.4.3.2　改性再生利用

废塑料的改性再生包括物理改性和化学改性。物理改性包括填充改性、共混改性、增韧改性和增强改性；化学改性是指通过接枝、共聚等方法在分子链中引入其他链节和功能基团，或通过交联剂等进行交联，或通过成核剂、发泡剂对废塑料进行改性，使废塑料被赋予较高的抗冲击性能、优良的耐热性、抗老化性等，以便进行再生利用。废旧塑料的改性再利用前景广阔，越来越受到人们的重视。

（1）生产塑料“木材”

美国 AFCO 公司率先开发生产了塑料“木材”。其方法是把各种废塑料粉碎加热成熔融状态，再挤出成型，制成各种形状的塑料“木材”。其产品除具有木材制品的特性外，还具有强度高、防腐、防虫、防湿、使用寿命长、可重复使用和阻燃等优点，可替代相应的天然木制品，还可运用锯、钉、钻等手段进行加工。

（2）生产胶黏剂

利用废塑料生产胶黏剂是目前废塑料综合利用的有效途径之一。将废聚苯乙烯塑料溶于溶剂中成为均相溶液，再加入活化剂氧化亚铜、引发剂氧化苯甲酸丁酯，升温到90～120℃，加入改性单体（丙烯腈、丙烯醇），在反应釜中反应2 h，使聚苯乙烯接枝上新的官能团，从而改变性质，然后加入填料如硅酸钙，便得到一种耐水性好、胶接强度高的白色黏稠状的胶黏剂。

（3）生产涂料

将废聚苯乙烯塑料、松香、甘油和氧化锌溶于溶剂中，制得聚苯乙烯改性树脂，再加入各种填料与颜料，经研磨过滤可制成各种涂料[36]。利用废弃聚苯乙烯泡沫塑料做基料可制得涂料，其工艺流程为：洁净聚苯乙烯泡沫加入市售石油裂解副产混合物经处理后与乙酸乙酯按质量分数10∶1制成的混合溶剂溶解加入乳化剂十二烷基苯磺酸钠及OP-10（一种乳化剂代号）按比例依次加入固体填料碳酸钙、滑石粉、体质颜料钛白粉、增塑剂邻苯二甲酸二丁酯共混搅拌涂料。通过对比实验对涂料的配方进行了选择，涂料最佳配比为：基料26%、溶剂44%、乳化剂2.6%、固体填料23%、体质颜料3%、增塑剂1.4%。其性能指标测试的结果表明，该涂料为乳白色黏稠液体，常温下速干，漆面平整光滑。涂料防水性、防腐性、稳定性指标符合涂料生产要求[37]。

（4）应用于水处理

利用废聚苯乙烯泡沫塑料改性制取的聚苯乙烯磺酸钠絮凝剂，解决了废聚苯乙烯泡沫塑料的处理问题，也为环境保护及资源的循环利用指明了新的方向。以$AlCl_3$为催化剂制取的聚苯乙烯磺酸钠溶液能有效地降低废水中COD值，COD去除率达到85.7%；与只加入无机混凝剂$Fe_2(SO_4)_3$（浓度为10%）相比，该絮凝剂可加快废水的混凝沉降速度，提高混凝效果，是一种成本低、环境效益好的聚丙烯酰胺的替代品[39]。

思考题

1. 详述畜禽粪便的主要处理方法。
2. 畜禽粪便中吸收法与吸附法的区别。
3. 畜禽粪便资源化循环利用的原则。
4. 简述畜禽粪便堆肥发酵包括哪些阶段。
5. 举例介绍一个生态循环养殖模式，并简述其利弊。
6. 秸秆综合利用的方法包括哪些？请举例说明。
7. 污泥的种类包括哪些？如何处理？
8. 简述废塑料的来源与危害。

参考文献

[1] 王森，焦瑞峰，马艳华，等．我国畜禽粪便综合利用途径研究［J］．河南科技学院学报（自然科学版），2017（1）．

[2] 李庆康，吴雷，刘海琴，等．我国集约化畜禽养殖场粪便处理利用现状及展望［J］．农业环境科学学报，2000（4）：251-254.

[3] 赵青玲，杨继涛，李遂亮，等．畜禽粪便资源化利用技术的现状及展望［J］．河南农业大学学报，2003（2）：80-83.

[4] 章明奎．畜禽粪便资源化循环利用的模式和技术［J］．现代农业科技，2010，532（14）：280-283.

[5] 孙振钧．生态循环养殖模式，暨畜禽养殖废弃物资源化利用技术［M］．北京：中国农业大学出版社，2018.

[6] 张振都，吴景贵．畜禽粪便的资源化利用研究进展［J］．广东农业科学，2010，37（1）．

[7] 简秀梅，蒋恩臣，陈伟杰，等．畜禽粪便炭应用于土壤修复的研究进展［J］．可再生能源，2014（4）．

[8] Lima I，Marshall W E.Utilization of turkey manure asgranularactivated carbon：physical chemicalandadsorptive properties［J］. Waste Management，2005，25（7）：726-732.

[9] Schnitzer M I，Monreal C M. The conversion of chickenmanure to biooil by fast pyrolysis Ⅰ. Analysis of chickenmanure，biooils，and char by ^{13}C and ^{1}H NMR and FTIR spectrophotometry［J］.Journal of Environmental Science andHealthPartB，Pesticides，Food Contaminants andAgricultural Wastes，2007，42（1）：71-77.

[10] Schnitzer M I，Monreal C M. The conversion of chickenmanure to biooil by fast pyrolysis Ⅱ. Analysis of chickenmanure，biooils，and char by curie-point pyrolysis–gaschroma-tography/mass spectrometry（CpPy-GC/MS）［J］.Journal of Environmental Science and Health Part B，Pesticides，Food Contaminants and Agricultural Wastes，2007，42（1）：79-95.

[11] Shinogi Y，Kanri Y. Pyrolysis of plant，animal and human waste：physical and chemical characterization of the pyrolyticproducts［J］. Bioresource Technology，2003，90（3）：241-247.

[12] Spokas K A，Cantrell K B，Novak J M，et a1. Biochar：A synthesis of its agronomic impact beyondcarbon sequestration［J］. Journal of Environmental Quality，2011，41（4）：973-989.

[13] 曹建峰．秸秆的综合利用技术分析［J］．能源研究与信息，2006（1）：26-29.

[14] 黄忠乾，龙章富，彭卫红，等．农作物秸秆资源的综合利用［J］．资源开发与市场，1999（1）：30-32.

[15] 王艳锦，王博儒，张全国．秸秆资源化利用途径及建议［J］．河南农业科学，2009（7）：25-28，44.

[16] 王革华．实现秸秆资源化利用的主要途径［J］．上海环境科学，2002（11）：651-653.

[17] 陈玉华，田富洋，闫银发，等．农作物秸秆综合利用的现状、存在问题及发展建议［J］．中国农机化学报，2018，39（2）：67-73.

[18] 任仲杰，顾孟迪．我国农作物秸秆综合利用与循环经济［J］．安徽农业科学，2005（11）：109-110.
[19] 王冠，赵立欣，孟海波，等．我国生物质热解特性及工艺研究进展［J］．节能技术，2014，32（2）：120-124.
[20] 于斐雪，伊松林，冯小江，等．热解条件对农作物秸秆热解产物得率的影响［J］．北京林业大学学报，2009，31（增1）：174-177.
[21] 冉景煜，曾艳，张力，等．几种典型农作物生物质的热解及动力学特性［J］．重庆大学学报，2009，32（1）：76-81.
[22] 周新华，齐庆杰，郝宇，等．玉米秸秆热解规律的试验研究［J］．可再生能源，2005，6：21-24.
[23] 李永玲，吴占松．秸秆热解特性及热解动力学研究［J］．热力发电，2008，37（7）：1-5.
[24] 段佳，罗永浩，陆方，等．生物质废弃物热解特性的热重分析研究［J］．热能工程，2006，35（3）：10-13.
[25] 浮爱青，湛伦建．小麦和玉米秸秆热解反应动力学分析［J］．化学工业与工程，2009，26（4）：350-353.
[26] 史长东，张锐，车德勇，等．不同种类生物质热解特性研究［J］．东北电力大学学报，2012，32（1）：57-60.
[27] 石峰，刘永贤，罗先造，等．南丹利用油菜、红高粱秸秆发展食用菌的前景分析［J］．安徽农学通报，2009（19）：119-119.
[28] 占达东．污泥资源化利用［M］．青岛：中国海洋大学出版社，2009.
[29] 赵庆祥．污泥资源化技术［M］．北京：化学工业出版社，2002
[30] 何品晶，等．城市污泥处理与利用［M］．北京：科学出版社，2003.
[31] 杨子江．城市污泥的综合利用研究［J］．再生资源与循环经济，2004（1）：32-36.
[32] 杨金满，贾瑞宝．城市污泥资源化利用研究进展［J］．工业用水与废水，2011，（5）：7-11.
[33] 赵璇，张蓓，李琛．城市污泥综合利用研究进展［J］．化工技术与开发，2011（6）：61-65.
[34] 李海波，柳青，孙铁珩，等．中国城市污泥资源化利用研究进展［J］．重庆环境科学，2008（2）：42-47.
[35] 吕太，姚雪骏．城市污泥热解特性及燃烧特性实验分析［J］．科学技术与工程，2018，18（19）.
[36] 徐竞．废塑料的再生利用和资源化技术［J］．上海塑料，2010（1）：46-51.
[37] 张雪，张承龙．我国废旧塑料的资源再利用现状与发展趋势［J］．上海第二工业大学学报，2014（3）：193-197.
[38] 李向辉．废塑料热解机理及低温热解研究［J］．再生资源与循环经济，2011，4（6）：37-41.
[39] 刘玉婷，张洁心，尹大伟，等．废旧塑料再利用生产新材料的研究进展［J］．化工新型材料，2009（5）：9-11.

第 8 章　危险废物的管理与处理处置技术

8.1　概述

随着经济发展，居民的生活水平不断提高，家庭生活用品的种类也随之不断增多，家用电子产品、电池、荧光灯、杀虫剂更新换代加速，导致了生活垃圾产生量逐年增大的同时，生活垃圾中危险废物的比例也逐年增大。2012 年，有研究对苏州 240 户家庭的危险废物的产生量展开调查，调查结果表明：危险废物的产生量占每人每天产生的生活垃圾总量的 2.23%。其中，家用清洁产品占 21.33%，药品占 17.67%，个人护理产品占 15.19%。若由该数据推算全国危险废物产生量，则我国每年产生的家庭源危险废物为 300 万 t[1]。

来源于生活中的危险废物不仅能造成直接的危害，还会在土壤、水体、大气等自然环境中迁移、滞留、转化，污染人类赖以生存的环境，从而最终影响到生态环境和人类身心健康。有效预防生活垃圾中危险废物污染环境风险的关键在于能够把危险废物从生活垃圾中分离出来，并采用适当的处理处置技术实现无害化。

8.1.1　危险废物及其特征

危险废物是指列入《国家危险废物名录》或者根据国家规定的危险废物鉴别标准和鉴别方法认定的具有危险特性的废物。

根据《控制危险废物越境转移及其处置巴塞尔公约》，结合我国《国家危险废物名录》、美国《资源保护与回收法》，危险废物的通常特性包括腐蚀性、毒性、易燃性、反应性和感染性等。

1）腐蚀性：是指危险废物与生物组织接触后，可能由于化学作用而引起严重伤害，或因渗漏，严重损坏或毁坏其他物品或运输工具的物质或废物，它们还可能造成其他伤害。

2）毒性：主要包括急性毒性、慢性（延迟）毒性和生态毒性三种类型。急性毒性是指危险废物接触皮肤或者进入体内会严重损害人类健康甚至使人致命；慢性（延迟）毒性是指如果接触皮肤或者进入体内会造成延迟或慢性效应，如致癌物质等；生态毒性是指因生物累积或对生物系统的毒性效应，释放能够或可能对环境产生立即或延迟不利影响的物质或废物。

3）易燃性：危险废物的易燃性在液体和固体的不同相间是有差异的。液体在一定条件时可产生易燃气体，或由于摩擦可能引起或助长起火的物质。固体则更易自燃、起火等。

4）反应性：指危险废物与水和空气产生强烈反应，或是对热或冲击不稳定，易爆炸、易氧化等特性。

5）感染性：指危险废物含有已知或可能致病的活性微生物毒素，如医疗废物等。

根据2016年《中国统计年鉴》统计数据，2008—2015年，我国工业危险废物产生量逐年增多，如图8-1所示，对环境的压力正在逐步加大，危险废物处理处置面临较大的挑战[2]。危险废物具有毒性、腐蚀性、反应性和易燃性等一种或几种危险特性，故其在生产使用过程中的不当储存、使用、排放等造成的环境问题具有潜在性、持续时间长等特点。危险废物的有害组分既会影响人身的健康，又会对环境产生恶劣的影响，甚至可以通过在水体、大气、土壤中的传播影响生态系统，危及动植物的生长。一旦危险废物产生环境危害事件，将会造成巨额的损失，且在很长的一段时间内难以恢复。

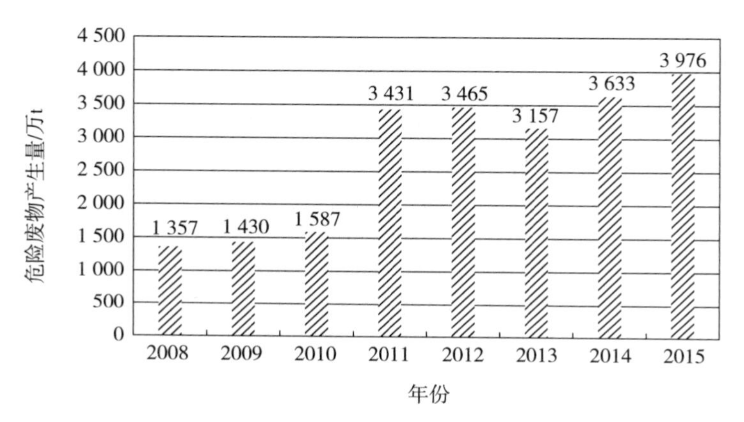

图8-1 2008—2015年全国工业危险废物年产生量

8.1.2 危险废物的来源

8.1.2.1 废旧电池

随着经济的发展，我国已成为世界上最大的电池生产厂商和消费地，随之也产生了大量的废旧电池。2013年，我国电池总产值达到了330亿美元，其中销量最大的为铅酸电池，紧随其后的是锂电池和一次性电池，增长率为15%。据统计，2016年的我国电池总产量达到1 320亿美元。我国电池回收可分为两类：便携式电池与铅酸电池。就铅酸电池而言，由于正规企业给出的回收价格往往低于市场的回收价，大部分废旧电池未能进入正规企业进行处理，而是落入没有正规回收处理工艺的商贩手中，他们为取得高额利润，只是回收其中值钱的铅板、塑料等，随意排放污染环境的酸液，导致了严重的环境污染[3]。

虽然《固体废物污染环境防治法》中对危险废物作了相关规定，但是我国的废旧电池立法和许多发达国家相比，仅由一些零散的法律或规章组成，法律条款不够详细，缺乏可操作性。生产者、使用者和管理者之间各自应承担的责任仍不明确，对不履行责任的单位或个人并无惩罚措施，在现实生活中起不到应有的防控作用且由于电池种类多和现实条件等问题，我国大部分电池未按照危险废物来实施管理[4]。

8.1.2.2　医疗废物

根据我国各类医疗机构医疗废物产生标准和我国近年来医院住院部入院人数和平均住院天数，以及诊疗人数等情况，估算出我国近年来医疗废弃物产生量。观研天下发布的《2018 年中国医疗废弃物处理市场分析报告——行业深度调研与发展趋势研究》可以看出我国医疗废弃物产生量呈逐年增长态势（图 8-2），2010 年为 134.97 万 t，2016 年上升至 191.95 万 t，2010—2016 年复合增长率达 6.05%，增长十分迅速。

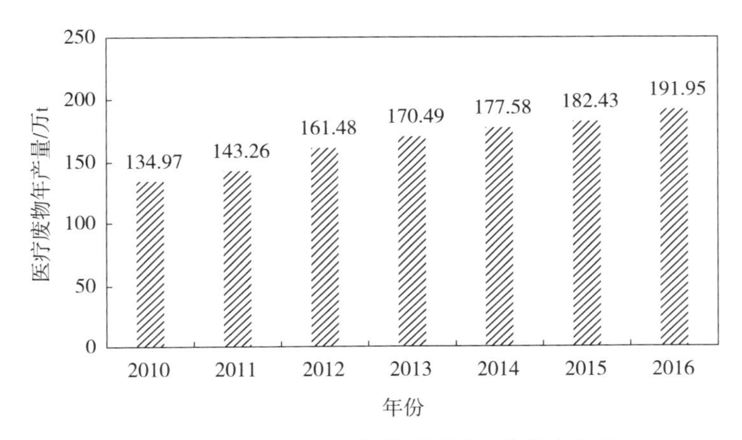

图 8-2　2010—2016 年我国医疗废弃物产生量

相较于普通的日常垃圾，医疗废物的污染性以及危险性都比较高，其内含物存有较多的病原微生物，并且会通过空气进行传播，对人体造成较大的伤害。就我国当前的医疗机构工作发展情况来看，大部分医疗机构都会采取焚烧处理的方式对垃圾进行处理。首先，这种技术的成本比较低，并且速度比较快，能够在有限期间内对垃圾所造成的危害进行控制。其次，焚烧可处理具有较强化学性质的医疗垃圾。目前，一般要求医疗垃圾的焚烧温度达到 1 150℃，能实现医疗垃圾中的有毒有害物质的有效焚毁，并实现无害化。近年来，由于各种感染病毒的不断传播，国际也开始对医疗垃圾的处理形式高度重视。由于大部分医疗机构所产生的垃圾中都会有塑料材料，所以很多国家通过二次焚烧的方式对其进行处理，以有效遏制二噁英的产生[5]。

8.1.2.3　电子废物

工业和家庭电子废物是我国电子废物的主要来源。电子废物中含大量有毒有害物质，影响人体健康。例如，线路板含铅、镉、汞；阴极射线管显示器含铅和镉；电池、半导体、贴片电阻含镉；铁质机箱、磁盘驱动器含铬。铅、铬、镉等会对人体产生伤害，如铅会破坏人的中枢神经和脑神经系统、血液系统、肾脏及生殖系统。线路板、塑胶外壳和电线中含多溴联苯和多溴联苯醚等，影响人的内分泌系统和生殖功能。

工业电子废物收集由废物生产企业自行回收处理或委托有资质的第三方企业来实施回收处理。而家庭电子废物经分散的收集渠道，包括个体商贩回收、商场“以旧换新”或旧家电市场回收、社区或废品收购站等回收网点收集或收集、拆解、分类后出售给相关企业，其中个体商贩回收占据绝对优势。被个体商贩收集的电子废物最终流向何处难以追踪，其数量更是难以调查统计。尽管我国每年的家庭电子废物产量巨大，但由于个体商贩主导了分散无序的回收市场，使得仅有 20% 左右的家庭电子废物得到有效处理。尽管全国有 110 多家有资质的正规电子废物回收处理企业，处理能力已达到 1.52 亿台 /a，但实际处理量却仅为 7 500 万台 /a。由此可见，工业电子废物的收集、处理工作较为简便和规范，而家庭电子废物的收集、处理工作比较复杂和无序[6]。

8.1.3 危险废物的鉴别

《危险废物鉴别标准》(GB 5085—2007) 规定了危险废物的鉴别程序和鉴别方法，涵盖腐蚀性、急性毒性、浸出毒性、易燃性、反应性等特性鉴别。

8.1.3.1 鉴别程序

首先，依据《固体废物污染环境防治法》和《固体废物鉴别导则》判断待鉴别的物品、物质是否属于固体废物，若待鉴别的废物不属于固体废物，则不属于危险废物。

其次，经初步判断属于固体废物的，需依据《固体废物危险名录》判断。已经列入《国家危险废物名录》的，都属于危险废物，不再需要进行危险特性鉴别；未列入《国家危险废物名录》的，应当按相关规定进行危险特性鉴别。

再次，分别依据危险废物鉴别标准 GB 5085.1 ~ GB 5085.6 进行鉴别，凡具有腐蚀性、毒性、易燃性、反应性、感应性等一种或几种危险特性的，都属于危险废物。

最后，对未列入《国家危险废物名录》或者根据危险废物鉴别标准无法判别，但可能对人体健康或生态环境造成有害影响的固体废物，需由国务院生态环境主管部门组织专家认定。

8.1.3.2 腐蚀性鉴别

将固体废物按照《固体废物腐蚀性测定玻璃电极法》(GB/T 1555.12—1995) 的规定制备浸出液，当浸出液 pH ≥ 12.5 或 pH ≤ 2.0 时，属于危险废物。

在 55℃条件下，《优质碳素结构钢》(GB/T 699—1999) 中规定的 20 号钢材的腐蚀速率≥ 6.35 mm/a 的固体废物，也属于危险废物。

8.1.3.3　急性毒性初筛

急性毒性一般用口服毒性半数致死量 LD_{50}、皮肤接触毒性半数致死量 LD_{50}、吸入毒性半数致死浓度 LD_{50} 来表示。其中，口服毒性半数致死量 LD_{50} 是经过统计学方法得出的一种物质的单一计量。皮肤接触毒性半数致死量 LD_{50} 是使白兔的裸露皮肤持续接触 24 h，最可能引起这些试验动物在 14 d 内死亡 50% 的物质剂量。吸入毒性半数致死浓度 LD_{50} 是使雌雄白鼠连续吸入 1 h，最可能引起这些试验动物在 14 d 内死亡 50% 的蒸汽、烟雾或粉尘的浓度。经口摄取固体 LD_{50} ≤ 200 mg/kg 或液体 LD_{50} ≤ 1 000 mg/kg，或经皮肤接触 LD_{50} ≤ 1 000 mg/kg，或烟气、烟雾或粉尘吸入 LD_{50} ≤ 10 mg/L 的物质，均认为属于危险废物。

8.1.3.4　浸出毒性鉴别

按照《固体废物浸出毒性浸出方法　硫酸硝酸法》（HJ/T 299—2007）制备的固体废物浸出液中任何一种危害成分含量超过标准中所列的浓度限值，则判定该固体废物是具有浸出毒性特征的危险废物。浸出毒性标准值具体可参见《危险废物鉴别标准　浸出毒性鉴别》（GB 5085.3—2007）中的“表 1”。

8.1.3.5　易燃性鉴别

对于固体废物，凡是在标准温度和压力（25℃，101.3 kPa）下因摩擦或自发性燃绕而起火，经点燃后能剧烈而持续燃烧并产生危害的，认为其属于固态易燃性危险废物，对单质液体、混合液体或含有固体物质的液体，其闪点温度低于 50℃（闭杯试验）时，认为其属于易燃的液态危险废物。此外还有许多气态易燃性危险废物。

8.1.3.6　反应性鉴别

反应性危险废物包括爆炸性的、反应后产生危险气体的，以及废弃氧化剂或有机过氧化物。

固体废物的爆炸性质包括：①常温常压下不稳定，在无引爆条件下，易发生剧烈变化；②标准温度和压力（25℃，101.3 kPa）下，易发生爆轰或爆炸性分解反应；③受强起爆剂作用或在封闭条件下加热，能发生爆轰或爆炸反应。

固体废物反应后产生危险气体的情况主要是指：①与水混合发生剧烈化学反应，并放出大量易燃气体和热量；②与水混合能产生足以危害人体健康或环境的有毒气体、蒸汽或烟雾；③在酸性条件下，每千克含氰化物废物分解产生≥ 250 mg 氰化氢气体，或者每千克含硫化物废物分解产生≥ 500 mg 硫化氢气体。

废弃氧化剂或有机过氧化物主要是指，极易引起燃烧或爆炸的废弃氧化剂，对热、震动或摩擦极为敏感的含过氧基的废弃有机过氧化物。

8.1.3.7 毒性物质含量鉴别

根据废物的毒性鉴别不同，将毒性物质分为剧毒物质、有毒物质、致癌性物质、致突变性物质、生殖毒性物质、持久性有机污染物等，不同毒性物质类型设有相应的含量限值，超过该含量的即为危险废物。具体毒性物质名录及含量限值参见《危险废物鉴别标准 毒性物质含量鉴别》(GB 5085.6—2007)。

8.1.4 危险废物名录

根据危险废物的特性，世界各国相继制定了本国的危险废物名录。《国家危险废物名录》是国家发展和改革委员会根据《固体废物污染环境防治法》制定的。2016 年 6 月 14 日，最新版《国家危险废物名录》发布，并于 2016 年 8 月 1 日起施行。家庭过期药品已被明确列入《国家危险废物名录》。《国家危险废物名录》共涉及 46 类 479 种危险废物，根据废物类别和行业来源命名，见表 8-1。本版的《国家危险废物名录》新增设了《危险废物豁免管理清单》，列入其中的危险废物，在所列的豁免环节，且满足相应的豁免条件时，可以按照豁免内容的规定实行豁免管理。表 8-1 中危险特性，包括腐蚀性 (corrosivity，C)、毒性 (toxicity，T)、易燃性 (ignitability，I)、反应性 (reactivity，R) 和感染性 (infectivity，In)。

表 8-1 危险废物类型

废物编号	废物类别	行业来源	危险特性
HW01	医疗废物	卫生、非特定行业	In，T
HW02	医药废物	化学药品原料药制造、化学药品制剂制造、兽用药品制造、生物药品制造	T
HW03	废药物、药品	非特定行业	T
HW04	农药废物	农药制造、非特定行业	T
HW05	木材防腐剂废物	木材加工、专用化学产品制造、非特定行业	T
HW06	废有机溶剂与含有机溶剂废物	非特定行业	T，I
HW07	热处理含氰废物	金属表面处理及热处理加工	R，T
HW08	废矿物油与含矿物油废物	石油开采、天然气开采、精炼石油产品制造、非特定行业	T，I
HW09	油 / 水、烃 / 水混合物或乳化液	非特定行业	T
HW10	多氯（溴）联苯类废物	非特定行业	T
HW11	精（蒸）馏渣	精炼石油产品制造、炼焦、燃气生产和供应业、基础化学原料制造、常用有色金属冶炼、环境治理、非特定行业	T

续表

废物编号	废物类别	行业来源	危险特性
HW12	染料、涂料废物	涂料、油墨、颜料及类似产品制造、纸浆制造、非特定行业	T，I
HW13	有机树脂类废物	合成材料制造、非特定行业	T
HW14	新化学物质废物	非特定行业	T，C，I，R
HW15	爆炸性废物	炸药、火工及焰火产品制造、非特定行业	T，R
HW16	感光材料废物	专用化学产品制造、印刷、电子元件制造、电影、其他专业技术服务业、非特定行业	T
HW17	表面处理废物	金属表面处理及热处理加工	T，C
HW18	焚烧处置残渣	环境治理业	T
HW19	含金属羰基化合物废物	非特定行业	T
HW20	含铍废物	基础化学原料制造	T
HW21	含铬废物	毛皮鞣制及制品加工、基础化学原料制造、铁合金冶炼、金属表面处理及热处理加工、电子元件制造	T
HW22	含铜废物	玻璃制造、常用有色金属冶炼、电子元件制造	T
HW23	含锌废物	金属表面处理及热处理加工、电池制造、非特定行业	T
HW24	含砷废物	基础化学原料制造	T
HW25	含硒废物	基础化学原料制造	T
HW26	含镉废物	电池制造	T
HW27	含锑废物	基础化学原料制造	T
HW28	含碲废物	基础化学原料制造	T
HW29	含汞废物	天然气开采、常用有色金属矿采选、贵金属矿采选、印刷、基础化学原料制造、合成材料制造、常用有色金属冶炼、电池制造、照明器具制造、通用仪器仪表制造、非特定行业	T，C
HW30	含铊废物	基础化学原料制造	T
HW31	含铅废物	玻璃制造、电子元件制造、炼钢、电池制造、工艺美术品制造、废弃资源综合利用、非特定行业	T
HW32	无机氟化物废物	非特定行业	T，C
HW33	无机氰化物废物	贵金属矿采选、金属表面处理及热处理加工、非特定行业	R，T
HW34	废酸	精炼石油产品制造，涂料、油墨、颜料及类似产品制造，基础化学原料制造，钢压延加工、金属表面处理及热处理加工，电子元件制造，非特定行业	C，T

续表

废物编号	废物类别	行业来源	危险特性
HW35	废碱	精炼石油产品制造、基础化学原料制造、毛皮鞣制及制品加工、纸浆制造、非特定行业	C，T
HW36	石棉废物	石棉及其他非金属矿采选，基础化学原料制造，石膏、水泥制品及类似制品制造，耐火材料制品制造，汽车零部件及配件制造，船舶及相关装置制造，非特定行业	T
HW37	有机磷化合物废物	基础化学原料制造、非特定行业	T
HW38	有机氰化物废物	基础化学原料制造	R，T
HW39	含酚废物	基础化学原料制造	T
HW40	含醚废物	基础化学原料制造	T
HW45	含有机卤化物废物	基础化学原料制造、非特定行业	T
HW46	含镍废物	基础化学原料制造、电池制造、非特定行业	T
HW47	含钡废物	基础化学原料制造、金属表面处理及热处理加工	T
HW48	有色金属冶炼废物	常用有色金属矿采选、常用有色金属冶炼、稀有稀土金属冶炼	T
HW49	其他废物	石墨及其他非金属矿物制品制造、非特定行业	T/C/I/R/In
HW50	废催化剂	精炼石油产品制造、基础化学原料制造、农药制造、化学药品原料药制造、兽用药品制造、生物药品制造、环境治理、非特定行业	T

8.2 危险废物的管理

在科技化与信息化发达的当今社会，带动着工业化与城市化的快速发展，而人们在享受物质成果的同时，伴随产生的危险废物数量种类逐年递增，危险废物的腐蚀性、毒性、易燃性、反应性和感染性使得它的处理、处置方法比一般的非危险废物更为复杂，且一旦管理不善，给人类与自然环境造成的污染与破坏更是不可小觑。每年因为危险废物管理不善而造成的环境污染事件频发，如匈牙利铝厂有毒废水泄漏事件、墨西哥湾石油泄漏事件、云南曲靖的铬渣污染事件等，都给人类健康与环境带来了不可估量的、难以弥补的损失。

墨西哥湾漏油事件，又称英国石油漏油事故，是 2010 年 4 月 20 日发生的一起墨西哥湾外海油污外漏事件。起因是英国石油公司所属一个名为“深水地平线”的外海钻油平台故障并爆炸，导致了此次漏油事故，爆炸同时导致了 11 名工作人员死亡及 17 人受伤。据估计每天平均有 12 000～100 000 桶原油漏到墨西哥湾，导致至少 2 500 km^2 的海水被石油覆盖。

8.2.1　国外危险废物的管理

对于危险废物的法律规制，大多数工业化国家都高度重视，因为他们已经意识到环境因危险废物造成的破坏通常超出人们的预期且“恢复成本”大大高于“预防成本”。由不妥善的危险废物处置导致的土壤结构破坏、地下水污染问题的修复成本非常之高甚至无法修复，更有甚者还会引起爆炸和火灾风险、毒气污染，因此，制定适当的法律对危险废物进行规制，在每个国家都是必不可少的环节。随着科技的发展，新的垃圾处理技术诞生，危险废物对环境的影响也得到控制，而垃圾也逐渐被视为一种宝贵的工业资源，通过对垃圾的降解、回收和利用来为工业发展提供能源已成为垃圾处理技术发展的一大趋势。我们以美国的管理制度为例进行细致说明。

8.2.1.1　危险废物管理原则

（1）全过程管理原则

1976 年美国的《资源保护与回收法》对固体废物规定了“从摇篮到坟墓”的管理原则，也称全过程管理原则，从危险废物的识别、产生、检测、处理、运输、贮存、处置直到最后的反馈过程要实行综合的、系统的、封闭的管理，如生产、运输、处理、贮存、处置设施的所有者和经营者，必须每两年一次向 EPA 或其他办事处进行书面形式的申报，告知其经营危险废物的情况，并且该申报的报告至少保存 3 年；运输者在运输过程中，必须取得运输许可证，处理、贮存、处置设施的所有者或经营者必须符合法律或 EPA 制定的标准且获得许可证。总之，在废物产生的源头尽量做到精细化，减少废物的产生，对已经产生的危险废物做到减少甚至避免其进行扩散，运输储存过程做到规范化操作，过程监控争取做到信息化管理，力争使危险废物得到安全无害的处置。

（2）分类管理原则

危险废物的管理原则是指按照危险废物的不同特性和来源不同，将危险废物分成不同的类别，以便进行有效的管理。按不同特性、不同产生源和不同产生者将危险废物分类以控制危险废物的产量、提高危险废物处理的效率和利用率等。

（3）最小化管理原则

危险废物最小化原则是指危险废物产生量达到最小化、危险废物的毒性、危害性的无害化、预防危险废物产生的技术的清洁化以及危险废物循环利用的最大化。美国 1984 年通过的《危险废物和固体废物修正案》具体规定了废物最小化规划，该规划要求危险废物的生产者制定一个切实可行的方案，以实际有效的方法减少危险废物的产生数量和毒性，降低当前或未来危险废物对人类健康和环境的威胁。

8.2.1.2 废旧电池的管理

世界各地对电池需求的增加，带动了大规模的工业生产，总体来说，也带来了大量的浪费与污染。废旧电池在全球范围内具有重要的影响，是整个危险废物的主要组成部分，也是垃圾填埋场中重金属的主要来源。

在美国，废旧电池可以分为有害和非有害垃圾。有害垃圾有锌锰电池、锂电池、镍电池、纽扣电池、镍铬电池、氧化银电池、铅蓄电池。前者进入标准化的收集程序收集，后者可以进入生活垃圾。例如，汽车店和地方的废物管理处会把铅蓄电池收集，回收处也会收集其他种类的电池，不过也有例外，如氧化银进入城市生活垃圾处理。

8.2.1.3 医疗废物的管理

国外对医疗废物的研究从20世纪60年代就已经开始，目前已建立了较为完善的医疗废物管理体系。多数发达国家均以循环理念作为医疗废物管理的立法指导原则，对医疗废物的分类、收集、运输、贮存和处理实行严格的从“摇篮”到“坟墓”的全过程监管，力求实现对医疗废物的资源化、减量化、无害化管理，使医疗废物在一个健全完备的法律法规或行业规范的管理下得到严格控制。美国是产生医疗废物较多的发达国家之一，每年要产生超过350万t的医疗废物，平均处置费达每吨790美元，因此，美国十分重视对医疗废物的管理。1976年国会通过的《资源保护与回收法》，以及之后的《医疗废物追踪法》《超级基金法》等都是美国对医疗废物进行管理的重要法律。乔西·麦克莫罗和提姆·威尔金等在《危险废物法律聚焦》，詹姆斯·莱斯特和安博文在《危险废物管理的政策研究》中都对美国危险废物方面的政策、法律的背景、沿革、目的、内容进行了阐述，展现了美国完善、科学的医疗废物管理法律体系及发展过程。由此可见，美国对医疗废物的管理已经形成了较为完备的法律体系，其颁布的法律制度体现了循环经济的立法理念及闭合循环的处置原则[7]。

8.2.2 国内危险废物的管理

8.2.2.1 我国具体的危险废物管理制度

（1）危险废物申报登记制度

危险废物申报登记制度指“产生危险废物的单位，必须按照国家有关规定制订危险废物管理计划，并向所在地县级以上地方人民政府环境保护行政主管部门申报危险废物的种类、产生量、流向、贮存、处置等有关资料”，且当申报的事项和计划内容有重大改变时也要及时申报。申报登记有利于在源头对危险物质进行控制，避免采取末端治理的方式，是危险废物治理的基础，并且该制度的有效实施和后续治理工作的开展依赖于申报登记数据的准确性、连续性、及时性和系统性。因此，对于建立严格的危险废物申报登记制度需要政府高度重视。

（2）危险废物行政代执行制度

危险废物行政代执行制度是一种间接行政强制措施，是保证法定义务人的一种有效手段，在国外立法中已被广泛采用。《固体废物污染环境防治法》第一百一十三条规定，危险废物产生者未按照规定处置其产生的危险废物被责令改正后拒不改正的，由生态环境主管部门组织代为处置，处置费用由危险废物产生者承担；拒不承担代为处置费用的，处代为处置费用一倍以上三倍以下的罚款。前半部分所规定的是危险废物单位处置责任，所遵循的是“谁污染、谁治理”的基本原则，有利于促进资源的合理利用和社会公平的实现。后半部分所规定的则是危险废物代执行制度，该制度要求拥有监督权的有关国家机关依法在法定义务人不履行其义务或履行不合法时，将该义务交由或指定危险第三方代为履行，所产生的履行费用由原义务人承担。这既能很好地解决危险废物长时间得不到有效处置的问题，也能提高负有法定义务的处理者的积极性。

（3）危险废物许可证制度

危险废物许可证制度本质是对危险废物的收集、贮存、运输、处理、处置等经营活动的限制。因为从事上述危险废物的经营活动如果缺乏污染防治措施、技术和处理能力，极易导致污染事故，这将严重威胁人民群众健康、公私财产和生活环境。通过许可证制度可以对此类企业进行良好的法律限制和强化监督管理。关于此制度的内容规定在《固体废物污染环境防治法》第八十条，从事收集、贮存、利用、处置危险废物经营活动的单位，应当按照国家有关规定申请取得许可证。许可证的具体管理办法由国务院制定。禁止无许可证或者未按照许可证规定从事危险废物收集、贮存、利用、处置的经营活动。禁止将危险废物提供或者委托给无许可证的单位或者其他生产经营者从事收集、贮存、利用、处置活动。

（4）危险废物转移联单制度

危险废物转移联单制度是指危险废物在转移时必须按国家规定填写废物转移联单，移出地的生态环境主管部门需经接受地的生态环境主管部门同意后才能批准转移该危险废物，且转移途经其他行政区域时，移出地的生态环境主管部门应当及时通知。《固体废物污染环境防治法》第八十二条对此制度作了详细规定。转移联单制度可以对危险废物运输转移进行很好的监控和秩序的维持，提高了危险废物的处理效率。

（5）意外事故的应急措施和报告制度

应急措施和报告制度分别规定在《固体废物污染环境防治法》第八十五条和第

八十六条，前者要求“产生、收集、贮存、运输、利用、处置危险废物的单位，应当依法制定意外事故的防范措施和应急预案，并向所在地生态环境主管部门和其他负有固体废物污染环境防治监督管理职责的部门备案；生态环境主管部门和其他负有固体废物污染环境防治监督管理职责的部门应当进行检查”，后者则规定“因发生事故或者其他突发性事件，造成危险废物严重污染环境的单位，应当立即采取有效措施消除或者减轻对环境的污染危害，及时通报可能受到污染危害的单位和居民，并向所在地生态环境主管部门和有关部门报告，接受调查处理”。防患于未然，捉矢于未发，是我们一直提倡的一种传统美德，并且古语有云“凡事预则立，不预则废”，所以应急预案的制定和报告制度的确立能使责任人员及时能动地应对突发事件，减少受害者的范围和污染程度，甚至能将危害扼杀在摇篮中。

（6）危险废物进出口控制制度

由于每个人都是自己利益的最佳判断者，所以往往会造成弱肉强食的结果。正是由于人们的理性，每个人都要绝对地遵守自己的合同，也就是说只要没有证据证明你是被强迫的或裁判者不采纳你的证据，那么一个人对另一个人的环境污染和破坏就是正当的，富国对穷国的污染输出也是心安理得的。而危险废物进出口控制制度针对的正是境外危险废物进境倾倒、堆放、处置和过境转移危险废物的问题，意在保护国家的环境主权，因为危险废物的进出口涉及国家之间的利益衡量，所以还需要与我国已加入的相关国际公约相适应。

8.2.2.2 危险废物管理存在的问题

建立一套完整的危险废物管理体系可以更好地管理与监控危险废弃物，我国于2016年6月出台的《国家危险废物名录》显示了我国危废管理向更加科学化、精细化发展。我国目前已有相对完善的管理体系，但在实际应用中却存在着巨大的缺失，管理水平有待提高。

我国还没有建立数字化的数据档案，而纸质化的数据易丢失、存储不便、查询困难。管理人员由于鉴定程序繁复、从业经验不足和个人能力等问题使得难以准确把握危险品的界定程度，只追求利益的不良企业为降低成本对处理产物虚报等问题是其主要原因。

发达国家已经具备比较完备的分级管理体系，而我国还处于“一刀切”的管理模式。对危险物质最佳管理和处置的方法主要依靠人们对生活以及环境的保护，这是远远不够的。分级管理是构建管理体系的必要条件，有积极促进危险废物的管理重心、有序流动、降低管理成本的作用。我们要做的是首先制定一套关于危险废物管理相当完备的法律规章制度，其中包含豁免制度、分级评价体系等。

8.3　危险废物处理处置技术

8.3.1　危险废物的收集、贮存与运输

危险废物由于自身具有危险特性，在其收集、贮存与运输期间需采取不同于一般废物的管理。

（1）危险废物的收集

产生者暂存的桶装或袋装危险废物可由产生者直接运往收集中心或回收站，也可以通过地方主管部门配备的专用运输车辆按规定路线运往指定的地点贮存或作进一步处理。

收集站一般由砖砌的防火墙及铺设有混凝土地面的若干库房式构筑物组成，贮存废物的库房室内应保证空气流通，以防止具有毒性和爆炸性的气体积聚而产生危险。收进的废物应详细登记其类型和数量，并按废物不同特性分别妥善存放。

中转站的位置宜选择在交通路网便利的场所或其附近。中转站由设有隔离带或埋于地下的液态危险废物贮罐、油分离系统及盛有废物的桶或罐等库房群组成。站内工作人员应负责废物的交接手续，按时将所收存的危险废物如数装进运往处理场的运输车厢，并责成运输者负责途中安全。

（2）危险废物的贮存

危险废物的产生部门、单位或个人，均必须有安全存放危险废物的装置，如钢桶、钢罐、塑料桶等。一旦危险废物产生出来，必须依照法律规定将它们妥善地存放于这些装置内，并在容器或贮罐外壁清楚标明内盛物的类别、数量、装进日期以及危害说明。

除剧毒或某些特殊危险废物，如与水接触会发生剧烈反应或产生有毒气体和烟雾的废物、氰酸盐或硫化物含量超过 1% 的废物、腐蚀性废物、含有高浓度刺激性气味物质（如硫醇、硫化物等）或挥发性有机物（如丙烯酸、醛类、醚类及胺类等）的废物、含杀虫剂及除草剂等农药的废物、含可聚合性单体的废物、强氧化性废物等，须予以密封包装之外，大部分危险废物可采用普通的钢桶或贮罐盛装。

危险废物产生者应妥善保管所有装满废物待运走的容器或贮罐，直到它们运出产地做进一步贮存、处理或处置。

（3）危险废物的运输

危险废物的主要运输方式为公路运输。为确保运输安全，在采用汽车作为主要工具来运输危险废物时，应采取如下控制措施：

1）承担危险废物运输的车辆必须经过主管单位检查，并持有有关单位签发的许可证；车身需有明显的标志或适当的危险符号，以引起关注；在公路上行驶时，需持有运输许可证，其上应注明废物来源、性质和运往地点。

2）负责危险废物运输的司机应由经过培训并持有证明文件的人员担任，必要时须有专业人员负责押运工作。

3）组织危险废物运输的单位，事先应制订周密的运输计划，确定好行驶路线，并提出废物泄漏时的有效应急措施。

8.3.2 固化 / 稳定化

固化 / 稳定化技术是处理易发生迁移及性质不稳定的废物的重要手段，是危险废物管理中的一项重要技术。

危险废物固化 / 稳定化处理的目的，是使危险废物中的所有污染组分被包容起来，以便贮存和运输、利用和处置，改变易燃易爆特性。在一般情况下，稳定化过程是选用某种适当的添加剂与废物混合，以减小废物的毒性和可迁移性。固化过程是一种利用添加剂改变废物的工程特性（如渗透性、可压缩性和强度等）的过程。固化可以看成是一种特定的稳定化过程，也可以理解为稳定化的一个部分。但从概念上它们又有所区别。无论是稳定化还是固定化，其目的都是减小废物的毒性和可迁移性，同时改善被处理对象的工程性质，包括水泥固化、石灰固化、沥青固化和药剂稳定化技术等处理手段。

8.3.2.1 固化 / 稳定化的评价指标

（1）基本要求

固化处理的基本要求包括：①固化处理后所形成的固化体应具有良好的抗渗透性、抗浸出性、抗干湿性、抗冻融性及足够的机械强度等；②固化过程中材料和能量消耗要低，增容比要低；③固化工艺过程简单、便于操作；④固化剂来源丰富，价廉易得；⑤处理费用低。

（2）固化效果评价

固化处理效果常采用浸出率、增容比、抗压强度等物理、化学指标予以衡量。

1）浸出率是指固化体浸于水中或其他溶液中时，其中有害物质的浸出速度。可用浸出率的大小预测固化体在贮存地点可能发生的情况。

2）增容比是指所形成的固化体体积与被固化有害废物体积的比值。增容比是评价固化处理方法和衡量最终成本的一项重要指标。

3）抗压强度是保证固化体安全贮存的重要指标。对于一般的危险废物，经固化处理后得到的固化体，若进行处置或装桶贮存，对抗压强度要求较低，控制在 0.1 ~ 0.5 MPa 即可。例如，用作建筑材料，则对其抗压强度要求较高，应大于 10 MPa；对于放射性废物，其固化产品的抗压强度，苏联要求大于 5 MPa，英国要求达到 20 MPa。

增容比、浸出率和抗压强度是作为选择固化工艺种类与衡量固化效率的重要考虑因素，在进行固化操作时通常会选择增容比较小、浸出率较大的固化工艺与抗压强度较好的固化材料以便更好地达到减小废物毒性和可迁移性，改善被处理对象的工程性质的目的。

8.3.2.2　水泥固化 / 稳定化

（1）概述

水泥是最常用的危险废物稳定剂，由于水泥是一种无机胶结材料，经过水化反应后可以生成坚硬的水泥固化体，所以在处理废物时最常用的是水泥固化技术。水泥固化法应用实例较多：以水泥为基础的固化 / 稳定化技术已经用来处置电镀污泥，这种污泥包含各种金属，如 Cd、Cr、Cu、Pb、Ni、Zn；水泥也用来处理复杂的危险废物污泥，如多氯联苯、油和油泥、氯乙烯和二氯乙烷、多种树脂、被固化 / 稳定化的塑料、石棉、硫化物以及其他物料。用水泥进行的固化 / 稳定化处置对 As、Cd、Cu、Pb、Ni、Zn 等的稳定化都是有效的。水泥固化工艺也较多地被应用于处理垃圾焚烧厂产生的焚烧飞灰这种危险废物。

火山灰是一种类似于水泥的材料，当存在水时，可以与石灰反应而生成类似于混凝土的、通常被称为火山灰水泥的产物。火山灰材料包括烟道灰、平炉渣、水泥窑灰等，其结构大体上可认为是非晶型的硅铝酸盐。烟道灰是最常用的火山灰材料，其典型成分是大约 45% 的 SiO_2、25% 的 Al_2O_3、15% 的 Fe_2O_3、10% 的 CaO 以及各 1% 的 MgO、K_2O、Na_2O 和 SO_3。此外，根据不同的来源，还含有一定量的未燃尽的碳。这种材料还具有高 pH，所以同样适用于无机污染物，尤其是被重金属污染的废物的稳定化处理。

（2）影响水泥固化 / 稳定化的影响因素

影响水泥固化的因素很多，为在各种组分之间得到良好的匹配性能，在固化操作中需要严格控制以下各种条件。

1）pH。因为大部分金属离子的溶解度与 pH 有关，对于金属离子的固定，pH 有显著的影响。当 pH 较高时，许多金属离子将形成氢氧化物沉淀，而且 pH 高时，水中的 CO_3^{2-} 浓度也高，有利于生成碳酸盐沉淀。应该注意的是，pH 过高，会形成带负电荷的羟基络合物，溶解度反而升高。例如，当 pH<9 时，铜主要以 $Cu(OH)_2$ 沉淀的形式存在；当 pH>9 时，则形成 $Cu(OH)_3^-$ 和 $Cu(OH)_4^{2-}$ 络合物，溶解度增加。许多金属离子都有这种性质，如 Pb 当 pH>9.3 时，Zn 当 pH>9.2 时，Cd 当 pH>11.1 时，Ni 当 pH>10.2 时，都会形成金属络合物，造成溶解度增加。

2）水、水泥和废物的量比。水分过小，则无法保证水泥的充分水合作用；水分过大，则会出现泌水现象，影响固化块的强度。水泥与废物之间的量比应用试验方法确定，主要是因为在废物中往往存在妨碍水合作用的成分，它们的干扰程度是难以估计的。

3）凝固时间。为确保水泥废物混合浆料能够在混合以后有足够的时间进行输送、装桶或者浇注，必须适当控制初凝和终凝时间。通常设置的初凝时间大于 2 h，终凝时间在 48 h 以内。凝结时间的控制是通过加入促凝剂（偏铝酸钠、氯化钙、氢氧化铁等无机盐）、缓凝剂（有机物、泥沙、硼酸钠等）来完成的。

4）其他添加剂。为使固化体达到良好的性能，还经常加入其他成分。例如，过多的硫酸盐会由于生成水化硫酸铝钙而导致固化体的膨胀和破碎，如加入适当数量的沸石或蛭石，即可消耗一定的硫酸或硫酸盐。为减小有害物质的浸出速率，也需要加入某些添加剂，例如，加入少量硫化物可以有效地固定重金属离子等。

5）固化块的成型工艺。主要目的是达到预定的机械强度。并非在所有的情况下均要求固化块达到一定的强度，例如，对最终的稳定化产物进行填埋或贮存时，就无须提出强度要求。但当准备利用废物处理后的固化块作为建筑材料时，达到预定强度的要求就变得十分重要，通常需要达到 10 MPa 以上的指标。

（3）水泥固化 / 稳定化的工艺流程

以江苏省内某危险废物处置场固化工段为例，采用水泥固化为主，药剂稳定化为辅的工艺技术路线进行工艺设计，需固化废物种类包括焚烧飞灰、重金属废物和污泥类废物等。

由于水泥固化和药剂稳定化技术，对不同废物所确定的工艺均须以混合与搅拌为主要工程实现手段，因此考虑将几种处理工艺在一条生产线上实现，即设置一套混合搅拌设备，具体工艺流程为：

1）需固化的废料及水泥、药剂采样送实验室进行试验分析，并将最佳配比等参数提供给固化车间。

2）需固化处理的含重金属和残渣类废物运至固化车间，送入配料机的骨料仓，并经过卸料、计量和输送等过程进入混合搅拌机；污泥类废物通过无轴螺旋输送机进行输送、计量后进入混合搅拌机；水泥、粉煤灰、飞灰、水和药剂等物料按照实验所得的比例通过各自的输送系统送入搅拌机；连同废物物料在混合搅拌槽内进行搅拌。其中水泥、粉煤灰和飞灰由螺旋输送机输送再称量后进入搅拌机料槽；水、药剂通过泵并计量进入搅拌机料槽。物料混合搅拌均匀后，开闸卸料，通过皮带输送机输送到砌块成型机成型。成型后的砌块通过叉车送入养护厂房进行养护处理。养护处理后取样检测，合格品用叉车直接运至安全填埋场填埋，不合格品由养护厂房返回固化车间经破碎后重新处理。固化工艺流程见图 8-3[8]。

在整个水泥固化 / 稳定化的过程中需要注意以下事项：①由于危险废物的种类繁多、成分复杂、有害物含量变化幅度大，需要通过分析、试验来确定每一批废物的处理工艺和配方，并根据配方确定药剂品种及用量。②为了方便操作和运行管理，提高物料配比

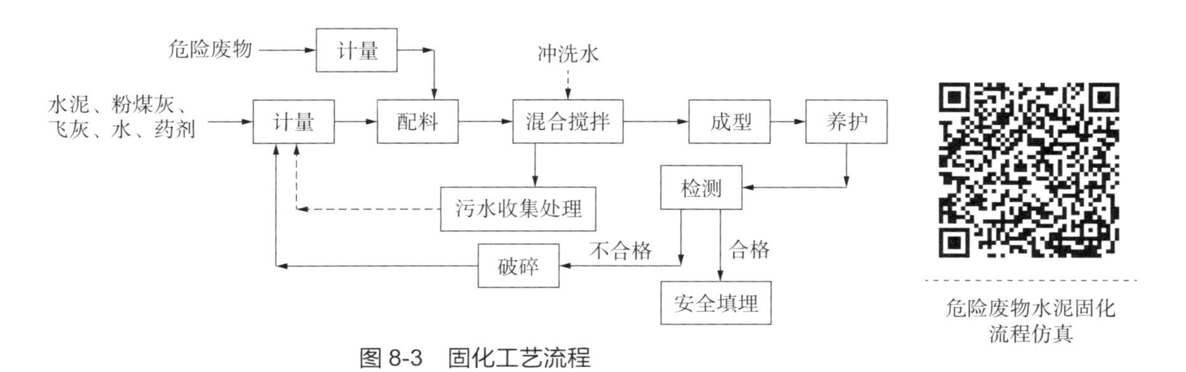

图 8-3　固化工艺流程

的准确度。单种类型废物物料应采用单一混合搅拌，不同的时段搅拌不同的废物，不同类型废物物料不宜同时混合搅拌。

（4）石灰固化

石灰固化是指以石灰、熔矿炉炉渣以及含有硅成分的粉煤灰和水泥窑灰等物质为固化基材而进行的危险废物固化操作。在适当的催化环境下进行反应，将污泥中的重金属成分吸附于所产生的胶体结晶中。但因波索来反应（pozzolanic reaction）不同于水泥水合作用，石灰固化处理所提供的结构强度不如水泥固化，因而较少单独使用。

常用的技术是以加入氢氧化钙（熟石灰）的方法使污泥得到稳定。石灰中的钙与废物中的硅铝酸根会产生硅酸钙、铝酸钙的水化物或者硅铝酸钙。和其他稳定化过程一样，与石灰同时向废物中加入少量添加剂，可以获得额外的稳定效果（如存在可溶性钡时加入硫酸根）。此种方法也基本上应用于处理重金属污泥等无机污染物[9]。

8.3.2.3　其他固化 / 稳定化技术

（1）沥青固化

沥青固化是以沥青类材料作为固化剂，与危险废物在一定的温度下均匀混合，产生皂化反应，使有害物质包容在沥青中形成固化体，从而达到稳定。沥青属于憎水物质，完整的沥青固化体具有优良的防水性能。沥青还具有良好的黏结性和化学稳定性，而且对于大多数酸和碱有较高的耐腐蚀性，所以长期以来被用作低水平放射性废物的主要固化材料之一。它一般用于处理废水化学处理产生的污泥、焚烧飞灰，以及毒性较大的电镀污泥和砷渣等。沥青固化的废物与固化基材之间的质量比通常为 1∶1～2∶1，固化产物的增容率为 30%～50%。但因物料需要在高温下操作，其操作安全性相对较差，设备的投资费用与运行费用比水泥固化和石灰固化法高。

（2）药剂稳定化

药剂稳定化是近年来主要针对重金属废物的处理处置问题而发展起来的处理技术，主要包括 pH 控制技术、氧化 / 还原电势控制技术和沉淀技术。技术的主要作用机理是在一定的药剂作用下，改变废物中重金属的化合态，使其稳定不浸出。可以采用的稳定化药剂有石膏、漂白粉、硫代硫酸钠、硫化钠和高分子有机稳定剂等。经药剂处理后的重金属类废物增容比很小，某些情况下还能小于1，由于重金属类废物在处置废物总量中所占比例较大，采用药剂稳定化处理极大地降低了由于使用石灰或水泥而增加的处理后体积，能够节省大量的库容，提高填埋场使用寿命，综合降低了填埋处理成本，而且经药剂稳定化处理后的重金属废物比较容易达到填埋污染控制标准，减少处理后废物二次污染的风险。

8.3.3 危险废物焚烧处置

8.3.3.1 焚烧技术原理

对危险废物进行焚烧处理是指将危险废物置于焚烧炉内，在高温和有足够氧气含量条件下进行氧化反应，分解或降解危险废物的过程。通过该高温氧化反应过程，危险废物中的有毒有害成分可以得到氧化处理，绝大多数有机危险物可经过高温氧化分解而除去，细菌病毒可在高温条件下被杀死。经过焚烧以后，危险物体的体积或重量也可大大减少。

通常情况下，大多数危险废物在焚烧过程中会释放大量热能，当涉及大规模废物的焚烧处理时，常常通过配置废热锅炉进行热能回收乃至发电。但对危险废物焚烧处理而言一般不将热能的资源回收作为主要考虑目标。在进行危险废物焚烧处理时，首要的目标是分解、降解或去除危险废物中的有毒有害成分。对某些无法焚烧的重金属、无机盐成分及其他有毒物质，可以在净化系统中，针对其不同的特性，采用有效的技术措施加以脱除，在危险废物的焚烧过程中，原则上不允许有任何泄漏、扩散或新的有毒有害物质产生或形成（二次污染问题）。危险废物的焚烧过程和净化过程较复杂、严格和苛刻，通常焚烧处置工艺流程见图8-4。

焚烧技术在危险废物方面得到如此广泛的应用，是因为它有许多独特的优点：

1）经焚烧处理后，危险废物中的病原体被彻底消灭，燃烧过程中产生的有害气体和烟尘经处理后达到排放要求，无害化程度高；

2）经过焚烧，危险废物中的可燃成分被高温分解后，一般可减重80%和减容90%以上，减量效果好，焚烧筛上物效果更好；

3）危险废物焚烧所产生的高温烟气，其热能被废热锅炉吸收转变为蒸汽，用来供热或发电，危险废物可作为能源来回收利用，还可回收铁磁性金属等资源，可以充分实现垃圾处理的资源化；

4）焚烧厂占地面积小，尾气经净化处理后污染较小，既节约用地又缩短了垃圾的运输距离，对于经济发达的城市，尤为重要；

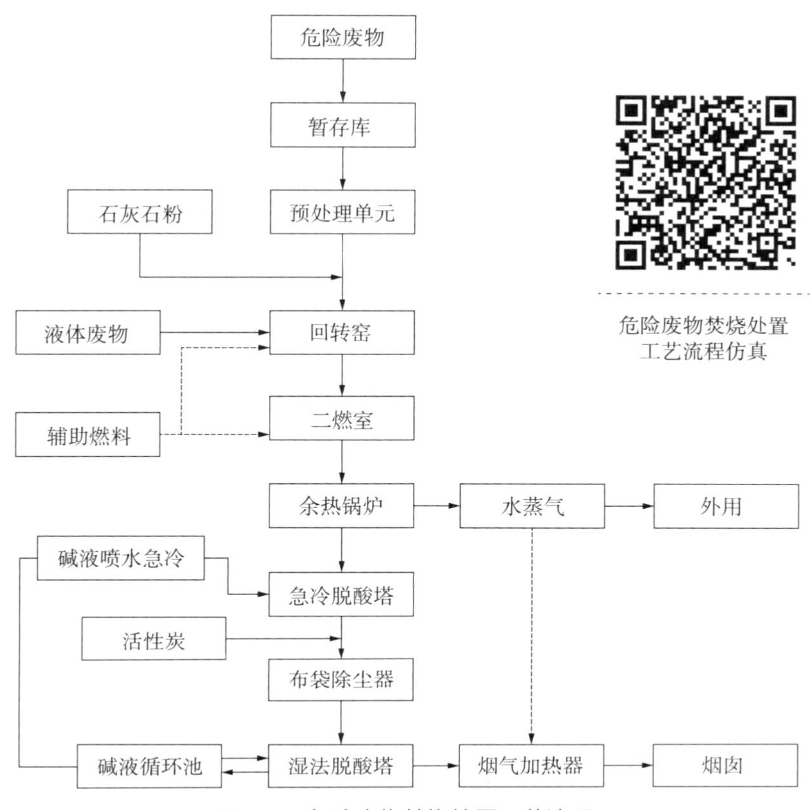

图 8-4　危险废物焚烧处置工艺流程

5）焚烧处理可全天候操作，不易受天气影响。

在危险废物焚烧过程中，有影响作用的参数很多。在设计焚烧炉及其操作管理过程中，需要进行综合分析和对比，并根据当地的政策或法规，选出主要的控制参数进行设计或使用。复杂的参数有危险废物的物理化学性质（密度、成分、热值、元素分析）、燃烧特性、传热特性、灰渣物化特性、焚烧炉的机械结构、进风分布规律、燃烧室布置以及进出料方式等。在这些参数中最重要的参数有 4 个，即焚烧温度、焚烧时间、空气过剩系数和焚烧过程物料与空气的接触性能[10]。

8.3.3.2　危险废物焚烧过程

危险废物的焚烧过程通常需要借助于自身可燃物质或辅助燃料进行，调节适当的空气输入，可以在适当的高温和时间范围内，实现较高的焚毁率。较低的热灼减率，最大限度地降解或分解其中有毒有害有机物和杀死病毒病菌，同时实现较低的污染排放指标。由于燃烧过程的进行与危险废物的组成、形态和物化特性有密切关系，也与燃烧过程的化学反应过程、流场、热力特性有关，因此实际焚烧过程非常复杂。

与普通废物或城市生活垃圾的焚烧过程不同的是，危险废物焚烧过程的最主要目的是毁坏有毒有害有机物质，杀死和去除病毒病菌，除去有毒重金属物质和酸性气体，其次是确保不产生二次污染，做到烟气的排放完全清洁和干净。而热能回收或其他资源回收不是最重要的内容，某些条件下甚至完全可以不考虑。

（1）固体危险废物焚烧过程

固体废物的燃烧过程一般是指其中固体可燃成分的焚烧分解和高温气化处理全部组成的过程，由于通常含有水分、灰分和金属及无机物类成分，故焚烧过程中需视其组成特性进行烘干、着火及稳定燃烧等技术控制。由于某些物质的温度分解特性和燃烧时间特性的不同，故在焚烧过程中需对温度范围和时间长短进行严格的调节和控制，以确保焚烧过程能达到预定目标。

危险废物混合物进入焚烧炉之后，一般先进行受热升温。当温度达到一定数值后，某些低沸点物质首先蒸发和汽化，然后水分蒸发汽化，蒸发汽化的有机物可能先着火燃烧，如酒精、醚类及其他石蜡类废物在85℃以下即会蒸发汽化，并极易着火燃烧。在此过程结束后，某些物质（有机物）继续升温开始出现热解和干馏，产生气体和油类物质，如塑料橡胶等，其中产生的气体一般均为可燃物质并极易着火，由此可以加速加热过程和促进焚烧更快进行。

在热解和干馏过程结束后，剩余的物质一般为碳化物，其燃烧过程要求温度高，时间长。该过程一般发热量较大，如果成分百分比较大时，其燃烧放出的热量足以保证焚烧过程进行。除碳以外，热解干馏结束之后进行燃烧的物质还有磷、硫等混合于碳化物中的可燃物。当碳化物燃烧结束后，全部危险废物的焚烧过程的第一阶段结束。对危险废物的焚烧过程而言，还需进行烟气高温燃烧，以确保其中少量的毒气和毒物的完全分解。通常采用的二次高温焚烧需要辅助燃料才能进行。

对大部分危险废物的焚烧过程而言，危险废物的预热、升温、干燥和热解、干馏和碳化燃烧都混合在一起同时进行，即同时有传热蒸发及火焰燃烧过程发生。除同时有放热、吸热之外，还有光、声以及复杂的气流，整个过程非常复杂。例如，流化床焚烧工况即属于非常复杂的焚烧工况，同时进行预热、升温干燥、热解干馏、炭化和燃烧各过程，流动传热和化学反应相互混合，同时进行。而机械移动炉排顺流式焚烧则较为简单，基本上按照上述简单的步骤进行焚烧。

由于焚烧过程的结果直接受化学反应过程特性、进风分配布置、废物的物理化学特性、焚烧温度和时间等众多因素的影响，因此一个良好的焚烧过程必须在设计中考虑到各种变化因素，运行过程中能进行调节和控制。

碳化物的燃烧一般为扩散燃烧，受接触面积、扩散特性和气氛条件影响很大，故该阶段焚烧一般需要进行翻滚、气流冲刷或机械扰动，或者升高反应温度和增加焚烧时间。

（2）液体危险废物焚烧过程

液体危险废物一般可以分为油性、水性或混合性物质。按其特性，一般需在焚烧前进行预热和蒸发，随后进行焚烧，对大部分液体危险废物而言，需要加入可燃油料或燃气进行助燃焚烧。在焚烧过程中，燃烧的进行与加热特性、蒸发接触面积、气氛以及催化剂有关，也与射流流场特性有关。据液体燃烧理论可知，危险液体废物也可以处理成细滴喷射或雾化边蒸发边燃烧，在合理配置氧化剂（空气）下可以得到良好的燃烧结果。当上述过程控制不合理时常常会出现黑烟、析碳、结焦等不良现象，也使焚烧过程不能彻底地进行。液体物质在燃烧过程中大部分会进行蒸发燃烧，会吸收大量潜热，对燃烧温度稳定影响很大，甚至可能出现因过度蒸发产生温度急剧下降造成“熄火”的现象。液体危险废物的另一种焚烧方式是使用燃料油将其“包裹”乳化，成雾状喷射焚烧，该方面已有不少学者进行过研发并有公开报道。

对液体危险废物焚烧过程的问题归纳为蒸发对温度的影响、焚烧中的均匀接触以及焚烧气氛和时间的控制，后者是该类物质焚烧过程较关键的问题。液体危险废物焚烧的一般过程可用图 8-5 表示。

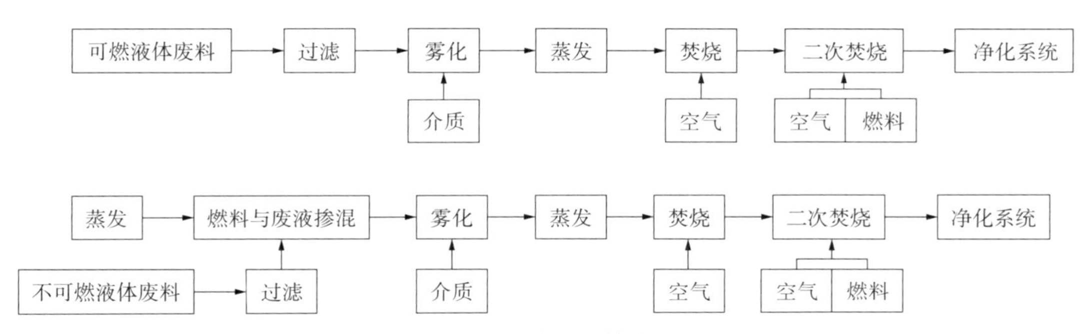

图 8-5　液体废物的焚烧原理

在液体危险废物中常常含有大量有严重危害的重金属离子及剧毒有机物，其在焚烧过程中常常会随飞灰排出甚至形成新的更毒的物质，因此在液体危险废物的焚烧过程中虽然表面上看焚烧过程进行得相当彻底，但其污染特性可能十分危险，因此需要认真对待，严格管理和控制。

（3）气体危险废物焚烧过程

与固体和液体危险废物相比，气体废物的焚烧处理要容易一些。但是，气体危险废物在焚烧过程中极易发生泄漏污染、中毒和爆炸，或者因为燃烧过程中的其他因素造成二次污染。常见的气体危险废物的燃烧方式如下：

1）掺混气体燃料的预混燃烧焚烧法。该方法是将危险气体废物与可燃气体进行适当比例的混合后再预混空气进行燃烧，可燃气体和空气的混合比例可以按照具体焚烧处理的要求来进行设计和调控。从理论上分析，这种方法的焚烧焚毁彻底、完善，后续污染物产生少，焚烧速度也比较快。

2）不掺混气体燃料的焚烧法。这种方法是可燃气体与危险气体废物不进行预混，可燃气体单独预混空气燃烧，危险气体废物则通过可燃气体的火焰卷吸或旋流，进入燃烧区被焚烧处理。其特点是危险气体和可燃气体的控制都比较安全和平稳。缺点是容易产生混合不均而引起燃烧焚毁不彻底，从而造成后续烟气中污染物总浓度指标的上升。

3）掺混液体燃料的混合燃烧处理法

该种方法的特点是将危险气体直接掺混到燃油中进行雾化燃烧焚毁。这种方法与燃油的雾化燃烧特性有关。优点是可以建立极高燃烧温度区域，进行某些高温有机毒物的有效焚烧分解。缺点是不能进行大规模的危险废气焚烧处理。

8.3.3.3 危险废物焚烧处理技术

危险废物焚烧可实现危险废物的减量化和无害化，并可回收利用其余热。焚烧处置适用于不宜回收利用其有害组分、具有一定热值的危险废物。易爆废物不宜进行焚烧处置。焚烧设施的建设、运营和污染控制管理应遵循《危险废物焚烧污染控制标准》及其他有关规定。

8.3.3.3.1 危险废物焚烧厂选址

焚烧厂选址时应综合考虑厂址适宜性以及公众接受性。确定适宜的候选厂址后，对其进行环境、技术、经济等方面的科学评估，在该过程中应考虑的因素主要有：①厂址的水文状况；②厂址的地质状况；③周围区域敏感生物的存在；④周围区域的都市情况；⑤社会经济因素；⑥土地可利用性、开发等费用；⑦环境大气质量条件、扩散特性及风向；⑧焚烧余热出路等。

8.3.3.3.2 危险废物的焚烧系统

危险废物的焚烧系统首要考虑的指标包括毒性分解指标、重金属去除指标、环境污染指标、安全管理指标，其次才考虑减容减量指标、热能回收指标、资源回收指标、热能利用指标、经济效益及其他热经济技术指标。针对不同危险废物及其处理要求，设计的焚烧炉及其运行管理应该有特殊的处理功能或专门的适应性。传统的焚烧处理系统一般可以划分为以下 7 个子系统。

（1）前处理系统

与普通垃圾焚烧系统的前处理工艺不同，危险废物的前处理系统不能采用敞开式、自然堆放式、人手接触式以及设备混用式工艺，而是在操作过程中以包装袋、包装箱或集装箱为基本单元，不打开不混合，并对包装体进行严格检查和防护，杜绝任何污染扩散的现象。

（2）焚烧系统

废物的焚烧在封闭的焚烧炉内进行，一个焚烧炉至少有两个或两个以上的焚烧室，通过多次焚烧实现有毒有害物质的分解和去除。焚烧炉的炉型有固定床式、机械移动炉排式、回转窑式、流化床式、热解焚烧式、熔渣式等。

（3）烟气净化系统

该系统的功能是尽可能多地去除焚烧烟气中的飞灰颗粒，分解、吸附或洗涤有毒有机气体，脱除烟气中的 H_2S、HCl、SO_2、SO_3 和 NO_x 等气体，实现烟气中污染物达到标准排放指标的目的。而对于二噁英类剧毒物质，可在焚烧前尽量去除可以生成二噁英的物质，或对烟气增加辅助燃烧或高温强辐射，充分分解残余的这类物质，以及在净化系统中采用吸附脱除手段，以降低该类物质的排放。此外，在危险废物焚烧处理烟气中，常混杂有一些低沸点的重金属物质，如汞、铅、砷等，它们通过一般的除尘和脱除有毒有害气体过程难以去除，需要经过吸附或洗涤进行专门脱除。

（4）热能回收利用系统

焚烧过程中可产生大量热量，所以焚烧烟气温度很高，在 850℃左右，而烟气净化系统允许温度在 250℃左右。故在条件允许时，有必要进行热能的回收利用，如通过热水热能利用、蒸汽热能回收、预热空气热能利用、废热蒸汽发电等。

（5）废水处理系统

危险废物焚烧处理过程中，大多数净化工艺需要用大量的水溶液进行洗涤、脱除或降温，因此又产生大量含重金属、含有毒有害有机物、含病毒源的严重危害性废水，以及含灰尘颗粒和常规污染的一般危害性废水。而在实际焚烧系统中，通常体现为多种废水的混合废水。

（6）灰渣处理系统

灰渣是从焚烧炉的炉排下和烟气除尘器、余热锅炉等收集下来的排出物，主要是不可燃的无机物以及部分未燃尽的可燃有机物，其主要成分是金属或非金属氧化物。灰渣中常含有的重金属成分以及吸附的有毒有机物，也属于危险废物的一种，不能直接排放或填埋，需先对其进行稳定化处理。固化 / 稳定化技术是处理重金属废物和其他非金属危险废物的重要手段，可以减小废物的毒性和可迁移性，同时改善被处理对象的性质。

（7）控制系统

危险废物焚烧系统及其配套设备的安全可靠运行必须依靠控制系统实现，危险废物焚烧处置的控制系统主要包括：进料、进风、排烟检测和调节，焚烧温度、排烟温度检测和调节，进水、蒸汽温度控制，压力、流量检测和调节，烟气排放污染检测和调节，安全保护控制。

8.3.3.3.3 危险废物焚烧工艺

（1）选择焚烧炉

在危险废物焚烧工艺中，焚烧炉是最为重要的设备，焚烧炉将直接影响废物处理效果。根据焚烧炉的结构，可以分为4种炉型，即液体喷射炉、流化床焚烧、固定床和回转窑，目前回转窑使用最多，且应用范围广。

回转窑属于多功能废物焚烧装置，采取热解和焚烧两种方法，不仅能焚烧各种固体废物、有毒有害废物、污泥，还能对各种液体废物进行有效的处理。总而言之，回转窑具有运行费用相对较低、设备运行稳定、进料方式灵活、可处理物料种类多等明显优势，在危险废物焚烧系统中得到广泛应用。

回转窑主体是一个可旋转的水平圆柱壳，由钢板制成，内衬为耐火材料。固体废物和半固体废物以一定的倾角进入窑头，并随着筒体的转动缓慢地向窑尾移动。运行时通过炉体整体转动，使物料和燃烧空气充分接触，完成干燥、燃烧、燃尽等过程，在另一端将燃烧灰烬排出炉外。为达到危险废物完全焚烧，回转窑后端一般设置一个圆形的二次燃烧室，以确保废物燃烧完全。

（2）回转窑焚烧工艺

焚烧工艺系统一般包括4个重要组成部分，分别是预处理、进料系统、回转窑、二燃室等，其中回转窑的作用最大。

1）预处理主要是因为危险废物具有不同的形态、不同的成分，且差异较大，所以为了保证有效的焚烧，需要对废物进行预处理，确保整个焚烧系统平稳运转、稳定进料以及燃烧尾气的达标排放。

2）进料系统的设计需要根据物料类型，设计出对应的进料方式。例如，不易分装和大块的废物，基本上都对其进行简单的处理，然后再由大多采用抓吊上料的方式；散装固体废物需要先确认其基本的特性，然后储存在废弃储坑内，最后通过液压活塞推送到回转窑内；而废液直接通过雾化系统和废液雾化泵喷入回转窑内进行焚烧处理。

3）回转窑是焚烧系统中最重要的环节，也是焚烧的主体，通过进料机构把危险废物运送到回转窑体内，然后再进行高温焚烧，通过高温焚烧可把危险废物变成灰渣和高温烟气，所以回转窑本体的设计将直接影响到危险废物处理处置效果。

在回转窑本体设计时，一般情况下都是将焚烧时间设定在0.5～2 h，焚烧温度设定在850～1 100℃，炉体转速设定在0.2～20 r/min。另外将回转窑本体设置具有2°的倾斜度，目的是保证物料向下运送的顺利进行。在焚烧前还需要根据即将焚烧物料的特性，适当调整窑内耐火材料的砌筑方法和材料，确保回转窑本体能够满足耐久性的需求，促使回转窑本体能够长时间稳定、安全运行。

4）二燃室是整个焚烧系统中最尾端的焚烧处理处置环节，由回转窑燃烧时产生的灰渣和高温烟气通过窑尾进入二燃室，从二燃室的布置位置和处理方法可以看出，其主要功能就是将一些未全部燃尽的有害物质进行最后一步的彻底分解销毁，从而实现废物焚烧处理的目标，确保焚烧效果有效。根据国家对废物处理相关规定，二燃室焚烧温度一定要达到 1 100℃以上，且烟气在二燃室停留时间必须在 2 s 以上，这样才能对多氯化合物和有害的臭气进行彻底的处理，同时也能防止二噁英出现。根据对化工危险废物焚烧效果可以看出，二燃室能够使有毒物质处理效率高达 99.99% 以上，可见二燃室的重要性[11]。

医疗危险废物焚烧处置工程实例

8.3.4　危险废物安全填埋处置

安全填埋是危险废物的最终处置方式，适用于不能回收利用其组分和能量的危险废物，包括焚烧过程的残渣和飞灰等。

安全填埋场是处置危险废物的一种陆地处置方法，由若干个处置单元和构筑物组成。处置场有界限规定，主要包括废物预处理设施、废物填埋设施和渗滤液收集处理设施。它可将危险废物和渗滤液与环境隔离，将废物安全保存相当一段时间（数十年甚至上百年）。填埋场必须有足够大的可使用容积，以保证填埋场建成后具有 10 年或更长的使用期。全封闭型危险废物安全填埋场剖面图见图 8-6。

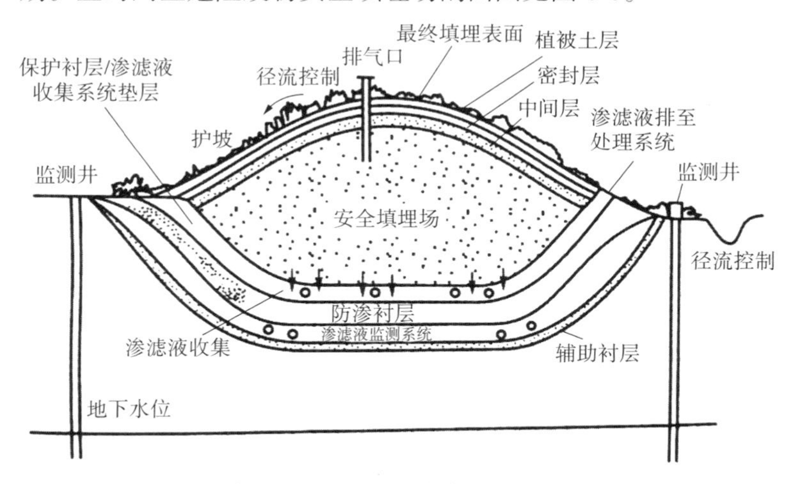

图 8-6　全封闭型危险废物安全填埋场剖面图

安全填埋场仿真

8.3.4.1　安全填埋场的基本要求

（1）选址要求

一个填埋场实质上是一个巨大的危险废物贮存器，除少数可以降解的有机物外，所填埋的固体废物将长期存在于填埋场中。可降解有机物在微生物的作用下进行生物降解，释放出填埋气，产生大量含重金属和有机物的渗滤液。若产生的气体含有甲烷，当在空气中的浓度达到5%～15%时，极易发生爆炸；渗滤液也有可能污染厂址附近的地表水和地下水。由《危险废物填埋污染控制标准》（GB 18598—2001）可知安全填埋场的选址原则如下：

1）场址的选择应符合国家及地方城乡建设总体规划要求，场址应处于一个相对稳定的区域，不会因自然或人为的因素而受到破坏。

2）场址的选择应进行环境影响评价，并经环境保护行政主管部门批准。

3）场址不应选在城市工农业发展规划区、农业保护区、自然保护区、风景名胜区、文物（考古）保护区、生活饮用水水源保护区、供水远景规划区、矿产资源储备区和其他需要特别保护的区域内。

4）距飞机场、军事基地的距离应在3 000 m以上。

5）场界应位于居民区800 m以外，并保证在当地气象条件下对附近居民区大气环境不产生影响。

6）场址必须位于百年一遇的洪水标高线以上，并在长远规划中的水库等人工蓄水设施淹没区和保护区以外。

7）场址距地表水域的距离不应小于150 m。

8）场址的地质条件应符合下列要求：

①能充分满足填埋场基础层的要求；

②现场或其附近有充足的黏土资源以满足构筑防渗层的需要；

③位于地下水饮用水水源地主要补给区范围以外，且下游无集中供水井；

④地下水位应在不透水层3 m以下，否则，必须提高防渗设计标准并进行环境影响评价，取得主管部门同意；

⑤天然地层岩性相对均匀、渗透率低；

⑥地质结构相对简单、稳定，没有断层。

9）场址选择应避开下列区域：破坏性地震及活动构造区；海啸及涌浪影响区；湿地和低洼汇水处；地应力高度集中，地面抬升或沉降速率快的地区；石灰溶洞发育带；废弃矿区或塌陷区；崩塌、岩堆、滑坡区；山洪、泥石流地区；活动沙丘区；尚未稳定的冲积扇及冲沟地区；高压缩性淤泥、泥炭及软土区以及其他可能危及填埋场安全的区域。

10）场址必须有足够大的可使用面积以保证填埋场建成后具有10年或更长的使用期，在使用期内能充分接纳所产生的危险废物。

11）场址应选在交通方便、运输距离较短，建造和运行费用低，能保证填埋场正常运行的地区。

（2）危险废物入场要求

1）可直接入场填埋的废物。

①根据《固体废物浸出毒性浸出方法》（GB 5086—1997）和《固体废物浸出毒性测定方法》（GB/T 15555.1—1995 ~ GB/T 15555.12—1995）测得的废物浸出液中有害成分浓度低于表 8-2 中稳定化控制限值的废物。

表 8-2　危险废物允许进入填埋区的控制限值　　单位：mg/L

序号	项目	稳定化控制限值
1	有机汞	0.001
2	汞及其化合物（以总汞计）	0.25
3	铅（以总铅计）	5
4	镉（以总镉计）	0.5
5	总铬	12
6	六价铬	2.5
7	铜及其化合物（以总铜计）	75
8	锌及其化合物（以总锌计）	75
9	铍及其化合物（以总铍计）	0.2
10	钡及其化合物（以总钡计）	150
11	镍及其化合物（以总镍计）	15
12	砷及其化合物（以总砷计）	2.5
13	无机氟化物（不包括氟化钙）	100
14	氰化物（以 CN 计）	5

②根据《固体废物浸出毒性浸出方法》（GB 5086—1997）和《固体废物浸出毒性测定方法》（GB/T 15555.1—1995 ~ GB/T 15555.12—1995）测得的废物浸出液 pH 在 7.0 ~ 12.0 的废物。

2）需经预处理后方能入场填埋的废物。

①根据《固体废物浸出毒性浸出方法》（GB 5086—1997）和《固体废物浸出毒性测定方法》（GB/T 15555.1—1995 ~ GB/T 15555.12—1995）测得废物浸出液中任何一种有害成分浓度超过表 8-2 中稳定化控制限值的废物。

②根据《固体废物浸出毒性浸出方法》（GB 5086—1997）和《固体废物浸出毒性测定方法》（GB/T 15555.1—1995 ~ GB/T 15555.12—1995）测得的废物浸出液 pH 小于 7.0 和大于 12.0 的废物。

③本身具有反应性、易燃性的废物。

④含水率高于 85% 的废物。

⑤液体废物。

（3）填埋场污染控制要求

严禁将集排水系统收集的渗滤液直接排放，必须对其进行处理并达到《污水综合排放标准》（GB 8978—1996）中第一类污染物最高允许排放浓度的要求及第二类污染物最高允许排放浓度的要求后方可排放。渗滤液第二类污染物排放控制项目常有 pH、悬浮物、五日生化需氧量、化学需氧量、氨氮、磷酸盐（以 P 计），并且必须防止渗滤液对地下水造成污染，对于填埋场地下水污染评价指标及其限值按照《地下水质量标准》（GB/T 14848—2007）执行。

地下水监测因子应根据填埋废物特性由当地生态环境行政主管部门确定，必须是具有代表性、能表示废物特性的参数。常规测定项目为浊度、pH、可溶性固体、氯化物、硝酸盐（以 N 计）、亚硝酸盐（以 N 计）、氨氮、大肠杆菌总数。

填埋场排出的气体应按照《大气污染物综合排放标准》（GB 16297—1996）中无组织排放的规定执行，监测因子应根据填埋废物特性由当地生态环境行政主管部门确定，必须是具有代表性、能表示废物特性的参数。在作业期间，噪声控制应按照《工业企业厂界环境噪声排放标准》（GB 12348—2008）的规定执行。

（4）封场

危险废物安全填埋场的终场覆盖与封场的目的主要是：防止雨水大量下渗而加大渗滤液处理的量、处理难度和投入；避免有害气体和臭气直接释放到空气中；避免有害固体废物直接与人体接触；阻止和减少蚊蝇的滋生；封场覆土上栽种植被，进行复垦或作其他用途。

到了服务年限截止时，危险废物填埋场需要按相关规定进行封场。封场覆盖系统由上至下依次为表层（植被层）、生物阻挡层、表面水收集排放层、表面复合衬层、气体控制层。

植物层：提供植物的生长点并保护根系不破坏下层。

生物阻挡层：防治在植被层生长的植物根系和挖洞植物破坏下层，保护防渗层免受干燥、冻结、收缩等破坏，防止表面水收集排放层堵塞，起到保护整体覆盖系统、维持稳定的作用。

表面水收集排放层：将入渗到终场覆盖系统中的地表水排出，减小入渗水对下面表面复合衬层的压力，起到导气防渗的作用。

表面复合衬层：既起到防止入渗水进入填埋危险废物中，又有着防止填埋气体溢出的作用。

气体控制层：控制填埋气体排放，并将其导入收集系统。

8.3.4.2　安全填埋场系统组成

危险废物安全填埋场主要包括接收与贮存系统、分析与鉴别系统、预处理系统、防渗系统、渗滤液控制系统、监测系统、应急系统等。

（1）危险废物接收与贮存系统

危险废物接收应认真执行危险废物转移联单制度。在现场交接时，要认真核对危险废物的名称、来源、数量、种类、标识等，确认与危险废物转移联单是否相符，并对接收的废物及时登记。废物接收区应放置放射性废物快速检测报警系统，避免放射性废物入场。设初检室，对废物进行物理化学分类。填埋场计量设施宜置于填埋场入口附近，以满足运输废物计量要求。

危险废物贮存设施是指按规定设计、建造或改建的用于专门存放危险废物的设施。其建设应符合《危险废物贮存污染控制标准》（GB 18597—2001）的要求。并应在贮存设施内分区设置，将已经过检测和未经过检测的废物分区存放，其中经过检测的废物应按物理、化学性质分区存放，而不相容危险废物应分区并相互远离存放。盛装危险废物的容器应当符合标准，完好无损，其材质和衬里要与危险废物相容，且容器及其材质要满足相应的强度要求。装载液体、半固体危险废物的容器内要留足够空间，容器顶部与液体表面之间保留 100 mm 以上的距离。无法装入常用容器的危险废物可用防漏胶袋等盛装。另外，填埋场应设包装容器专用的清洗设施，单独设置剧毒危险废物贮存设施及酸、碱、表面处理废液等废物的贮罐，并且各贮存设施应有抗震、消防、防盗、换气、空气净化等措施，并配备相应的应急安全设备。

（2）分析与鉴别系统

填埋场必须自设分析实验室，对入场的危险废物进行分析和鉴别。填埋场自设的分析实验室按有毒化学品分析实验室的建设标准建设，分析项目应满足填埋场运行要求，至少应具备 Cr、Zn、Hg、Cu、Pb、Ni 等重金属及氰化物等项目的检测能力，并且具有进行废物间相容性实验的能力。除了配备主要设备和仪器，还需配备快速定性或半定量的分析手段。超出自设分析实验室检测能力以外的分析项目，可采用社会化协作方式解决。另外，还应建立危险废物数据库对有关数据进行系统管理。

（3）预处理系统

填埋场应设预处理站，预处理站包括废物临时堆放、分拣破碎、减容减量处理和稳定化养护等设施。对不能直接入场填埋的危险废物必须在填埋前进行固化 / 稳定化处理。焚烧飞灰可采用重金属稳定剂或水泥进行固化 / 稳定化处理；金属类废物在确定重金属的种类后，采用硫代硫酸钠、硫化钠或重金属稳定剂行稳定化处理，并酌情加入一定比例的水泥进行固化；酸碱污泥可采用中和方法进行稳定化处理；含氰污泥可采用稳定化剂或氧化剂进行稳定化处理；散落的石棉废物可采用水泥进行固化；大量的有包装的石棉废物可采用聚合物包裹的方法进行处理。

（4）防渗系统

填埋场防渗系统是填埋场必不可少的设施，包括衬层材料、衬层设计和相配套的系统。它能将填埋场内外隔绝，防止渗滤液渗漏进入土壤和地下水，阻止外界水进入废物填埋层而增大渗滤液的产生量，是实现危险废物与环境隔离的必要部分。

填埋场所选用的材料应与所接触的废物相容，并考虑其抗腐蚀特性。填埋场天然基础层的饱和渗透系数不应大于 1.0×10^{-5} cm/s，且其厚度不应小于 2 m。应根据天然基础层的地质情况分别采用天然材料衬层、复合衬层或双人工衬层作为其防渗层。一般选择双衬层系统就能满足防渗要求。第二衬层是由合成膜与黏土层构成的复合衬层。这种双衬层系统的上衬层之上应设有渗滤液收集系统，两个衬层之间应设有第二渗滤液收集 / 泄漏监测系统。衬层之下的地基或基础必须能够为衬层提供足够的承载力，使衬层在沉降、受压或上扬的情况下能够抵抗其上下的压力梯度而不发生破坏。另外，衬层材料的稳定性对填埋是极为重要的。衬层材料可以采用黏土和人工合成材料填充。

（5）渗滤液控制系统

渗滤液控制系统具有与防渗衬层系统同等的重要性，包括渗滤液集排水系统、地下水集排水系统和雨水集排水系统等。各个系统在设计时采用的暴雨强度重现期不得低于 50 年，管网坡度不应小于 2%，填埋场底部都应以不小于 2% 的坡度坡向集排水管道。

渗滤液集排水系统是渗滤液控制系统的主要组成部分。此系统的主要作用是排除产生的渗滤液以减小渗滤液对衬层的压力。根据其所处衬层系统的位置分为初级集排水系统、次级集排水系统和排出水系统。初级集排水系统位于上衬层表面、废物下面，它收集全部渗滤液，并将其排出；次级集排水系统位于上衬层和下衬层之间，它的作用包括收集和排除初级衬层的渗漏液，还包括监测初级衬层的运行状况，以作为初级衬层渗漏的应急对策；排出水系统主要包括集水井（槽）、泵、阀、排水管道和带孔的竖井。其中集水井的作用是收集来自集水管道的渗滤液；带孔竖井的作用是用于集排水管道的日常维护操作。

地下水集排水系统是为防止由于衬层破裂而导致地下水涌入填埋场，使所需处理渗滤液量增加，从而给渗滤液集排水系统造成巨大的压力；同时也防止渗滤液渗漏进入地下水，从而造成地下水污染。另外，它还具有一定的衬层渗漏监测的功能。但由于维护和清洗管道的次数频繁，所以应尽可能避免安装地下水排水系统，在选址时应尽可能选择地下水位低的地方，以减少地下水污染的风险。

雨水集排水系统就是收集、排出汇水区内可能流向填埋区的雨水、上游雨水以及未填埋区域内未与废物接触的雨水，以减轻渗滤液处理设施的负荷。此系统包括场地周围雨水的集排水沟、上游雨水的排水沟和未填埋场区的集排水管沟。

渗滤液处理系统属于填埋场必须自设的系统，以便处理集排水系统排出的渗滤液，严禁将其送至其他污水处理厂处理。渗滤液的处理方法和工艺取决于其产生量数量和基本理化特性。一般来说，对新近形成的渗滤液，最好的处理方法是好氧和厌氧生物处理方法；对于已稳定的填埋场产生的渗滤液，最好的处理方法为物理 - 化学处理法；此外，还可选择回灌法、土地法、超滤方式、渗滤液再循环、渗滤液蒸发等方法处理渗滤液。

（6）监测系统

填埋场应设置监测系统，以满足运行期和封场期对渗滤液、地下水、地表水和大气等的监测要求，以反馈填埋场设计和运行中的问题，并可以根据监测数据来判断填埋场是否按设计要求正常运行，是否需要修正设计和运行参数，以确保填埋场符合所有管理标准。

1）接纳废物分析。填埋场对所接纳的废物应进行检查和分析，以保证执行废物处置许可证的要求，保障作业人员的健康和安全，证实所选用的处置方法是否适用。一般对所接纳的废物应按规定进行监测和取样，分析项目有废物来源、数量、物理性质、化学成分和生物毒性等。为防止废物之间发生化学反应，以免发生火灾和爆炸、产生有毒或易燃气体、重金属再溶解等现象，必须采取一定的具体措施：对所接纳废物进行现场分析；不相容的废物必须分开处置；严格监测废物的排放等。另外，还必须对负荷量进行监测和控制。对于接收限定范围的难处置废物（如尘状废物、废石棉、恶臭性废物和桶装废物等），要在进行外观、气味、pH、可燃性、爆炸性和相对密度等测试后，经预处理后方能入场填埋。

2）渗滤液监测。渗滤液监测主要是测定填埋场渗滤液的初始水质和经污水处理设施处理后的排放水质，目的在于掌握渗滤液水质与填埋年份的关系，以及检查污水处理设施的处理效果和排放水质是否符合排放要求。主要是利用填埋场的每个集水井进行水位和水质监测，采样频率应根据填埋物特性、覆盖层和降水等条件确定，以充分反映填埋场渗滤液变化情况。渗滤液水质和水位监测频率至少为每月一次。

3）地下水监测。危险废物安全填埋场的渗滤液渗漏会对地下水造成巨大的危害。因此，对地下水进行监测是十分必要的。

通常地下水监测系统由三种监测井组成：①本底监测井，该监测井抽取的水样要代表该地区不受填埋场运营操作影响的地下水的背景值，并以此作为确定有害物质是否从场地渗漏并影响地下水的基准。本底监测井要安置在填埋场以外的地下水上游。②污染监视井，在填埋场内沿着静水头降低的方向，至少要设置三个污染监测井。③污染扩散井，一般设在水力梯度较大的地区，用于监测污染扩散的状况。

地下水监测井布设应满足以下基本要求：①在填埋场上游应设置一眼本底监测井，以取得背景水源数值。在下游至少设置三眼井，组成三维监测点，以适应下游地下水的羽流几何型流向。②监测井应设置在填埋场的实际最近距离上，且位于地下水上下游相同水力坡度上。③监测井深度应保证足以采取具有代表性的样品。一般在填埋场运行的第一年，应每月至少取样一次；在正常情况下，取样频率为每季度至少一次。当发现地下水水质出现变坏现象时，应加大取样频率，并根据实际情况增加监测项目，查出原因以便进行补救。

4）大气监测。填埋场的气体监测包括填埋场场区大气监测和填体内的气体浓度，目的是检验大气中是否存在有毒有害的气体污染物，以防止对填埋场工作人员和周围居民的健康造成不利影响。其采样布点及采样方法应按照《大气污染物综合排放标准》（GB 16297—1996）规定执行，场区内、场区上风向、场区下风向、集水池导气井应各设一个采样点。污染源下风方向应为主要监测范围。超标地区、人口密度大和距离工业区近的地区应加大采样点密度。监测项目应根据填埋危险废物的主要有害成分及稳定化处理结果来确定，填埋场运行期间，每月取样一次，如出现异常，取样频率应适当增加。检测指标主要有甲烷浓度、气压和静止压力等。

5）其他监测。地表水监测：由于危险废物填埋场中的地表水排放方式不同，地表水的取样和监测方法也不同。连续式排放的监测可采用流量堰和自动取样器，非连续排放可用混合水样进行测定。地表水应从排洪沟和雨水管取样后与地下水同时监测，监测项目应与地下水相同：每年丰水期、平水期、枯水期各监测一次。

土壤监测：主要是对土壤的 pH 和可能进入食物链的有毒成分的浓度进行监测。

植被监测：主要是针对进入食物链的植物而言，监测内容主要是考察重金属和其他有害物质是否已在植物体内或体表富集。

最终覆盖层稳定性监测：针对最终覆盖层坡度较大的填埋场，以防过度的沉降导致合成膜的剪切断裂。

填埋场环境卫生监测：主要是针对填埋场场区周围的臭味、蝇、蛹指数，招引飞禽的种类和数量，以及对啮齿类动物滋生数进行监测。具体监测方法、监测指标参考相应的标准。

（7）应急系统

填埋场应设置事故报警装置和紧急情况下的气体、液体快速检测设备；设置渗滤液渗漏应急池等应急预留场所，还应设置危险废物泄漏处置设备；设置全身防护、呼吸道防护等安全防护装备，并配备常见的救护急用物品和中毒急救药品等。

8.3.5 水泥窑协同处置危险废物

随着工业的发展，工业生产过程排放的危险废物日益增多，安全填埋法和污泥焚烧法等都存在诸多问题，寻找更合理更彻底、更节能、更环保的处置方法势在必行。固态危险废物直接用于水泥熟料生产配料的方法简单、节能、环保，是目前固态危险废物的最经济、最彻底的处理方法。水泥窑协同处置危险废物是指将满足或经预处理后满足入窑要求的危险废物投入水泥窑或水泥磨，在进行熟料或水泥生产的同时，实现对危险废物的无害化处置的过程。由于固态危险废物中含有热量和水泥熟料生产所需要的成分，可以将废弃物经过预处理系统筛选分为三类，第一类不含挥发性有害物的固体废物与无机固体废物可直接与水泥原料一起投入水泥原料粉磨中进行加工；第二类液体废物和高热值粉状固体废物需送入回转窑中进行充分燃烧；第三类含挥发性有害物的固体废物和可燃固体废物等组分送入分解炉和回转窑中，通过高温焚烧及水泥熟料矿物化高温烧结过程实现固体废物毒害特性分解、降解、消除、惰性化、稳定化，从而达到彻底处置固态危险废物的作用。其工艺流程如图 8-7 所示。

水泥窑处置仿真

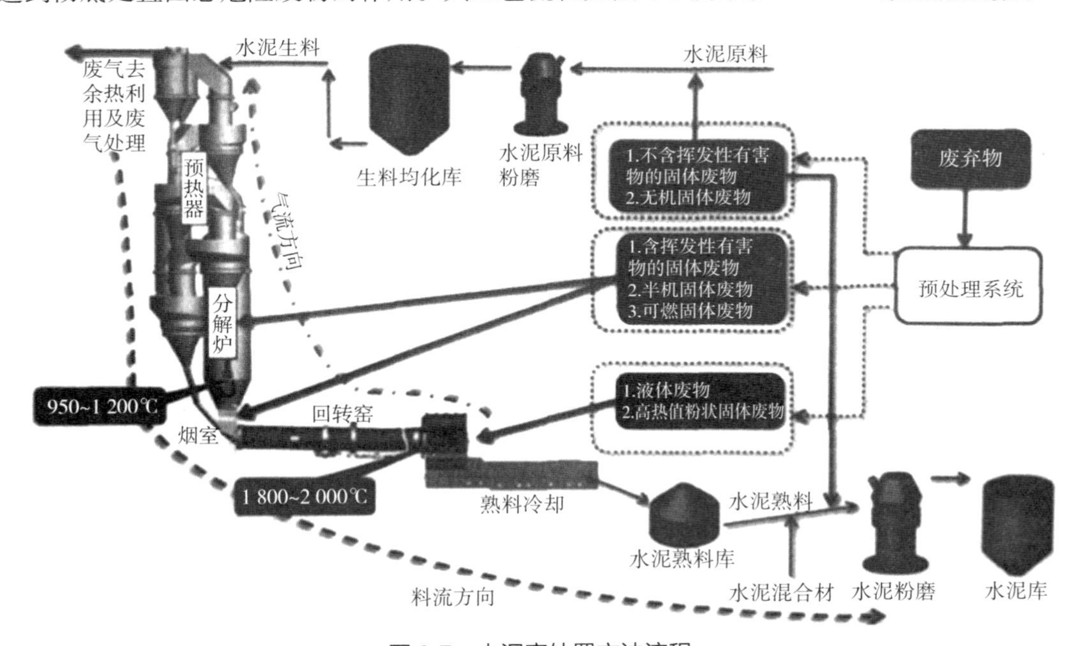

图 8-7 水泥窑处置方法流程

用机械脱水方法或化学脱水方法去除危险废物中的水分，达到含水 40% 左右的干污泥，可以直接用于水泥熟料的生产配料。固态危险废物具有较高的烧失量，其化学成分与石灰石或黏土质原料相近，能部分替代石灰石和黏土用于配料，也部分降低了水泥工业对资源的消耗。

欧盟、美国、日本等发达国家（地区）利用水泥窑协同处置固体废物的历史已超过 30 年，技术成熟。我国水泥窑协同处置固体废物起步相对较晚，自 2015 年起政府开始大力扶持水泥窑协同处置固体废物，2017 年 5 月发布的《水泥窑协同处置危险废物经营许可证审查指南》规范了水泥窑协同处置许可证的审批，推动了协同处置的发展。

经过实践应用和研究，水泥窑协同处置危险废物，较之专业焚烧炉废物焚烧技术，具有以下优势：

（1）无害化处置效果好

水泥窑协同处置危险废物过程中，废物停留时间长，焚烧充分，不会对水泥窑的氮氧化物的生成产生影响，与废物专用焚烧炉相比减少了氮氧化物的排放。负压状态下运转，烟气和粉尘不会外溢，从根本上防止了处理过程中的再污染。新型水泥窑内呈碱性气氛，协同处理废物的过程有吸硫、吸氯作用，SO_2、HCl 等酸性气体以及二噁英也得到了有效的抑制，因此能改善和降低污染物综合排放量。

（2）资源化利用程度高

经过协同处置，危险废物无机分成为水泥生产的原料，从而实现了危险废物的回收和再利用。水泥的生产与废弃物协同处理，在很大程度上节省了处理成本，根据实际调查，发现协同处置危险废物的资金投资约为建设专业焚烧炉的 1/3，无论是运营成本还是建设成本都大大低于专业焚烧炉，因此在成本消耗方面具备较大的优势。

（3）焚烧效率高

水泥窑焚烧空间大，适用范围广，能够实现大量、多种类危险废物的处理。此外，可以维持均匀、稳定的焚烧气氛。在高温焚烧条件下，危险废物中的有机物能够彻底被分解，重金属也会被固熔，不存在传统焚烧处置工艺中焚烧灰渣的二次处理问题，显著提升了焚烧效率。

在我国，水泥窑协同处置危险废物已有应用，以苏州东吴水泥有限公司为例，该公司利用水泥熟料生产线协同处置生活垃圾焚烧飞灰。主要设施包括固体废物接受储存、预处理、计量输送、入窑焚烧系统等，整个系统设备安全可靠，标准化设计。飞灰类废物经专用运输车运入厂区，泵入专用飞灰料仓内，在料仓顶部采用收尘装置，保证在出风口不产生粉尘外泄。飞灰被仓底安装的高压输送泵输送至窑头高温段中。在输送管道的末端连接了用于投料专用的喷枪，其主体部分为 DN350 mm 的钢管，管外设有分散和冷却空气环形通道以及空气分布装置。物料依靠泵送余压进入喷枪内，于靠近出口处 6 kg 左右压缩空气的分散作用下被打散进入焚烧系统，直接在 1 200℃高温下被焚烧处置，如图 8-8 所示。由于喷枪在高温下工作，因此需要连续通入空气冷却。用于调节及分布空气的阀门及安全装置集中设计在专用阀架上，布置在喷枪附近。喷枪靠泵送余压及压缩空气输送及分散物料，无须电力。要求飞灰类废弃物达到含水率 5% 以下方可正常运行。

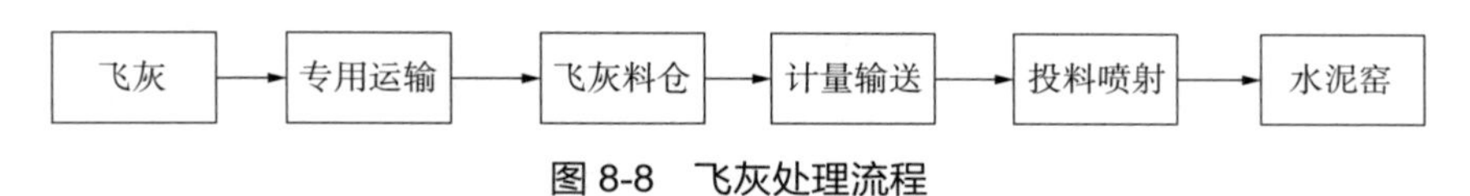

图 8-8　飞灰处理流程

水泥窑协同处置方式虽然优势明显，但受限制条件也比较突出：①受国家宏观规划和产业政策影响，协同处置项目的选址和审批受到一定限制；②为确保水泥品质和安全生产，允许入窑的危险废物中重金属、氟、氯、硫等元素含量必须严格控制，因此一定程度上限制了协同处置的废物类别；③我国水泥窑协同处置还没形成规模体系，缺乏实践经验、专业人才，且国家技术规范和法律法规还需进一步完善[12]。

思考题

1. 什么是危险废物？有哪些危险特性？
2. 简述并举例说明我国危险废物管理制度（不少于三项）。
3. 传统的焚烧处理系统包括哪些子系统？
4. 安全填埋场由哪些系统组成？

参考文献

[1] 诸美红．家庭源危险废物强制回收制度研究［D］．上海：华东政法大学，2018.
[2] 袁向华．天津市危险废物的现状及管理研究［J］．四川环境，2013，32（2）：64-66.
[3] 温迪雅，付凌波，李薇，等．废旧电池的管理及处置研究［J］．环境科学与管理，2015，40（12）：37-41.
[4] 孟大为，马帅雨，张志勇．废旧电池处理现状及对策分析［J］．电池工业，2018，22（4）：219-223.
[5] 方平平．对医疗废物处理现状及问题的探讨［J］．节能，2019，38（8）：155-156.
[6] 马永鹏，黄子石，徐斌，等．我国电子废弃物管理与回收处理分析［J］．湖南有色金属，2019，35（5）：61-65.
[7] 胡斌．我国医疗废物管理法律制度研究［D］．贵阳：贵州大学，2019.
[8] 高波，刘淑玲，王敏，等．危险废物水泥固化工艺的工程设计与探讨［J］．环境工程，2010，28（3）：95-98.
[9] 王琦，王起，闵海华．我国危险废物固化处理技术的探讨［J］．环境卫生工程，2007（5）：57-59.
[10] 张超，申巧蕊．危险废物焚烧处置技术［J］．中国环保产业，2018（9）：60-63.
[11] 孙启华．化工危险废物焚烧及烟气处理的工艺［J］．化工管理，2019（20）：185-186.
[12] 章鹏飞，李敏，吴明，等．我国危险废物处置技术浅析［J］．能源与环境，2019（4）：22-24.

第 9 章　生活垃圾分类回收的园区化

9.1　概述

9.1.1　静脉产业

生活垃圾分类的目的之一是资源化利用，园区化是实现高效集约利用的根本途径，在过去 20 多年中，园区化主要包括静脉产业区、生态工业园、城市矿产示范基地和循环经济产业园等。

园区化属于静脉产业的范畴。静脉产业（venous industry）概念诞生于日本。20 世纪 80 年代日本出台了一系列法律法规，基本控制了工业生产造成的污染和部分生活污染，但后工业化时代或消费型社会结构还是产生了法律法规难以良好控制的大量废弃物，这逐渐成为影响日本环境和社会可持续发展的重要问题。为了更好地解决资源浪费、环境污染和垃圾末端治理设施带来的更为严重的污染，日本学者吉野敏在《资源型社会的经济学》一书中首次提出了“静脉产业”的概念，指出“在循环经济体系中，根据物质流向的不同，可以分为两个不同的过程，即从原料开采到生产、流通、消费的过程和从生产或消费后的废弃物排放到废弃物的收集运输、分解分类、资源化或最终处置的过程”，从此静脉产业开始进入研究阶段。

2006 年 6 月，国家环保总局颁布了《静脉产业类生态工业园区标准（试行）》（HJ/T 275—2006），明确了静脉产业的定义：静脉产业（资源再利用产业）是以保障环境安全为前提，以节约资源、保护环境为目的，运用先进的技术，将生产和消费过程中产生的废物转化为可重新利用的资源和产品，实现各类废物的再利用和资源化的产业，包括废物转化为再生资源及将再生资源加工为产品的两个过程。

静脉产业是在循环经济的实践模式下发展起来的。循环经济理论的核心是物质和能源的梯次、闭环流动，一切经济活动必须保证物质和能量的“减量化”“再利用”“再循环”，物质和能量得到最优的配置和使用，使经济活动对生态环境的影响降到最低。循环经济是一种生态经济，它颠覆了传统“资源—产品—废弃物”的线性增长模式，变革为“资源—产品—再生资源”的闭环式经济增长模式（图 9-1），以“低消耗、低排放、高效率”为基本特征，缓解了经济增长和资源紧缺、环境污染之间的矛盾，使社会经济得到良好的发展，为静脉产业的发展提供了理论和物质基础。

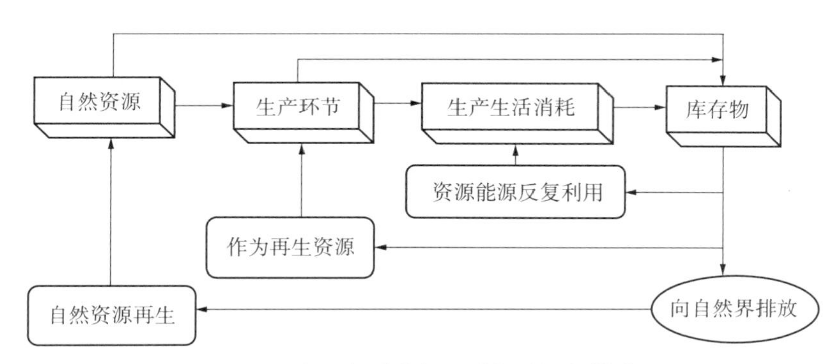

图 9-1　循环经济的闭环式经济运行模式

静脉产业的核心是将废弃物转变为可重新利用的资源或将再生资源转变为产品，与之相对应，人们将开发利用自然资源并生产、流通、消费的产业称为动脉产业。传统产业在高强度开采和消耗自然资源、获得较高经济增长率的同时，造成了大量资源能源的浪费和严重的环境污染，极大地制约了经济社会的可持续发展；而静脉产业则以实现物质和能量循环流动、减少环境资源消耗为主，从根本上解决了经济发展与环境保护之间的矛盾，是实现循环经济的有效手段。可以这样形容静脉产业：循环经济就好比是人体的血液循环，传统产业是这个血液循环中的动脉，把新鲜的血液从心脏运送到机体各部血管；而静脉产业则起到了静脉的功能，把血液从身体各部运送回心脏，构建了资源环境和经济发展的良性循环。静脉产业的指导原则是减量化、再利用和再循环（即“3R”）。

从物质流系统来看，循环经济是由“静脉产业”和“动脉产业”组成的一个完整的物质流体系，静脉产业是实现物质再资源化、再利用的主体，循环经济系统离开了静脉产业将无法实现物质和能量的循环。因此，循环经济是静脉产业发展的理论基础，同时静脉产业是循环经济增长模式顺利运行的重要组成部分。

静脉产业是各类废弃物资再生处理企业的集合，具有产业的一般属性，即以向社会所提供产品和服务从而获得一定的收益，但作为新型所谓产业，静脉产业有自己的属性和特征：

1）静脉产业的形成取决于再生资源链的多寡。一定时空内企业能够获得相当数量的废旧物资才能保证静脉企业的规模化生产，获得收益。

2）原料供给具有分散性、有限性和弱市场性。静脉产业的“原材料”主要是生产和生活过程中的废旧物资，不同于一般的原材料，与经济发展水平和生活质量密切相关，而受市场、回收价格和服务质量的影响不明显；同时，由于废旧物资的分散性，考虑到成本因素，静脉类回收企业的形成具有种类和地域的选择性。

3）静脉产业具有环境外部性。所谓环境外部性是指行为的发生给环境带来影响，而受影响的不仅是行为主体本身，还有其他主体，分为环境正外部性和环境负外部性。静脉产业一方面使废旧物资再资源化，减小了环境压力，具有正外部性；同时在再资源化处理的过程中，有可能产生二次污染，具有负外部性。

4）再生资源产业经济属于微利产业，静脉产业的衡量不能仅用“利润”单一的指标，应统筹兼顾其经济效益、环境效益和社会效益。

随着循环经济理念逐渐深入人心，静脉产业作为实践循环经济的重要一环，在我国得到了较快的发展。结合我国的社会、经济和技术的发展现状以及循环经济、静脉产业的发展水平，国家发展和改革委员会提出了“整体推进、逐步突破、实现跨越式发展”的静脉产业发展战略实施路径，具体划分为“形成静脉产业发展基本模式（2008—2010年）”“建立较完善的发展静脉产业法律法规体系和政策支撑体系（2010—2015年）”“静脉产业达到国际先进水平（2015—2020年）”三个战略阶段。

9.1.2 静脉产业园

静脉产业园是指以从事静脉产业企业为主体建设的生态工业园区，也就是从事废旧物资再资源化的同类企业的集合。建设静脉产业园是发展循环经济、实施可持续发展战略的重要措施[1]。

生态产业园是继经济技术开发园、高新技术产业园之后的第三类产业园区，静脉产业园区是生态产业园的一种。国外静脉产业园建设较早，在20世纪80年代美国率先提出了生态工业园的概念，并且由国家可持续发展总统委员会（The President’s Council on Sustainable Development，PCSD）专门组建了生态工业园区特别工作组推动国内静脉等生态产业园区的发展。目前，国外典型的静脉生态工业园有日本北九州生态工业园、东京超级生态区、美国查克塔瓦生态工业园、德国DSD双元回收体系等。

静脉产业园是我国静脉产业的一个缩影，展现出这一新兴产业的光明前途。据统计，2005年全国工业固体废物综合利用量为7.7亿t，综合利用率为56.1%，仅石油和化工“三废”综合利用年产值已达62亿元。以青岛市为例，近几年工业固体废物年产生量平均为10.7万t，其中97%实现了综合利用，加上每年利用的余热、尾气折合成标准煤为70万t，综合利用产值已超过30亿元。静脉产业的崛起，促进了经济和环境效益的双赢，体现了社会进步的方向。

新技术的推广应用促进了静脉产业的发展，有效地解决了一批严重的环境污染问题。铬渣、钢渣、白泥、电石灰、粉煤尘等过去一批影响城市环境、制约工业企业发展的环保“老大难”问题相继被解决。从前处置困难或处置代价高昂的工业污染物变成了企业增效减负的宝贵资源，废弃物综合利用实现了一举多得。既充分利用了废弃资源和能源，又降低了企业的能源和原材料消耗，使生产成本下降，实现了节能增效，同时还有效减少了废弃物对环境造成的不良影响。

一方面，我国经济不断发展对资源的需求量与日俱增；另一方面，我国资源利用率较低，资源耗费量居高不下。目前，我国已经批准了56个国家级试点生态产业园区的建设，其中全国各城市已建或在建再生资源生态工业园区主要有：长三角循环经济产业园、青岛新天地生态产业园、汨罗再生资源产业园、烟台生态工业园区、清远循环经济产业区、台州生态工业区、宁波再生资源产业园等，各个园区都有独具特色的静脉产业链条，这些静脉产业链在逐渐构建和完善中。我国主要静脉产业园区的情况见表9-1。

表9-1 国内主要静脉产业园概况

园区名称	园区主导产业	园区地理位置
长三角循环经济产业园	废旧物资拆解；再生资源市场与废旧物资交易市场；物流；环保装备设备制造业等	江苏省南通如东县
青岛新天地生态产业园	国内首个国家级静脉产业类生态工业示范园区，主导产业为危险废物处理处置、工业固体废物再资源化、医疗废物最终处置、环保产品开发等	山东省青岛市莱西姜山镇
汨罗再生资源产业园	钢、铝、塑料、不锈钢等再资源化产品的生产，再生资源市场建设	湖南省汨罗市
烟台生态工业园区	汽车、电子、化纤、木材加工、食品加工等行业产生的废旧物资再生加工处理	山东省烟台市
清远循环经济产业区	废旧电路板拆解、有色金属再生拆解等	广东省清远市
台州生态工业区	废旧五金拆解业、装备剖造业	浙江省台州市
辽宁环保静脉园	废旧物资处理（废旧锌锰电池无害化处理、低温裂解废旧轮胎和塑料等）	辽宁省铁岭市
河北再戈静脉产业园	废钢铁加工处理、报废汽车拆解、废塑料加工处理、废电子信息产品处理、废有色金属加工处理、废旧橡胶加工处理、发动机再制造、再生资源处理设备制造	河北省邯郸市成安县
宁波再生资源产业园	废旧轮胎、废旧家电及电子产品等回收处理和利用	浙江省宁波市
东港再生资源产业园	废旧五金、废旧塑料等再生处理	辽宁省丹东市
福建华闽再生资源产业园	废塑料、“废七类”、废电子电器、城市工业废物加工利用和再生资源产品物流	福建省福清市
吴川环保再生资源产业园	废旧塑料再生处理	四川省吴川市
兰州再生资源产业园	改造甘肃西部废金属专业市场、兰东废旧回收综合市场等4个集散交易市场；建设塑料废纸加工中心、废旧金属加工处理中心、废橡胶加工利用处理中心、报废汽车回收拆解中心和废旧电子产品回收加工中心	甘肃省兰州市

但是，与日本、德国等发达国家静脉产业相比，我国的静脉产业发展相对滞后，还没有形成规范化的分类回收和循环利用体系。主要存在以下问题：

1）认识不足，缺乏统一规划，产业发展先天不足。人们对静脉产业的认识还停留在“捡破烂”“收废品”的水平上，在城市的发展中鲜有对静脉产业的规划，使得静脉产业停留在“散兵游勇”或“拾荒者”的状态，远远没有达到循环经济所要求的市场化、产业化的程度。

2）静脉产业自身结构不合理。一方面，与工业废弃物的再利用率相对较高相比，城市垃圾的再利用水平较低，且 90% 以上仍以填埋的方式进行处置；另一方面，废弃物处理设施的技术水平普遍落后，且缺乏技术开发能力。

3）过分重视静脉产业的经济效益，忽视其社会效益、环境效益。由于只顾静脉产业过程的短期经济利益，采取了破坏环境的方式进行资源回收和利用，同时忽视了对最终废弃物无害化处置，带来了严重的次生环境问题。

4）政府对静脉产业的支持政策还不完善，包括已经出台和尚在拟定的静脉产业土地有限使用政策、税收减免政策、政府财政资助政策、货款优先和政府贴息政策、再资源化产品市场准入优先和政府采购优先政策以及政府对静脉产业园区的技术开发给予的资金资助政策等，静脉产业园的发展得益于静脉产业的发展和静脉产业市场的良好运作[2]。

静脉产业一旦形成，就会成为新的经济增长点和循环经济的主力军，各级政府应充分重视并发挥其主导作用。首先，构建起完善的静脉产业发展制度框架。明确静脉产业在循环经济中的重要地位，制订静脉产业发展相关规划，直到良性有序发展，要注重发展城市垃圾资源化产业，加强立法，规范不同参与者的经济关系和权利义务关系。综合运用财税、信贷、投资、价格等政策手段，采取一定优惠措施扶持静脉产业发展[3]。

其次，要大力开发推广静脉产业新技术。第一要引导企业、技术研究部门积极开展废物循环利用技术的研发；第二是针对目前的技术现状，筛选和推荐一批具有较好应用前景和经济效益的废弃物循环利用技术；第三是针对特定类型的废弃物，组织相关企业和科研部门联合开发循环利用技术；第四是要对具有推广应用前景的技术给予专项经费支持，鼓励技术开发部门进行研发。具体实施中采取先试点、后推广的技术路线，选择经济基础和技术条件较好的区域建设以某类特定废物为主的再生工业园，针对特定类型废物进行循环利用技术应用研究，同时形成动脉、静脉产业园区互动发展机制。

最后，还要加强宣传引导，带动全社会参与。加大关于循环经济和静脉产业的宣传力度，动员社会各方面力量发展静脉产业。通过政策、基础设施，技术指导等措施，引导社会公众进行废弃物分类回收。鼓励社会中介机构和信息咨询机构开展静脉产业社会化服务，提高其社会化服务水平。

9.2　静脉产业园的建设与运行

9.2.1　国外实践

随着资源循环工业园区概念的提出和清洁生产、生态工业等思想的推广，尤其是进入 20 世纪 90 年代以后，世界上出现了许多包含物质交换和废物循环的共生体项目和计划，先后宣布为资源循环工业园区。一些发达国家，如丹麦、美国、加拿大等工业园区管理先进的国家，很早就开始规划建设资源循环工业示范园区，其他国家如泰国、印度尼西亚、菲律宾等发展中国家也在积极兴建此类园区。20 世纪 90 年代以来，资源循环工业园区开始成为世界工业园区发展领域的主题，并取得了较丰富的经验。目前，全球资源循环工业园区项目每年以成倍的速度在发展。

9.2.1.1　丹麦

丹麦的卡伦堡（Kalundborg）生态园是世界生态工业园建设的肇始，它早在 20 世纪 60 年代末就初具雏形，已经稳定运行了 50 年左右，其规模和影响力不断扩大，并凭借成功的“卡伦堡经验”成为世界生态工业园建设的典范。园内由五家大企业和十余家小型企业形成一个庞大的工业共生系统，通过贸易的方式把其他企业的废弃物或副产品作为本企业的生产原料，建立工业横生和代谢生态链关系，最终实现园区的污染“零排放”。

卡伦堡生态工业园区位于丹麦首都哥本哈根市西部 100 多 km 的海滨小城卡伦堡市。卡伦堡市是一个仅有两万多居民的小工业城市，最初，这里建造了一座火力发电厂和一座炼油厂，数年之后，又出现了很多企业，这些企业逐渐开始相互交换“废料”：蒸汽、（不同温度和不同纯净度的）水以及各种副产品，逐渐自发地创造了一种“工业共生体系”，成为生态工业园的早期雏形。

目前，在卡伦堡工业共生体系中主要有 5 家企业和单位（图 9-2）：①阿斯耐斯瓦尔盖（Asnaesvaerket）发电厂，这是丹麦最大的火力发电厂，发电能力为 150 万 kW，最初使用燃油发电，第一次石油危机后改用煤炭，雇佣 600 名职工；②斯塔朵尔（Statoil）炼油厂，丹麦最大的炼油厂，年产量超过 300 万 t，消耗原油 500 多万 t，有职工 290 人；③挪伏 · 挪尔迪斯克（Novo Nordisk）公司，丹麦最大的生物工程公司，也是世界上最大的工业酶和胰岛素生产厂家之一，设在卡伦堡的工厂是该公司最大的分厂，有 1 200 名员工；④吉普落克（Gyproc）石膏材料公司，这是一家瑞典公司，年产 1 400 万 m^2 的石膏建材，拥有 175 名员工；⑤卡伦堡市政府，它使用发电厂出售的蒸汽给全市供暖。这 5 家企业、单位相互间的距离不超过数百米，由专门的管道体系连接在一起。此外，工业园内还有硫酸厂、水泥厂、农场等企业也参与到了工业共生体系中。

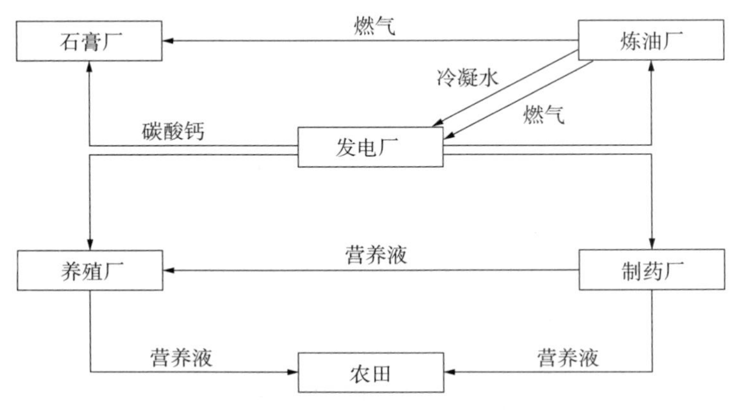

图 9-2　卡伦堡生态工业园产业循环

由于进行了合理的链接，能源和副产品在这些企业中得以多级重复利用。企业间以能源、水和废物的形式进行物质交易，一家企业的废弃物成为另一家企业的原料（表 9-2）。

表 9-2　卡伦堡生态工业园的共生网络组成

企业名称	原材料	产品	废弃物 / 副产品
石膏厂	石膏	石膏板	
微生物公司	污泥	土壤	
发电厂	可燃气、煤、冷却水	热、电	石膏、粉煤灰，硫代物
炼油厂	原油	成品油	可燃气
制药厂	土豆粉、玉米淀粉	胰岛素等药品	废渣、废水、酵母
废物处理公司	“三废”	电、可燃废物	
市政府	水、电、热	服务	石膏、污泥

发电厂建造了一个 25 万 m^3 的回用水塘，回用自己的废水，同时收集地表径流，减少了 60% 的用水量。自 1987 年起，炼油厂的废水经过生物净化处理，通过管道向发电厂输送，作为发电厂冷却发电组的冷却水。发电厂产生的蒸汽供给炼油厂和制药厂（发酵池），同时，发电厂也把蒸汽出售给石膏厂和市政府，它甚至还给一家养殖场提供热水。发电厂一年产生的 7 万 t 飞灰，被水泥厂用来生产水泥。1990 年，发电厂在一个机组上安装了脱硫装置，燃烧气体中的硫与石灰发生反应，生成石膏（硫酸钙）。这样一来，发电厂每年可生产石膏，由卡车送往邻近的吉普洛克石膏材料厂，石膏厂因此可以不再进口从西班牙矿区开采的天然石膏。

炼油厂生产的多余燃气，作为燃料供给发电厂，部分替代煤和石油。同时这些燃气还供应给石膏材料厂用于石膏板生产的干燥之用。

制药厂利用玉米淀粉和土豆粉发酵生产酶，发酵过程中产生富含氮、磷和钙质的固体、液体物质，采用管道运输或罐装运送到农场作为肥料。

据了解，卡伦堡废料交换工程产生的效益每年超过 1 000 万美元，取得了巨大的环境效益和经济效益。

1）水资源消费总量：共生企业通过对水的循环利用，每年减少用水 60 万 m^3，由此每年能节约大概 190 万 m^3 地下水和 100 万 m^3 地表水。

2）油类：共生企业每年油类消费量减少 2 万 t，多是通过制药厂与炼油厂使用发电厂主产过程中的蒸汽实现的。

3）灰烬：每年发电站中煤和油的燃烧产生 8 万 t 灰烬，被用于基础建设和水泥行业。

4）石膏：石膏厂每年从发电厂获得 20 万 t 石膏，代替天然石膏在石膏板制作过程中使用。

5）化肥：制药厂的副产品废渣等代替了约 2 万 hm^2 地面上石灰与部分商业肥料的使用。

6）温室气体的排放：每年减排二氧化碳 17.5 万 t、二氧化硫 1.02 万 t。

7）废水：制药厂、发电厂和卡伦堡市政府在废水处理上的合作，减轻了对周边水域的环境压力。

8）减少资源消耗：油 4.5 万 /a、煤炭 1.5 万 t/a。

9）其他废弃物：每年废物处理公司可获得：① 11.3 万 t 报纸——经过质量检查达标后出售；② 1.7 万 t 碎石与混凝土——压缩和分类后用于不同类型地面；③ 115 万 t 花园 / 公园废弃物——用于区域土壤的改善；④ 1.4 万 t 铁和金属——清洗后出售再利用；⑤ 1.18 万 t 玻璃和瓶子——出售给玻璃生产企业。

9.2.1.2　日本

日本政府从 20 世纪 80 年代开始发展静脉产业，其发展过程可分为 3 个阶段，使日本的静脉产业从萌芽到发展成熟，产业规模逐渐扩大，成为日本经济发展的主导产业。在推动主体上，由起初的单纯依靠政府推动发展到政府推动企业拉动，再到官、产、学的共同推动，由宏观层面的政府逐渐过渡到微观层面的企业、国民。

（1）发展历程

1）静脉产业的萌芽阶段。20 世纪 80—90 年代，日本静脉产业只是处于起步阶段，没有形成产业规模，主要依靠政府强制实施和推动。日本在基本解决了工业污染和部分生活污染后，由后工业化和消费性社会结构引起的大量废弃物逐渐成为环境保护和可持续发展所面临的主要问题。因此，为了解决废弃物处理问题及填埋场不足等问题，减少资源和环境污染，日本政府从 20 世纪 90 年代就开始加强了对废弃物的管理和循环利用，日本以建立废弃物再利用和安全处置——“静脉产业”为重点，努力与生产领域的物质利用过程——“动脉产业”连接，改变传统的“大量生产、大量消费、大量废弃”的社会经济发展模式。

2）静脉产业的快速发展阶段。20 世纪 90 年代到 20 世纪末，静脉产业成为日本建立循环型社会的重点领域和切入点，产业规模逐渐扩大，政府推动其发展的同时，企业自主发展静脉产业。主要做法是：建立废弃物再生利用的生态工业园。只要静脉产业体系建立起来，从理论上讲，动、静产业间或者说整个社会的物质循环系统就会自然形成。在这一阶段，日本政府颁布了许多法律法规，推进其发展，企业也根据法律的规定，被动实施静脉产业。自从《资源有效利用促进法》及相关促进循环经济的法律法规实施以来，尤其是企业、家庭等参与、实施静脉产业，使其得到快速的发展。

3）静脉产业的成熟阶段。通过市场拉动的作用机制，企业真正地成为静脉产业的实施主体，自觉地实施废弃物的回收利用，形成了官、产、学共同努力推动循环经济发展的局面。静脉产业成为日本经济发展的主导产业，日本政府出台的产业倾斜政策以及各种循环利用法增强了企业参与推动循环经济的积极性。截至 2001 年 7 月，已有 6 000 多家日本企业获得 ISO 14001 认证，企业还将“产业垃圾零排放”作为发展目标，在削减资源使用量、抑制废物产生量等方面取得进展。在注重自身发展符合静脉产业要求的同时，企业还非常注重生产链条上下游环节的减量化和再循环，从而为日本全面发展循环经济做出贡献。根据日本环境省 2003 年的调查，2000 年日本环境产业废弃物循环利用领域的市场规模和雇佣规模分别约为 21 万亿日元和 57 万人。到 2010 年全日本静脉产业的产值为 4.2×10^4 亿元人民币，从业人数为 170 万人。日本循环经济市场规模还将不断扩大，据《第四次循环推进计划》数据显示，每人每日垃圾产出量从 2000 年的 1 200 g 减少到 2015 年的 925 g，家庭食品量从 2000 年的 433 万 t 减少到 2015 年的 289 万 t，违法丢弃垃圾事件从 2000 年的 1 000 件减少到 2015 年的 131 件，垃圾不正当处理事件从 2005 年的 400 件减少到 2015 年的 132 件，国民对“3R”认知度从 2007 年的 22.3% 上升到 2014 年的 37.2%[4]。

（2）日本发展静脉产业的推进措施

日本静脉产业从萌芽阶段到成熟阶段经历了 20 多年的时间，快速发展成为日本经济发展的主导产业，与日本健全有效的推进措施是分不开的。为推进静脉产业的发展，日本整个社会，从政府到产业层面，再到各个企业以及全体国民，都为静脉产业的发展提供了动力。尤其是日本制定了较为严密的政策体系、法律法规、经济政策、技术支持等，成为日本静脉产业快速、健康发展的充分必要条件。

1）健全的法律法规。在静脉产业发展过程中，不同的参与者围绕废弃物发生了一系列的经济关系和社会责任义务关系。因此，静脉产业的发展不仅需要市场经济所有的法律法规，还需要一些特殊的法律来明确利益相关者的“责、权、利”关系，日本发展静脉产业的法律法规非常健全，在产品的整个生命周期从生产、消费到回收利用以及废弃阶段，都制定了严密的法规体系，如图 9-3 所示。

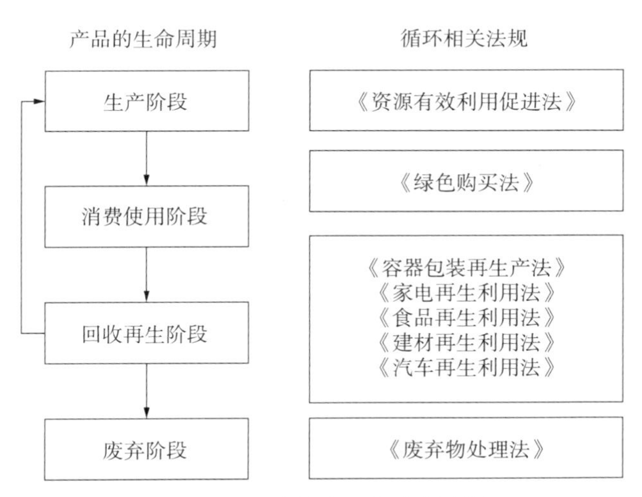

图 9-3　日本静脉产业法律法规

日本静脉产业法律法规的特点归纳如下：

①覆盖面广。法律对生活垃圾包括家电、汽车、食品、包装容器等废弃物；产业废弃物包括矿山、冶金、化工、水处理等行业的废弃物。

②可操作性强。法律制定中采取先易后难的方法，即首先针对涉及相关利益较少的废弃物的再利用进行立法。例如，《家电再生利用法》只针对空调、冰箱、电视、洗衣机等，《汽车再生利用法》只针对车体、塑料、气囊等进行回收再生利用。

③责任明确。法律对政府、地方自治体、企业、公众的责任和义务进行了明确规定，如《家电再生利用法》对制造商、消费者、再生利用者分别规定了需要承担的费用；《汽车再生利用法》设定了管理收费的中介机构及其责任等。

2）有效的经济制度。静脉产业是一项既有公益性又有利益性的产业，在一般的市场条件下，静脉产业所产生的效益不能完全转化为企业的经济效益，企业本身“利益最大化”的目标难以实现，致使产业的发展会出现困难。为了促进静脉产业的发展，政府需要将其视为“受保护产业”，采取一定的措施进行扶持。

日本制定静脉产业经济政策的基本理念：一是废弃者的责任。所谓废弃者的责任是指扔掉废弃物的人应承担对废弃物进行适当处理的责任（如垃圾分类）。这是废弃物、资源循环措施的基本原则之一。二是延伸的生产者责任。所谓延伸的生产者责任是指生产者对于其生产的产品，当产品废弃后要承担对该产品进行再利用、再商品化和处置的一定责任（物理的或财政的责任）。这样能激励生产者开发、生产使用寿命长或易于再利用和再商品化的产品，从而解决废弃物量大，且难以对其再利用和再商品化的问题。

基于上述两个基本理念，日本制定了相应的经济政策，主要包括以下内容：

①废旧物资商品化收费制度。日本在个别物品再生利用法中，规定了废弃者应当支付与旧家电、旧容器包装、旧汽车的收集、再商品化等相关的费用。例如，《家电再生利用法》中明确规定居民废弃一台家电应交的处理费，《汽车再生利用法》中要求汽车所有者负担再循环利用费用。

②征收垃圾（一般废弃物）处理手续费。征收垃圾处理手续费（收集、搬运及处置费）对于减少垃圾量有一定效果。

③实行保证金（押金）制度。在日本的岛屿、公园、观光地等集中区域，引入保证金制度，如对铝罐、钢罐、塑料瓶、纸包、纸杯、食品盘等实行保证金制度，可减少散乱垃圾量，提高游客的环境意识，促进再资源化。

④税收优惠政策。鼓励企业建立循环经济生产系统。除普遍退税外，日本对废旧塑料制品类再生处理设备在使用年度内还按价格的14%进行特别退税；对废纸脱墨、玻璃碎片杂物去除、空瓶洗净、铝再生制造等设备实行3年的退还固定资产税[5]。

3）技术的研究开发。废弃物在静脉产业中能够得到再次利用的一个关键因素是技术。有了技术保障，静脉产业才能顺利运转。日本的静脉产业技术研究开发的主要措施是在生态工业园区内开辟专门的实验研究区域，产、学、政府共同研究废弃物处理、再利用和环境污染物质的合理控制等技术，为企业开展废弃物的再生、循环利用提供技术支持。日本研究部门以零排放为目标，对产品生命周期评价、废弃物减量化、资源循环利用、废弃物资源化的产业链等技术不断进行研发并取得进展，从而拥有世界上最先进的节能降耗环保技术。

4）全社会的共同参与。静脉产业的核心业务主要由“收运者”“中间处理者”“再生资源经营者”“最终处理者”承担，它们是静脉产业的主体。静脉产业涉及社会中的所有成员，不仅包括静脉产业的直接参与者，还包括政府、生产者、流通业者以及中介组织、普通消费者等，因此静脉产业的发展需要社会成员的广泛支持。

除了制定有关政策，日本政府有关部门要率先使用再生品，促进地方公共团体、企业和国民使用再生品。另外，政府对循环型社会公共设施的完善要提供财政支持。

（3）日本静脉产业典型案例

为实现经济持续性的增长，并节约能源、资源，保护环境，避免废弃物的产生、推动废弃物再资源化以及资源有效利用，日本大力推进了静脉产业园（Eco-town）事业。它基于“3R”原则，以“堵住废物源头，以废弃物排放减至零”为目标，以“推进废物利用，靠环境产业振兴区经济发展，创造资源循环型社会”为宗旨，形成“低开采、高利用、低堆放”的经济发展局面。截至2005年9月底，日本共建成了25个Eco-town项目，分布于全国各地，最典型的为川崎和北九州静脉产业园区。

1）川崎。川崎生态城是1997年日本第一个被批准的生态城，占地2 800 hm^2（2003年）。5个企业已通过认证作为生态城的硬件项目，除此之外，其他的循环回收厂如废家用电器回收厂和带有回收工艺的水泥制造厂也在生态城中建成。其中，硬件项目主要包括制备用作鼓风炉原料的废塑料回收厂、制备混凝土模板作业用的NF板制造厂、难回收纸的回收处理厂、制备氨用原料的废塑料回收厂、废PET瓶回收再生厂，其他项目包括废家用电器回收系统、用工业废物制造水泥厂、不锈钢制造厂废物的回收利用项目。

①园区特点。综合利用现有制造工艺中产生的副产品：由于川崎生态城的主要回收业务是对现有制造工业体系（钢铁、有色金属、水泥、化工、造纸等）生产过程中产生的废物进行回收利用，因而运输到生态城的绝大多数废物在园区中进行加工。而在其他生态城，废物从其他地区运输到生态城，再生利用后再卖往其他地区。

川崎生态城企业中的物质流：在生态城中无论是新建的回收厂还是现有的公司都鼓励互用副产品和排放物作为原料。Showa-Denko（化学工业）为周围的其他企业供给生产过程中制造的氨。Corelex公司（纸业）将卫生纸制造过程中产生的焚烧灰提供给水泥公司作为原料，同时Corelex公司也使用JFE（钢铁业）多余的电能和城市污水处理厂处理后的循环水，Nihon和Yakin使用JFE在电器回收工艺产生的废物作为原料用于制造特殊合金。

②取得成果。川崎生态城作为原材料工业的大型联合工业体，通过实施运营，取得如下成果：自1997年生态城项目批准后，川崎生态城已成为回收企业云集的领先地区；副产品在生态城的商业实体之间得到充分的交换；在生态城中成立了由大企业组成的非营利性组织，旨在推动生态城的规划和运营，对于生态城中的各个公司，在以前都是各自研发和商业化环境技术，如今该非营利性组织综合规划生态城的物质流、能量流和土地的使用。

2）北九州。日本北九州生态工业园是再利用型生态园的典型代表。

北九州市位于日本九州岛最北部，人口约100万人，面积约485 km^2，是九州岛最大的港口城市。北九州市核心产业有钢铁、化工、机械、窑业以及信息关联产业等。自1901年第一座现代化高炉正式投入生产以后，北九州市工业地带逐渐成为日本四大工业基地之一，为日本经济腾飞发挥了巨大的作用。但是，从20世纪中叶开始，北九州市不断出现公害问题，造成了难以估量的经济损失与环境损坏。例如，1968年震惊世界的八大公害事件之一的“米糠油事件”就发生在北九州市、爱知县一带，受害者达1万多人。又如，许多大型工厂集中在洞海湾边，使北九州市深受大气污染困扰，年降尘量创日本最高纪录，许多市民感染上了哮喘病。北九州市也因此被称作“七色烟城”。

为此，早在1970年北九州就开始实施《北九州公害防治条例》，1972年又对条例作了全面修订，条例的主要内容有：①企业的责任。企业有责任将排放出的污染物进行适当的处理，不得以企业秘密为理由拒绝提交防止公害的相关资料。②市政府的责任。限制煤烟等的排放，加强监视，实施防止公害措施，整顿公害投诉处理体制，促进缔结公害防止协定，提供防止公害补助。1974年，北九州市对排放硫氧化物地区进行了排放总量限制。1977年北九州又与总量限制对象中的57家工厂签订了一揽子公害防止协定。1988年，以建设"水青木华的国际科技都市"为目标，北九州市制定了"北九州复兴构想"，国际环境合作是这个构思的重要内容之一。

1997年7月，北九州市在日本率先获得批准，成为第一个开展生态工业园区事业的城区。生态工业园区（位于若松区响滩地区）以进行新开发技术实证实验的"实证研究区"、提倡产业化发展的"综合环境联合企业区"以及由中小企组成的"响滩回收园区"为中心，力争将响滩东部地区建设成为一个综合性基地，促使研究开发的新技术向产业化迈进，带动全市整体发展。其中，"实证研究区"里有企业、大学和行政部门共同开展研究的16家研究设施，有为前来参观者提供综合性服务的设施——"生态工业园区服务中心"。

为了实现综合环保企业零排放目标而建设复合核心设施，该设施对于园区内的企业所排放出来的再生残渣、汽车碎屑为主的工业废物进行合理处理，将其熔融物质变成再生资源，同时还利用所产生的热量进行发电，提供给园区内的企业。

园区由综合环保联合企业、响滩再生利用工厂区、响滩东部地区、循环利用专用港等组成。其综合环保联合企业系开展有关环保产业的企业化项目的区域，将通过各个企业的相互协作，推进区域内零排放型产业联合企业化，成为资源循环基地。主要的静脉设施有：废PET瓶再生项目、废办公设备回收项目，废汽车再生项目、废家电再生项目、废荧光灯管再生项目、废医疗器具再生项目、建筑混合废物再生项目、有色金属综合再生项目。

9.2.1.3 美国

从国家推行循环经济、建设生态工业园区的努力来看，美国无疑是走在前列的。自20世纪70年代初起，美国国家环保局和可持续发展总统委员会就支持开发研究生态工业园的概念、设计原则、方法等。1993年，生态工业园区在美国开始兴建。生态工业园区相关计划主要由可持续发展总统委员会的专家来制订。此外，联邦政府在可持续发展总统委员会下还设立了一个"生态工业园区特别工作组"，专门研究如何将生态工业园区从理论的模型引入到具体的实践中。截至2001年上半年，美国至少有40个社区建立了资源循环工业园项目。在此仅介绍其中一个范例：弗吉尼亚州的查尔斯岬可持续科技园区（Port of Cape Charles Sustainable Technologies Industrial Park，简称查尔斯岬园区）。

查尔斯岬园区是美国的第一个生态工业园区项目，坐落于美国弗吉尼亚州南安普顿（Northampton）县，濒临东海岸南端的奇莎皮克海湾（Chesapeake Bay）。数十年来，查尔斯岬及邻近南安普顿内农业小区，一直有人口外移、高失业率和经济衰颓问题，而奇莎皮克海湾也存在环境质量较差的威胁。需要说明的是，美国PCSD推动的各个生态工业园区具有各自不同的开发与经营方向，建设查尔斯岬园区主要是针对废弃、衰败地区的再发展计划，这与被视为生态工业园区典范的卡伦堡是截然不同的规划走向。另外，作为一个新建的工业园区，它的规划重点内容也完全不同于既有工业园区：新建的生态工业园区，因为拥有较多的弹性空间，更容易纳入地区的土地规划体系，而不会像既有的生态工业园区那样需花较多费用清除污染场址，或是转移新科技才能使既有产业再生。同时，从长远发展的眼光来看，新建的生态工业园区招商重点则更需要引进锚定厂商，如从事可再生能源生产、利用或是废弃物处理等产业的企业。

为此，在查尔斯岬首次拟出了一个建设“可持续县”的规划程序，其内容包含规划生态园区模式，并获得所需要的港区土地。项目于1996年10月举行破土典礼。

查尔斯岬园区的开发最突出之处在于其“再生化”的特色：生态工业园区内的设计必须促进查尔斯岬“历史上”的居住社区、商业及工业地区的“再生”。也就是说，未来园区内的场所需要呈现出查尔斯岬的传统风貌，园区内的企业员工将会在那些零落、蔓延于周围开阔园地的历史地区的环境中工作。伴随着当地原有的历史文化的丰富景致、建筑及居民社区，园区的发展将为镇上未来前景担负重要的责任。在此基础上，查尔斯岬及园区将担任保存及促进东海岸传统的责任，为此要妥善进行生产力布置——把土地、水环境形态，以及传统的村落、城镇的居住形式和谐地安置在一起。

PCSD直接负责查尔斯岬园区的全局规划，开发行动的第一步即进行生态环境评价。在绘制开发蓝图的过程中，PCSD十分看重查尔斯岬属于海岸地区的特殊地理环境，认为这一条件使“当地未来发展的可塑性相当高”。因此开发行动之前的计划相当重要，必须从原有生态展开基础研究，再从资源回收、经济发展等方面加以详尽分析。

PCSD为查尔斯岬园区制定的未来图景是一个“有完善的土地规划、充足的资源利用”的生态工业园区，并形成“环境产业的最佳投资环境”。具体包括：①形成新投资企业的最佳投资环境；②创造当地居民的就业机会；③开发当地的经济发展；④保护当地环境资源。

此外，PCSD要求查尔斯岬园区的项目必须与当地社会经济发展相协调，要为当地居民创造新的就业机会，进而提升当地经济。William McDonough及其伙伴，在1995年4月6日为查尔斯岬园区拟出有名的“查尔斯岬原则”，即未来的可持续科技园区将为产业发展、当地就业创造机会，并寻找赞助以达到：既能支撑既有地方企业，又可吸引可与生态共处的新企业安家落户，最终在园区内创造出可与生态共处的新企业。他们的雄心是提供一个全国性的海岸生态工业区的典范模式。按照大家的预计，只要坚持这样的发展模式，查尔斯岬镇将被重建成地区内一个综合性的就业和居住中心。

园区的营运采取了联合开发的方式，因为为其提供主要支持的，来自3个层次：联邦PCSD、弗吉尼亚州政府、地方政府。首先，园区内企业将获得先进的基础设施条件，包括铺设新型的道路、园区工业信息情报网络等。同时，查尔斯岬从政府方面得到了低价工业用地的支持，这将大大降低园区内企业的开发和运营成本。并且进驻园区的企业可以得到政府机构“东海经济代理”（Eastern Shore Economical Commission）的协助开发，以及弗吉尼亚州相关单位的支持，而被列入“协助单位”名单的就有美国国家环保局、美国国家海洋和大气管理局（NOAA）、弗吉尼亚州交通部以及当地一些商业机构。人们精心策划的这一系列颇有吸引力的引商政策，使得查尔斯岬园区的建设能够顺利展开。

经过一段时期的建设实践，查尔斯岬园区及其周边地区的原有生态环境状况得到了较大的改善，并且当地的生态与经济发展呈现“互相平衡”的状态，各种天然资源得到了有效的利用。园区引进的高新技术企业带动了当地的产业技术更新，原有产业也随即改良，新环境技术的开发将是园区企业近期的主流之一。其中，对于天然资源的可持续利用技术，是开发的重点。此外，对于当地来说，一个在短期内最为显著的影响是改善了就业状况。因为循环经济模式的应用延长了就业链条：由生产、销售环节向后延续到使用、保养、维修、报废、处理及循环再利用环节。产业链的变化促使人力资本从传统的制造业流向服务业（第三产业以及第二产业的第三产业化）。从就业空间上看，新创造的劳动岗位出现于人们生活的地方，因此增加了在当地的就业。随着园区开创的“家庭工资”（family wage）模式的推行，当地居民原有的工作方式发生了变化，并在一定程度上增加了经济收益。查尔斯岬园区的开发活动不仅给当地居民就业提供了保障，并且增加了他们接受培训的机会。从长远来看，如果按照预设模式运转，查尔斯岬园区的开发可以大大提升当地的产业经济，促进地方建设升级。

查尔斯岬园区的开发建设还处于起步阶段，但对于查尔斯岬园区及园区内生存的各个企业的未来发展，以生态工业园区形式出现的循环经济将对传统企业管理提出两个方面的挑战。一方面，传统企业管理的全部力量集中在销售产品，而总是把废物管理和环境问题扔给次要的善后部门，而现在要给予废料增值以同样的重视，要同销售产品一样组织企业所有物资与能源的最优化交换；另一方面，传统的企业管理在企业间激烈竞争的背景下建立了竞争力的信条，而生态工业系统要求企业间不仅仅是竞争关系，更应该建立起一种超越门户的合作形式，以便于互作废物的“分解者”，促成相互间资源的最优化利用。

9.2.2 国内实践

2006年9月，国家环保总局颁布了《静脉产业类生态工业园区标准（试行）》

（HJ/T 275—2006），从经济发展、资源循环与利用、污染控制和园区管理四个方面对静脉产业园区建设标准进行了规范，也对静脉产业园区的入园对象、处理类别、产品产出等方面进行了界定[6]。按照此标准，青岛、苏州、天津、杭州等城市陆续开展了静脉产业园区的策划和建设[7]。

9.2.2.1 青岛新天地静脉产业园

青岛新天地静脉产业园是国家环保总局在2006年6月批准创建的国内首个国家静脉产业类生态工业园区，位于莱西市姜山镇，园区占地220 hm^2，分为生产区、研究区、实验区、服务区4个功能区和1个预留区，由青岛新天地投资公司兴建。

青岛新天地静脉产业园建设是中日循环型城市建设合作的重要项目之一。已建及在建项目包括危险物处置中心、医疗废物处置中心、工业固体废物填埋场、废旧家电及电子产品综合利用中心、废旧轮胎资源化利用设施，还建有固体废物信息交换中心。其中废旧家电及电子产品综合利用中心是依托国家发展改革委批准的废旧家电及电子产品综合利用试点项目建设的，也是青岛市发展“静脉产业”的主要切入点之一，该项目从根本上解决了废旧家电无序拆解的难题。

同时，青岛新天地公司与海尔集团共同成立“青岛新天地生态循环科技有限公司”，厂房内分别建设和装配企业自主研发的可以对空调、洗衣机、冰箱、电脑、电视机等家电进行方便拆解的生产线。为保证这条拆解线持续正常运行，青岛市还出台了《废旧家电及电子产品回收处理试点暂行办法》，对废旧家电回收和处理做了较详细规定，该办法的出台能改善青岛地区废旧家电回收和处理的无序状态。除出台“静脉产业”和循环经济方面的政策之外，青岛市还编制完成了全市“十一五”资源综合利用与节约建设规划、“十一五”循环经济发展规划以及其他指导性意见，以此加强资源综合利用，推进全市建设节约型、环保型经济的步伐。

新天地静脉产业园在废旧家电的回收方面先行一步，一期已处理废旧家电20万台（套）、废旧轮胎1万t、医疗废物0.3万t、危险废物4万t。在处理固体废物的同时，减少烟尘排放达到15.6 t，二氧化碳56 t，为改善青岛市的空气质量贡献了力量。在已完成一期建设规模工作任务的基础上，又开展了60万台（套）/a废旧家电处置设施项目建设。2008年园区完成了山东省17个城市分信息调度和交投中心以及37个县（区）回收站建设。同时，运用现代编码技术建立废物回收信息识别系统，采用GIS和GPS技术实现废物储存和运输全过程的动态监控，实现处理处置全过程实时监控。2008年开通了回收热线电话、网上信息平台，立足山东、面向全国开展废物回收、处理处置信息服务。全年回收拆解各类废旧家电12.9万台，再利用零部件组合二手家电1 290余台（套），有效保障了环境安全，促进了固体废物资源化综合利用。

9.2.2.2 苏州光大国家生活垃圾环保静脉产业示范园

苏州光大国家生活垃圾环保静脉产业示范园由中国光大国际有限公司与苏州市人民政府共同筹建，于2005年7月28日签约并揭牌，总投资15亿元，2010年3月再次增资20亿元，全面解决苏州市城市生活垃圾、工业固体废物等的无害化处理和资源化利用，也是全国首家综合处置城市生活垃圾、工业固体废物的环保产业示范基地。静脉产业园由生活垃圾焚烧发电、工业固体废物安全填埋、沼气发电厂、环保教育基地、市民低碳体验馆等十余个项目组成。园内将充分利用各项目之间的协同效应，实现各项目资源的二次开发和循环利用，从而达到节能减排的目的，见图9-4。

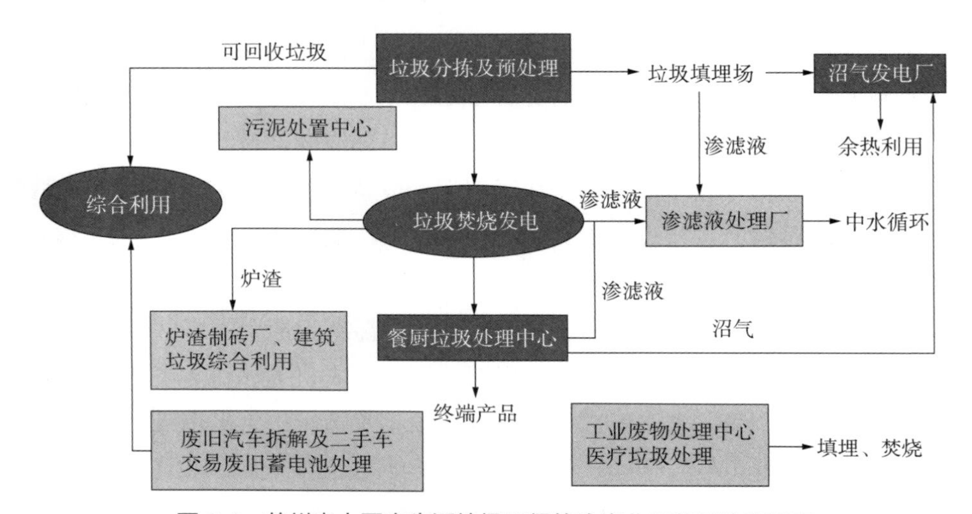

图9-4 苏州光大国家生活垃圾环保静脉产业示范园流程示意

（1）建成投运项目

建成投运项目有6个，分别如下：

1）生活垃圾焚烧发电项目一、二期工程。是国内最大的生活垃圾焚烧发电厂，一、二期工程总规模2 050 t/d，总投资9.5亿元，未来三期项目规模为2 000 t/d。项目采用国际先进的机械炉排技术，烟气排放达到欧盟1992年的标准，二噁英排放达到欧盟2000年标准，毒性当量小于0.1 ng/m^3。

2）渗滤液处理项目。渗滤液处理厂作为垃圾焚烧、垃圾填埋及园区其他项目的配套服务项目之一，总投资8 000万元，处理规模为1 000 t/d。2010年5月建成投运，目前运行正常，出水稳定达到《污水综合排放标准》三级标准。

3）炉渣综合利用项目。炉渣制砖是垃圾焚烧厂副产品的综合利用项目，焚烧产生的炉渣经过处理后可以制作混凝土砖，并广泛应用于市政工程。

4）工业固体废物安全处置中心。工业固体废物安全处置中心包括安全填埋场和综合利用厂，其中安全填埋场服务于整个苏州市，规划 14.4 万 m^3，年处理能力 4 万 t，最终规模达 60 万 m^3，项目于 2005 年 12 月 30 日奠基，首期工程于 2007 年 7 月建成投运。

5）沼气发电项目。沼气发电项目将收集垃圾填埋场的沼气用于发电，并对产生的高温余热烟气进行综合利用。发电设备位于垃圾焚烧厂内，和垃圾焚烧厂共用上网线路。配备 3 台 1 250 kW 的内燃发电机组，年上网电量 2 500 万 kW·h。一期工程 2005 年 10 月动工，2006 年 8 月建成投产发电；二期扩建工程一台发电机组于 2008 年 5 月动工，9 月并网发电。

6）餐厨垃圾处理项目。该项目为苏州市餐厨垃圾资源再生利用技术示范工程，采用清华大学关键技术，一期设计处理量 100 t/d，于 2009 年建成投运。二期总规模达 300 t/d，将年产 1.35 万 t 生物柴油、1 万 t 蛋白饲料添加剂、6 000 t 再生油酸原料。

（2）规划拟建项目

规划拟建项目有 8 个，分别如下：

1）医疗废弃物安全处置项目。医疗废弃物安全处置项目总设计规模为 6 000 t/a，采用高温蒸汽技术对其进行处理处置，计划分二期建设，于 2015 年全部建成。

2）污泥处置中心。污泥处置中心占地 20 亩，总规模为 500 t/d，一期规模为 300 t/d，于 2011 年建成。

3）废旧汽车拆除及综合利用项目。废旧汽车拆除及综合利用项目年设计拆解能力为 5 000 台，建设二手车交易市场及废旧汽车拆解生产线，包括废旧蓄电池、废机油、安全气囊等安全处理生产线及废旧橡胶轮胎综合利用车间。

4）固体废物预处理中心。根据发达国家经验，固体废物普遍进行充分回收利用，最终无法利用的才进行焚烧和填埋，该项目包括分拣、回收利用、检测等功能。

5）建筑垃圾综合利用项目。对苏州市内相关建筑垃圾进行分类处理，并加以综合利用。

6）环保设备研发制造中心。研发、加工制造包括垃圾处理、污泥处理、生物质和新能源在内的各项环保类设备。

7）太阳能光伏发电及风力发电示范项目。为促进低碳经济的发展，静脉产业园拟建设太阳能光伏发电机风力发电示范项目，包括屋顶光伏发电、生活垃圾填埋场封场后光伏发电及七子山风力发电示范项目，总规模达 29MW。

8）环保教育基地及低碳体验馆。教育基地以现代化光电声效果展示产业园的环保理念和建设成果，为市民提供一个了解环保知识、展示环保成果、体验环保生活的平台。充分利用产业园内各项目产生的余热，建设游泳馆、健身房、SPA 等低碳体验馆，同时，接受政府和市民监督，公开环保信息，于 2011 年建成投用。

（3）项目优势

1）节约土地资源。生活垃圾填埋场、焚烧厂、工业固体废物安全填埋场等项目如果分散建设，将不可避免地导致周围大量土地无法开发利用。园区所在区域独特的环境决定其很难发展其他产业，充分利用地理条件集中建设环保项目将对节约苏州宝贵的土地资源有巨大的作用。

2）项目协同效应。垃圾焚烧厂的余热用于污泥处置项目的干化，生活垃圾填埋场的有害气体——沼气作为沼气发电项目的原料，沼气发电厂与垃圾焚烧厂共用上网线路，垃圾焚烧厂与垃圾填埋场共建一个渗滤液处理厂，垃圾焚烧厂的飞灰固化与工业固体废物安全填埋场预处理车间合并等。

3）集中管理效应。静脉产业园共用一套管理班子，政府可集中对环保项目实施监督和检查。

9.2.2.3 天津子牙环保产业园

天津子牙环保产业园，又名天津子牙工业园，成立于2003年11月。作为全国北方唯一的循环经济园区，自批准建立以来不断发展壮大，现已初具规模。2007年经国务院批准后，被国家发展改革委等六部委命名为国家循环经济试点园区，被工业和信息化部与市政府命名为国家级废旧电子信息产品回收拆解处理示范基地，被原环境保护部命名为国家进口废物“圈区管理”园区。

园区已开发面积2.5 km^2，位于天津市静海区西南部，与河北省文安、大城两县交界，距离天津市区60 km，距离北京市区150 km，距离天津滨海国际机场60 km，距离天津新港90 km，与京沪、京九、京广、天津机场、天津新港成了立体式、综合化、现代化交通运输网络。园区地理位置优越、区位优势明显。

园区严格按照原环境保护部对进口七类废物示范区基础设施的标准，进行园区建设和管理，基础设施建设实现了“六通一平”，整个园区以路网分割成10个小生产单元，按功能分为拆解交易区、产品深加工区、污染消除区、功能服务区、生活服务区、进口海关监管区、废弃物存储库、污水处理厂、废旧电线电缆和废旧电机集中处理处置中心。目前入园企业110家，年拆解加工能力为100万～150万t。每年可向市场部门提供原材料铜40万t、铝15万t、铁20万t、橡塑材料20万t、其他材料5万t，形成了覆盖全国各地的较大的有色金属原材料市场。

园区实行封闭管理。对入园的废弃机电产品从拆解、加工到拆解后各种成分的去向实行全程监管。园区设立海关监管区，设有电子地磅系统、电子车牌识别系统、集装箱识别系统、视频监控系统、通道式放射性探测系统，形成了海关、检验检疫、环保、园区“四位一体”的联合监管体制。

园区设有现代化信息中心，如中国子牙北方循环经济网和再生资源科技研发中心。初步实现了企业管理的信息化和产、学、研结合的科技化。聚集了国内外多所高等学校、科研院所的多学科力量，形成了专业化的研发群体，围绕工业固体废物的有价资源回收、价值延伸和无害化处理等关键技术与装备，开展科技研发和科技创新，打造行业技术平台，有力地推动了园区节约发展、清洁发展、安全发展和园区规模经济可持续发展。

园区基础设施完善、环保设施齐全、服务功能高效、投资程序快捷、法律保障有力、现代物流畅通、生态环境优良。园区尊崇生态发展的理念，注重环境保护。目前，园区绿化面积达到 14.3 万 m^2。

园区远景规划面积为 140 km^2，中期规划面积为 50 km^2，近期开发为 30 km^2，逐步开发建设综合服务区、拆解加工区、精深加工区、污染处理区、仓储物流区、科技研发区、生活服务区和居住社区等“八大区域”。打造融资平台、商贸平台、物流平台和科技平台。重点发展废机电产品、废旧电子信息产品、报废汽车、塑料制品、橡胶制品、玻璃制品等废旧物资回收加工利用，全力打造中国北方城市矿山，形成了以园区为龙头的中国北方静脉产业经济带，促进和反哺于滨海新区动脉产业的快速发展。使园区成为行业技术装备的创新基地、人才培养教育基地、再生资源升值基地、信息调控和交易基地。最终把园区真正建设成为整体布局科学、产业结构合理、产品结构优化、精深加工主导、高新技术支撑的现代化、生态型国家级循环经济示范区。

9.2.2.4　杭州天子岭静脉产业园

近年来，杭州经济快速发展，同时也遇到了与国内外诸多城市相类似的资源利用效率不高、环境容量超限等问题。2010 年，杭州市生活垃圾产量达 6 776 t/d。面对日益突出的环境问题，杭州市提出了在杭州市天子岭垃圾填埋场区域规划构建“一个目标、四大产业、六大功能、三步战略，百年基地”的静脉产业园区设想。园区充分利用天子岭垃圾填埋场现有用地、预留长远发展用地、重复利用封场修复用地，力求解决固体废物处理产生的污染问题，保障杭州市百年固体废物处理处置出路[8]。

（1）一个总体目标

充分利用天子岭垃圾填埋场现有基础设施，规划将杭州天子岭静脉产业园区打造成集国际化、现代化、生态化、低碳化为一体，具备可持续发展能力和循环经济示范的企业生存体、循环经济体、北秀景观体、城市功能体和环保生态体。建设成国内领先、世界一流的国家级静脉产业类生态工业示范园区。

（2）四大产业定位

结合浙江省政府环保产业重点发展方针，在园区内重点发展固体废物处理处置产业、设备研发制造产业、科研教育培训产业、环保文化创意和主题旅游休闲产业四大产业。

在杭州发展“东动、西进、南兴、北秀、中兴”新格局中，园区将成为“北秀”建设的闪光点。将园区打造成北秀景观体，并在园区内建一批健身设施、游泳池、户外拓展设施，沿山体建设景观廊道和观景台，使园区成为游客、当地居民体闲放松的好场所，使老百姓转变观念，形成园区 - 社区融洽相处的局面。

（3）六大功能布局

规划通过垃圾处置功能区、垃圾清运功能区、资源再生利用功能区、设备研发制造功能区、综合管理服务功能区、科研宣教功能区等 6 大功能区，将园区建设成“功能齐全、美观和谐、规划合理、效益显著”的静脉产业园区。

（4）三步阶段目标

1）近期（2010—2012 年），现有项目巩固和新项目导入期。

以现有用地范围为基础，以生活垃圾清洁直运为突破、固体废物综合利用和处理处置为核心、科研培训为支撑，实施建设“10 工程 +1 基地”，构建国家级环保产业园区和静脉产业类生态工业示范园区基本框架。整合相关资源，做大做强企业。

2）中期（2013—2015 年）优化成熟期。

向西发展，以固体废物综合利用和处理处置为主、研发制造为辅、环保教育和旅游休闲相结合，实施建设“1 馆 +3 工程”，形成具有鲜明特征的国家级环保产业园区和静脉产业类生态工业园区。

3）远期（2016—2020 年），稳步发展期。

优化和完善园区生态景观建设，完成两大功能区建设，引入多个资源化利用项目，多个国内外固体废物设备研发制造企业，形成成熟的生态、社会、经济全面协调发展的国家级环保宣传教育基地、国家级环保产业园区和静脉产业类生态工业园区。园区及园区建设项目详见表 9-3 和图 9-4。

表 9-3 园区建设项目一览表

阶段	序号	项目名称
近期“10 工程 +1 基地”项目	1	杭州市第二垃圾填埋场项目三期工程
	2	餐厨垃圾处理厂项目
	3	杭州市第二垃圾填埋场沼气发电工程
	4	杭州市第一填埋场 CDM 项目
	5	污水处理厂技改工程
	6	直运车辆停保场工程
	7	综合管理服务楼
	8	园区综合整治
	9	绿化二期
	10	一期填埋场封场
	11	宣传教育培训基地

续表

阶段	序号	项目名称
中期	1	餐厨垃圾处理厂
	2	生活垃圾分选中心
	3	资源再生综合处理厂
	4	固体废物博物馆
远期	1	报废汽车
	2	废旧轮胎
	3	废旧包装桶
	4	废旧报纸
	5	木质大件垃圾
	6	废塑料
	7	废橡胶
	8	废金属
	9	电子垃圾处理
	10	荧光灯管处理厂
	11	废矿物质
	12	其他资源化项目
	13	基础技术研究
园区总占地面积 5 000 亩，其中天子岭垃圾填埋场自有土地 1 740 亩		

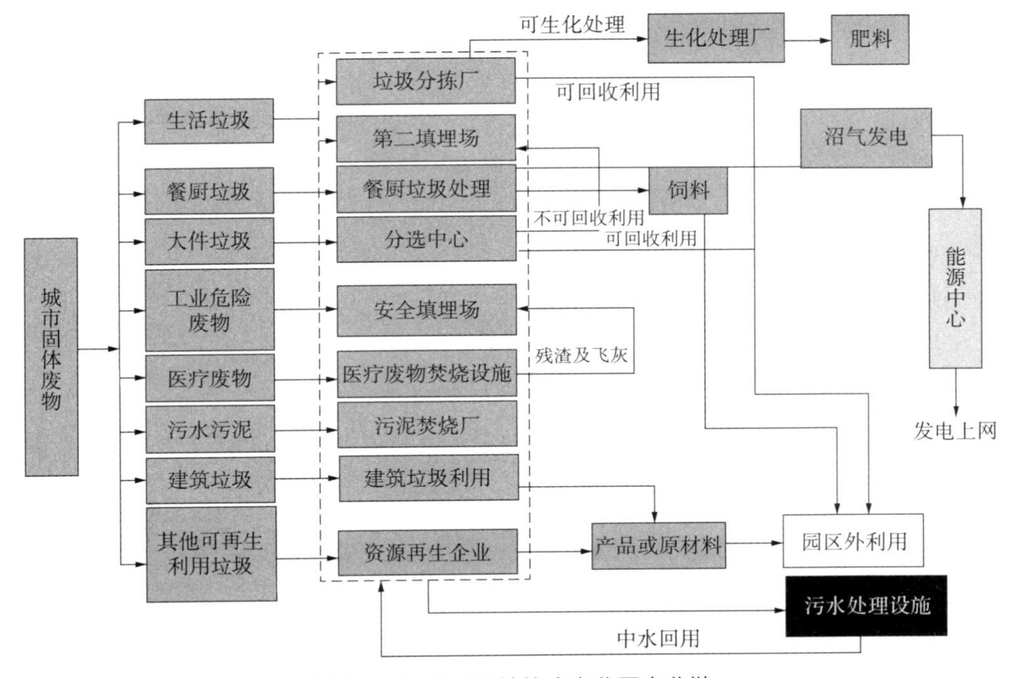

图 9-5　杭州天子岭静脉产业园产业链

9.3 静脉产业园建设的启示

9.3.1 国外静脉产业园研究现状

日本、德国、美国等国家的静态产业发展比较完善，经历了仅仅20多年的时间，在推进静脉产业园区建设的过程中，以上各国都制定了较为严密的政策体系、法律法规、经济政策、技术支持等，这些都成为静脉产业和静脉产业园区快速、健康发展的充分必要条件，也为我国建设发展静脉产业和建设静脉产业园区提供了参考和借鉴。

（1）健全的法律法规

在静脉产业发展过程中，不同的参与者围绕着废弃物发生了一系列的经济关系和社会责任义务关系。因此，静脉产业的发展不仅需要市场经济所有的法律法规，还需要一些特殊的法律来明确利益相关者的“责、权、利”关系。例如日本发展静脉产业的法律法规非常健全，在产品从生产、消费到回收利用以及废弃阶段的整个生命周期，都制定了严密的法规体系。

（2）有效的经济制度

静脉产业是一项既有公益性又有利益性的产业。在一般的市场条件下，静产业产生的效益不能完全转化为企业的经济效益，企业本身“利益最大化”的目标难以实现，致使产业的发展会出现困难。为了促进静脉产业的发展，政府需要将其视为“受保护产业”，采取一定的措施进行扶持。

（3）技术的研究开发

废弃物进行再生利用的一个关键因素是技术。园区内废弃物种类多样，产业链复杂，为了使废弃物实现资源利用最大化的同时实现经济效益，势必要引进和开发先进的固体废物处理技术，产、学、政府共同研究废弃物处理技术、再利用技术和环境污染物质的合理控制技术，有利于为园区企业开展废弃物的再生、循环利用提供技术支持，保障静脉产业的顺利、安全运行[9]。

9.3.2 国内静脉产业园研究现状

目前，我国仅有青岛新天地静脉产业园经过原环境保护部的批准，其他各地的静脉产业园区都在策划和逐步推进过程中，建设实施进度滞后。主要原因归结为以下几点[10]：

（1）以企业为主体的园区建设推进途径存在利益冲突、多部门协调不畅的问题

静脉产业园区在开发和运营过程中大多数采取“政府搭台、企业运作、社会参与”的模式，由一个或几个企业来主导策划、运作。但是，在实际推进过程中，存在市、区、乡镇以及多部门利益冲突和多环节协调问题，企业无法较好地协调土地、规划、环保、

工商等相关部门的关系，由于土地、环评等问题造成项目实施滞后。

（2）土地性质和总量受到城市规划、不同级别政府领导战略思路不同的制约

目前国内的静脉产业园区往往是依托已有的固体废物处理设施向外拓展形成，由于固体废物设施数量较多，从而占地面积较大。但是，外围土地可能是在城市总体规划、分区规划或控制性详细规划中已定为其他类型用地，要改为市政公用设施用地、工业用地需要经过不同级别政府部门的论证。在土地置换、土地性质改变和土地权属改变过程中可能会受到不同政府部门战略思路差异的制约。

（3）法律法规和政策支持力度不足

静脉园区建设是区域可持续发展的新模式，需要固体废物法律法规的支撑。我国在循环经济方面仅出台了少量的法规，大部分领域仍是空白、现有的法规可操作性差。此外，还缺乏推动静脉产业发展的法律法规支持和再生资源产业环保控制标准和技术规范。在区域乃至全社会层面，还存在行政区域或工业园区之间的静脉产业链建设、固体废物协同处理、专业回收系统建设尚未形成等问题，推动循环经济发展的外在动力和内在利益机制没有普遍形成。

（4）管理体制和运行机制尚未理顺

发展静脉产业需要政府各部门的齐抓共管和组织协调，由于各市在推进循环经济建设，以及城市再生资源回收及再生产方面，存在缺乏统一规划和组织管理，行动缺乏协调性等问题。从国内外循环经济发展实践来看，发展的主体主要有政府、企业、社会团体和公众等，但目前发展循环经济的各个主体的责任和义务尚未界定清楚，还未形成国际惯例的“政府主导、市场推进、法律法规、政策扶持、科技支撑、公众参与”运行机制[11]。

9.4　生活垃圾分类综合利用园区建设

2010年，国家发展改革委、财政部发布了《关于开展城市矿产示范基地建设的通知》（发改环资〔2010〕977号），明确指出将通过5年的努力，在全国建成30个左右技术先进、环保达标、管理规范、利用规模化、辐射作用强的“城市矿产”示范基地（以下简称示范基地）[12,13]。根据资源循环利用产业发展现状及循环经济试点成效，首批选择天津子牙循环经济产业区、宁波金田产业园、湖南汨罗循环经济工业园、广东清远华清循环经济园、安徽界首田营循环经济工业区、青岛新天地静脉产业园、四川西南再生资源产业园区等7家区域性资源地建设中实施效果好、先进适用的技术、工艺、设备、材料和产品，国家发展改革委将列入国家鼓励的技术、工艺、设备、材料和产品目录，促进示范与推广的有机结合。国家发展改革委、财政部将通过对评估验收的示范基地进行模式总结和推广，采取制作案例、召开现场会等方式，利用电视、广播、报刊、网络等各

种媒介进行宣传推广。2011 年，将上海燕龙基地再生资源利用示范基地等 15 个园区确定为第二批国家“城市矿产”示范基地，至此，两部委已确定了两批共 22 个国家“城市矿产”示范基地[14]。

目前，国内越来越多的地区和地方政府认识到建设固体废物综合利用园区的重要意义，全国涌现了“静脉产业园”建设浪潮。2011 年，全国不少城市，包括南京、成都、昆明、南宁、太原、湘潭，扬州、大连、镇江、邯郸等地纷纷兴建静脉产业园，国内部分城市园区已初具规模。例如，北京朝阳循环经济产业园启建于 2006 年，目前园区已建成并投入使用的设施有高安屯卫生填埋场及配套设施、高安屯垃圾焚烧发电厂、医疗垃圾处理厂、高安屯餐厨废物处理厂等，正在筹建的项目有北京市朝阳循环经济产业园生话垃圾综合处理厂焚烧中心、生物处理中心、科研教育中心、建筑垃圾处理厂和废旧物资回收中心等，该园区 2010 年被列为“北京市科普教育基地”，在“2011 年海外华人眼中的新北京新八景征评活动”中被评为“绿色北京新八景”。

思考题

1. 搜索静脉产业园、循环经济园区的相关文献并下载阅读。

2. 本章提到了 4 个国内静脉产业园的实践案例，请同学们再找两个国内案例，总结它们的建设与运行，并做成 PPT。

参考文献

[1] Mathews J A , Tan H , Hu M C . Moving to a Circular Economy in China: Transforming Industrial Parks into Eco-industrial Parks［J］. California Management Review, 2018 ,60（3）：157-181.

[2] 徐夏楠 . 静脉产业园建设过程中关键问题的探讨［J］. 经济研究导刊，2018（25）：16-17，42.

[3] Zhao H , Zhao H , Guo S . Evaluating the comprehensive benefit of eco-industrial parks by employing multi-criteria decision making approach for circular economy［J］. Journal of Cleaner Production, 2016, 142: 2262-2276.

[4] 刘青，杜晓洋 . 日本循环经济发展模式经验探讨［J］. 现代商业，2019（6）：182-183.

[5] 杭正芳，徐波 . 日本循环型社会建设路径及对中国的启示［J］. 经济研究参考，2019（7）：79-91.

[6] Zhu Q , Geng Y , Sarkis J , et al. Barriers to promoting eco-industrial parks development in China［J］. Journal of Industrial Ecology, 2015, 19: 457-467.

[7] 常杪，郭培坤，邵启超 . 中国静脉产业园区发展模式与案例研究［J］. 四川环境，2013，32（5）：118-124.

[8] 李燕，李川庆，李胜 . 天子岭静脉产业园 Cartoon 景观设计探究［J］. 华中建筑，2016，34（1）：126-

131.
［9］董芳青，楚春礼，周恋秋，等．我国静脉产业园原材料来源调查与国际经验借鉴［J］．生态经济，2016，32（9）：95-99.
［10］Mathews J A , Tan H . Circular economy: Lessons from China［J］. Nature, 2016, 531（7595）：440-442.
［11］陈敏竹．静脉产业园的发展现状及思考［J］．污染防治技术，2018，31（4）：61-63.
［12］刘航．中国城市矿产资源开发利用现状、问题及对策［J］．中国矿业，2018，27（9）：1-6，15.
［13］徐俊虎，夏丽华，程小波，等．中国静脉产业园 3.0 发展模式规划路线研究［J］．再生资源与循环经济，2018，11（9）：3-7.
［14］曾现来，李金惠．城市矿山开发及其资源调控：特征、可持续性和开发机理［J］．中国科学：地球科学，2018, 48（3）: 288-298.

“垃圾”宝贝合唱

“垃圾”宝贝

作词：王柳
作曲：王柳

垃圾变 废为宝，分类更 加必要，每个人 都要做到，

7
会让明天更美 好。垃圾分类 资源化，牢记二次 四分法，

12
环保梦 想计划，离不开 你我他，我们一起努力 吧。蓝色桶

18
必有用，废纸废 瓶都放入 其中。红色桶 有害垃圾用，

23
电池药 品投放要 慎重。绿色桶 有所不同，剩饭剩

28
菜等易腐的种 种。黑色桶 其他的所 有，除红蓝 绿都不要的统 统，

33
1. 分类乐 在其 中。
2. 蓝色桶 必有用，废纸废

39
瓶都放入 其中。红色桶 有害垃圾 用，电池药 品投放要 慎 重。

44
绿色桶 有所不同，剩饭剩 菜等易腐的种 种。黑色桶

49
其他的所有，除红蓝 绿都不要的通 通，分类乐 在其

53
中。啦 啦 啦 啦 啦 啦 啦 啦 啦

57
啦 啦 啦 啦 啦 啦 啦 啦 啦 啦 啦 啦 啦。